中 国 国 家 标 准 汇 编

2012 年修订-17

中国标准出版社　编

中国标准出版社

北　京

图书在版编目(CIP)数据

中国国家标准汇编:2012年修订.17/中国标准出版社编.—北京:中国标准出版社,2013.9
ISBN 978-7-5066-7249-8

Ⅰ.①中… Ⅱ.①中… Ⅲ.①国家标准-汇编-中国-2012 Ⅳ.①T-652.1

中国版本图书馆CIP数据核字(2013)第186470号

中国标准出版社出版发行
北京市朝阳区和平里西街甲2号(100013)
北京市西城区三里河北街16号(100045)

网址 www.spc.net.cn
总编室:(010)64275323 发行中心:(010)51780235
读者服务部:(010)68523946

中国标准出版社秦皇岛印刷厂印刷
各地新华书店经销

*

开本 880×1230 1/16 印张 37.25 插页 1 字数 1 148 千字
2013年9月第一版 2013年9月第一次印刷

*

定价 220.00 元

出　版　说　明

1.《中国国家标准汇编》是一部大型综合性国家标准全集。自1983年起，按国家标准顺序号以精装本、平装本两种装帧形式陆续分册汇编出版。它在一定程度上反映了我国建国以来标准化事业发展的基本情况和主要成就，是各级标准化管理机构，工矿企事业单位，农林牧副渔系统，科研、设计、教学等部门必不可少的工具书。

2.《中国国家标准汇编》收入我国每年正式发布的全部国家标准，分为"制定"卷和"修订"卷两种编辑版本。

"制定"卷收入上一年度我国发布的、新制定的国家标准，顺延前年度标准编号分成若干分册，封面和书脊上注明"20××年制定"字样及分册号，分册号一直连续。各分册中的标准是按照标准编号顺序连续排列的，如有标准顺序号缺号的，除特殊情况注明外，暂为空号。

"修订"卷收入上一年度我国发布的、被修订的国家标准，视篇幅分设若干分册，但与"制定"卷分册号无关联，仅在封面和书脊上注明"20××年修订-1，-2，-3，……"字样。"修订"卷各分册中的标准，仍按标准编号顺序排列(但不连续)；如有遗漏的，均在当年最后一分册中补齐。需提请读者注意的是，个别非顺延前年度标准编号的新制定的国家标准没有收入在"制定"卷中，而是收入在"修订"卷中。

读者配套购买《中国国家标准汇编》"制定"卷和"修订"卷则可收齐由我社出版的上一年度我国制定和修订的全部国家标准。

3. 由于读者需求的变化，自1996年起，《中国国家标准汇编》仅出版精装本。

4. 2012年我国制修订国家标准共2 101项。本分册为"2012年修订-17"，收入新制修订的国家标准34项。

中国标准出版社

2013年7月

目　　录

ICS 01.040.03
A 13

中华人民共和国国家标准

GB/T 16832—2012
代替 GB/T 16832—1997

国际贸易单证用格式设计　基本样式

International trade documents forms design—Basic layout

(ISO 8439:1990 Forms design—Basic layout, MOD)

2012-07-31 发布　　2012-11-01 实施

中华人民共和国国家质量监督检验检疫总局
中国国家标准化管理委员会　发布

前言

本标准按照 GB/T 1.1—2009 给出的规则起草。

本标准代替 GB/T 16832—1997。

本标准与 GB/T 16832—1997 的主要变化为：

——将标准的名称改为《国际贸易单证用格式设计　基本样式》；

——删除了 GB/T 16832—1997 中的目录、引言和附录 A；

——修改了范围中的内容；

——定义中删除了 3.1 和 3.2，修改了 3.3、3.4、3.7 和第 4 章的名称和定义，增加了 6.1 总则，修改了 6.2、6.3、6.4 的名称和内容。

本标准使用重新起草法修改采用 ISO 8439:1990《格式设计　基本样式》。

本标准与 ISO 8439:1990 的技术性差异如下：

——将标准的英文名称修改为《International trade documents forms design—Basic layout》；

——修改了 ISO 8439:1990 范围中的内容；

——删除了定义 3.1 和 3.2。

本标准由全国电子业务标准化技术委员会(SAC/TC 83)提出并归口。

本标准起草单位：中国标准化研究院。

本标准主要起草人：王凌云、胡涵景、李颖、李文文、张荫芬、江洲、佟文会。

本标准所代替标准的历次版本发布情况为：

——GB/T 16832—1997。

国际贸易单证用格式设计　基本样式

1　范围

本标准规定了国际贸易单证中使用的文件总体尺寸、图文区及其划分和数据区域。

本标准适用于行政、商业和运输业中的单证格式的设计。

2　规范性引用文件

下列文件对于本文件的应用是必不可少的。凡是注日期的引用文件，仅注日期的版本适用于本文件。凡是不注日期的引用文件，其最新版本(包括所有的修改单)适用于本文件。

GB/T 148—1997　印刷书写和绘图纸幅面尺寸

GB/T 3910—1983　办公机器和数据处理设备　行间距和字符间距

ISO 353:1975　已加工的书写纸和某些类型的印刷物品　尺寸表示法

ISO 3535:1977　格式设计表和布局图

3　术语和定义

GB/T 3910—1983 界定的以及下列术语和定义适用于本文件。

3.1

数据栏　data field

为特定数据项制定的区域。

[GB/T 14392—2009,定义 3.11]

3.2

格式　form

为传送数据项的可视化记录而指定的一种数据载体。

[GB/T 14392—2009,定义 3.20]

3.3

图文区　image area

一个预先确定的区域，在该区域内能够进行的复制、储存或传输。

[GB/T 14392—2009,定义 3.23]

3.4

签发人　issuer

以签字或其他方式签发单证并对单证内容负责的组织机构或法人。

3.5

空白区　margin

格式的一边和其相邻图像区之间的距离。

[GB/T 14392—2009,定义 3.28]

4 总体尺寸、页边距和图文区

本标准基本的总体尺寸根据 GB/T 148—1997 和 ISO 353:1975 中规定的 A4 型和 A5L 型。使用下列尺寸：

左页边　20 mm±1.0 mm

上页边　10 mm±1.0 mm

A4 型图文区尺寸　183 mm×280 mm

A5L 型图文区尺寸　183 mm×131 mm

注：本标准中规定的 A5L 型在国际上仅适用于邮政及北美地区。

当使用不同尺寸纸张进行文件内容交换时，不应把信息放在所使用的纸张图文区外面。

5 图文区划分

5.1 纵向划分

图文区纵向划分和编号应与 ISO 3535:1977 的附录 A 和附录 B 一致，纵向可分成若干行。

5.2 横向划分

图文区横向划分应与 ISO 3535:1977 的附录 A 一致，可分成若干列。A4 图文区可分为 72 个基本列距。

6 数据区

6.1 总则

图文区可分为若干数据栏，依次为签发人栏、参考号栏和地址栏。

6.2 签发人栏

用于标识单证签发人(名称、标识等)，如果需要，则应同时标识主管官员部门的名称。

6.3 参考号栏

用于单证标识符(文件名)、单证代码、日期和其他参考的区域。

6.4 地址栏

表示一个或两个地址。

7 举例

7.1 图 1

图 1 给出了 72 bws(183 mm)宽度的图文区格式上半部分的示例。作为参考和便于形成标准表格，图文区的宽度可再细分。72 bws 宽度的图文区(183 mm)可划分成 8 列，每列 9 bws 宽，列的尺寸为 C_0 到 C_8。

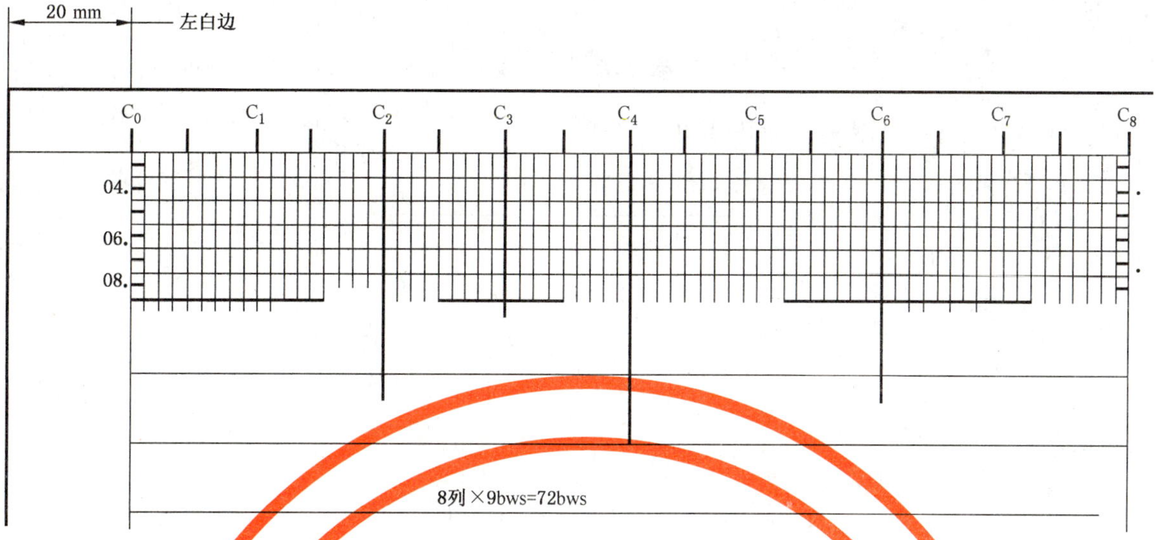

图 1 图文区横向划分、列规则及其设计示例——尺寸大约缩小至 80%

7.2 图 2

图 2 给出了 72 bws(183 mm)宽度的数据栏格式的示例。此例中 09～17 标识的区域构成地址栏。地址从 09 开始。设计开窗信封的单证时,16～17 区域留作空白。

注:在 GB/T 14392—1993 贸易单证样式中,只将 10～14 用作地址详细区。

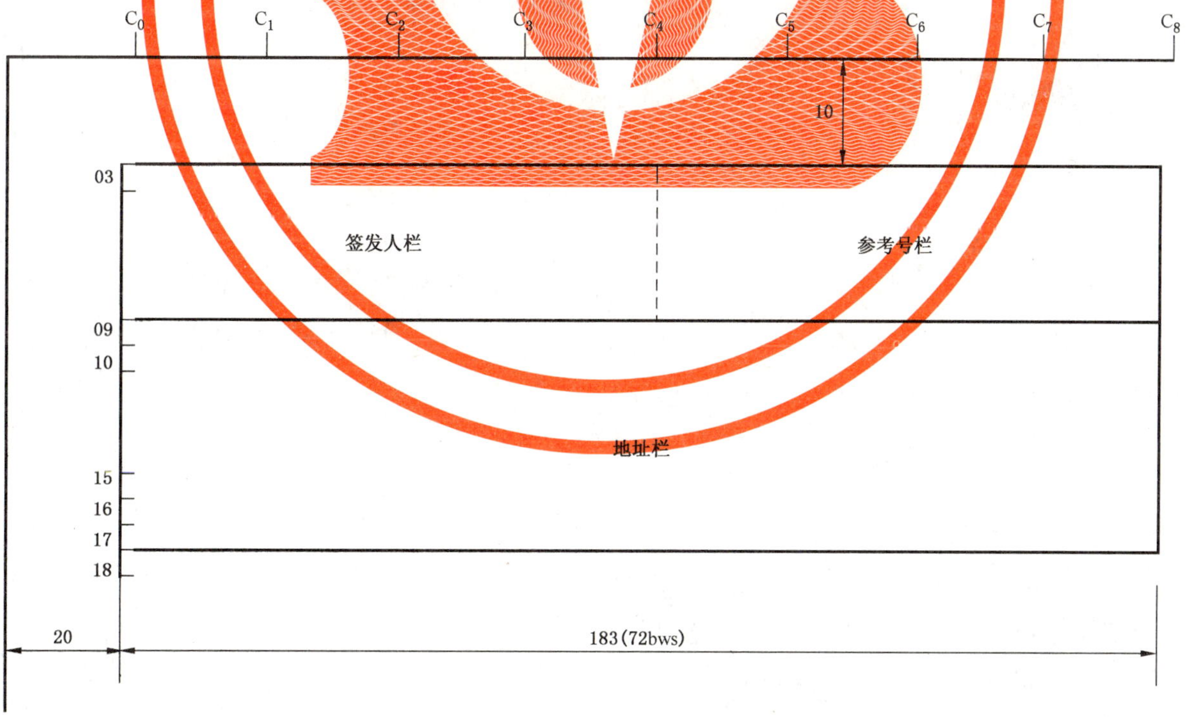

图 2 数据栏格式示例——尺寸大约缩小至 80%

参 考 文 献

[1] GB/T 14392—2009 国际贸易单证样式

ICS 13.220.20
C 82

中华人民共和国国家标准

GB/T 16840.5—2012

电气火灾痕迹物证技术鉴定方法 第5部分：电气火灾物证识别和提取方法

Technical determination methods for electrical fire evidence—
Part 5: Method of recognizing and collecting the physical evidence of electrical fire

2012-12-31 发布 2013-10-01 实施

中华人民共和国国家质量监督检验检疫总局
中国国家标准化管理委员会 发布

前　言

GB/T 16840《电气火灾痕迹物证技术鉴定方法》由以下部分组成：

——第1部分：宏观法；

——第2部分：剩磁检测法；

——第3部分：俄歇成分分析法；

——第4部分：金相分析法；

——第5部分：电气火灾物证识别和提取方法；

——第6部分：SEM微观形貌分析法。

本部分为GB/T 16840的第5部分。

本部分依据GB/T 1.1—2009给出的规则编写。

本部分由中华人民共和国公安部提出。

本部分由全国消防标准化技术委员会火灾调查分技术委员会(SAC/TC 113/SC 11)归口。

本部分负责起草单位：公安部沈阳消防研究所。

本部分参加起草单位：上海市公安消防总队、北京市公安消防总队、吉林省公安消防总队。

本部分主要起草人：赵长征、张明、高伟、邸曼、谢福根、王连铁、李建林、孟庆山、金河龙、刘术军、王新明、夏大维、齐梓博。

本部分为首次发布。

电气火灾痕迹物证技术鉴定方法
第5部分：电气火灾物证识别和提取方法

1 范围

GB/T 16840的本部分规定了电气火灾痕迹物证的鉴识和取样方法。

本部分适用于电气火灾或火灾中电气设备痕迹的勘验、提取以及实验室对样品的前处理；本部分也适用于电气设备电气故障的检验技术鉴定。

2 术语和定义

下列术语和定义适用于本部分。

2.1

对地短路痕迹 earth short circuit mark

电气线路或导体发生对地短路故障而残留的痕迹。

2.2

电弧灼烧痕迹 arc scathe mark

电弧是高温高导电率的游离气体，由于电弧作用而形成的痕迹。

2.3

机械摩擦痕迹 frictional mark

在火灾现场中由于受机械力作用摩擦而形成的痕迹。

2.4

外力作用痕迹 outside force mark

在火灾现场中由于受外部机械力作用而形成的痕迹。

2.5

绝缘放电痕迹 insulation fault mark

由于绝缘劣化或过电压产生火花放电，在绝缘体上留下熔化或炭化痕迹。

2.6

绝缘内烧痕迹 insulation internal heat mark

导体外绝缘因过电流热作用其内表面烧蚀、炭化后残存的痕迹。

3 痕迹样品鉴别

3.1 金属短路痕迹

金属短路痕迹具有如下特征：

——短路痕迹(熔痕)与导线基体有明显的过渡区，界限明显；

——短路形成的痕迹没有退火现象；

——短路过程可以使金属发生喷溅，形成比较规则的金属小熔珠，且熔珠分布面较广；

——短路痕迹在一根导线或另一导体上一般能找到对应点；

——多股线发生短路时，除短路点处熔化形成熔珠外，熔珠附近的多股线仍然是分散的；
——铜导线短路熔珠表面有光泽，铝导线短路熔珠表面有氧化膜、麻点和毛刺。

3.2 接触不良痕迹

接触不良痕迹具有如下特征：
——接头处导线局部变色，表面形成有凹痕，严重时有烧蚀痕迹甚至局部熔断；
——接头处垫片、螺杆、螺帽、接线柱等与导线连接处局部变色或有被电弧灼烧痕迹，有孔洞、麻点坑，甚至部分形成缺口、局部形成熔融粘连；
——接头处被电弧击断，端部形成熔珠；
——当接头处于熔点时有金属滴落痕迹。

3.3 导体过电流痕迹

导体过电流痕迹具有如下特征：
——导体上过电流部分的有机物绝缘层内部出现不同程度上的融化、烧焦、碳化、脱落、松弛并脱离导线基体等现象；
——导体本身表面出现麻点，多股导线熔凝粘连，个别位置发生熔断；
——熔断处呈圆珠状、尖状或小结痂状。

3.4 对地短路痕迹

对地短路痕迹具有如下特征：
——导线短路点处形成熔痕；
——靠近短路点处金属被电弧击穿、熔断、穿孔，接地体上常出现熔融堆积痕迹；
——短路点周围有金属喷溅颗粒；
——不同材质导体有互熔渗透现象。

3.5 绝缘放电痕迹

绝缘放电痕迹具有如下特征：
——金属导体有尖端放电蚀坑、部分金属微熔；
——绝缘层存在条状炭化带，电阻在 0 Ω～10 Ω 之间，具有导电性。

3.6 绝缘内烧痕迹

绝缘内烧痕迹具有如下特征：
——回路导线由内层到外层老化、起鼓、烧焦，线芯与导体脱箍；
——在导线经过的部位可发现绝缘层被烧熔滴落的痕迹。

3.7 漏电放电痕迹

漏电放电痕迹具有如下特征：
——漏电点具有击穿痕迹，漏电通路具有局部或条形放电烧蚀痕迹；
——漏电点挤压、高温老化、腐蚀、水侵或化学污染源。

3.8 导体表面放电痕迹

导体表面放电痕迹具有如下特征：
——形状外突，局部区域分布有密集的小凸起；

——有些金属在表面喷溅，形成小凹坑。

3.9 雷击痕迹

3.9.1 金属物体上的痕迹

雷击金属物体痕迹具有如下特征：

——金属有熔化、变形现象；

——线路或电气设备会形成多处同时短路或烧坏，若干部位形成有多个电熔痕，整个线路成过负荷状，形成大量结疤；

——雷电流通路铁磁物质有磁化现象。

3.9.2 非金属难燃物体上的痕迹

雷击非金属难燃物体痕迹具有如下特征：混凝土构件，砖、石等物体局部有击穿、熔融、烧蚀、炸裂脱落和变色等现象。

3.9.3 非金属可燃物体上的痕迹

雷击非金属可燃物体痕迹具有如下特征：

——可燃物体、电杆、横担等木质物体有被击碎、劈裂、击断等现象；

——树木常表现为沿木纹方向的纵向劈裂，树干和树皮剥离，附近有树叶烧焦，有的呈炭化烧焦状。

3.10 电弧灼烧痕迹

——灼烧处面积小，炭化层浅，炭化与未炭化部分界限分明；

——炭化表面有光泽，具有导电性；

——金属局部变色，表面有不规则的凹形灼烧区，有金属喷溅颗粒。

3.11 金属喷溅痕迹

金属喷溅痕迹具有如下特征：

——呈喷射状，粒子大小由中心向四外逐渐减小；

——粒子呈小颗粒状圆珠、椭圆珠或针叶形片状；

——基体有凹坑，也有发生金属转移形成凸起。

3.12 灼热体灼烧痕迹

灼热体灼烧痕迹具有如下特征：

——有明显炭化坑洞，甚至穿孔；

——根据灼热体温度的不同，形成炭化层深度不同；

——形状与灼热体相似，炭化与非炭化区界限明显；

——炭化层表面有光泽。

3.13 机械摩擦痕迹

机械摩擦痕迹具有如下特征：转动或位移电气设备，运动部分因摩擦作用形成多条方向一致的划痕，有时伴有局部熔化现象。

3.14 外力作用痕迹

外力作用痕迹具有如下特征：导体上形成多处凹坑、压痕、弯折、拉伸等多种变形痕迹。

3.15 金属变色痕迹

金属变色痕迹具有如下特征：

——对于黑色金属，温度由低到高，表面变色痕迹依次为：黄色、红色、白色；

——当温度达到 800 ℃～1 200 ℃时，结构钢材表面上出现发亮的铁鳞；

——1 300 ℃～1 500 ℃时，表面熔化生成蓝色或黑色硬而脆的薄膜。

3.16 金属受热熔融痕迹

金属受热熔融痕迹具有如下特征：

——熔化部分与基体(未熔化部分)之间过渡区不明显，基体有退火变软现象；

——熔化部分熔融流淌、堆积，使多处部位变粗或变细，呈现不规则形状；

——熔痕表面光滑，无麻点和小坑；

——形成的熔珠较大，有滴落现象；

——导线形成多股熔化成块粘连现象，铝导线易形成干瘪的痕迹。

3.17 局部过热痕迹

局部过热痕迹具有如下特征：

——形成痕迹处较其余部位有明显的高温炭化特征；

——金属痕迹特征可以以短路、接触不良、电弧烧蚀等形式表现；

——一般多发于导线接头、接插件连接部位和各种线圈或绕组的匝间或层间等部位。

注：因各种起火源在不同起火原因所形成的故障痕迹有所不同，其具体分类情况参见附录 A。

4 痕迹样品提取技术要求

4.1 痕迹样品提取前，应对整个火灾现场进行详细的勘验，根据起火初期燃烧发展特征，在确定的起火部位、起火点的基础上，有针对性地提取。

4.2 要确定或排除某种电气原因引发火灾，应在起火部位和起火点提取有效的痕迹样品进行鉴定；对经现场调查确认不在起火部位，或与起火原因无关的，不作为有效物证，无鉴定必要。

4.3 痕迹检查时应对整个电气回路或部分电气回路进行检查，注意单点故障和多点故障，若多点故障，应考虑故障之间的关系。

4.4 痕迹样品检查和提取应具有针对性和选择性，并按由电源侧到负荷侧或由负荷侧到电源侧顺序进行。

4.5 痕迹样品提取前应认真核实，确认电气线路或电气设备在起火前的状态，包括使用情况和所处位置，防止误将以往发生电气故障的残留痕迹作为物证提取和鉴定。

4.6 痕迹样品提取前应通过进行现场拍照、录像、绘图、及勘验笔录等方式进行固定，确定物证提取的部位、原始状态；拍照分为痕迹样品方位和近拍两项，笔录应详尽，能说明痕迹的具体特征。

4.7 取样人应熟悉取样工具的性能，操作应细致，不应破坏、损坏、遗失痕迹；取样时应由两人以上进行，并在样品上签字。

4.8 痕迹截取时不应使用过热切割方式，以防痕迹特征和组织结构发生变化。

4.9 有些痕迹，如：电弧烧损痕迹、绝缘击穿痕迹、漏电击穿痕迹等，具有电气特性，应进行电阻测量；测量时应确定测量间距，电阻及电阻率，测量点和相邻点的比较。

4.10 已提取的痕迹样品应妥善保管；转移时，应填写交接单，并履行签字手续；单位和单位履行交接时，应封样并履行交接手续。

5 取样方法

5.1 金属短路痕迹

取样时应采取如下方法和步骤：

——在提取导线短路痕迹时，应检查短路处的对应痕迹，测量导线复原后的长度，如不能完全复原，应测量缺损长度；

——提取时应以熔痕为起点，沿导线延长 10 cm。

5.2 接触不良痕迹

5.2.1 检查部位

应重点检查以下部位：

——电线、电缆的接头处，特别是铜铝导线的接头；

——配电箱开关的接线端子处；

——仪器仪表的接头处；

——电器设备的接头处；

——接线盒、插头、插座处；

——各种控制、接触器、熔断器接头处；

——线路分支线接头处。

5.2.2 提取方法

取样时应采取如下方法和步骤：

——应将熔痕连同部分导线或金属本体一同提取下来，以便观察；

——可在导线有熔化痕迹和有蚀坑痕迹处取样及在其附近的正常部位取样进行横、纵截面检验比较；

——对于细小的试样可用钳子切取；较大试样可用手锯或切割机等切取，必要时也可用气割法截取，但烧割边缘应与试样保持相当距离，不论用哪种方法取样，均应注意试样的温度条件，必要时用水冷却，以避免试样因过热而改变其组织；

——样品应保持送样状态，先不做清洗，以保持要观察的原始结构和成分没有任何变化，必要时可用酒精对样品表面进行去污。

5.3 导体过电流痕迹

取样时应采取如下方法和步骤：

——若怀疑某支回路过负荷火灾，如有痕迹应在同一线路上提取 3 点～5 点；

——如无痕迹，应提取过电流回路的全部导线，直至未发生燃烧的导线为止。

5.4 对地短路痕迹

取样时应采取如下方法和步骤：

——应详细检查如地线、接地体、电线电缆穿管或套管、带电体周围金属结构件；

——应选择在导线有熔化或蚀坑痕迹及附近的未熔导线部位处进行截取；

——应以痕迹为中心向两边延伸 10 cm，如导体、金属支架不足 10 cm，应整体提取。

5.5 绝缘放电痕迹

取样时应采取如下方法和步骤：

——应观察电极高压放电痕迹，绝缘放电通道痕迹；

——提取时应将电极或电压差异很大的导电体连同绝缘一并提取，若绝缘发生炭化，应注意痕迹提取的完整性。

5.6 绝缘内烧痕迹

取样时应采取如下方法和步骤：

——在火场勘查或专项勘查时，应对有过负荷的线路进行彻底的检查，导线上发现有类似过负荷的痕迹时，应作为痕迹物证提取；

——如果导线接头处有胶布，应提取导线接头处被烧焦的胶布作为物证，并验证其电阻大小；

——提取未受到火烧的导线作为物证，应在尽量靠近火场火源处提取一段 2 m～5 m 长的导线，作为痕迹物证提取。

5.7 漏电放电痕迹

5.7.1 用测定电阻的方法确定

应采取如下方法和步骤：

——测定电源处电阻，根据它们是否小于规定的漏电回路电阻上限值来判断；

——当起火点在漏电点处，不必再次寻找漏电点；

——当起火点不在漏电点处，直接查找导线穿墙穿管及寻找引入线等处。

5.7.2 利用万能表或兆欧表

应采取如下方法和步骤：

——切断待查范围内的电源进线和所有引出线，使该范围内的所有开关处于接通状态，用兆欧表测量该范围内的电气系统与起火点处两金属结构间的绝缘电阻值，取两个值中的较小者作为电源侧电阻的近似值，若该值不为零，则该范围内无漏电点；

——若绝缘电阻值为零，说明该范围内有漏电点，这时可以用边测量边逐个切断支路开关的办法确定漏电点所在的支路，直到找到漏电点。

5.8 雷击痕迹

取样时应采取如下方法和步骤：应以雷电通路为引导，提取雷电通路即相邻部位的痕迹样品。

5.9 电弧灼烧痕迹

取样时应采取如下方法和步骤：

——应检查线路、设备、开关、插头、插座、接地体等处；

——如有金属烧损痕迹、绝缘烧损痕迹，提取试样时尽量保持试样完整，应将痕迹连同部分导线或本体一同截取。

5.10 金属喷溅痕迹

取样时应采取如下方法和步骤：

——提取喷溅痕迹时，应采用筛落法和水洗法；

——痕迹样品宜用超声波清洗机清洗，保护表面特征不被破坏。

5.11 灼热体灼烧痕迹

取样时应采取如下方法和步骤：

——应以灼热体支持物表面为参照，做好灼热体烧损痕迹同支持面的比对；

——提取时要轻拿轻放，不应敲打、摔落；

——如因不便提取时可以在试样的原位置进行检测；

——在条件允许时，应保持痕迹样品的完整性。

5.12 机械摩擦痕迹

取样时应采取如下方法和步骤：

——应重点检查配电箱出线处、电源线进户处、架空线横担处、隐蔽部位的电源线、管内穿线等；

——提取样品时将其表面的炭化物及灰尘清理干净，但不能破坏其原有的金属痕迹外观。

5.13 金属变色痕迹

取样时应采取如下方法和步骤：

——在勘查、提取变色痕迹时，应区分变色层次、部位、严重程度及先后顺序，并进行标记，以确定火灾中心部位和蔓延方向；

——对于旋转电机、风扇、移动式电器应提取转轴、移动轨槽等局部变色痕迹。

5.14 金属熔融痕迹

取样时应采取如下方法和步骤：

——在提取痕迹样品时，应对样品的提取部位等情况进行说明；

——根据熔融痕迹的流淌、熔化程度确定火灾蔓延方向。

5.15 局部过热痕迹

取样时应采取如下方法和步骤：

——提取痕迹样品时，不能损坏痕迹样品，保持痕迹样品的原始位置；

——如果可能，将痕迹所在部位整体取下，以判断痕迹的热熔化性质。

5.16 导体断裂痕迹

取样时应采取如下方法和步骤：取样时，从断口起沿断口向基体的方向截取 4 cm～5 cm。

5.17 外力作用痕迹

取样时应采取如下方法和步骤：

——架空导线与自然强风作用，应检查弧垂最低部位导线碰撞痕迹，多数情况下碰撞部位发生多点碰撞蚀斑；

——动物啮咬应查证残留被击穿的动物尸体，起火点下方残留绝缘碎块，部分现场残留短路击穿熔痕；

——挤压痕迹应检查受压部位及其变形情况，受力点线路和设备导体及绝缘破损，提取时应整体提取，不破坏原貌；

——外力拉断痕迹主要指外力如超高车辆挂断线路等线路残留的断裂痕迹、和对地短路痕迹，提取时应提取短路点痕迹和断路点痕迹。

6 取样工具和材料

6.1 裁剪、清理工具

锤子、斧子、切割机、电缆钳、弯铁剪、手风器、筛网、耙子、铲子、叉子等。

6.2 测绘工具

卷尺、游标卡尺、多用坐标尺、指南针、绘图笔、绘图尺、绘图仪、绘图夹等。

6.3 物证收集材料

采样瓶、文件夹、采样袋等。

6.4 标识工具

警戒带、标识卡、标识尺、记号笔等。

6.5 照明工具

照明灯、痕迹拍照灯、实物投影灯等。

6.6 观察工具

体式显微镜、视频显微镜、放大镜等。

6.7 其他工具

扳手、马蹄铁、组合工具等。

附 录 A
(资料性附录)
痕迹样品分类

A.1 电气火灾起火源分类

电气火灾按起火源分类为输配电装置、输配电线路、用电设备、照明设备、特种电器等火灾。

A.2 电气火灾起火原因分类

电气火灾按起火原因分类为短路、过负荷、接触不良、局部过热、火花放电、断路、过(欠)压、烤燃、静电放电、雷电放电火灾。

A.3 起火原因故障形式分类

A.3.1 短路和过负荷故障,其原因分为绝缘老化击穿、裸露相碰、漏电、对地击穿、机械擦伤、外力作用、误操作、过负荷、绝缘烧毁等;按起火时所处的环境,可分为原发性故障和诱发性故障;诱发性故障为在火灾火焰热作用环境条件下发生的故障,其他故障皆为原发性故障。

A.3.2 接触不良故障分为连接松动、接点振动、接触电阻增大、连接点处理不当等。

A.3.3 局部过热故障分为设备或线路局部过热,包括自身局部过热和连结负荷的影响过热。

A.3.4 火花放电主要指短路、过载、接触不良等故障伴随着火花和弧光放电的一种现象,它可以直接引起可燃物、易燃物燃烧和爆炸。按作用形式可分为带电粒子复合产生的高温火花和高温喷溅颗粒火花。

A.3.5 烤燃主要指发热电气元件或部件接触或靠近可燃物而引燃。发热元件包括电热丝、灯泡、镇流器等。

A.3.6 静电放电火花引燃易燃易爆气体而发生火灾。主要包括人体产生的静电,液体、气体、粉尘运动产生的静电。可分为人体静电火花,液体、气体、粉尘运动静电火花。

A.3.7 雷击引发火灾的主要机理为电效应、热效应、机械效应、电磁感应、雷电波侵入等。雷击火灾分为直接雷击、感应雷击、雷电波侵入引起的火灾。

A.3.8 按本章规定,起火源和起火原因分类组合见表 A.1。

表 A.1 起火源和起火原因分类组合表

起火原因		起火源						
		输配电设备	输配电线路	用电设备	照明设备	特种电器	接地体及连线	其他电器设备或构件
短路	老化击穿	√	√	√	√	√		√
	裸露相碰		√	√		√		√
	漏电放电	√	√	√	√	√		√
	对地击穿	√	√	√	√	√	√	√
	机械擦伤		√	√	√	√		√

表 A.1（续）

起火原因		起火源						
		输配电设备	输配电线路	用电设备	照明设备	特种电器	接地体及连线	其他电器设备或构件
短路	误操作	√		√		√		√
	动物侵入	√	√			√		
	外力作用		√	√		√	√	√
	过负荷		√	√	√	√		√
	绝缘烧毁	√	√	√	√	√		√
	安装不当	√	√	√	√		√	√
过负荷	老化击穿	√	√	√	√	√		√
	漏电放电	√	√	√	√	√		√
	对地击穿	√	√	√	√	√	√	√
	机械擦伤		√	√	√	√		√
	大功率设备使用	√	√	√	√	√		√
	过欠压	√	√	√	√	√		
接触不良	连接松动	√	√	√	√	√	√	√
	触点振动	√		√	√	√	√	√
	电阻增大	√	√	√	√	√	√	√
	处理不当		√	√	√	√	√	√
断路	中性线	√					√	
	三相设备	√	√	√	√	√	√	√
过欠压	电网波动	√	√	√	√	√	√	√
	中性线断路或电位偏高	√	√	√	√		√	√
	雷电波侵入	√	√	√	√	√	√	√
	大功率设备使用		√	√	√	√	√	√
	操作	√		√		√		√
	过负荷		√					
局部过热	自身	√	√	√	√	√	√	√
	过负荷	√	√	√	√	√	√	√
	过欠压							
	大功率设备使用	√	√	√	√	√	√	
火花放电	带电粒子复合	√	√	√	√	√	√	√
	喷溅颗粒	√	√	√	√	√	√	√
雷电击穿		√	√	√		√	√	√

ICS 13.220.20
C 82

中华人民共和国国家标准

GB/T 16840.6—2012

电气火灾痕迹物证技术鉴定方法 第6部分:SEM微观形貌分析法

Technical determination methods for electrical fire evidence—Part 6: Micro-morphological analysis method using scanning electron microscope

2012-12-31 发布　　　　2013-10-01 实施

中华人民共和国国家质量监督检验检疫总局
中国国家标准化管理委员会　发布

前　言

GB/T 16840《电气火灾痕迹物证技术鉴定方法》由以下部分组成：

——第1部分：宏观法；

——第2部分：剩磁检测法；

——第3部分：俄歇分析法；

——第4部分：金相分析法；

——第5部分：电气火灾物证识别和提取方法；

——第6部分：SEM微观形貌分析法。

本部分为GB/T 16840的第6部分。

本部分依据GB/T 1.1—2009给出的规则编写。

本部分由中华人民共和国公安部提出。

本部分由全国消防标准化技术委员会火灾调查分技术委员会(SAC/TC 113/SC 11)归口。

本部分起草单位：公安部沈阳消防研究所。

本部分主要起草人：邸曼、张明、赵长征、夏大维、齐梓博、高伟、吴莹。

本部分为首次发布。

电气火灾痕迹物证技术鉴定方法
第6部分:SEM微观形貌分析法

1 范围

GB/T 16840的本部分规定了电气火灾痕迹物证技术鉴定方法中扫描电子显微镜(SEM)微观形貌分析法的术语和定义、原理、仪器设备、试样制备、观察部位和判据。

本部分适用于火灾调查中应用SEM对火灾现场金属熔化痕迹的微观形貌分析,根据熔痕的微观形貌特征鉴别熔痕的熔化性质。

2 规范性引用文件

下列文件对于本文件的应用是必不可少的。凡是注日期的引用文件,仅注日期的版本适用于本文件。凡是不注日期的引用文件,其最新版本(包括所有的修改单)适用于本文件。

GB/T 13966 分析仪器术语

GB/T 16840.1 电气火灾痕迹物证技术鉴定方法 第1部分:宏观法

3 术语和定义

GB/T 13966和GB/T 16840.1中界定的以及下列术语和定义适用于本文件。

3.1

二次电子 secondary electrons

样品中原子的外层电子受入射电子的激发而发射到样品以外的非弹性散射电子。

3.2

二次电子成像 secondary electron image

二次电子被检测器接收后成像。

3.3

SEM的分辨本领 solving power for SEM

在二次电子图像上测出能明显分开的两个物点之间的最小距离与放大倍率之比。

3.4

放大倍率 magnifying power

物体放大后的长度与原实物的长度的比值。

3.5

有效放大倍率 effective magnifying power

人眼的分辨率与仪器的分辨率的比值。

3.6

熔痕 melted mark

在外界火焰或短路电弧高温作用下,在金属表面,特别是铜、铝导线上形成的圆状、凹坑状、瘤状、尖状及其他不规则的微熔或全熔痕迹。

3.7

熔痕的微观形貌 micro-morphology of melted mark

在一定放大倍数下观察到的微小熔化痕迹的形态。

3.8

火烧熔痕　melted mark due to fire burning

受火灾现场高温作用发生熔化，在金属表面，特别是铜、铝导线上形成的熔化痕迹。

3.9

一次短路熔痕　primary short circuited melted mark

在正常环境条件下，铜、铝导线因本身故障发生短路，在导线上形成的熔化痕迹。

3.10

二次短路熔痕　secondary short circuited melted mark

在火灾环境条件下，铜、铝导线产生故障而引发短路，在导线上形成的熔化痕迹。

3.11

电热熔痕　melted mark by electric arc or current

在电弧或电流的高温作用下，在金属表面或铜、铝导线上形成的熔化痕迹。

4　原理

4.1　SEM原理

由电子枪发射，经会聚透镜和物镜的缩小、聚焦，形成具有一定能量、强度、斑点直径的电子束。在扫描线圈的作用下，入射电子束在样品表面按一定的时间、空间顺序作光栅式扫描。通过闪烁体等检测器接收样品中激发出的二次电子信号，再把它转变成光信号，然后经光电倍增管转变成电信号，最后由经视频放大器放大，输出，送至显像管的栅极，这样在荧光屏出现一幅亮暗程度不同，反映样品表面形貌的图像。

4.2　分析方法原理

无论是火灾热作用还是短路电弧高温熔化，对于金属或铜、铝导线除全部烧失外，一般均能查找到残留的熔痕，其外观具有能代表当时环境条件的特征。一次短路熔痕、二次短路熔痕和电热熔痕均属于瞬间电弧高温熔化，具有熔化范围小、冷却速度快的特点。它们之间不同的是：一次短路发生在正常环境条件下，二次短路发生在火灾环境气氛条件下。而火烧熔痕是导线被火灾热作用熔化的痕迹，其作用时间、作用温度又均与短路不同，它具有受热持续时间长、火烧范围大、熔化温度低于短路电弧温度的特点。由于不同的环境产物参与了熔痕形成的全过程，从而保留了区别一次短路熔痕、二次短路熔痕及火烧熔痕的微观形貌特征。

5　仪器设备

5.1　扫描电子显微镜

5.1.1　分辨率

SEM的分辨能力应高于10 nm。

5.1.2　放大倍率

SEM的放大倍率应为20倍～100 000倍之间。

5.2　其他所需设备

超声波清洗机、金刚石切割机、离子溅射仪、鼓风干燥箱等。

6 试样制备

6.1 截取要求

6.1.1 应保护尚存待分析表面的完整性。

6.1.2 应保持样品干燥，避免腐蚀及氧化。

6.1.3 应对测表面进行保护，防止污染。

6.2 样品的制备

6.2.1 样品应保持其原始状态，先不做清洗，使要观测的原始结构和成分没有变化。

6.2.2 必要时用酒精或超声波清洗机对样品表面进行去污。

6.2.3 样品导电性较差时，应使用离子溅射仪对样品表面进行喷镀。

6.2.4 将要观察分析的样品，用导电胶固定在样品杯上，待固定后置于样品台上，送至样品室内。

7 观察部位

7.1 电线电缆上的熔痕，应观察其内部组织形态和孔洞的形貌特征。

7.2 接插件和接地金属构件，应观察表面熔化区的形貌特征。

8 判据

8.1 一次短路熔痕

8.1.1 单股铜导线珠断面和基体(杆)端断面呈抛物线型卵形花样。

8.1.2 断面上孔洞均匀、细密。从金属内部结构和组织形态上看，具有明显的树枝晶、柱状晶和共析组织。

8.1.3 多股铜导线上的一次短路熔痕除具有单股铜导线一次短路熔痕形貌特征外，还存有未熔的基体痕迹。

8.2 二次短路熔痕

8.2.1 导线熔珠断面与基体端断面呈蜂窝状花样。

8.2.2 断面的孔洞不均匀，有较大的气孔存在，洞底部有平行的条形花纹。

8.2.3 内壁上有小的缩孔、卵石状颗粒和灰尘。

8.2.4 从金属内部结构和组织上看具有明显的亚结构即胞状晶。

8.3 火烧熔痕

8.3.1 导线熔珠断面和基体端断面可以清晰地见到等轴晶的大晶界。

8.3.2 大晶界内有亚共晶组织形貌，即($Cu+Cu_2O$)共晶体，熔痕断面形貌为网格状花纹。

8.4 过电流熔痕

8.4.1 熔痕断面形貌似礁石状，无大孔洞、有缩孔，断面上可明显看到小熔区。

8.4.2 在小熔区内残存有光滑和光亮区域；从金属结构上看，有明显的树枝晶和过烧组织。

8.5 接插件及线路接头熔痕

8.5.1 低倍观察熔痕时，熔化区与未熔化的基体之间有明显的分界线，熔化区内有孔洞存在。

8.5.2 高倍观察时，熔化区内表面光滑。

8.5.3 黄铜接线柱的电熔化痕迹，在熔化区与未熔化基体之间有明显的分界线，在熔化区内有气孔洞、河流花样、熔化堆积等。

9 结果描述

9.1 扫描电镜的微观形貌分析应附以照片，并注明电镜型号、工作条件和样品制备方法。

9.2 当电镜同其他仪器配合使用时，应结合其他仪器的检测结果，用数理统计方法对数据进行处理和综合分析后，给出比对结论及相应的置信度。

ICS 91.140.50
Q 77

中华人民共和国国家标准

GB 16895.5—2012/IEC 60364-4-43:2008
代替 GB 16895.5—2000

低压电气装置
第4-43部分:安全防护　过电流保护

Low-voltage electrical installations—
Part 4-43:Protection for safety—Protection against overcurrent

(IEC 60364-4-43:2008,IDT)

2012-06-29 发布　　2013-05-01 实施

中华人民共和国国家质量监督检验检疫总局
中国国家标准化管理委员会　发布

前　言

本部分的全部技术内容为强制性。

GB 16895《建筑物(低压)电气装置》分为5个部分：

——第1部分：基本原则，一般特性的评估和定义；

——第4部分：安全防护；

——第5部分：电气设备的选择和安装；

——第6部分：检验；

——第7部分：特殊装置或场所的要求。

本部分是GB 16895的第4部分。

本部分按照GB/T 1.1—2009给出的规则起草。

本部分代替GB 16895.5—2000《建筑物电气装置　第4部分：安全防护　第43章：过电流保护》。

本部分等同采用IEC 60364-4-43:2008(第3版)《低压电气装置　第4-43部分：安全防护　过电流保护》。

本部分与IEC 60364-4-43:2008(第3版)在技术内容上相同，但包含以下编辑性修改：

——用小数点符号"."代替小数点符号","；

——删去了IEC标准的"前言"；

——IEC标准的附录E是其他国家应用该标准的国家注，与我国无关，在本部分中删去。

本部分的章条编号与IEC 60364-4-43:2008完全一致。

本部分与GB 16895.5—2000主要变化是：

——在"范围"中增加了有关软电缆的信息(见430.1)；

——在整个标准中将"相导体"改为"线导体"；

——将IT系统中不配置中性线的要求修改到注中(见431.2.2)；

——增加了中性导体中对谐波电流进行过负荷检测的要求(见431.2.3)；

——对短路保护的电器，增加闭合和分断短路电流能力的要求(见432.3)；

——增加了澄清过负荷保护的信息(见433.1)

——扩大了不需要过负荷保护电器的情况的要求(见433.3.1)；

——对允许省略过负荷保护电器的情况，给出了更多的例子(见433.3.3)；

——扩大了不需要短路保护电器的情况的要求(见434.3)；

——增加了对母线槽系统短路电流额定值的要求(见434.5.3)。

与本部分中规范性引用的国际文件有一致性对应关系的我国文件如下：

——GB 7251.2—2006　低压成套开关设备和控制设备　第2部分：对母线干线系统(母线槽)的特殊要求(IEC 60439-2:2000,IDT)；

——GB 10963(所有部分)电气附件　家用及类似场所用过电流保护断路器[IEC 60898(所有部分)]；

——GB/T 13539.2—2008　低压熔断器　第2部分：专职人员使用的熔断器的补充要求(主要用于工业的熔断器)标准化熔断器系统示例A至I(IEC 60269-2:2006,IDT)；

——GB 13539.3—2008　低压熔断器　第3部分：非熟练人员使用的熔断器的补充要求(主要用于家用和类似用途的熔断器)标准化熔断器系统示例A至F(IEC 60269-3:2006,IDT)；

——GB 14048.2—2008　低压开关设备和控制设备　第2部分:断路器(IEC 60974-2:2006,IDT);

——GB 14048.9—2008　低压开关设备和控制设备　第6-2部分:多功能电器(设备)控制与保护开关电器(设备)(CSP)(IEC 60947-6-2:IDT);

——GB 16895.21—2004　建筑物电气装置　第4-41部分:安全防护　电击防护(IEC 60364-4-41:2001,IDT);

——GB 16917(所有部分)家用和类似用途的带过电流保护的剩余电流动作断路器(RCBO)[IEC 61009(所有部分)]。

本部分由全国建筑物电气装置标准化技术委员会(SAC/TC 205)提出并归口。

本部分负责起草单位:中机中电设计研究院。

本部分主要起草人:贺湘琨、王增尧、黄宝生。

本部分所代替标准的历次版本发布情况为:

——GB 16895.5—2000。

低压电气装置
第 4-43 部分:安全防护　过电流保护

43　过电流保护

430.1　范围

本部分规定了带电导体过电流保护的要求。

本部分阐述了带电导体在发生过负荷(见 433)和短路(见 434)时如何由一个或多个电器进行保护自动切断电源,但是对按照 436 的规定过电流已受限制者、在 433.3(过负荷保护电器的省略)或在 434.3(短路保护电器的省略)中所规定的条件得到满足者除外。本部分还包括过负荷保护与短路保护之间的配合(见 435)。

注 1:当故障可能引起过电流的数值与过负荷的数值差不多时,符合 433 规定的带电导体过负荷保护,可认为也是这类故障的过电流保护。

注 2:本部分的要求没有考虑外界影响。

注 3:本部分规定的对导体的保护不必保护与该导体连接的设备。

注 4:利用插头和电源插座将设备连接到固定装置的软电缆,并不属于本部分的范围,因此设置过电流保护也不是必需的。

注 5:在本部分中,分断并不意味着隔离。

430.2　规范性引用文件

下列文件对于本文件的应用是必不可少的。凡是注日期的引用文件,仅注日期的版本适用于本文件。凡是不注日期的引用文件,其最新版本(包括所有的修改单)适用于本文件。

GB 16895.6—2000　建筑物电气装置　第 5 部分:电气设备的选择和安装　第 52 章:布线系统(idt IEC 60364-5-52:1993)

IEC 60269-2　低压熔断器　第 2 部分:专职人员使用的熔断器的补充要求(主要用于工业的熔断器)标准化熔断器系统示例 A 至 I(Low-voltage switchgear and controlgear assemblies—Part 2:Particular requirements for busbar trunking systems (busways))

IEC 60269-3　低压熔断器　第 3 部分:非熟练人员使用的熔断器的补充要求(主要用于家用和类似用途的熔断器)标准化熔断器系统示例 A 至 F(Low-voltage fuses—Part 3:Supplementary requirements for fuses for use by unskilled persons (fuses mainly for household and similar applications)—Examples of standardized systems of fuses A to F)

IEC 60269-4　低压熔断器　第 4 部分:半导体设备保护用熔断体的补充要求(Low-voltage fuses—Part 4:Supplementary requirements for fuses-links for the protaction of semiconductor devices)

IEC 60364-4-41　低压电气装置　第 4-41 部分:安全防护　电击防护(Low-voltage electrical installations—Part 4-41:Protection for safety-Protetion against electric shock)

IEC 60439-2　低压成套开关设备和控制设备　第 2 部分:对母线干线系统(母线槽)的特殊要求(Low-voltage switchgear and controlgear assemblies—Part 2:Particular requirements for busbar trunking systems (busways))

IEC 60947-2　低压开关设备和控制设备　第 2 部分:断路器(Low-voltage switchgear and controlgear—Part 2:Circuit-breakers)

IEC 60947-3 低压开关设备和控制设备 第3部分:开关、隔离器、隔离开关以及熔断器组合电器(Low-voltage switchgear and controlgear—Part 3:Switches,disconnectors,switch-disconnectors and fuse-combination units)

IEC 60947-6-2 低压开关设备和控制设备 第6-2部分:多功能电器(设备)控制与保护开关电器(设备)(CPS)(Low-voltage switchgear and controlgear—Part 6-2:Multiple function equipment—Control and protective switching devices(or equipment)(CPS))

IEC 60724 额定电压1 kV(Um=1.2 kV)和3 kV(Um=3.6 kV)电缆的短路温度限值(Short-circuit temperature limits of electric cables with rated voltages of 1 kV(Um=1.2 kV)and 3 kV(Um=3.6 kV))

IEC 60898(所有部分) 电气附件 家用及类似场所用过电流保护断路器(Electrical accessories—Corcuit-breakers for overcurrent protection for household and similar installations)

IEC 61009(所有部分) 家用和类似用途的带过电流保护的剩余电流动作断路器(RCBO)(Residual current operated circuit-breakers with integral overcurrent protection for household and similar uses(RCBOs))

IEC 61534(所有部分) 电源母线系统{(all parts),Powertrack systems}

430.3 一般要求

保护电器应在流经回路导体的过电流引起对绝缘、接头、端子或导体周围的物料有损害的热效应或机械效应危险之前,分断任何过电流。

431 按照回路特征的要求

431.1 线导体的保护

431.1.1 除431.1.2适用的场合外,所有的线导体都应装设过电流检测。在检测到过电流时,应分断该导体,但不必分断其他带电导体。

如果一相的分断会引起危险,例如对于三相电动机,则应采取适当的预防措施。

431.1.2 在TT或TN系统中,对于向没有配置中性导体的由线导体供电的回路,只要同时满足下列条件,则该线导体之一不需要装设过电流检测:

a) 在同一回路内或在电源侧,装设有检测不平衡负荷和分断所有线导体的保护。

b) 中性导体不是从a)中所述保护电器负荷侧回路的人工中性点配出。

431.2 中性导体的保护

431.2.1 TT或TN系统

在中性导体的截面积至少等效于线导体的截面积的地方,且中性导体的电流预期不会超过线导体电流值的情况下,不需要在中性导体上进行过电流检测或装设分断中性导体的电器。

在中性导体的截面积比线导体的截面积小的地方,需要对中性导体进行过电流检测,以适合于中性导体的截面积;这种检测应能分断线导体,但不必分断中性导体。

在上述两种情况下,中性导体应受到短路保护。

注:这种保护可以利用线导体中的过电流保护电器来实现。在这种情况下,中性导体不需要过电流保护或分断中性导体的电器。

对中性导体中的电流预期会超过线导体中电流值的情况，见 431.2.3。

除了对中性导体的分断要求外，其他要求都适用于 PEN 导体。

431.2.2 IT 系统

在配置了中性导体的场合，对每个回路的中性导体都应装设过电流检测。这种过电流检测保护应分断包括中性导体在内的相应回路的所有带电导体。如果是下列情况，则不需要这种措施：

——特定的中性导体，它已由设置在电源侧例如电气装置进线端的保护电器进行有效的过电流保护，或

——特定的回路，它是由剩余电流动作保护电器保护的，而该电器的剩余动作电流不超过相应中性导体载流量的 0.2 倍，这个电器应能分断包括中性导体在内的相应回路的所有带电导体。该电器的所有极都应具有足够的分断容量。

注：强烈建议在 IT 系统中不宜配置中性导体。

431.2.3 谐波电流

在多相回路中，在线电流中的谐波含量致使在中性导体中的电流预期超过导体载流量的情况下，则对该中性导体应进行过负荷检测，这种过负荷检测应与通过中性线的电流特性相协调，并应只分断线导体而不必分断中性导体。在分断中性导体的场合，需符合 431.3 的要求。

注：关于对中性导体保护的更进一步的要求，在 GB 16895.6 中给出。

431.3 在多相系统中中性导体的分断和再接通

在要求分断中性导体的场合，其分断和再接通应当是，中性导体不应在线导体分断之前被分断，而再接通则应在线导体连接之前或与其同时接通。

432 保护电器的特性

保护电器应具有 432.1～432.3 指出的型式。

432.1 兼有防止过负荷电流和短路电流的保护电器

除了在 434.5.1 中所规定的以外，兼有防止过负荷电流和短路电流的保护电器应分断包括其安装处的预期短路电流在内的任何的过电流，对于断路器还应能接通这一电流。这样的电器可以是：

——兼有过负荷和短路两种脱扣功能的断路器；

——与熔断器串联在一起的断路器；

——具有 gG 特性熔断体的熔断器。

注 1：熔断器包括构成整个保护电器的所有部件。

注 2：如果在 433.1 和 434.5 中的要求得到满足，则不排除使用其他保护电器。

432.2 只防止过负荷电流的保护电器

这些保护电器应满足 433 的要求，而且分断能力可小于在保护电器安装处的预期短路电流值。

注 1：这些电器通常是反时限的保护电器。

注 2：aM 型熔断器不保护过负荷。

432.3 只防止短路电流的保护电器

仅进行短路电流保护的电器应被装设在已采用其他方式实现过负荷保护或按 433 的规定允许不装

设过负荷保护的场合。这种电器应具有分断不低于包括其安装处预期的短路电流的能力，对于断路器还应能接通不低于包括其安装处预期的短路电流。这种保护电器应满足434的要求。

这种电器可以是：

——只具有短路脱扣功能的断路器；

——采用gM、aM型熔断体的熔断器。

432.4 保护电器的特性

过电流保护电器的特性应符合下列标准内相关的规定，例如GB 10963、GB 14048.2、GB 14048.9、GB 16917、GB/T 13539.2、GB 13539.3、GB/T 13539.4或GB 14048.3。

注：并不排除使用其他的保护电器，条件是它们的时间/电流特性具有与本规定等效的保护水平。

433 过负荷保护

433.1 导体与过负荷保护电器之间的配合

防止电缆过负荷保护电器的工作特性应满足以下两个条件：

$$I_B \leqslant I_n \leqslant I_Z \quad \cdots\cdots(1)$$

$$I_2 \leqslant 1.45 \times I_Z \quad \cdots\cdots(2)$$

式中：

I_B——回路的设计电流，单位为安培(A)；

I_Z——电缆的持续载流量，单位为安培(A)(见GB/T 16895.15)；

I_n——保护电器的额定电流，单位为安培(A)。

注1：对于可调的保护电器，额定电流 I_n 是给定的整定电流。

I_2——保证保护电器在约定的时间内可靠动作的电流，单位为安培(A)。

保证保护电器可靠动作的电流 I_2 的数值应由电器的生产厂家提供，或由产品标准给出。

在某些情况下，按照本条所装设的保护可能不保证起到保护作用，例如：出现持续的过电流而又小于 I_2 的情况。在这种情况下，宜考虑选择具有较大截面积的电缆。

注2：I_B 是通过线导体的设计电流，或是3次谐波含量大的情况下通过中性导体的持续电流。

注3：保证保护电器在约定的时间内可靠动作的电流，也可被称为 I_t 按产品标准给出的 I_t 或是 I_f。I_t 和 I_f 两者是 I_n 的倍数，而且注意宜正确地表示其数值和系数。

注4：433.1的条件(1)和(2)的说明，见附录B。

注5：在采用修正系数后，设计电流 I_B 可以被认作为实际电流 I_a。见GB/T 16895.1—2008的311。

433.2 过负荷保护电器的位置

433.2.1 过负荷保护电器应装设在会引起导体载流量降低的地点，例如在截面积、特征、安装方式或结构改变处，但433.2.2和433.3适用的场合除外。

433.2.2 如果布线在改变处(截面积、特征、安装方式或结构上)和保护电器安装处之间的部分没有分支回路也没有电源插座，且至少满足下列两个条件之一，则该导体的过负荷保护电器，可以沿着该布线的路线敷设：

a) 它按照434的要求具有短路保护；

b) 其长度不超过3 m，已设法使短路的危险降至最小，并且，其安装方式能使火灾或对人的危险减至最小(见434.2.1)。

注：按照a)所述的装置，见图C.1。按照b)所述的装置，见图C.2。

433.3 过负荷保护电器的省略

本条所述各种情况不适用于装设在具有火灾危险或爆炸危险场所中的电气装置或规定有不同条件要求的特殊装置和场所。

433.3.1 概述

下述情况不需要装设过负荷保护电器：

a） 被设置在截面积、特性、安装方式或结构改变处的负荷侧导体，其过负荷得到电源侧的保护电器的有效保护。

b） 不太可能过负荷的导体，该导体按照434的要求具有短路保护，而且它既没有分支回路也没有电源插座。

c） 装置进线端，在装置进线端的配电盘有过负荷保护电器，而且它能兼顾对在装置的进线端和总配电点之间的装置部分提供保护，而总配电点以下回路已采用过负荷保护措施。

d） 电信、控制、信号回路以及类似回路。

注：按照a)、b)和d)的安装，见图C.3。

433.3.2 在IT系统中过负荷保护电器的位置或省略

433.3.2.1 在433.2.2和433.3.1中关于过负荷保护电器的装设或者省略的规定，不适用于IT系统，除非没有过负荷保护的每个回路采取下列保护措施之一：

a） 采取在GB 16895.21中412规定的保护措施；

b） 每一回路都采用剩余电流动作保护电器保护，在发生第2次故障时立即动作；

c） 对于仅采用绝缘监测的连续监视系统采用以下两个措施之一：

——在第1次故障发生时分断回路；或者

——给出发生故障的信号指示。按照运行要求排除故障，并判断第2次故障的危险性。

注：建议按照IEC 61557-9的规定，安装绝缘故障定位系统。由于这种系统的应用，在不中断供电的情况下，可检测并确定绝缘故障的部位。

433.3.2.2 如果在每一回路中都装设了剩余电流动作保护电器，在没有中性导体的IT系统中，则在相导体中的一相可以省略过负荷保护电器。

433.3.3 由于安全的原因，应考虑将过负荷保护电器省略的场合

对于意外断开用电设备的供电回路会引起危险或损坏的场合，允许省略该回路的过负荷保护电器。这种情况的例子包括：

——旋转电机的励磁机回路；

——起重电磁铁的供电回路；

——电流互感应的二次回路；

——灭火装置的供电回路；

——为安全设施(防盗警报器、瓦斯警报器等)供电的回路。

注：在这种情况下，宜考虑装设过负荷报警器件。

433.4 并联导体的过负荷保护

在用一个保护电器保护几根并联导体的情况下，在并联导体中不应有分支回路或用作隔离或通断的电器。

本条不排除采用环形的终端回路。

433.4.1 在并联导体之间均衡分配电流

在用一个电器保护的并联导体中电流分配平衡时，则在 433.1 中的 I_Z 值为各导体的载流量之和。

如果 GB/T 16895.15—2002 中 523.6a)的第一项的要求得到满足，则可以认为电流的分配是均衡的。

433.4.2 在并联导体之间不均衡分配电流

在每一相使用一根导体无法实现，而且在并联导体之间的电流又是不平衡的情况下，则每根导体的设计电流和过负荷保护的要求应逐个地考虑。

注：如果导体之间的电流差大于每根导体的设计电流的 10%，则认为并联导体之间的电流是不均衡的。在 A.2 中给出了指导。

434 短路保护

本部分仅考虑同一回路导体之间短路的情况。

434.1 预期短路电流的确定

应确定电气装置每个相应点的预期短路电流，这可以通过计算或通过测量确定。

注：在供电点处的预期短路电流，可以从供电公司获得。

434.2 短路保护电器的位置

短路保护电器应装设在导体的截面积减小或者其他变化导致导体的载流量发生改变的地方，但 434.2.1、434.2.2 或 434.3 适用的场合除外。

434.2.1 下面规定的各种情况不应被应用到处于具有火灾危险或爆炸危险场所的装置和有特殊规定的指定不同条件的某些场所。在下述条件下，短路保护电器可以装设在 434.2 中规定以外的地方。

在截面积减小或其他变化的地点与保护电器的位置之间的那部分导体，既不应有分支回路也不应有电源插座，而且那部分导体应是：

a) 长度不超过 3 m；并且

b) 其安装方式能使短路的危险减至最小；并且

注 1：例如，这个条件可以由加强布线对外界影响的防护来实现。

注 2：见图 D.1。

c) 不装设在靠近可燃物处。

434.2.2 保护电器可以装设在截面积减小处或其他改变处的电源侧，按照 434.5.2 的规定，它的动作特性应能保护负荷侧布线的短路。

注：在附录 D 中所给出的方法可以满足 434.2.2 的要求。

434.3 短路保护电器的省略

下面的两个条件应同时得到满足：

——布线的敷设将短路的危险减至最小(见 434.2.1 中 b)项)；而且

——布线不靠近可燃性材料。

不需要装设短路保护电器的例如有：

a) 将发电机、变压器、整流器、蓄电池连接到相关的控制盘上的导体，保护电器装设在这些控制盘上；

b) 回路的断开可能使有关电气装置的运行出现危险，例如，在433.3.3中所提到回路；

c) 某些测量回路；

d) 在装置的进线端，上级配电设备有一个或多个短路保护电器，而且这些电器保护进线端与总配电盘之间的部分，总配电盘处有进一步短路保护。

434.4 并联导体的短路保护

用一个保护电器可以保护多根并联导体防止遭受短路影响，该保护电器的动作特性应当是当故障出现在某一根并联导体中的最不利于的位置时，仍能保证有效的动作。应考虑并联导体之间的电流分配。故障电流能从并联导体的两端流至故障点。

如果用一台保护电器不能有效保护，则应采取以下一项或多项保护措施：

a) 在敷设布线时应将任一并联导体中短路的危险降至最低，例如，采用防止机械损伤的保护，而且，各导体的安装方式应将火灾的危险或对人的危险降至最低。

b) 对于并联的两根导体，短路保护电器应装设在每根并联导体的电源侧。

c) 对于多于两根的并联导体，则短路保护电器应分别安装在每根导体的电源侧和负荷侧。

在A.3中给出了指导。

434.5 短路保护电器的特性

每个短路保护电器都应满足434.5.1的要求。

434.5.1 分断能力不得小于其安装处的预期最大短路电流，但下列情况除外。

如果在电源侧装设有所需要的分断能力的保护电器，则允许本保护电器的额定分断能力低于预期短路电流的保护电器。此时，这两个保护电器的特性应当配合，使通过这两个保护电器的能量不超过负荷侧的保护电器以及由这两个保护电器所保护的导体在没有损伤的情况下所能承受的能量。

注：在某些情况下可能还需要考虑其他的特性。例如对于负荷侧的保护电器，需要考虑电动应力和电弧能量。需要配合的特性的详细资料应从有关电器的制造厂取得。

434.5.2 对于电缆和绝缘导体，应在使导体绝缘的温度上升到不超过允许限值的时间内切断在回路任一点处的短路引起的所有电流。

对于保护电器的动作时间小于0.1 s情况，短路电流的不对称分量起重要影响，而对于限流保护电器而言，k^2S^2 应大于由保护电器的制造厂提供的允许通过的能量（I^2t）值。

对于持续时间不超过5 s的短路，由已知的短路电流使导体绝缘由正常运行的最高允许温度上升到极限温度的时间 t 可近似地用式(3)计算：

$$t=(k\cdot S/I)^2 \qquad (3)$$

式中：

t——持续时间，单位为秒(s)；

S——导体截面积，单位为平方毫米(mm^2)；

I——有效的短路电流方均根值(r.m.s)，单位为安(A)；

k——取决于导体材料的电阻率、温度系数和热容量以及相应的初始和最终温度的系数。对于以常用材料绝缘的线导体的 k 值，如表43A所示。

表 43A　导体的 *k* 值

特性/状况	导体绝缘的类型							
	PVC 热塑型塑料		PVC 热塑型塑料 90 ℃		EPR XLPE 热固型的	橡胶 60 ℃ 热固型的	矿物质	
							PVC 护套	无护套
导体截面积/mm^2	≤300	>300	≤300	>300				
初始温度/℃	70		90		90	60	70	105
最终温度/℃	160	140	160	140	250	200	160	250
导体材料：								
铜	115	103	100	86	143	141	115	135～115[a]
铝	76	68	66	57	94	93	—	—
铜导体的锡焊接头	115	—	—	—	—	—	—	—

[a] 这个值用于容易被触摸的裸电缆。

注 1：在考虑中的其他 *k* 值有：

——小截面导体(尤其是截面积小于 10 mm^2 的导体)；

——其他类型的导体接头；

——裸导体。

注 2：短路保护电器的标称电流可以大于导体的载流量。

注 3：上述系数是以 IEC 60724 为依据的。

注 4：系数 *k* 的计算方法见 GB 16895.3—2004 中附录 A。

434.5.3　对于符合 GB 7251.2 要求的母线槽系统和符合 IEC 61534 系列标准要求的电源母线系统适用下列要求之一：

——母线槽或电源母线系统的额定短时间耐受电流(I_{CW})和额定峰值耐受电流，分别不应低于预期的短路电流的方均根值和预期的短路电流峰值。对于母线槽或电源母线系统，I_{CW}所限定的最长的时间不应小于保护电器动作的最长时间。

——与特殊保护电器相关联的母线槽或电源母线系统，其额定有限短路电流，不应低于预期的短路电流。

435　过负荷保护与短路保护之间的配合

435.1　用一个电器提供的保护

提供过负荷和短路保护的一个保护电器，应满足 433 和 434 的要求。

435.2　由分开的电器分别提供的保护

433 和 434 的要求分别适用于过负荷保护电器和短路保护电器。

这些保护电器的特性应配合，以使短路保护电器的允许通过的能量不超过过负荷保护电器不受损伤的允许通过的能量。

注：这种要求并不排除在 GB 14048.4 中所规定的配合形式。

436 利用电源的特性限制过电流

当供电电源不可能提供超过导体载流量的电流时，可以认为该导体已经具有过负荷保护和短路保护（例如某些电铃变压器、某些电焊变压器和某些类型的热电发生器）。

附 录 A
（资料性附录）
并联导体的过电流保护

A.1 引言

并联导体的过电流保护宜为所有并联的导体提供充分的保护。对于截面积相同、导体材料长度相同以及安装方式相同的两根并联导体，要做到导体中流过的电流基本相等，以满足对过电流保护的要求，是不难做到的。对于更为复杂的导体的设置，应对导体间电流分配不均衡和故障中电流的多个通道进行认真考虑。本附录给出了需要考虑的问题的指导。

注：关于计算并联导体之间电流的更详细的方法，在 IEC 60287-1-3 中给出。

A.2 并联导体的过负荷保护

当包含有多芯电缆的并联导体的回路中发生过负荷时，在每根导体中的电流增加的比例将是相同的。如果并联导体之间的电流分配是均衡的，那么，只用一个保护电器就能保护所有的导体。在采用适当的并列系数和其他适用系数的情况下，并联导体的截流量(I_Z)是每根导体的截流量之和。

并联电缆之间的电流分配因这些电缆的阻抗不同而不同。对于大截面的单芯电缆，其阻抗中的电抗分量大于电阻分量，这对电流的分配有很大的影响。电抗分量受每根电缆相对的物理位置影响，例如，如果回路的每一相都是由两根大截面的电缆组成，两根电缆具有相同的长度、结构和截面积，而并联设置于不利的相对位置（例如同相电缆捆扎成一束），这样，电流的分配可能是 70%/30%，而不是 50%/50%。

当并联导体间阻抗的差异导致电流分配不均衡，例如，差别大于 10%时，则对每个导体的设计电流和过负荷保护的要求应分别予以考虑。

每根导体的设计电流可以用总负荷和每根导体的阻抗计算求得。

m 根并联导体中的第 k 根导体的设计电流 I_{Bk} 由式(A.1)给出：

$$I_{Bk}=\frac{I_B}{\left(\frac{Z_k}{Z_1}+\frac{Z_k}{Z_2}+\cdots+\frac{Z_k}{Z_{k-1}}+\frac{Z_k}{Z_k}+\frac{Z_k}{Z_{k+1}}+\cdots+\frac{Z_k}{Z_m}\right)} \qquad \text{(A.1)}$$

式中：

I_B ——回路的设计电流，单位为安培(A)；

I_{Bk} ——第 k 根导体的设计电流，单位为安培(A)；

Z_k ——第 k 根导体的阻抗，单位为欧姆(Ω)；

Z_1 和 Z_m ——分别是第 1 根导体和第 m 根导体的阻抗，单位为欧姆(Ω)。

在并联导体的截面积不大于 120mm² 时，第 k 根导体的设计电流 I_{Bk} 由式(A.2)给出：

$$I_{Bk}=I_B\frac{S_k}{S_1+S_2+\cdots+S_m} \qquad \text{(A.2)}$$

式中：

S_k ——第 k 根导体的截面积；

$S_1 \cdots S_m$ ——导体 1…导体 m 的截面积。

单芯电缆的阻抗是电缆相对位置和电缆结构（例如铠装或非铠装）的函数，其阻抗的计算方法在 IEC 60287-1-3 中给出。并联电缆之间的电流分配推荐采用测试验证。

用设计电流 I_{Bk} 代替 433.1 的公式(1)中的 I_B，如式(A.3)所示：

$$I_{Bk} \leqslant I_n \leqslant I_{Zk} \qquad \cdots\cdots\cdots\cdots(A.3)$$

在 433.1 的条件(1)和(2)的 I_Z 的值，既可以是每根导体的载流量 I_{Zk}，条件是每根导体有过负荷保护电器(见图 A.1)，因此：

$$I_{Bk} \leqslant I_{nk} \leqslant I_{Zk} \qquad \cdots\cdots\cdots\cdots(A.4)$$

也可以是，所有导体的载流量之和，即 $\sum I_{Zk}$，条件是所有的并联导体只有一个共用过负荷保护电器(见图 A.2)，因此：

$$I_B \leqslant I_n \leqslant \sum I_{Zk} \qquad \cdots\cdots\cdots\cdots(A.5)$$

式中

I_{nk} ——第 k 根导体的保护电器的标称电流，单位为安培(A)；

I_{Zk} ——第 k 根导体的持续载流量，单位为安培(A)；

I_n ——保护电器的额定电流，单位为安培(A)；

$\sum I_{Zk}$ ——m 根并联导体的载流量之和，单位为安培(A)。

注：对于母线系统，有关资料宜从制造厂或从 GB 7251.2 获得。

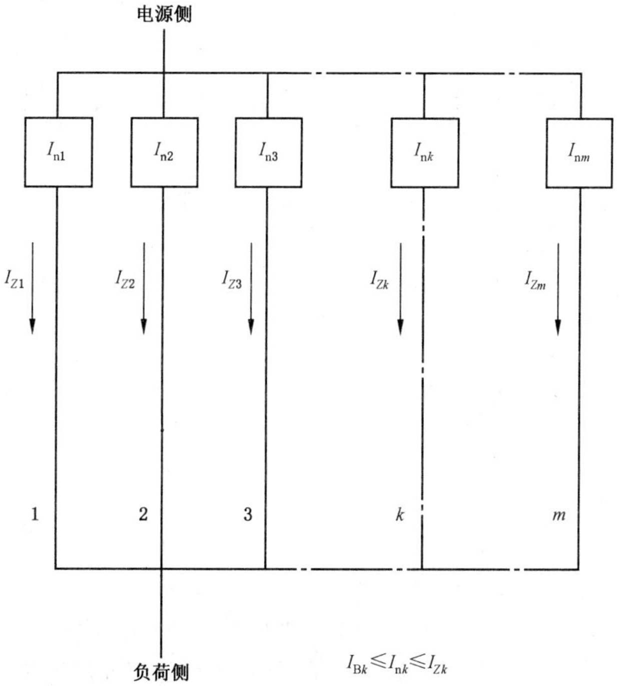

图 A.1 m 根并联导体中每根都有过负荷保护电器的回路

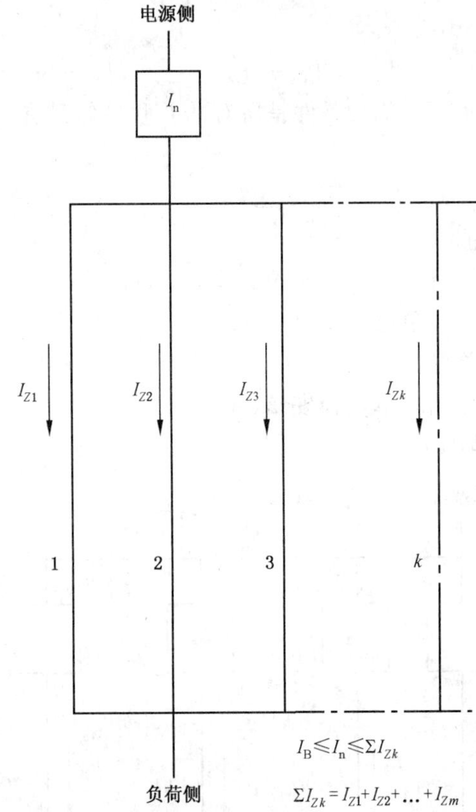

图 A.2 *m* 根并联导体共用一个过负荷保护电器的回路

A.3 并联导体的短路保护

当导体并联时，保护电器的布置应考虑并联部分内短路的影响。

在采用一个保护电器时，并联配置中的某个导体不可能受到有效的保护，因而宜考虑其他的保护配置。这些配置包括：对每根导体装设单独的保护电器、在每根并联导体的电源侧和负荷侧分别装设保护电器，以及在电源侧装设可联动的保护电器。特殊的保护配置的确定取决于故障条件的可能性。

在多根导体并联连接的情况下，就有多条故障电流通路同时出现的可能，从而导致在故障部位的电流连续激增的后果。对此，可能要在每根并联导体的电源侧(S)和负荷侧(I)都装设短路保护。在图 A.3 和图 A.4 中说明的就是这种情况。

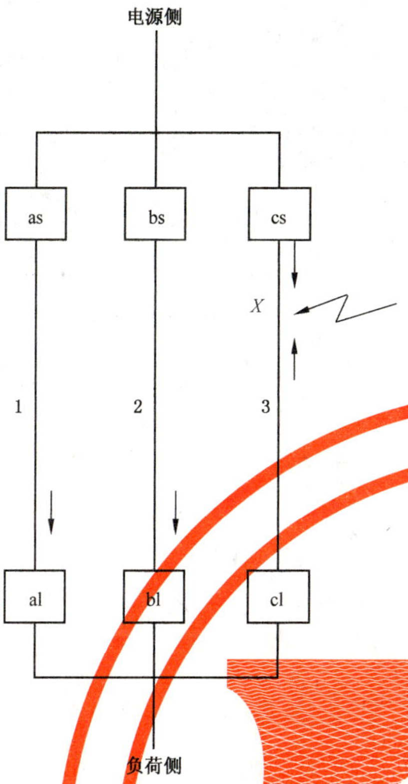

图 A.3 在故障开始时流通的电流

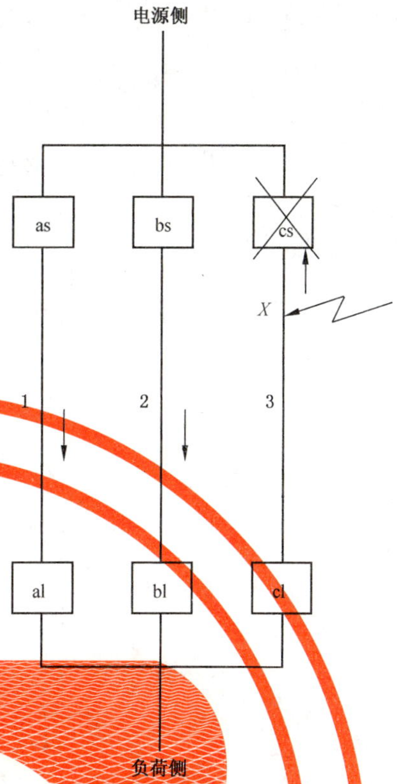

图 A.4 保护电器 cs 动作后流通的电流

图 A.3 表示，假如故障出现在导体 3 的 *X* 点，故障电流就会在导体 1、导体 2 和导体 3 中流通，故障电流和流过保护电器 cs 和 cl 的故障电流比例，将取决于故障点的位置。在本例中，是假设最大比例的故障电流将流过保护电器 cs。图 A.4 表示，在保护电器 cs 一旦动作，故障电流仍然经过导体 1 和导体 2 流至故障点 *X*。由于导体 1 和导体 2 是并联的，流过保护电器 as 和 bs 的电流被分流，可能不足以使它们在所要求的时间内动作。对于这种情况，装设保护电器 cl 是必要的。应当注意，流过 cl 的电流小于流过 cs 并使其动作的电流。如果故障点处靠 cl 足够近，cl 将首先动作。如果在导体 1 或导体 2 出现同样的故障，装设保护电器 al 和 bl 也同样是必要的。

将保护电器装设在两端的方法，与将保护电器只装设在电源侧的方法相比，它有两个缺点。首先，如果在 *X* 点的故障由于 cs 和 cl 的动作而被排除了，那么该回路就会由导体 1 和导体 2 带着原有的负荷继续运行。因此，导体 1 和导体 2 的故障以及随后的过负荷，也许无法被检测出来，因为这取决于故障的阻抗。其次，在 *X* 点的故障有可能烧断在 cl 侧的导体而形成开路，故障余下的一侧则带电而未被检测出来。

另一个可替代 6 个保护电器的方案是在电源侧装设一个可联动的保护电器。见图 A.5。这将防止在故障状态下回路继续运行。

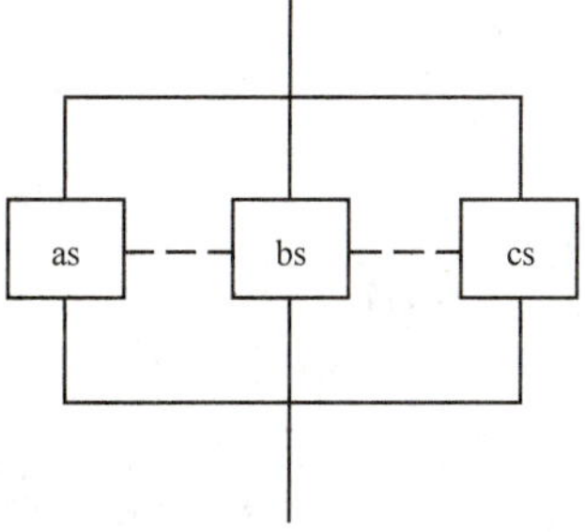

图 A.5 可联动的保护电器的说明

附 录 B
（资料性附录）
433.1 的条件（1）和（2）

$$I_B \leqslant I_n \leqslant I_Z \qquad \cdots\cdots (B.1)$$

$$I_2 \leqslant 1.45 \times I_Z \qquad \cdots\cdots (B.2)$$

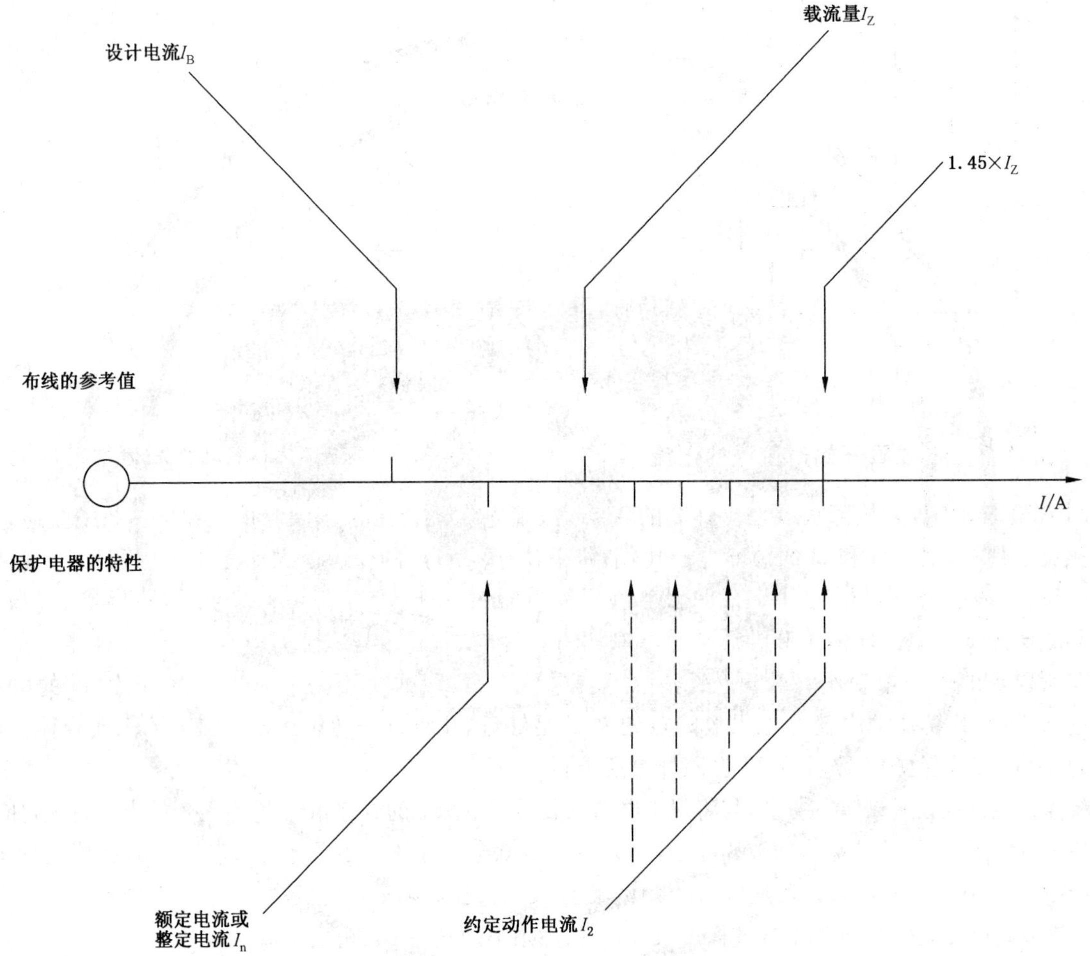

图 B.1　433.1 的条件（1）和条件（2）的说明

附　录　C
（资料性附录）
过负荷保护电器的位置或省略

C.1　概述

每个回路要装设过负荷保护电器和短路保护电器。这些保护电器通常都需要装设在每个回路的起点。

对于某些应用，过负荷保护或短路保护电器之一，可不遵循这种一般要求，条件是须由其他保护电器来起保护作用。

C.2　在分支回路起点不需要装设过负荷保护的情况

a)　参照433.2.2 a)和图C.1，过负荷保护电器P_2，可以从分支回路(B)的起点(O)沿支路移动，条件是，在这个分支回路的保护电器P_2的电源侧没有其他分支回路连接或电源插座，而且，按照433.2.2 a)的要求，对分支回路的这部分提供了短路保护。

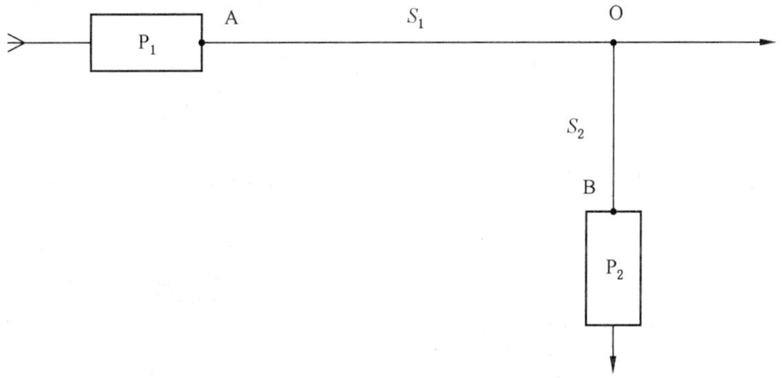

图C.1　过负荷保护电器(P_2)不在分支回路(B)的起点（见433.2.2 a)）

该过负荷保护电器做为布线系统的保护电器。由于仅用电设备可以产生过负荷。因此，过负荷保护电器可以在分支回路受到短路保护的范围内的任何一处安装。

b)　参照433.2.2 b)和图C.2，过负荷保护电器P_2，可以自分支回路(B)的起点(O)被移至不超过3 m的地方，条件是，在分支回路的这段长度上设有其他的连接或电源插座，而且，按照433.2.2 b)的要求，其长度不能超过3 m，而且在这段长度上能使短路、火灾以及对人的危险降至最低。

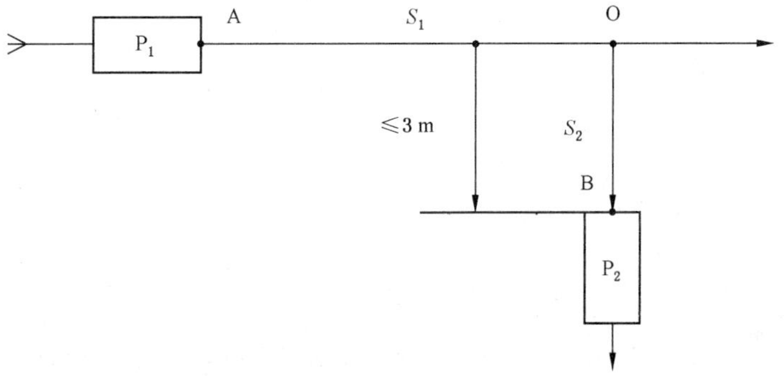

图C.2　过负荷保护电器(P_2)装设在不超过离分支回路(B)起点的3 m处（见433.2.2 b)）

大家认可的长度是 3 m,分支回路的这一段没有短路保护,然而,需采取预防措施来保证安全。见 433.2.2 b)。此外,电源回路的短路保护也可以保护该分支回路直到 P_2 装设处(见附录 D)。

C.3 可以省略过负荷保护的情况

a) 参照 433.3.1 和图 C.3,允许省略过负荷保护的条件是在这个分支回路的保护电器的电源侧,既没有其他分支回路连接也没有电源插座,并且适用于下列一种情况:

——分支回路 B_2 由 P_1 提供过负荷保护(见 433.3.1 a));或

——分支回路 B_3 不大可能过负荷(见 433.3.1 b));或

——分支回路 B_4 用于电信、控制、信号以及类似情况(见 433.3.1 d))。

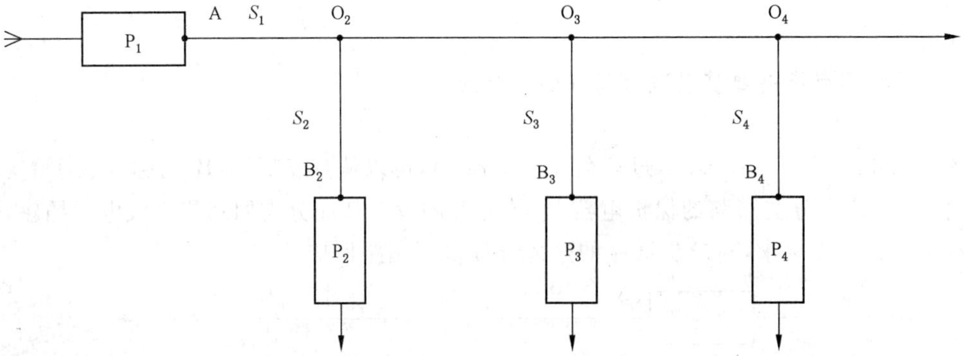

注:P_2、P_3 和 P_4 分别是用于分支回路 B_2、回路 B_3 和回路 B_4 的短路保护电器。

图 C.3 可以省略过负荷保护的说明(见 433.3.1 a)、b)和 d))

b) 参照 433.3.2.1 和图 C.4,由 433.3.2.1 提出的 C.2 和 C.3a)的附加要求,只能适用于 IT 系统。当这个分支回路的保护电器 P_2 的电源侧,既没有其他的连接也没有电源插座时,可以省略过负荷保护,并且符合下列一种情况:

——分支回路 B_2 采用在 GB 16895.21 中 412 规定的保护措施,并且由Ⅱ类设备组成;或

——分支回路 B_3 用 RCD 保护,该保护在第二次故障出现时立即动作;或

——分支回路 B_4 安装有绝缘监测电器,它在第一次故障出现时就能分断回路,或发出报警信号以表示有故障存在。

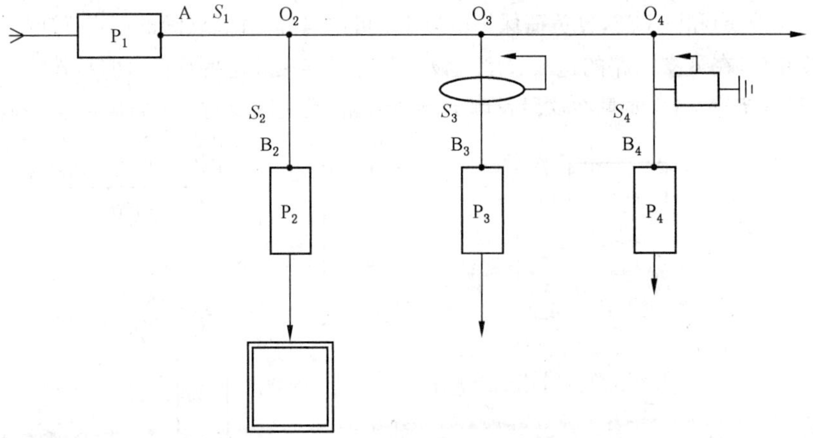

注:P_2、P_3 和 P_4 是分别用于分支回路 B_2、回路 B_3 和回路 B_4 的短路保护电器。

图 C.4 在 IT 系统中可以省略过负荷保护的说明

在IT系统中,需要考虑可能出现影响不同回路的两个单独的绝缘故障。在大多数情况下,这两个绝缘故障会构成短路。然而,两个故障回路内的故障阻抗、导体的长度和截面积,都可能是未知的。结果,这种可能出现的两个绝缘故障,可能导致至少一个保护电器因过电流而动作。

附 录 D
（资料性附录）
短路保护电器的位置或省略

D.1 概述

每一个回路都要装设过负荷保护电器和短路保护电器。这些保护电器通常装设在每个回路的起点。

对于某些应用，过负荷保护或短路保护电器之一，可不遵循这种一般要求，而所提供的其他保护仍然有效。

D.2 在分支回路起点不需要装设短路保护的情况

a） 参照434.2.1和图D.1，短路保护电器P_2，可以自分支回路(B_2)的起点(O)，沿着(B_2)被移至不超过3 m的地方，条件是在分支回路的这段长度上没有其他的连接或电源插座，而且在434.2.1的情况下，对这段长度，能使短路、火灾以及对人的危险降至最低。

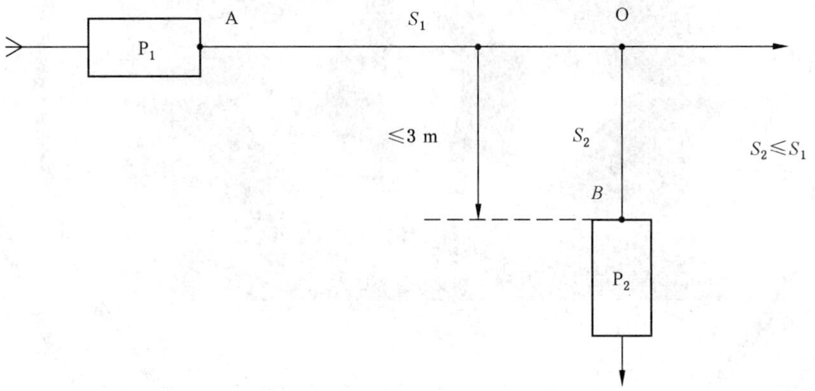

注：S——导体的截面积。

图 D.1 短路保护电器(P_2)在分支回路上位置的有限改变(见434.2.1)

大家认可的在分支回路中这3 m长的导体，不受到短路保护，但是，供电回路短路保护仍可以提供短路保护直到P_2装设处。

b） 参照434.2.2和图D.2，短路保护电器P_2可以装设在分支回路(B)的起点(O)的电源侧的某点处，条件是按照432.2.2的规定该分支回路的起点与这段分支回路的短路保护电器之间的最大长度，按“三角形法则”的规定。

具有截面积为S_2的在O点处分支的导体，其利用装设在A点的保护电器P_1提供短路保护的最大长度，是在三角形BON中给出的长度ON。

本条可以用在只有短路保护的情况。在这个例子中，是不考虑过负荷保护的(见C.3)。

这个最大长度与能使保护电器P_1动作的最小短路电流相对应。这个保护电器保护分支回路B_1至长度AB，也保护分支回路B_2。由P_1保护的分支回路B_2的最大长度取决于分支回路B_2连接到分支回路B_1的位置。

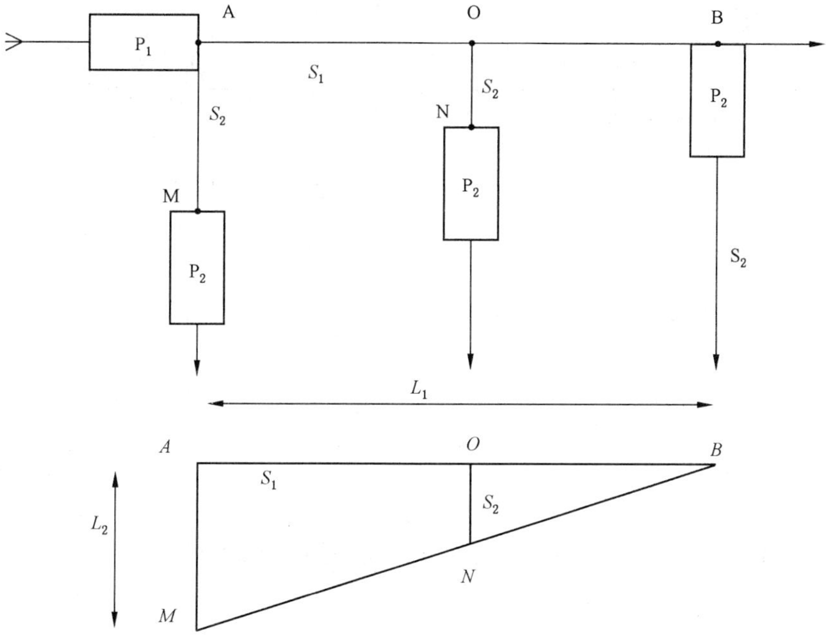

说明：

AB——用装设在 A 点的保护电器 P_1 作短路保护的截面积为 S_1 导体的最大长度 L_1；

AM——用装设在 A 点的保护电器 P_1 作短路保护的截面积为 S_2 导体的最大长度 L_2。

图 D.2 装设在分支回路起点电源侧某点的短路保护电器 P_2（见 434.2.2）

分支回路 B_2 的长度不能超过由三角形简图所确定的长度值。在这种情况下，保护电器 P_2 可以沿着分支回路 B_2 移动直至 *N* 点。

注 1：这种方法也适用于一连串不同截面积的三根导体的情况。

注 2：如果对于 B_2 部分，其布线长度按照绝缘特性而有所不同，这种方法适用于采用下式所取得的长度：

$$AB = L_2 S_1 / S_2$$

如果，对于 B_2 部分，无论对于什么样的绝缘特性，其布线长度都是相同的，则这种方法适用于下式所取得的长度：

$$AB = L_1$$

D.3 可以省略短路保护的情况

参照 434.3 和图 D.3，对于某些应用场合（比如，互感器或测量回路），可以省略短路保护电器，条件是按照 434.3 的要求，短路、火灾以及对人的危险被降至最小。

请注意，采用电流互感器的测量回路不得被开路，否则将导致过电压。

对某些应用场合，比如对电磁起重机，可以省略短路保护（见 434.3）。

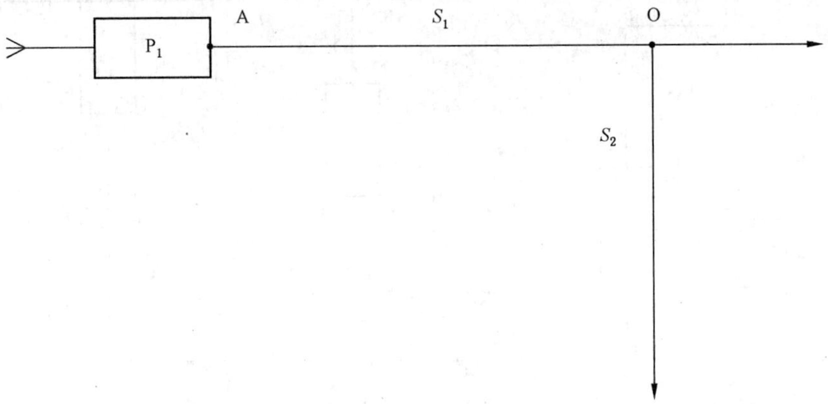

图 D.3　对某些应用，可以省略短路保护电器的情况(见 434.3)

参 考 文 献

［1］ GB 7251.2 低压成套开关设备和控制设备 第 2 部分:对母线干线系统(母线槽)的特殊要求.

［2］ GB 13539.1 低压熔断器 第 1 部分:基本要求.

［3］ GB 14048.1 低压开关设备和控制设备 第 1 部分:总则.

［4］ GB 14048.4 低压开关设备和控制设备 第 4 部分:机电式接触器和电动机起动器.

［5］ GB 16895.3—2004 建筑物电气装置 第 5-54 部分:电气设备的选择和安装 接地配置、保护导体和保护联结导体.

［6］ IEC 60287-1-3, Electric cables-Calculation of the current rating—Part 1-3: Current rating equations(100% load factor) and calculation of losses-Current sharing between parallel single-core cables and calculation of circulating current losses.

［7］ IEC 61557-9, Electrical safety in low voltage distribution systems up to 1 000 V a. c. and 1 500 V d. c. —Equipment for testing, measuring or monitoring of protective measures—Part 9: Equipment for insulation fault location in IT systems.

ICS 91.140.50
Q 77

中华人民共和国国家标准

GB 16895.13—2012/IEC 60364-7-701:2006
代替 GB 16895.13—2002

低压电气装置 第7-701部分:特殊装置或场所的要求 装有浴盆或淋浴的场所

**Low-voltage electrical installations—
Part 7-701: Requirements for special installations or locations—
Locations containing a bath or shower**

(IEC 60364-7-701:2006,IDT)

2012-06-29 发布　　　　2013-05-01 实施

中华人民共和国国家质量监督检验检疫总局
中国国家标准化管理委员会　发布

前　言

本部分的全部技术内容为强制性。

GB 16895《建筑物(低压)电气装置》分为5个部分：

——第1部分:基本原则,一般特性的评估和定义;

——第4部分:安全防护;

——第5部分:电气设备的选择和安装;

——第6部分:检验;

——第7部分:特殊装置或场所的要求。

本部分是GB 16895的第7部分。

本部分按照GB/T 1.1—2009给出的规则起草。

本部分代替GB 16895.13—2002《建筑物电气装置　第7部分:特殊装置或场所的要求　第701节:装有浴盆或淋浴盆的场所》。

本部分与GB 16895.13—2002相比,主要技术变化如下:

——增加了规范性引用文件(见701.2);

——在浴盆或淋浴的房间分区中,删去了3区的规定(见701.30);

——增加了附加防护的更多要求(见701.415);

——增加了有关局部等电位联结要求的说明(见701.415.2);

——增加了安装在1区和2区开关设备、附件以及用电设备的特殊要求(见701.512.4和701.55)。

本部分等同采用IEC 60364-7-701:2006(第2版)《低压电气装置　第7-701部分:特殊装置或场所的要求　装有浴盆或淋浴的场所》。

本部分与IEC 60364-7-701:2006(第2版)相比,章条编号完全一致,技术内容完全相同,但做了以下编辑性修改:

——用小数点符号“.”代替小数点符号“,”;

——删去了IEC标准的“前言”;

——在《低压电气装置　第7-701部分:特殊装置或场所的要求　装有浴盆或淋浴的场所》(英文版)中,有其他国家应用该标准的国家注与我国无关,在本标准中略去。

本部分由全国建筑物电气装置标准化技术委员会(SAC/TC 205)提出并归口。

本部分负责起草单位:中机中电设计研究院。

本部分主要起草人:王增尧、贺湘琨、黄宝生。

本部分所代替标准的历次版本发布情况为:

——GB 16895.13—2002。

引　言

本部分的要求是补充、修改或代替 GB 16895 其他部分的一般要求中的某些内容。

本部分条款的编号遵循 GB 16895 的模式并作相应的引用。接在第 701 部分的专用编号后面的是 GB 16895 的相应部分号或条款的编号。

GB 16895 本部分没有列出的章、节或条，则意味着 GB 16895 相应的一般要求仍然适用。

低压电气装置
第7-701部分：特殊装置或场所的要求
装有浴盆或淋浴的场所

701 装有浴盆或淋浴的场所

701.1 范围

本部分的特殊要求，适用于在装有固定的浴盆或淋浴场所中的电气装置，以及本部分所述的周围区域的电气装置。

本部分不适用于应急设施，例如，在工业区域或实验室方面所使用的应急的喷淋器。

注1：对于为医疗方面而设置的浴盆或淋浴的场所，可能需要有特殊要求。

注2：对于预制的浴盆和/或淋浴盆，还可以参见 IEC 60335-2-105。

701.2 规范性引用文件

下列文件对于本文件的应用是必不可少的。凡是注日期的引用文件，仅注日期的版本适用于本文件。凡是不注日期的引用文件，其最新版本（包括所有的修改单）适用于本文件。

GB 16895.21—2011 低压电气装置 第4-41部分：安全防护 电击防护（IEC 60364-4-41:2005，IDT）

GB 16895.3—2004 建筑物电气装置 第5-54部分：电气设备的选择和安装 接地配置、保护导体和保护联结导体（IEC 60364-5-54:2002，IDT）

IEC 61558-2-5 电力变压器、电源装置和类似产品的安全 第6部分：剃须刀用变压器和剃须刀用电源装置的特殊要求（Safety of power transformers，power supply units and similar—Part 2-5：Particular requirements for shaver transformers and shaver supply units）

701.30 一般特性的评估

701.30.1 通则

在应用本部分时，应考虑到在701.30.2至701.30.4中所规定的区域。对于固定的预制浴盆或预制淋浴盆，则这个区域是适用于当浴盆或淋浴盆是处于可以使用时的情况。

水平的或倾斜的天花板、有或没有窗户的墙壁、门、地板以及固定的隔墙，可能限制到装有浴盆或淋浴盆的范围以及它们的区域。在固定隔墙的尺寸小于相关区域的尺寸的场合，例如，隔墙的高度低于225 cm，则应考虑在水平方向和垂直方向的最小距离问题（见图701.1和图701.2）。

701.30.2 0区的说明

0区是指浴盆或淋浴内部的区域，见图701.1。

对于没有浴盆的淋浴，则0区的高度为10 cm，而且，其表面范围与1区具有相同的水平范围，见图701.2。

701.30.3 1区的说明

1区的范围界定：

a) 水平面的界定：由已固定的淋浴头或出水口的最高点对应的水平面或地面上方225 cm的水平面中较高者与地面所限定的区域。

b) 垂直面界定：

——围绕浴盆或淋浴盆的周围垂直面所限定的区域(见图701.1)；

——对于没有浴盆的淋浴器，是从距离固定在墙壁或天花板上的出水口中心点的120cm垂直面所限定的区域(见图701.2)。

1区不包括0区。

在浴盆或淋浴器下面的空间认为是1区。

701.30.4 2区的说明

2区的范围界定：

a) 水平面界定：由固定的淋浴头或出水口的最高点对应的水平面或地面上方225 cm的水平面中较高者与地面所限定的区域。

b) 垂直面界定：由1区边界线处的垂直面与距该边界线60 cm平行于该垂直面的界面两者之间所形成的区域(见图701.1)。

对于没有浴盆的淋浴器，是没有2区的，但1区被扩大为距固定装设在墙上或天花板上的出水口中心点120 cm处的垂直面(见图701.2)。

701.4 安全防护

701.4.4 保护措施：SELV和PELV特低电压

701.414.1 通则

在0区、1区和2区中，对所有的电气设备，都应采用下列措施作为直接接触防护：

——具有至少为IPXXB或IP2X防护等级的遮拦或外护物；或

——能耐受交流方均根值500 V电压达1 min的绝缘。

附录B 采用阻挡物和设置于伸臂范围之外

701.B.2 阻挡物

不允许采用阻挡物的措施作为直接接触防护。

701.B.3 设置于伸臂范围之外

不允许采用设置于伸臂范围之外的措施作为直接接触防护。

701.415 附加防护

701.415.1 附加防护：剩余电流保护器

在装有浴盆或淋浴器的房间，应采用一个或多个具有额定的剩余动作电流不超过30 mA的剩余电流保护器，对所有的回路提供保护。对下列回路，不要求使用剩余电流保护器：

——采用“电气分隔”的保护措施，且一个回路只供给一个用电设备；

——采用“SELV或PELV”保护措施的回路。

701.415.2 附加防护:辅助保护等电位联结

应设置按 GB 16895.21—2011 中 415.2 规定的局部的辅助保护等电位联结，在装有浴盆和/或淋浴器的房间内部，将保护导体与外露可导电部分和可接近的外界可导电部分相连接。

辅助的等电位联结可被设置在装有浴盆或淋浴器的室内或室外，尽可能在靠近外界可导电部分进入这个房间的入口处联结。

这些局部的保护等电位联结导体的截面积，应符合 GB 16895.3—2004 中 544 的规定。

下列为可能出现的外界可导电部分的例子：

——供水系统的金属部分和排水系统的金属部分；

——加热系统的金属部分和空气调节系统的金属部分；

——燃气系统的金属部分；

——可接触的建筑物的金属部分。

采用塑料护套的金属管道，只要在其所处的场所是不容易接近的，而且未被连接到并不是它们本身所连接的易于接近的可导电部分上，则不需要局部的辅助等电位联结。

附录 C 电气装置只能在熟练的或受过培训的人员管理或监督下才能工作的保护措施

701.C.1 非导电场所

不允许采用“非导电场所”的措施作为间接接触防护。

701.C.2 采用不接地的局部的等电位联结保护

不允许采用“不接地的等电位联结”作为间接接触防护。

701.413 保护措施:电气分隔

701.413.1 通则

采用“电气分隔”的保护措施只应被用于：

——向一个用电设备供电的回路；或

——一个单独的电源插座。

关于地面电加热系统，见 701.753。

701.5 电气设备的选择和安装

701.512.2 外界影响

安装的电气设备(见 701.512.4 和 701.55)应至少具有如下的防护等级；

——在 0 区，IPX7；

——在 1 区，IPX4；

——在 2 区，IPX4。

符合 IEC 61558-2-5 中的剃须刀电源器件，不需符合 2 区的要求。该区域不太可能受到淋浴器的直接喷淋。

容易遭受水喷淋的电气设备，例如，用作公共洗浴室清洁用的设备，应具有至少为 IPX5 的防护等级。

701.512.3 根据外界影响对布线系统的防护

下面的要求适用于：

a) 向0区、1区和2区的电气设备供电的布线系统，而且安装在划分区域的墙上时，应安装在墙的表面，也可暗敷在墙内其深度至少为5 cm。

1区的用电设备布线系统，安装方式应是：

——固定安装在浴盆上方的设备(例如，水加热器具)，其线路穿过设备后面的墙，自上垂直向下或水平敷设；

——设置在浴盆下面空间的设备，其线路穿过相邻的墙，自下垂直向上或水平敷设。

b) 所有其他暗敷在0区、1区和2区的墙或隔墙部分的布线系统，包括它们的附件在内，其埋设的深度，自划分区域的墙或隔墙表面起至少为5 cm。

c) 在a)或b)都不满足的情况下，则布线系统可按下列要求设置：

——回路是采用SELV或PELV或"电气分隔"的保护措施；或

——按GB 16895.21—2011中415.1规定，回路采用额定剩余动作电流不超过30 mA的剩余电流保护器的附加保护，这样的回路应装有保护导体；或

——暗敷电缆或导体具有符合该回路保护导体要求的接地金属护套，或者，电缆或导体敷设在满足本标准保护导体要求的接地的导管、槽盒或管道中，或者采用绝缘的同芯金属结构电缆或导体；或

——具有机械防护的暗敷电缆或导体，例如，采用金属导管敷线，它有可能防止电缆被铁丁、螺丝、钻头及类似的物件穿透。

701.512.4 根据外界影响确定开关设备，控制设备和附件的安装

下面的开关设备和控制设备是允许在相关的区域内使用的。

0区：

——不允许使用。

1区：

——按701.55的规定，允许在0区和1区中使用的用电设备的电源回路所用的接线盒和附件；

——标称电压不超过交流25 V或直流60 V的SELV或PELV作保护措施的回路的附件，包括电源插座在内，供电电源应设置在0区或1区之外。

2区：

——插座以外的附件；

——SELV或PELV保护回路的附件，包括电源插座在内，供电电源应设置在0区和1区之外；

——符合IEC 61558-2-5中的剃须刀电源器件；

——采用SELV或PELV保护的用于信号和通讯设备的附件，包括电源插座在内。

开关设备，控制设备和附件的安装，仍需要满足701.512.3b)中保持墙壁厚度的要求。

701.55 用电设备

在0区，用电设备的安装应满足下列全部条件：

——符合相关的产品标准，而且按照生产厂家使用和安装说明中所适用的区域使用；

——固定的永久性的连接；

——采用额定电压不超过交流12 V或直流30 V的SELV保护措施。

在1区，只能安装固定的永久性连接的用电设备，应采用生产厂家使用和安装说明中适用于1区的设备。例如：

——涡流设备;
——淋浴泵;
——额定电压不超过交流 25 V 或直流 60 V 的 SELV 或 PELV 保护的设备,例如照明设备;
——通风设备;
——毛巾架;
——电热水器;
——灯具。

701.753 地面电加热系统

对于地面电加热系统,应只能根据相关产品标准装用加热电缆或根据相关产品标准装用加热薄膜,它们应具有金属护套或金属外护物,或具有细密的金属网格。细密的金属网格、金属护套或金属外护物,都应与供电回路的保护导体连接。如采用 SELV 作为地面电加热系统的保护措施,则上述要求不是强制性的。

不允许对地面电加热系统采用"电气分隔"的保护措施。

所有尺寸单位为厘米

1) 侧视图 浴盆　　2) 顶视图

图 701.1 装有浴盆或淋浴场所中各区域的范围

所有尺寸单位为厘米

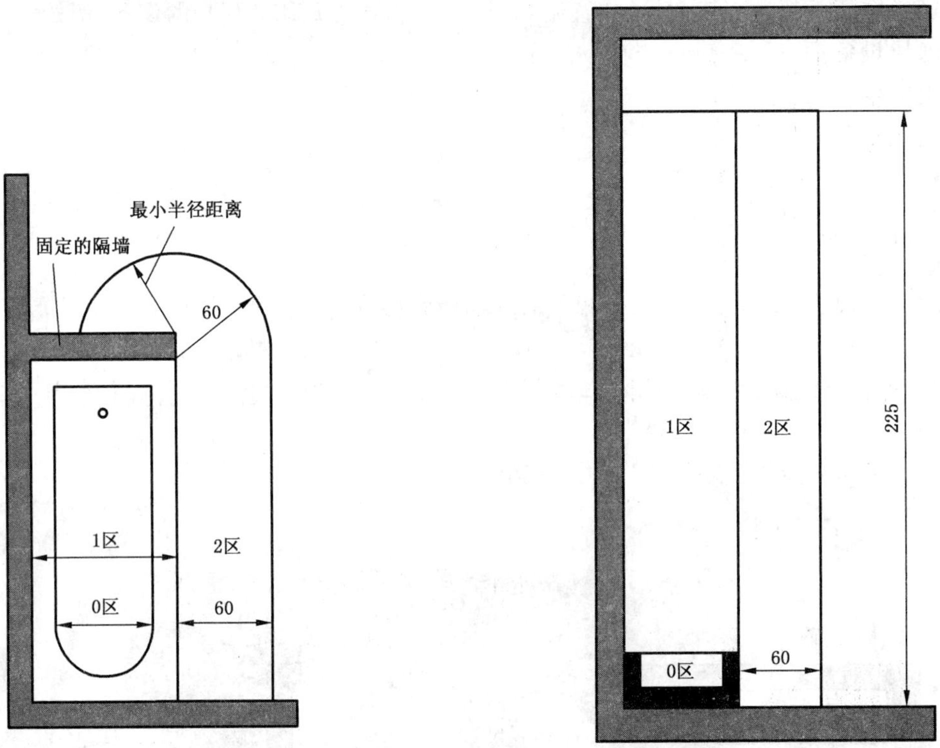

3） 顶视图(有固定隔墙和围绕隔墙的最小半径距离） 4） 侧视图 淋浴盆

图 701.1(续）

所有尺寸单位为厘米

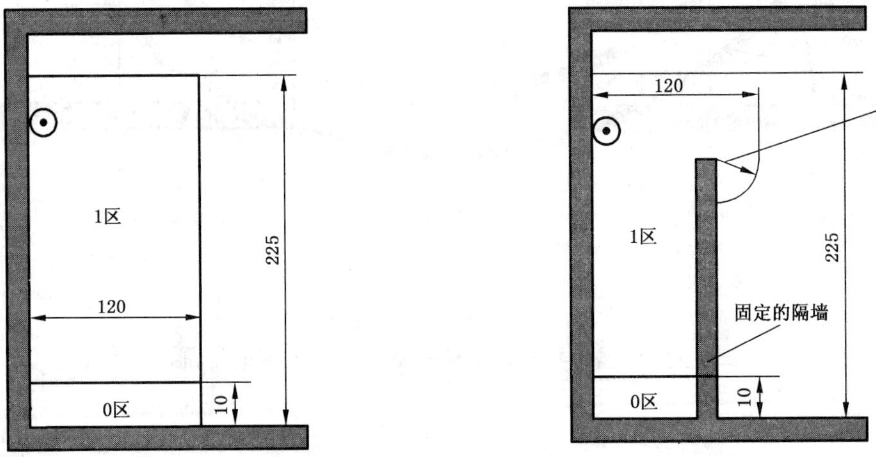

1） 侧视图 2） 侧视图(有固定隔墙和隔墙以上最小半径距离）

图 701.2 装有无淋浴盆或淋浴器的场所中区域 0 区和 1 区的范围

所有尺寸单位为厘米

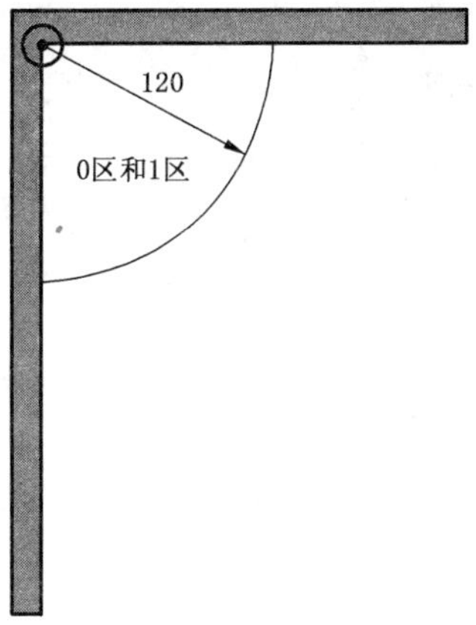

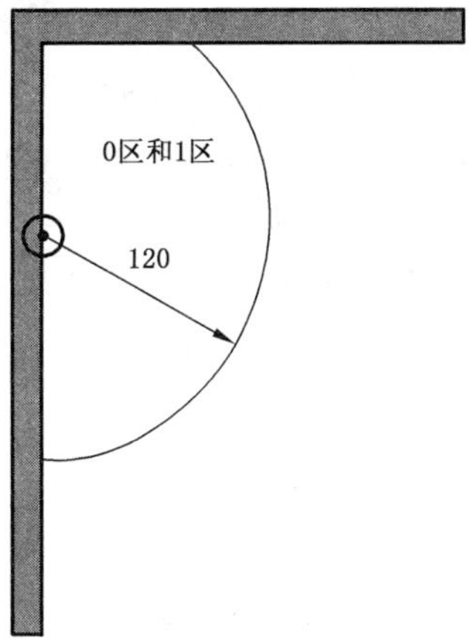

3） 出水器不同位置的顶视图

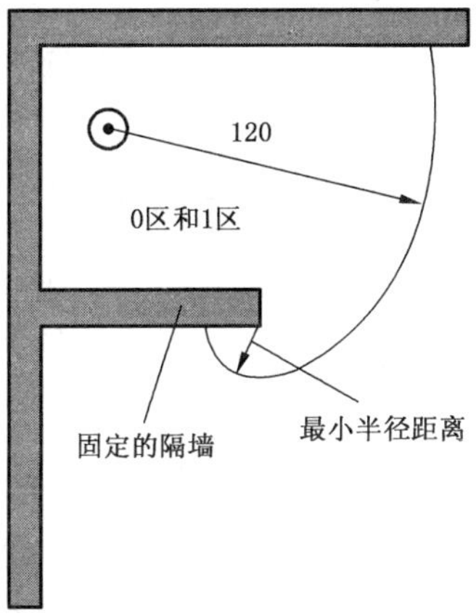

4） 有出水器的顶视图(有固定隔墙和围绕隔墙的最小半径距离)

图 701.2（续）

参 考 文 献

［1］ GB 4076(所有部分) 家用和类似用途电器的安全

［2］ IEC 60335-2-105 Household and similar electrical appliances—Part 2-105: Particular requirements for multifunctional shower cabinets

ICS 91.140.50
Q 77

GB

中华人民共和国国家标准

GB/T 16895.23—2012/IEC 60364-6:2006
代替 GB/T 16895.23—2005

低压电气装置 第6部分:检验

Low-voltage electrical installations—Part 6:Verification

(IEC 60364-6:2006,IDT)

2012-06-29 发布 2012-11-01 实施

中华人民共和国国家质量监督检验检疫总局
中国国家标准化管理委员会 发布

前　言

GB 16895《建筑物(低压)电气装置》分为5个部分：

——第1部分：基本原则，一般特性的评估和定义；

——第4部分：安全防护；

——第5部分：电气设备的选择和安装；

——第6部分：检验；

——第7部分：特殊装置或场所的要求。

本部分是GB 16895的第6部分。

本部分按照GB/T 1.1—2009给出的规则起草。

本部分代替GB/T 16895.23—2005《建筑物电气装置　第6-61部分：检验——初检》。

本部分与GB/T 16895.23—2005相比，主要技术变化如下：

——扩充范围，除初检外还增加了电气装置的定期检验(见6.1)；

——修改自动切断电源防护的检验要求(见61.3.6)；

——附加保护条件的检验要求(见61.3.7)；

——竣工初检和定期检验报告的要求(见61.4.3和62.3)；

——关于用电流钳测量接地环路阻抗的信息(见B.3)；

——关于电压降评估的信息(见附录D)；

——关于已经用过再利用的电气设备的建议(见附录E)；

——能够用于记录电气装置初检和定期检验的典型表格(见附录F、附录G和附录H)。

本部分等同采用IEC 60364-6:2006《低压电气装置　第6部分：检验》(英文版)。本部分与IEC 60364-6:2006相比，章条编号完全一致，技术内容完全相同。

与本部分中规范性引用的国际文件有一致性对应关系的我国文件如下：

——GB 16895(所有部分)　建筑物(低压)电气装置[IEC 60364(所有部分)]

——GB/T 18216(所有部分)　交流1 000 V和直流1 500 V以下低压配电系统电气安全　防护检测的试验、测量或监控设备[IEC 61557(所有部分)]

本部分由全国建筑物电气装置标准化技术委员会(SAC/TC 205)提出并归口。

本部分负责起草单位：中机中电设计研究院。

本部分主要起草人：贺湘琨、王增尧、黄宝生。

低压电气装置
第6部分:检验

6.1 范围

本部分规定了电气装置的初检和定期检验要求。

第61章给出了通过检查和测试,以尽可能合理地检验电气装置是否符合GB 16895的其他部分的相关要求,以及对初检结果报告的要求。在新装置完成安装或完成对原有装置的扩建或改建后,应进行初检。

第62章给出了对电气装置进行周期检验以尽可能确定装置及其所有配套设备是否满足使用条件,以及对周期检验结果报告的要求。

6.2 规范性引用文件

下列文件对于本文件的应用是必不可少的。凡是注日期的引用文件,仅注日期的版本适用于本文件。凡是不注日期的引用文件,其最新版本(包括所有的修改单)适用于本文件。

GB 16895.2—2005 建筑物电气装置 第4-42部分:安全防护 热效应防护(IEC 60364-4-42:2001,IDT)

GB 16895.3—2004 建筑物电气装置 第5-54部分:电气设备的选择和安装 接地配置、保护导体和保护联结导体(IEC 60364-5-54:2002,IDT)

GB 16895.4—1997 建筑物电气装置 第5部分:电气设备的选择和安装 第53章:开关设备和控制设备(idt IEC 60364-5-53:1994)

GB 16895.5—2000 建筑物电气装置 第4部分:安全防护 第43章:过电流保护(idt IEC 60364-4-43:1977)

GB 16895.6—2000 建筑物电气装置 第5部分:电气设备的选择和安装 第52章;布线系统(idt IEC 60364-5-52:1993)

GB/T 16895.18—2010 建筑物电气装置 第5-51部分:电气设备的选择和安装 通用规则(IEC 60364-5-51:2005,IDT)

GB 16895.21—2004 建筑物电气装置 第4-41部分:安全防护 电击防护(IEC 60364-4-41:2001,IDT)

GB/T 18216.2—2002 交流1 000 V和直流1 500 V以下低压配电系统电气安全 防护检测的试验、测量或监控设备 第2部分:绝缘电阻(IEC 61557-2:1997,IDT)

IEC 60364(所有部分) 建筑物低压电气装置(Low-voltage electrical installations)

IEC 61557(所有部分) 交流1 000 V和直流1 500 V以下低压配电系统电气安全 防护检测的试验、测量或监控设备(Electrical safety in low voltage distribution systems up to 1 000 V a.c. and 1 500 V d.c.—Equipment for testing, measuring or monitoring of protective measures)

6.3 术语和定义

下列术语和定义适用于本文件。

6.3.1

检验 verification

用来核查电气装置是否符合 GB 16895 系列标准相应要求的所有方法。

注：它包括检查、测试和报告。

6.3.2

检查 inspection

用感官对电气装置进行检验以确定电气装置内电气设备的选用和安装是否符合 GB 16895 系列标准的要求。

6.3.3

测试 testing

对电气装置进行测量以证明其有效性。

注：它包括使用合适的测量仪器获得的确定值，这些值不能通过检查获得。

6.3.4

报告 reporting

检查和测试结果的记录。

6.3.5

维护 maintenance

所有的技术和管理活动的组合(包括监管活动)，目的是使一个项目或设备维持或恢复至其能够正常工作的状态。

61 初检

注：在附录 C 中给出了第 61 章的应用导则。

61.1 总则

61.1.1 每个装置应尽可能在安装期间及完工后用户使用前进行检验。

61.1.2 应将 GB/T 16895.18 中 514.5 要求的资料以及初检所必需的其他资料提供给进行初检工作人员。

61.1.3 应将初检结果与相应标准进行对照，以确认实际是否满足 GB 16895 系列标准的要求。

61.1.4 在初检期间应采取预防措施，以确保检验不会对人身或家畜造成危害，甚至在回路存在缺陷时也不会对财产和设备造成损坏。

61.1.5 当对原有装置进行扩建或改建时，应检验此扩建或改建是否符合 GB 16895 系列标准，而且不降低现有装置的安全程度。

注：有关已经用过再利用的设备见附录 E。

61.1.6 初检应由能胜任检验工作的熟练人员进行。

注：进行检验的企业和人员的资质要求是国家需要考虑的事项。

61.2 检查

61.2.1 检查应在测试前，通常在装置通电之前进行。

61.2.2 检查中应确认作为固定装置一部分的电气设备是否满足下列要求：

——符合相关设备标准的安全要求；

注：这可以通过查询设备制造商的资料、设备的标志或合格证来实现。

——按 GB 16895 系列标准以及制造商的说明进行了正确的选择和安装；

——无可见的足以危害安全的破损。

61.2.3 检查应根据相应情况至少检查下列诸项：

a) 电击防护措施(见 4-41 部分)；

b) 有无防火遮栏和其他防止火灾蔓延的预防措施以及对热效应的防护(见 4-42 部分和 5-52 部分的 527)；

c) 按载流量和电压降选择的导体(见 4-43 部分和 5-52 部分的 523、525)；

d) 保护电器和监视电器的选择和整定(见 5-53 部分)；

e) 具有适用的隔离和开关电器，并且安装位置正确(见 5-53 部分的 536)；

f) 设备和保护措施的选择适应外界影响的条件(见 4-42 部分的 422、5-51 部分的 512.2 和 5-52 部分的 522)；

g) 正确识别中性导体和保护导体(见 5-51 部分的 514.3)；

h) 在线导体上连接的单极开关电器(见 5-53 部分的 536)；

i) 具有简图、警示标志或其他类似信息(见 5-51 部分的 514.5)；

j) 回路、过电流保护电器、开关、端子等的识别(见 5-51 部分的 514)；

k) 导体的连接牢固(见 5-52 部分的 526)；

l) 具有恰当的包括总等电位联结和辅助等电位联结在内的保护导体(见 5-54 部分)；

m) 设备便于操作、识别和维修的可接近性(见 5-51 部分的 513 和 514)。

检查应包括特殊装置或场所的所有特别要求。

61.3 测试

61.3.1 总则

本条所述测试方法系供参考的测试方法，如果其他方法能给出不逊于本方法的结果，则不排除采用其他方法。

测量仪器和监视设备及方法应按照 GB/T 18216 或 IEC 61557 进行选择。如果使用了其他测量设备，其性能和安全程度不应降低。

应根据有关的情况并宜优先按如下顺序进行测试：

a) 导体导电的连续性(见 61.3.2)；

b) 电气装置的绝缘电阻(见 61.3.3)；

c) 采用 SELV、PELV 或电气分隔的防护(见 61.3.4)；

d) 地板和墙的电阻/阻抗(见 61.3.5)；

e) 自动切断电源的防护(见 61.3.6)；

f) 附加保护(见 61.3.7)；

g) 极性测试(见 61.3.8)；

h) 相序校验(见 61.3.9)；

i) 功能测试(见 61.3.10)；

j) 电压降的检验(见 61.3.11)。

如果测试的任何一项显示出现故障，则该测试及以前的任何与该测试显示的故障有关的测试，应在消除缺陷后重新进行。

注：如果在潜在爆炸性大气环境下进行测试，则必须按照 GB 3836.16 和 IEC 61241-17 采取适当的安全预防措施。

61.3.2 导体导电的连续性

应对以下诸项进行连续性测试：

a) 保护导体,其中包括总等电位联结导体和辅助等电位联结导体;

b) 环形末端回路中的带电导体。

注:环形末端回路是从一个单一的供电点引出的连接成环的末端回路。

61.3.3 电气装置的绝缘电阻

应测量带电导体和连接到接地配置的保护导体之间的绝缘电阻。在进行该项测试时,可将带电导体连接在一起。

测量时不接用电器具,以表6A所列的测试电压测得的每一回路的绝缘电阻不小于表6A所列的相应值即认为满足要求的。

检验不接地的保护导体与大地间的绝缘电阻时应采用表6A所列值。

当电涌保护器(SPD)或其他设备可能影响测试结果或可能被损坏时,在进行绝缘电阻测试之前,应断开这些设备。

当断开这些设备不合理不可行时(例如当固定插座和SPD为一体时),特殊电路的测试电压可降低至250 V d.c.,但绝缘电阻值必须至少为1 MΩ。

注1:为测量目的,中性导体要从保护导体断开。

注2:在TN-C系统中,测量是在带电导体和PEN导体之间进行的。

注3:在火灾危险场所,宜测量带电导体之间的绝缘电阻。实际应用中,在电气装置安装期间连接设备之前,进行这一测量是必要的。

注4:绝缘电阻值通常远远高于表6A中所列的值。当测得值明显异常时,需进一步研究其原因。

表6A 绝缘电阻最小值

标称回路电压/V	直流测试电压/V	绝缘电阻/ MΩ
SELV和PELV	250	≥0.5
500 V及以下,包括FELV	500	≥0.5
500 V以上	1 000	≥1.0

61.3.4 采用SELV、PELV或电气分隔的防护

采用SELV保护的回路应按61.3.4.1进行分隔,采用PELV保护的回路应按61.3.4.2进行分隔,采用电气分隔保护的回路应按61.3.4.3进行分隔。

61.3.4.1、61.3.4.2和61.3.4.3中测得的电阻值应至少为按表6A中所列最高电压的回路的电阻值。

61.3.4.1 采用SELV保护

带电部分与其他回路的带电部分的分隔以及带电部分与大地的分隔,应按4-41部分的414通过测量绝缘电阻来检验。测得的电阻值应符合表6A。

61.3.4.2 采用PELV保护

带电部分与其他回路的分隔,应按4-41部分的414通过测量绝缘电阻来检验。测得的电阻值应符合表6A。

61.3.4.3 采用电气分隔的防护

带电部分与其他回路的带电部分及大地的分隔,应按4-41部分的413通过测量绝缘电阻来检验。

测得的电阻值应符合表 6A。

在电气分隔防护措施中，如接有一台以上的用电设备，可通过测量或计算来检验当同时发生两个不同线导体与连接该设备的保护联结导体或外露可导电部分之间阻抗可忽略不计的故障时，至少一个故障回路应被断开。断开时间应与 TN 系统中防护措施自动切断电源的时间相同。

61.3.5 地板和墙的电阻/阻抗

当需要符合 4-41 部分中 C.1 要求时，在同一处至少应测量 3 个点，其中的一个点应在距离任何可触及的外界可导电部分约 1 m 处，其他两个点的测量应在较远距离处进行。

绝缘地板和墙的电阻/阻抗的测量，在标称频率下采用系统对地电压进行。

应在该场所每个测量处合适相应的表面上重复进行上述测试。

注：在附录 A 中给出测量地板和墙的绝缘电阻/阻抗的方法的例子。

61.3.6 自动切断电源的防护

注：当采用 RCD 也用来防止火灾时，作为自动切断电源保护条件的检验，可认为涵盖了 4-42 部分的内容。

61.3.6.1 总则

为检验采用自动切断电源作为间接接触防护的有效措施，应进行如下检验：

a） TN 系统

对是否符合 4-41 部分的 411.4.4 和 411.3.2 的规定应进行下述检验：

1） 测量故障回路阻抗(见 61.3.6.3)。

注 1：当采用 $I_{\Delta n} \leqslant 500$ mA 的 RCD 作为分断电器时，测量故障回路阻抗通常不是必需的。

如果故障回路阻抗或保护导体电阻是可计算的，且装置的设置又允许检验导体的长度和截面积时，对保护导体的电气连续性的检验就足够了。

注 2：可用测量保护导体的电阻来检验是否合格。

2） 检验相关保护电器特性和(或)有效性。应检验：

——对过流保护电器进行视检(即检查断路器的短延时和瞬时脱扣整定值、熔断器的额定电流和型号)；

——对 RCD 进行视检和测试。

应按照 IEC 61557-6(见 61.3.1)采用合适的测试设备检验 RCD 自动切断电源的有效性，确认满足 4-41 部分的相关要求。

推荐按照 4-41 部分所要求的切断时间进行检验。然而，在以下情况下应检验切断时间的要求：

——已经用过再利用的 RCD；

——对现有装置进行扩建或改建，而现有 RCD 也被用作该电气装置扩建或改建的分断电器。

注：当在 RCD 以下的某点已经确认了防护措施的有效性时，可以通过确认该点以下的保护导体导电的连续性来验证防护的有效性。

另外，应以承包商和供电公司双方同意的协议来确认符合 4-41 部分的 411.4.1 的要求。

b） TT 系统

对是否符合 4-41 部分的 411.5.3 的规定应进行下述检验：

1） 测量装置的外露可导电部分的接地极电阻 R_A(见 61.3.6.2)

注：当无法测得 R_A 时，可用 a)1)的检验故障回路阻抗的方法来代替。

2） 检验相关保护电器特性和/或有效性。应检验：

——对过流保护电器用眼睛进行视检(即检查断路器的短延时和瞬时脱扣整定值、熔断器的电流额定值和类型)；

——对 RCD 进行检查和测试。

应按照 IEC 61557-6(见 61.3.1)采用合适的测试设备检验 RCD 自动切断电源的有效性，确认满足 4-41 部分的相关要求。

建议检验 4-41 部分所要求的切断时间。但在下列情况下应进行检验：

——已经用过再利用的 RCD；

——对现有装置进行扩建或改建，而现有 RCD 也被用作该电气装置扩建或改建的分断电器。

注： 当在 RCD 以下的某点已经确认了防护措施的有效性时，可以通过确认保护导体导电的连续性来验证该点以下的装置防护。

c) IT 系统

对是否符合 4-41 部分的 411.6.2 的规定，应通过计算或测量线导体或中性导体上的第一次故障电流 I_d 进行检验。

注 1： 只有在所有参数都不知道而又无法计算时才进行测量。在测量时应加小心，防范不慎发生第二次故障而引发危险。

当另一电路发生二次故障而出现类似于 TT 系统的那种情况时[见 4-41 部分的 411.6.4 的 a)]，则应按本条中的 TT 系统进行检验[见 b)]。

当另一电路发生二次故障而出现类似于 TN 系统的那种情况时[见 4-41 部分的 411.6.4 的 b)]，则应按本条中的 TN 系统进行检验[见 a)]。

注 2： 在进行故障回路阻抗测量时，在系统中性点与装置进线端(或者，当无法实现时，可以是测量点)的保护导体之间需要设置一个阻抗可忽略的连接线。

61.3.6.2 接地极电阻的测量

按规定(TT 系统见 4-41 部分的 414.5.3，TN 系统见 4-41 部分的 414.4.1，IT 系统见 4-41 部分的 411.6.2)用适当的方法测量接地极电阻。

注 1： 附录 B 中，方法 B1 作为示例给出了用两个辅助接地极进行测量的方法和其需满足的条件。

注 2： 当装置所处的位置实际上不能设置两个辅助接地极(如在市区)时，按照 61.3.6.3 或附录 B 的方法 B2 和 B3 测得的故障回路阻抗的测量值将比实际值大。

61.3.6.3 故障回路阻抗的测量

在测量故障回路阻抗之前应按照 61.3.2 进行电气连续性测试。

测得的故障回路阻抗，对 TN 系统应符合 4-41 部分的 411.4.4 的规定，对 IT 系统应符合 4-41 部分的 411.6.4 的规定。

如所测结果未满足本条要求或对其存在疑虑，而现场按 4-41 部分的 41.5.5 设置有辅助等电位联结时，应检验这种联结的有效性是否符合 4-41 部分的 415.2.2 的要求。

61.3.7 附加保护

附加保护措施的有效性是通过视检和测试来检验的。

当 RCD 被用来作为附加保护时，由 RCD 自动切断电源的有效性应采用符合 IEC 61557-6(见 61.3.1)的合适的测试设备进行检验，以确认它满足 4-41 部分的相关要求。

注 1： 当 RCD 被用于故障保护和附加保护时，宜按照 4-41 部分最严格的相关要求进行测试。

61.3.8 极性测试

在中性导体上禁止安装单极开关电器的地方，应进行极性测试，以核实所有这类电器只接于相导体上。

61.3.9 **相序校验**

在多相回路中，应校验相序。

61.3.10 **功能测试**

成套装置（诸如开关设备和控制设备、传动装置、控制及联锁装置）应进行功能测试，以检验它们是符合本标准的相关要求恰当地固定、调整和安装的。

应根据需要进行保护电器功能测试，以核实其安装和调整是否正确。

注：该功能测试并不代替相关标准规定的功能测试。

61.3.11 **电压降的检验**

当检验是否符合5-52部分的525要求时，可采用下列方式之一：

——可通过测量回路阻抗评估电压降；

——可通过类似于附录D中示例的图表评估电压降。

61.4 **初检报告**

61.4.1 在完成新装置或对现有装置的扩建或改建的检验之后，应提供一份初检报告。报告内容应包括装置检验的范围以及检查记录和测试结果的详细资料。

在承包人宣布装置符合GB 16895系列标准之前，应该纠正检验过程中发现的所有缺陷或遗漏。

61.4.2 当对现有装置的改建或扩建进行初检时，报告中可包括对维修和改进可能有用的建议。

61.4.3 初检报告应包括：

——检查记录；

——被测试的回路和测试结果的记录。

回路的详细记录和测试结果应该确认每个回路，包括其相关的保护电器，并且应记录相应的测试和测量结果。

61.4.4 负责装置的安全、施工和检验的人员应根据各自的职责向安排工作的人员提交报告，以及61.4.3中规定的记录。

注1：电气装置的初检报告宜建议初检和第一次定期检验之间的时间间隔。

61.4.5 报告应由能胜任检验的工作人编写、签署或批准。

注1：附录F、G和H给出了表格样式，可用于装置的说明和初检及定期检验，尤其适合于家庭用装置。

62 定期检验

62.1 总则

62.1.1 当有要求时，应按照62.1.2～62.1.6对每一电气装置进行定期检验。

应尽可能研究在此之前的定期检验的记录和建议。

62.1.2 包括对装置进行详尽检查的定期检查应在不拆除或仅部分拆除装置的情况下进行，根据需要还可按第61章辅以适当的测试及检验，以证明RCD符合4-41部分规定的切断时间的要求，并且通过测量证明：

a) 人员和家畜不会受到电击和烧灼的伤害，和

b) 不会由于装置缺陷引起的火灾和发热量的增加损坏财产，和

c) 确认装置没有因为被损坏或劣化而影响安全，和

d) 查出可能会发生危险的装置缺陷和不符合本标准之处。

如此前无存档材料，需进行更深入的检查。

注1：现有装置可能是按照GB 16895系列标准的较早版本设计和安装的，设计和安装符合当时版本的标准。并不一定要认为他们是不安全的。

注2：根据GB 16895.21—2004，在检验最大断开时间是否符合要求时，试验时宜采用5倍 $I_{\Delta n}$ 的剩余电流。

62.1.3 在进行定期检验时应采取预防措施，以确保定期检验时甚至在线路存在缺陷时，不会对人身或家畜造成危害，也不会对财产及设备造成损坏。

测量仪器和监视设备及检测方法应按照GB/T 18216或IEC 61557进行选择。如果使用了其他测量设备，其提供的性能和安全程度不得降低。

62.1.4 装置或装置的任何部分的定期检验都应记录定期检验的范围和结果。

62.1.5 任何损害、劣化、缺陷或危险状态都应记录。此外还应记录按照本标准进行定期检验的重要的局限性及其原因。

62.1.6 检验应由能胜任的熟练人员进行。

注：进行检验的企业和人员的资质要求是国家需要考虑的事项。

62.2 定期检验的周期

62.2.1 装置的定期检验周期应由装置和设备的类型、使用和工作状态、维护频率和质量及其外部环境条件的影响决定。

注1：定期检验之间的最长间隔可由法律或其他国家法规来确定。

注2：定期检验报告宜向执行定期检验的人员建议下次进行定期检验的时间间隔。

注3：这种间隔可为几年(例如4年)，但对以下存在较高危险性的场所要求更短的间隔者除外：

——由于条件劣化存在电击、火灾或爆炸危险的工作地点或场所；

——高压和低压两种装置同时存在的工作地点或场所；

——公用设施；

——施工场所；

——安全装置(例如应急灯具)。

住宅则以较长间隔为宜(例如10年)。强烈建议在住宅的住户变动之后对电气装置进行检验。

当有在此之前的报告的结果和建议可用时，应充分考虑。

注4：对于没有在此之前的报告可用的情况，深入的调查是必需的。

62.2.2 对于处于有效管理体制进行正常条件下的预防性维护的装置，可用熟练人员对装置和它的组成设备进行连续监测和维护的适当制度取代定期检验。应保留相应的记录。

62.3 定期检验报告

62.3.1 在对现有装置完成定期检验后，应提供定期检验报告。报告内容应包括关于被检验装置部分的详细信息和报告所覆盖部分的检验局限性，以及检查记录，包括在62.1.5中列出的任何不足及测试结果。定期检验报告可包括对维修和改进的建议，例如将装置升级至符合当前标准。

定期检验报告应由可靠的执行检验的人员或由被授权的人员提供给安排检验的人员。

测试结果记录应记录62中所列的每项测试结果。

62.3.2 报告应由能胜任检验的工作人编写、签署或批准。

附　录　A
（资料性附录）
测量地板和墙对地或保护导体的绝缘电阻/阻抗的方法

A.1　总则

绝缘地板和墙的电阻/阻抗测量应以标称频率和系统对地电压来进行或者采用标称频率的较低电压，但需辅以绝缘电阻值的测试来进行。例如可采用以下测量方法进行：

1)　交流系统

——以标称交流电压进行测量，或

——以较低的交流电压（最低 25 V）进行测量，但需增作绝缘测试。作此测试时，如系统标称电压不超过 500V 测试电压最低为 500 V（直流），如果系统标称电压超过 500 V 则测试电压最低为 1 000 V（直流）。

可选用以下测试电压源之一：

a)　测量点已有的接地的系统电压（对地电压）；

b)　双线圈变压器的二次电压；

c)　和系统标称频率相同的独立电压源。

在 b）和 c）规定的条件下，测量电压应接地以便测量。

出于安全原因，当测量电压高于 50 V 时，最大输出电流应限制为 3.5 mA 及以下。

2)　直流系统

对于系统标称电压不高于 500 V 的情况，采用最低试验电压 500 V（直流）进行绝缘测试；

对于系统标称电压高于 500 V 的情况，采用最低试验电压 1 000 V（直流）进行绝缘测试；

绝缘测试宜采用符合 GB/T 18216 和 IEC 61557-2 的测量设备。

A.2　利用交流电压测量地板和墙的阻抗的方法

从电压源输出端或相导体 L 通过一个电流表向测试电极施加电流 I。使用对 PE 内阻至少为1 MΩ 的伏特表测量电极处的电压 U_X。

则地板的绝缘阻抗为：$Z_X = U_X / I$。

为确定阻抗值，应根据需要在随机选择的多点进行测量，但不少于三点。

测试电极可采用图 A.1 和图 A.2 型式的任何一种。当有争议时，使用测试电极 1 是可供参考的方法。

A.3　测试电极 1

此电极包括一个金属三脚座，其支于地板上的支脚形成等边三角形的 3 个顶点。每一支脚有一柔韧的底垫，以保证在加上负载时，与面积约 900 mm^2 的被测表面紧密接触，并呈现 5 000 Ω 以下的电阻。

在测量前、被测表面应用清洁液加以清洁。测量时施加于三脚座上的力在地板或墙上分别约为 750 N 或 250 N。

单位为毫米

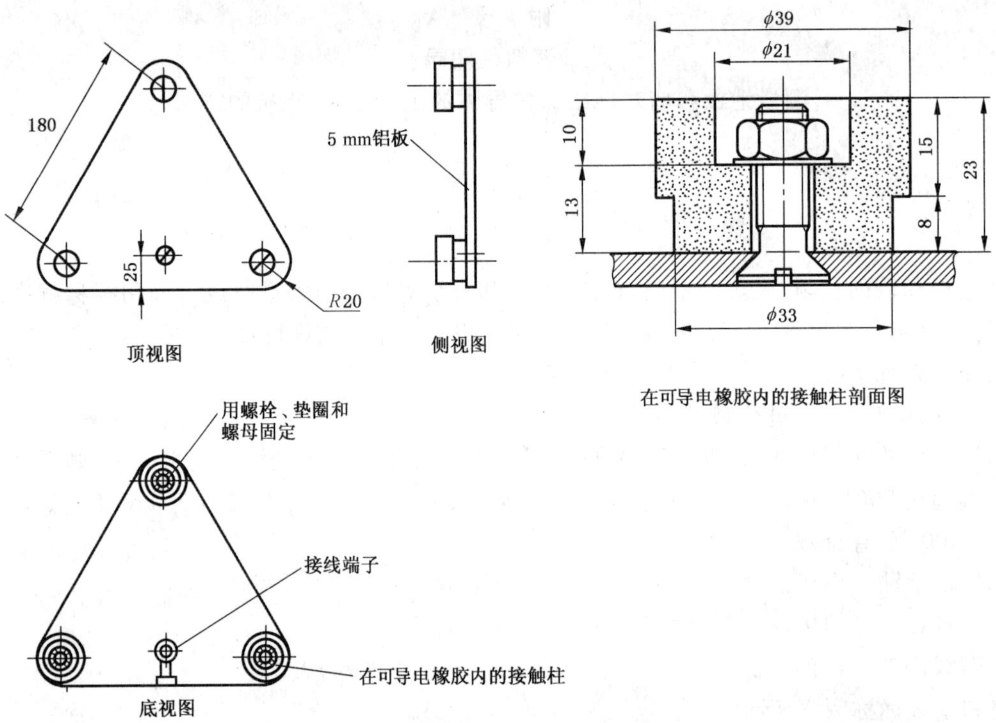

图 A.1　测试电极 1

A.4　测试电极 2

此电极包括一块边长 250 mm 的正方形金属板和一块挤去水分但仍潮湿的边长约 270 mm 的正方形吸水纸或吸水布，这个纸或布放在金属板和被测表面之间。

测量时，施加于金属板上的力对于地板约为 750 N 而对于墙壁约为 250 N。

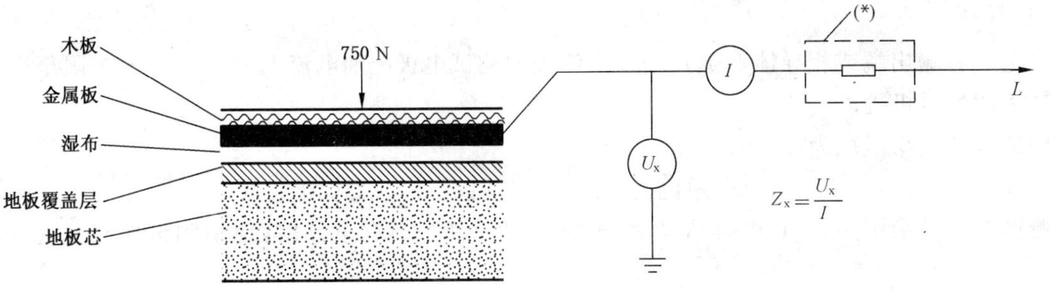

(＊)为防止无意的接触引起电击事故用一电阻将电流限制在 3.5 mA 及以下。

图 A.2　测试电极 2

附 录 B
（资料性附录）
方法 B1、B2 和 B3

B.1 方法 B1——接地极电阻的测量

作为一个示例，在测量接地电阻时可采用以下的程序（见图 B.1）。

接地极 T 和辅助接地极 T_1 之间通以稳定的交流电流。T_1 设在距 T 一定的距离处，使两接地极的电阻区域不重叠。

可将金属棒 T_2（它可为一长钉）在 T 和 T_1 的中间处埋入地下作为第 2 个辅助接地极，测出 T 和 T_2 之间的电压降。

用 T 和 T_1 之间流过的电流值除 T 和 T_2 之间的电压，即得出接地极的电阻，条件是电阻区域没有重叠。

为检验所测的接地电阻是否是真实值，将第 2 个辅助接地极 T_2 分别向远离和靠近 T 的方向移动距离约 6m，再测取两次电阻值。若三次得到的结果大体上是一致的，取三次测算的平均值，为接地极 T 的电阻。如果不一致，再加大 T 与 T_1 之间的距离，重复上述测试。

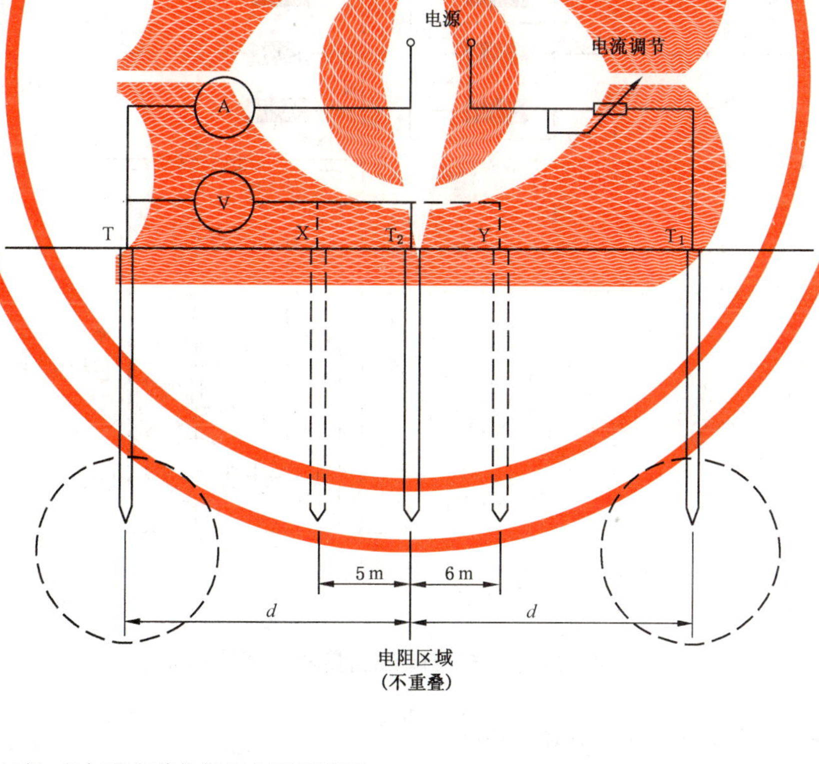

说明：

T ——被测接地极，它与所有其他供电电源都断开；

T_1——辅助接地极；

T_2——第 2 个辅助接地极；

X ——校验测量结果时所用的 T_2 的另一位置；

Y ——再次校验测量结果时所用的 T_2 的又一个位置。

图 B.1 接地电阻的测量

B.2 方法 B2——故障回路阻抗的测量

故障回路电阻的测量应按照 61.3.6.3 的要求进行。

作为一个示例,可采用以下测量电压降的方法(见图 B.2)。

注 1:本附录所推荐的方法仅能给出故障回路阻抗的近似值,因为该方法没有考虑电压的矢量特性,也就是未考虑实际接地故障时存在的条件。然而只要相关回路的电抗是可以忽略的,这个近似程度还是可以接受的。

注 2:在进行故障回路阻抗测量前,最好在总接地端子与外露可导电部分之间进行连续性测试。

注 3:注意,现在此方法在应用中有困难。

如果待检验回路的电压是用接通、断开可调负载电阻的方法测得的,则计算故障回路阻抗的公式是:

$$Z=\frac{U_1-U_2}{I_R}$$

式中:

Z ——故障回路阻抗;

U_1 ——不接通负载电阻时测得的电压;

U_2 ——接通负载电阻时测得的电压;

I_R ——通过负载电阻的电流。

注 4:U_1 和 U_2 之间宜有显著的差别。

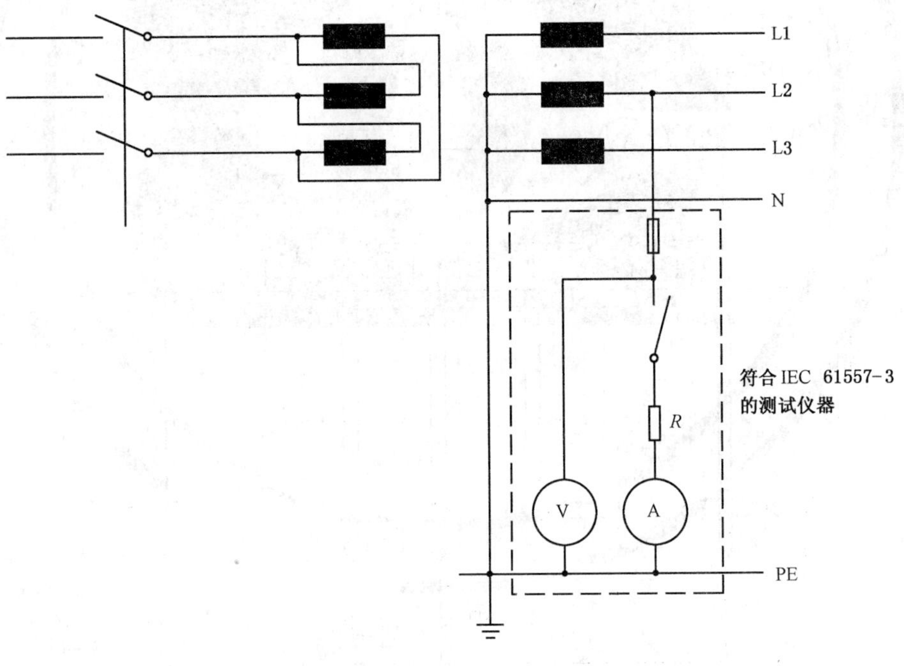

图 B.2 采用阻抗压降法测量故障回路的阻抗

B.3 方法 B3——采用电流钳测量故障回路阻抗

本方法适用于如图 B.3 所示的多点接地网中接地环路接地电阻值的测量。

第一个电流钳在环路中感应一个测量电压 U,第二个电流钳测量出环路中的电流 I。用电压 U 除以电流 I,即可计算得到环路电阻。

$R_1 \sim R_n$ 的并联电阻值可以忽略不计,未知电阻等于测得的环路电阻或稍小。

每个电流钳可各接至一仪表,也可将两钳组合成一把专用的电流钳。

该方法可直接应用于 TN 系统或共用接地的 TT 接地系统。

在 TT 系统中，当仅有待测的一个接地极时，测量时可短时间暂将该接地极和中性导体连接以形成闭环(类似 TN 系统)。

为避免由于中性导体和地之间的电位差引起的电流可能产生的危险，在连接和断开时宜将系统断开。

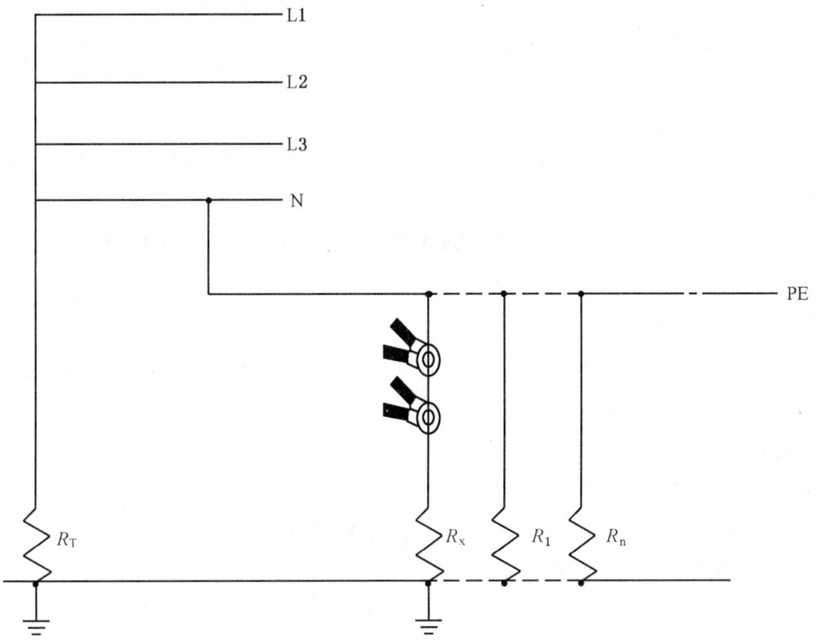

R_T——变压器的接地连接；

R_x——被测的未知接地电阻；

$R_1,\cdots,R_n$——通过等电位联结或 PEN 导体连接形成的并联接地连接。

图 B.3 采用电流钳测量接地环路电阻

附　录　C
（资料性附录）
61-初检的应用导则

本附录的条号采用61中相应的条款编号。

没有提及的条号则表明它们没有附加说明。

C.61.2　检查

C.61.2.2　这种检查也是要核查设备是否按厂家的说明书安装，以免对其性能造成不利影响。

C.61.2.3

b)　有防火遮栏和其他防止火灾蔓延的预防措施以及对热效应的防护（见4-42部分和5-52部分的527）

——防火遮栏（5-52部分的527.2）

对封堵的安装进行检验是要确认其是否符合国家标准或IEC标准的相关产品型式试验（由ISO在考虑中）的有关安装要求。

做了这种检验之后不要求再作其他测试。

——热效应防护（4-42部分）

4-42部分的有关热效应保护的规定适用于正常即无故障运行。

4-43部分和5-53部分的533的目的是布线系统的过电流保护。

保护电器由于短路或过负荷故障而动作被视作是其正常的动作。

——防火（4-42部分的422）

442中对具有火灾危险场所要求的前提条件是假定其过电流保护符合4-43部分的规定。

c)和d)按载流量和电压降选择导体以及保护电器和监视电器的选择和整定

对导体选择，包括它们的材料、安装和截面积以及保护电器的安装和整定，均应根据装置的设计者的计算进行检验。这种计算应符合本系列标准的规定，特别是符合4-41、4-43、5-52、5-53和5-54部分的规定。

i)　具有简图、警示标志或其他类似信息

当一个装置内包含几个配电盘时，特别需要像5-51部分的514.5规定的那种简图。

k)　导体的连接牢固

这项检验的目的是检查对连接的导体采取的紧固措施是否适当和连接是否正确。

在有疑虑时，最好测量一下连接的电阻，这个电阻不应大于长为1 m，截面积等于所连接的最小导体截面积的导体电阻值。

m)　设备便于操作、识别和维修的可接近性

应检验操作器件的设置是否满足操作人员接近的要求。

与应急开关电器有关的规定见5-53部分的536.4.2。

用于机械维护时断电用的电器的规定见5-53部分的536.3.2。

C.61.3　测试

C.61.3.2　保护导体导电的连续性

检验自动切断电源防护的条件（见61.3.6）时，要求作这种测试；如果测试所用电器给出了相应的显示，则视为测试合格。

注： 试验宜尽量采用小电流，以免引起火灾和爆炸危险。

C.61.3.3 电气装置的绝缘电阻

应在装置与电源隔离的条件下进行测量。

绝缘测量通常应在装置的电源进线端进行。

如果测得的值低于表6A规定的值,可将该装置分成几组回路,并分别测出每组回路的绝缘电阻。如果其中一组回路测得的阻值低于表6A规定的值,则应测这组中的每一回路的绝缘电阻。

当某些回路或回路的一部分是由欠电压电器(例如接触器)切断所有带电导体时,则这些回路或回路一部分的绝缘电阻应分别测量。

C.61.3.4 采用SELV、PELV或电气分隔的防护

C.61.3.4.3 采用回路分隔的防护

当设备内既含有被分隔的回路,又含有其他回路时,则设备的绝缘应满足各回路相关标准的安全要求的设备来满足。

C.61.3.6 采用自动切断电源防护的条件的检验

C.61.3.6.1 总则

根据GB 16895.21—2004,在检验是否符合最大断开时间时,宜采用剩余电流等于5倍$I_{\Delta n}$进行测试。

C.61.3.6.2 故障回路阻抗的测量:考虑到导体电阻随温度升高而增大

由于测量是在室温下采用小电流进行,可按以下程序检验由于故障使导体电阻随温度升高而增大,所测得的TN系统故障环路的阻抗值是否符合4-41部分的411.4的要求。

当所测得的故障环路的阻抗值满足下列方程式时,即认为满足了411.4的要求:

$$Z_{s(m)} \leqslant \frac{2}{3} \times \frac{U_0}{I_a}$$

式中:

$Z_{s(m)}$——在故障点测得的故障回路起点和终点间的阻抗,Ω;

U_0 ——相导体对接地的中性导体的电压,V;

I_a ——保护电器在表41.1规定的时间内,或按411.4规定的条件,在5 s内自动动作的电流,A。

当测得的故障回路阻抗值超过$2U_0/3I_a$时,可按下列程序对故障回路阻抗进行估算,以便对是否符合411.4的规定作更准确的评估:

a) 首先在装置的起始端测出电源的相导体—接地的中性导体的环路阻抗Z_e;

b) 然后测出配电回路相导体和保护导体的电阻;

c) 再测出末端回路相导体和保护导体的电阻;

d) 考虑到保护电器的允通能量,在故障电流的情况下,按照a)、b)和c)测试的电阻值在温度升高的基础上随之增大;

e) 最后将按照d)增大的电阻值,加上电源的线导体与接地的中性导体回路的阻抗Z_e,从而得出故障条件下Z_s的实际值。

附 录 D
（资料性附录）
电压降评估的简图实例

电压降评估的实例见图 D.1。

标称电压为交流 400 V 的三相系统，布线温度 55 ℃时，电压降为 4%、安装的 PVC 铜芯电缆的最大电缆长度。

对于单相布线系统（交流 230 V）：最大电缆长度除以 2。

对于铝线：最大电缆长度除以 1.6。

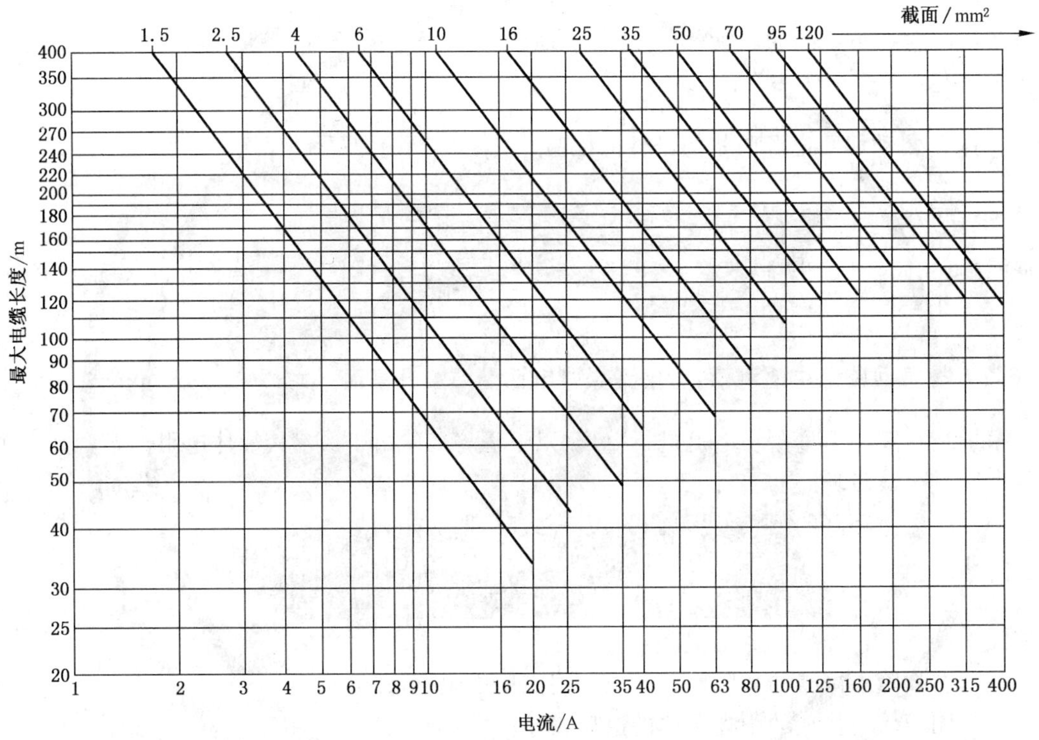

注：上图不是导体载流量指南。

图 D.1 电压降评估的简图实例

附 录 E
（资料性附录）
对电气装置中已经用过再利用的电气设备的建议

已经用过再利用的设备是指在此之前已被安装的设备。

对于已经用过再利用的设备，在检验时宜验证有关文件，其内容至少包括以下资料：

——已经用过再利用设备的类型；

——制造商；

——设备安装时的详细资料；

——测试仪器；

——检查结果；

——进行过的测试，包括 RCD 的断开时间的检验，以及测试结果。

附 录 F
（资料性附录）
被检验装置的记录

注：本记录尤其适合于家用装置。

检验类型

☐ 初检

☐ 定期检验

用户名称和地址：

电气装置所在地址：

安装者名称和地址：

装置的类别

☐ 新建　　☐ 改建

☐ 扩建　　☐ 现有

检验员姓名：

装置工作状态说明：

检验日期：

签名：..

使用的仪器：

型号	类型	序列号

电源类型和接地配置		标记箱子和输入详细资料(如适用)	
接地配置 供电公司 ☐ 用户接地极 ☐	带电导体的数量和类型	电 源 参 数	电源进线保护电器的特性
系统类型 TN-C ☐ TN-C-S ☐ TN-S ☐ TT ☐ IT ☐ 替换电源 ☐ (在附表上详细说明)	交流 ☐　直流 ☐ 单相,2 线(LM) ☐　2 极 ☐ 单相,3 线(LLM) ☐　3 极 ☐ 2 相,3 线(LLN) ☐　其他 ☐ 3 相,3 线(LLL) ☐　其他 ☐ 3 相,4 线(LLLN) ☐　其他 ☐	标称电压 U/U_0 (1) .... V 标称频率 f (1) .... Hz 最大预期短路电流 I_{cc} (2) .... kA 外部接地故障环路阻抗 Z_e (2) ... Ω 注： (1) 通过查询 (2) 通过查询，或通过测量或者计算	类型：............... 标称电流 .... A RCD 的灵敏(如适用) .... mA

用户接地极的详细资料(如适用)			
类型	材料		
	铜	铁	其他
基础接地极	□	□	□
埋地接地极	□	□	□
接地棒	□	□	□
接地带	□	□	□
其他：________	□	□	□
位置：________			
接地电阻：________：			
注：如果不能获得现有装置的以上信息，宜加注明。			

接地导体和总等电位联结导体			
接地导体：	材料________	截面________mm^2	检验了连接的导通性 □
总等电位联结导体：	材料________	截面________mm^2	检验了连接的导通性 □
与引入的水管和/或燃气管道的联结 □		其他联结：________	
辅助等电位联结			
浴室/浴盆：	材料________	截面________mm^2	检验了连接的导通性 □
游泳池：	材料________	截面________mm^2	检验了连接的导通性 □
其他：(请说明)	材料________	截面________mm^2	检验了连接的导通性 □

安装在电气装置电源进线端的隔离和保护电器			
	类型	极数	额定值
总开关			V A
熔断器或断路器			I_n A I_{cn}、I_{cu}、I_{cs} kA
RCD			I_n A $I_{\Delta n}$ mA

附 录 G
（资料性附录）
检查电气装置的表格（见 G.2 中的示例）

G.1 检查电气装置的表格

注：尤其适合于家用电气装置。

A 直接接触防护

	项目	是否符合要求1)	备注
i	带电部分绝缘		
ii	遮栏		
iii	外护物		

B 设备

	设备	选择2)	安装1)	备注
i	电缆			
ii	布线附件			
iii	导管			
iv	槽盒			
v	配电设备			
vi	灯具			
vii	电加热设备			
viii	保护电器 RCD、断路器等			
ix	其他			

C 识别

	项目	有/无	正确位置	正确用语	备注
i	保护电器、开关和接线端子的标签				
ii	警告标识				
iii	危险标识				
iv	导体的识别				
v	隔离电器				
vi	开关电器				
vii	简图和表				

1） 如果符合国家电气装置标准，则填写“C”；否则填写“NC”。

2） 如果符合产品标准，加以明确填写。如有怀疑，需从制造商处（例如从产品资料）获得关于符合标准的声明。

G.2 检查装置时应该检查项目的示例

总则

- □ 使用良好的工艺和合适的材料
- □ 分隔回路(回路之间没有中性导体互连)
- □ 回路能被识别(中性导体和保护导体的顺序与相导体的顺序一样)
- □ 安装的保护电器满足切断时间的要求
- □ 回路的数量足够
- □ 提供的插座数量足够
- □ 所有的回路均被适当地标识
- □ 提供了适当的总开关
- □ 总隔离器能断开所有的带电导体(如果有)
- □ 提供了总接地端子,易接近、可识别
- □ 正确地标识了导体
- □ 安装了正确的熔断器或断路器
- □ 所有连接是可靠的
- □ 已经按照国家标准对整个装置进行了接地
- □ 总等电位联结将各种设施和其他外露可导电部分连接到了总接地设施
- □ 所有浴室和淋浴房均提供了辅助等电位联结
- □ 所有的带电部分被绝缘或位于外护物之内

A 直接接触防护

- □ 带电部分的绝缘
- □ 遮栏(检查是否完好和安全)
- □ 对于外界影响,外护物具有合适的防护等级
- □ 外护物的电缆入口已经正确密封
- □ 将外护物不用的入口开孔密封(需要时)

B 设备

1 电缆和电线

非软电缆和电线

- □ 型号正确
- □ 电流额定值正确
- □ 无护套电缆用套管、管道或槽盒等外护物保护
- □ 有护套的电缆被布置于允许区域或提供了额外的机械防护
- □ 曝露在阳光直接照射区域的电缆选用了正确的电缆类型
- □ 根据使用要求,选择和安装正确,例如暗埋
- □ 正确选择和安装了外墙上使用的电缆

□ 弯曲半径符合相关的标准
□ 支撑正确
□ 电气和机械的接头和连接合理，并具有足够的绝缘
□ 所有电线端头被牢固地包容在端子盒内，不受应力
□ 终端头的外护物
□ 装置能够很容易地更换被损坏的导体
□ 电缆的安装使导体和端头免受过大的应力
□ 热效应防护
□ 一根导管允许敷设同一回路的导体数(例外情况见 GB 16895.6 中 521.6)
□ 导体的连接(端头的尺寸与导体的截面积相匹配)，应保证足够的接触压力
□ 确定导体的载流量和电压降时考虑了布置方式的不同
□ N、PEN 和 PE 导体的标识

软电缆和电线

□ 选择能够耐热的电缆
□ 未使用被禁用的芯线颜色
□ 接头采用了电缆连接器
□ 与其他用电设备的终端连接牢固，连接不受应力
□ 电缆悬挂物的质量未超过正确值

保护导体

□ 每一点和附件都有保护导体
□ 柔性导管内另设保护导体
□ 铜导体的最小截面
□ 绝缘、套管和端头均采用了黄/绿颜色组合进行了标识
□ 导体间的连接牢固
□ 总等电位联结和辅助等电位联结导体的截面正确

2　线路附件(灯具—见下文)

总则(适用于各种附件)

□ 当相关产品标准中有要求时，具有明显的指示说明符合相应的产品标准
□ 盒体或其他外护物固定牢固
□ 暗装盒体的边缘没有突出墙面之外
□ 电缆进出口、螺钉头等地方没有会损坏电缆的毛刺
□ 非铠装电缆，以及被剥去铠装层的电缆芯，没有暴露于外护物之外
□ 连接正确
□ 导体标识正确
□ 裸露的保护导体有绿/黄色标记
□ 端头紧密，导体所有线股压实电线夹使用正确或者电缆卡子合适，防止端子上有应力

□ 电流额定值足够
□ 适应可能会遭遇的各种条件

插座

□ 距地板或工作台面的安装高度合适
□ 极性正确
□ 回路保护导体直接连接至插座的接地端子

接线盒

□ 便于检视接头
□ 防止机械损伤接头

连接单元

□ 开关处于人使用浴室或淋浴时的触及范围之外
□ 熔断器的额定值正确

炊具控制单元

□ 安装位置在侧面，并且足够低，方便操作，防止柔软的拖线越过发热板
□ 固定连接到炊具的电缆，防止接头受应力

照明控制器

□ 单极开关只连接到相导体
□ 导体的色标或标识正确
□ 外露金属件例如开关金属面板接地
□ 开关位于人使用浴室或淋浴时的范围之外

用电设备的固定连接（包括灯具）

□ 按照制造商的建议进行安装
□ 防止直接接触

3 导管

总则

□ 当相关产品标准中有要求时，具有明显的指示说明符合相应的产品标准
□ 固定牢固，在安装位置上有覆盖物，足以防止机械损伤
□ 未超过施工时便于拽拉电缆的电缆数量

☐ 具有足够的接线盒以便于拉电缆
☐ 弯曲半径合适，不会损伤电缆
☐ 防护等级与外界影响相适应

刚性金属导管

☐ 连接至总接地端子
☐ 相导体电缆和中性导体电缆处于同一导管
☐ 导管适合于潮湿和腐蚀性环境

金属软管

☐ 设置单独的保护导体
☐ 足够的支撑物和终端

刚性非金属管道

☐ 膨胀和收缩的预防措施
☐ 接线盒和固定件适合于在预期温度下悬挂灯具的重量
☐ 有保护导体

4 电缆槽盒

总则

☐ 当相关产品标准中有要求时，具有明显的指示说明符合相应的产品标准
☐ 固定牢固，防护措施足以防止机械损伤
☐ 选择、安装和布线都要保证不会因为进水而引起损伤
☐ 垂直布线的电缆设置有支持件
☐ 防护等级与外界影响和位置相适应

金属槽盒——附加要求

☐ 相导体和中性导体处于同一金属槽盒内
☐ 能够抵御潮湿或腐蚀环境
☐ 接地正确
☐ 机械连接牢固，段间有搭接以保证足够的导电连续性

5 配电设备

☐ 当相关产品标准中有要求时，具有明显的指示说明符合相应的产品标准

☐ 设计用途适当
☐ 固定牢固,标志适应其预期的用途
☐ 开关设备保护导体接头不导电面层的清除,如果需要,连接后验证其导电连续性
☐ 正确接地
☐ 估计到可能遭遇的条件,也就是适合于预期环境
☐ 具有正确的 IP 防护等级
☐ 如果可行,也适用于隔离
☐ 正常使用浴室或淋浴的人员不能触及
☐ 需要的隔离开关、机械维护开关、紧急开关和功能性通断均符合要求
☐ 所有的连接牢固
☐ 电缆终端连接正确并便于识别
☐ 电缆进出口、螺钉头等没有会损坏电缆的毛刺
☐ 所有覆盖物和设备位置适当并且安全
☐ 足够的通道和操作空间
☐ 外护物适合于机械防护,如果可行还适用于防火
☐ 防止直接接触
☐ 设备连接正确
☐ 保护电器(过流保护)的选择和整定正确
☐ 每个回路单独设置保护电器
☐ 配线正确地固定在配电盘上

6 灯具

照明点

☐ 线路终端正确连接在适当的附件或配件内
☐ 出线不多于一个,除非设计有多个悬挂物
☐ 采用柔性支撑装置
☐ 开关线被识别
☐ 吊灯接线盒上天花板的开孔封堵能防止火势蔓延悬挂物的重量合适
☐ 定位合适
☐ 应急照明

7 加热元件

☐ 具有明显的指示说明符合相应的产品标准
☐ 采用 2 类绝缘或连接保护导体

8 保护电器

☐ 当相关产品标准中有要求时,具有明显的指示说明符合相应的产品标准

□ 在必需的位置安装了 RCD
□ 考虑了 RCD 之间的保护选择性

9 其他

C 识别

标签

□ 警告标识
□ 危险标识
□ 导体的识别
□ 隔离电器
□ 开关电器
□ 简图和一览表
□ 保护电器

附 录 H
（资料性附录）
检验报告

表 H.1 回路资料及测试结果表格范本

<table>
<tr><td colspan="25">关于配电盘的信息(1)</td></tr>
<tr><td colspan="7">种类：</td><td colspan="7">产品资料：</td><td colspan="11">制造商：</td></tr>
<tr><td colspan="4">标称电压 U_n： V</td><td colspan="4">额定电流 I_n： A</td><td colspan="3">频率： Hz</td><td colspan="3">IP 防护等级：</td><td colspan="11">配电盘的短路承受能力 I_{cc} kA</td></tr>
<tr><td colspan="25">配电盘的主电源(6)</td></tr>
<tr><td colspan="4">保护电器</td><td colspan="3">型号</td><td colspan="3">额定电流 I_n： A</td><td colspan="3">额定短路电流 kA</td><td colspan="3">RCD： mA</td><td colspan="3">I_{cp}： kA(2)</td><td colspan="3">Zs： Ω</td><td colspan="3">电源线路的截面 L= mm²；PE= mm²</td></tr>
<tr><td colspan="10">回路信息</td><td colspan="15">测试结果</td></tr>
<tr><td>1</td><td>2</td><td>3</td><td>4</td><td>5</td><td>6</td><td>7</td><td>8</td><td>9</td><td>10</td><td>11</td><td>12</td><td>13</td><td>14</td><td>15</td><td>16</td><td>17</td><td>18</td><td>19</td><td>20</td><td>21</td><td>22</td><td>23</td><td>24</td><td>25</td></tr>
<tr><td rowspan="3">回路编号</td><td rowspan="3">被供电的房间</td><td rowspan="3">供电点数</td><td rowspan="3">用途(5)</td><td rowspan="3">连接的负荷 kW (9)</td><td colspan="2">电缆/导体</td><td colspan="3">回路保护</td><td colspan="4">回路数据</td><td colspan="3" rowspan="2">绝缘电阻 MΩ</td><td colspan="3">RCD</td><td rowspan="2"></td><td rowspan="3">接触电压(8)</td><td rowspan="3">极性测试(3)</td><td rowspan="3">PE连续性</td><td rowspan="3">备注+国家规范要求</td></tr>
<tr><td rowspan="2">类型</td><td rowspan="2">截面—L/PE mm²</td><td colspan="2">I_n(A)</td><td rowspan="2">类型</td><td>Z_s</td><td colspan="3">I_p(A)</td><td>I_n</td><td>I_{dn}</td><td>T_d</td></tr>
<tr><td>熔断器</td><td>断路器</td><td>Ω</td><td>L-N</td><td>L-PE</td><td>N-PE</td><td>L1-PE</td><td>L2-PE</td><td>L3-PE</td><td>A</td><td>mA</td><td>(3)(4)</td><td>(7)</td></tr>
<tr><td></td><td></td><td></td><td></td><td></td><td></td><td></td><td></td><td></td><td></td><td></td><td></td><td></td><td></td><td></td><td></td><td></td><td></td><td></td><td></td><td></td><td></td><td></td><td></td><td></td></tr>
<tr><td></td><td></td><td></td><td></td><td></td><td></td><td></td><td></td><td></td><td></td><td></td><td></td><td></td><td></td><td></td><td></td><td></td><td></td><td></td><td></td><td></td><td></td><td></td><td></td><td></td></tr>
<tr><td></td><td></td><td></td><td></td><td></td><td></td><td></td><td></td><td></td><td></td><td></td><td></td><td></td><td></td><td></td><td></td><td></td><td></td><td></td><td></td><td></td><td></td><td></td><td></td><td></td></tr>
<tr><td></td><td></td><td></td><td></td><td></td><td></td><td></td><td></td><td></td><td></td><td></td><td></td><td></td><td></td><td></td><td></td><td></td><td></td><td></td><td></td><td></td><td></td><td></td><td></td><td></td></tr>
<tr><td></td><td></td><td></td><td></td><td></td><td></td><td></td><td></td><td></td><td></td><td></td><td></td><td></td><td></td><td></td><td></td><td></td><td></td><td></td><td></td><td></td><td></td><td></td><td></td><td></td></tr>
<tr><td></td><td></td><td></td><td></td><td></td><td></td><td></td><td></td><td></td><td></td><td></td><td></td><td></td><td></td><td></td><td></td><td></td><td></td><td></td><td></td><td></td><td></td><td></td><td></td><td></td></tr>
<tr><td></td><td></td><td></td><td></td><td></td><td></td><td></td><td></td><td></td><td></td><td></td><td></td><td></td><td></td><td></td><td></td><td></td><td></td><td></td><td></td><td></td><td></td><td></td><td></td><td></td></tr>
</table>

注释：

(1) 通过查询(制造商、铭牌或技术文档)；

(2) 测量或计算；

(3) 如果符合，填写 C；如果不符合，填写 NC；

(4) 适当时应进行全部测试，包括接触电压和额定电流下的脱扣时间；

(5) 填写相应的用途(见对应的表)；

(6) 只有在配电盘未直接连接至装置电源端时才进行；

(7)

(8) 只有在按照 413.1.3.6 安装了辅助等电位联结时才需要；

(9) 纪录识别完后的连接负荷。

缩写：

L 线导体；

T_d 测试的脱扣时间；

Z_s 故障环路阻抗；

CSA 截面；

I_{cp} 配电盘母线处的预期短路电流，r. m. s. 值；

I_p 在用户供电线的末端测得的短路电流，对于插座回路，应在每个插座处测量，并仅纪录最坏情况；

I_{cw} 设备能够承受的短路电流。

说明功能的文字符号(适用于 4 栏)：

C	炊具；	W/H	水加热元件；
S/O	插座；	S/H	蓄热加热器；
UFH	地板下加热元件；	Li	照明；
H	加热元件；	HP	热泵。

附　录　I
（资料性附录）
GB/T 16895.23—2005 和 GB/T 16895.23—2012 标准内容对照表

GB/T 16895.23—2005	GB/T 16895.23—2012
610　引言	
610.2　总则	
610.1　范围	6.1　范围
610.3　规范性引用文件	6.2　规范性引用文件
	6.3　术语和定义
611　视检	61　初检
	61.1　总则
	61.2　检查
612　试验	61.3　测试
612.1　总则	61.3.1　总则
612.2　包括总等电位联结和辅助等电位联结的保护导体的连续性	61.3.2　导体导电的连续性
612.3　电气装置的绝缘电阻	61.3.3　电气装置的绝缘电阻
612.4　采用回路分隔的防护	61.3.4　采用 SELV、PELV 或电气分隔的防护
612.5　地板和墙的电阻	61.3.5　地板和墙的电阻/阻抗
612.6　采用自动切断电源保护的条件的检验	61.3.6　自动切断电源的防护
612.6.1　总则	61.3.6.1　总则
612.6.2　接地极电阻的测量	61.3.6.2　接地极电阻的测量
612.6.3　故障回路阻抗的测量	61.3.6.3　故障回路阻抗的测量
	61.3.7　附加保护
612.7　极性测试	61.3.8　极性测试
612.8　电气强度试验	
	61.3.9　相序校验
612.9　功能试验	61.3.10　功能测试
612.10　电压降的检验	61.3.11　电压降的检验
	61.4　初检报告
	62　定期检验
	62.1　总则
	62.2　定期检验的周期
	62.3　定期检验报告

附录A（规范性附录）测量地板和墙的绝缘电阻的方法	附录A（资料性附录） 测量地板和墙对地或保护导体的绝缘电阻/阻抗的方法
附录B（规范性附录）剩余电流保护器的动作检验	附录B（资料性附录）方法B1、B2和B3
附录C（规范性附录）接地极电阻的测量	B.1 方法B1——接地极电阻的测量
附录D（规范性附录）故障回路阻抗的测量	B.2 方法B2——故障回路阻抗的测量
	B.3 方法B3——采用电流钳测量故障回路阻抗
附录E（资料性附录）第6-61部分:初检的应用导则	附录C（资料性附录） 61-初检的应用导则
	附录D（资料性附录） 电压降评估的简图实例
	附录E（资料性附录） 对电气装置中已经用过再利用的电气设备的建议
附录F（资料性附录）定期检查和试验	附录F（资料性附录） 被检验装置的记录
	附录G（资料性附录） 检查电气装置的表格（见G.2中的示例）
	附录H（资料性附录） 检验报告
	附录I（资料性附录） GB/T 16895.23—2005和GB/T 16895.23—2012标准内容对照表

参 考 文 献

[1] IEC 60079-17 Electrical apparatus for explosive atmospheres—Part 17: Inspection and maintenance of electrical installations in hazardous areas (other than mines)

[2] IEC 61241-17 Electrical apparatus for use in the presence of combustible dust—Part 17: Inspection and maintenance of electrical installations in hazardous areas (other than mines)

[3] EN 60238 Edison screw lampholders

ICS 91.140.50
Q 77

中华人民共和国国家标准

GB 16895.27—2012/IEC 60364-7-705:2006
代替 GB 16895.27—2006

低压电气装置
第 7-705 部分:特殊装置或场所的要求
农业和园艺设施

Low-voltage electrical installations—
Part 7-705:Requirements for special installations or locations—
Agricultural and horticultural premises

(IEC 60364-7-705:2006,IDT)

2012-06-29 发布　　　　2013-05-01 实施

中华人民共和国国家质量监督检验检疫总局
中国国家标准化管理委员会　发布

前　言

本部分的全部技术内容为强制性。

GB 16895《建筑物(低压)电气装置》分为5个部分:

——第1部分:基本原则,一般特性的评估和定义;

第4部分:安全防护;

——第5部分:电气设备的选择和安装;

——第6部分:检验;

——第7部分:特殊装置或场所的要求。

本部分是GB 16895的第7部分。

本部分按照GB/T 1.1—2009给出的规则起草。

本部分代替GB 16895.27—2006《建筑物电气装置　第7部分:特殊装置或场所的要求　第705节　农业和园艺设施》。

本部分与GB 16895.27—2006相比,主要技术变化如下:

——对于所涉及的高密度家畜饲养场所,提出了新的要求(见705.556.8);

——对于属于农业和园艺设施的住宅和其他场所,提出了要求(见705.312.2.1);

——对于电气设备,比如,在可能出现火灾危险和机械损伤的恶劣的环境场所中使用的布线系统、发光器件、电源插座提出了附加要求(见705.422.6、705.422.7、705.422.8);

——对终端回路提出了采用RCD保护的要求(见705.411.1)。

本部分等同采用IEC 60364-7-705:2006《低压电气装置　第7-705部分:特殊装置或场所的要求　农业和园艺设施》。本部分与IEC 60364-7-705:2006(第2版)相比,章条编号完全一致,技术内容完全相同,但作了以下编辑性修改:

——用小数点符号“.”代替小数点符号“,”;

——删去了IEC标准的“前言”;

——在《低压电气装置　第7-705部分:特殊装置或场所的要求　农业和园艺设施》中,有其他国家应用该标准的国家注与我国无关,在本标准中略去。

与本部分中规范性引用的国际文件有一致性对应关系的我国文件如下:

——GB 2099.1　家用和类似用途插头和插座　第1部分:通用要求(IEC 60884-1:2006,MOD)

——GB 7000.17—2003　限制表面温度灯具安全要求(IEC 60598-2-24:1997,IDT)

——GB/T 11918—2001　工业用插头插座和耦合器　第1部分:通用要求(idt,IEC 60309-1:1999)

——GB/T 11919—2001　工业用插头插座和耦合器　第2部分:带插销和插套附件的电器附件的尺寸互换性要求(idt IEC 60309-2:1999)

——GB 16895.4—1997　建筑物电气装置　第5部分:电气设备的选择和安装　第53章:开关设备和控制设备(idt IEC 60364-5-53:1994)

——GB/T 19215.2—2003　电气安装用电缆槽管系统　第2部分:特殊要求　第1节:用于安装在墙上或天花板上的电缆槽管系统(IEC 61084-2-1:1996 IDT)

本部分由全国建筑物电气装置标准化技术委员会(SAC/TC 205)提出并归口。

本部分负责起草单位:中机中电设计研究院。

本部分主要起草人:王增尧、贺湘琨、黄宝生。

本部分所代替标准的历次版本发布情况为:

——GB 16895.27—2006。

引　言

本部分的要求是补充、修改或代替在GB 16895其他部分的一般要求中的某些内容。

本部分条款的编号遵循GB 16895的模式并作相应地引用。

接在第7-705部分的专用编号后面的是GB 16895的相应部分号或条款的编号。

本部分没有列出的章节或条，则意味着GB 16895相应的一般要求仍然是适用的。

低压电气装置
第7-705部分:特殊装置或场所的要求
农业和园艺设施

705.11 范围

本部分规定了适用于农业和园艺设施的室内和室外的固定的电气装置。有些要求也能使用于其他场所,如属于农业和园艺设施的公用建筑场所。

作为家庭应用和类似的房屋、场所和区域,都没有包括在本部分中。

如果第705部分的某些特殊要求也能适用于如像公用建筑那种住宅和其他场所,这会在本部分的正文中予以说明。

705.12 规范性引用文件

下列文件对于本文件的应用是必不可少的。凡是注日期的引用文件,仅注日期的版本适用于本文件。凡是不注日期的引用文件,其最新版本(包括所有的修订单)适用于本文件。

GB 7000(所有部分) 灯具[IEC 60598(所有部分)]

IEC 60598-2-24 限制表面温度灯具安全要求(Luminaires—Part 2-24:Particular requirements-Luminares with limited surface temperatures)

IEC 60309-1 工业用插头插座和耦合器 第1部分:通用要求(Plugs,socket-outlets and couplers for industrial purposes—Part 1:General requirements)

IEC 60309-2 工业用插头插座和耦合器 第2部分:带插销和插套附件的电器附件的尺寸互换性要求(Plugs, socket-outlets and couplers for industrial purposes—Part 2: Dimensional interchangeability requirements for pin and contact-tube accessories)

IEC 60364-5-53 建筑物电气装置 第5部分:电气设备的选择和安装 第53章:开关设备和控制设备(Low-voltage electrical installations of buildings—Part 5-53:Selection and erection of electrical equipment-lsolation,switching and control)

IEC 61084-2-1 电气安装用电缆槽管系统 第2部分:特殊要求 第1节:用于安装在墙上或天花板上的电缆槽管系统(Cable trunking and ducting systems for electrical installations—Part 2:Particular requirements—Section 1:Cable trunking and ducting systems intended for mounting on walls or ceilings)

IEC 60335-2-71 家用和类似用途电器的安全 第2-71部分:繁殖和饲养动物用的电气加热器具的特殊要求(Household and similar electrical appliances—Safety—Part 2-71:Particular requirements for electrical heating appliances for breeding and rearing animals)

IEC 60364-5-55 低压电气装置 第5部分:电气设备的选择和安装 第55章:其他设备(Low voltage electrical installations—Part 5-55:Slection and erection of electrical equipment—Other equipment)

IEC 61386-21 电气安装用导管系统 第21部分:特殊要求—刚性的管道系统(Conduit systems for cable management—Part 21:Particular requirements—Rigid conduit systems)

IEC 60884-1 家用和类似用途插头和插座 第1部分:通用要求(Plugs and socket-outlets for household and similar purposes—Part 1:General requirements)

705.20 术语和定义

下列术语和定义适用于本文件。

705.20.1

农业和园艺设施 agricultural and horticultural premise

用于下列用途的房屋、场所或区域:

——饲养家畜;

——饲料、肥料、植物和动物产品的生产,储存、配制或加工;

——苗木培育,例如:温室

注:对农业和园艺设施,由于特殊的外界影响,例如潮湿、灰尘、腐蚀性的化学水蒸气、酸或盐对于电气设备的影响,作为电气设备的选择和安装,适于采用特殊的要求。另外,由于强烈的可燃性物质的存在,有可能增加火灾的危险。农业和园艺设施包括,例如:

——作为动物,例如牛、猪、马、绵羊、山羊的居舍和鸡舍,包括邻近的房屋(例如,饲料加工场所,机械挤奶场所,奶储藏房间);

——用作干草、禾杆、饲料、化肥、谷物、马铃薯、甜菜、蔬菜、水果、观赏植物与燃料的堆房、仓库和储藏室,温室;

——商业上和/或大批量生产,准备和加工(干燥、蒸煮、榨出、发酵、屠宰、肉食加工等)农业和园艺产品的场所。

705.20.2

属于农业和园艺设施的住宅和其他场所 residences and other locations belonging to agricultural and horticultural premises

住宅和其他场所通过同一装置的保护导体或外界可导电部分,与农业和园艺设施有导电的连接。

注1:其他场所的例子包括办公室、会客厅、机械车间、工作室、洗车库和商店。

注2:外界可导电部分并不是电气装置的一部分,但它易于引入危险的电位(见GB/T 2900.71—2008中826-11-03的定义)。

注3:可导电连接的例子有金属管道系统、保护导体或同一电气布线系统的金属护套。

705.20.3

高密度的家畜饲养 high-density livestock rearing

家畜繁殖和饲养,需要采用自动化系统保障其生命。

注1:自动化生命保障系统的例子,诸如通风、喂食和空气调节。

注2:高密度饲养家畜的例子包括:养猪场、小鸡繁殖厂房、内陆河水养鱼场和人工湖水养鱼场。

705.20.4

家畜饲养的安排 arrangements for livestock keeping

房屋和房间(用作动物的居舍)、畜笼、饲养场或用于家畜连续食住所采用的其他容器。

705.312 配电系统的类型

705.312.2 系统接地的类型

705.312.2.1 TN系统

补充如下:

电气装置连接到TN系统的场所,自电气装置电源端以下开始,应采用分离的中性导体和保护导体。这种要求也适用于按照705.20.2的定义属于农业和园艺设施的住宅和其他场所。

705.4.41 电击防护

705.411 防护措施:自动切断电源

705.411.1 概述

补充如下:

在回路中,无论是哪种型式的接地系统,都应提供下列的分断电器:

——采用额定电流不大于32 A电源插座供电的终端回路,采用$I_{\Delta n}$不超过30 mA的剩余电流动作保护器;

——采用额定电流大于32 A电源插座供电终端回路,采用$I_{\Delta n}$不超过100 mA的剩余电流动作保护器;

——在所有的其他回路中,采用$I_{\Delta n}$不超过300 mA的剩余电流动作保护器。

注:在需要提高运行连续性的回路,所采用的额定剩余动作电流不大于300mA的剩余电流动作保护器宜为S型的,或是延时的。

705.414 防护措施:采用SELV和PELV特低电压

705.414.4 对SELV和PELV回路的要求

705.414.4.5 在防护措施是采用SELV和PELV的场所,无论什么样的标称电压,对直接接触的防护(基本防护)都应采用下列的措施之一:

——能提供至少是IP××B或IP2×防护等级的遮栏或外壳,或

——绝缘能承受交流方均根值为500 V的电压1 min。

705.415.2 附加防护:辅助保护等电位联结

705.415.2.3 在预期为饲养家畜所用的场所,应采用辅助保护等电位联结,将所有家畜可能触及的外露可导电部分和外界可导电部分都连接起来。对敷设在地面内的金属网,也应包括在场所的辅助保护等电位联结之内(见附录A图示)。

外界可导电部分,无论是在地面内的还是在地面上的,例如,通常的混凝土钢筋或用于储存液态化肥的地窖的钢筋,都应是辅助保护等电位联结的一部分。

建议将由预制的空隙混凝土构件做成的有空隙的地面,看做是等电位联结的一部分(见图A.3)。辅助保护等电位联结和金属网(如果有的话)的安装方式都应能持久的防止机械应力和腐蚀的损伤。

705.4.42 热效应防护

705.422 火灾防护措施

增加的分条款:

705.422.6 家畜繁殖和饲养所使用的电气加热器具,应符合IEC 60335-2-71的规定,而且应固定安装在适当的位置,以避免:

——烧伤家畜的任何危险;和

——由可燃性材料引燃的任何火灾危险。

如果加热器的生产厂家在使用说明书中没有规定更大的距离,则辐射加热器应设置在距离家畜和离可燃性材料至少0.5 m的距离。

705.422.7 为防范火灾,应设置具有额定的剩余动作电流不超过300 mA的剩余电流动作保护器(见

705.411)。剩余电流动作保护器应切断所有的带电导体，在需要提高运行连续性的回路，不保护插座的剩余电流动作保护器，应是S型的，或者是延时的。

注：按照705.413.1要求采用的剩余电流动作保护器作为终端回路的保护，它对火灾也能起到有效的防护作用。

705.422.8 在具有火灾危险的场所，由特低电压供电的回路导体，其防护应是既可以利用能提供符合IP××D或IP4×防护等级的遮栏或外壳，也可以利用绝缘材料制成的包壳，附加在基本的绝缘上。

705.443 对大气过电压或操作过电压的防护

增加的注：

注：对使用电子设备的场所，建议按照GB/T 21714.3和GB/T 21714.4的规定，采用对雷电的防护措施；并按照GB 16895.12—2001中443和GB 16895.22—2004中534，采用对过电压的防护措施。

705.5.51 电气设备的选择和安装——通用规则

705.512 运行条件和外界影响

705.512.2 外界影响

补充如下：

在农业和园艺设施内，电气设备在正常的条件下使用时，应具有最低为IP44的防护等级，在IP44的级别不能满足要求的情况下，则应将其设置在符合IP44的外壳内。

电源插座应安装在场所内不大可能接触可燃性材料的地方。

在外界影响条件＞AD4，＞AE3和/或＞AG1的场合，应对电源插座提供适当的防护。

也可以利用附加的外壳或借助于安装在建筑物的凹陷处的防护措施。

这些要求不适用于那些属于农业和园艺设施的住宅场所、办公室、商店以及具有类似外界影响的场所，在这些场所，电源插座应符合IEC 60884-1的要求。

在具有腐蚀性物质的地方，例如，乳品场、牛棚，电气设备应具有适当的防护措施。

705.513 可接近性

705.513.2 家畜的可接近性

应使家畜不接近电气设备，对不可避免与其接近的设备，例如，喂食的设备和饮水槽，为避免损毁，应被适当地构筑和安装，将伤害家畜的危险性降至最低程度。

705.514 识别

705.514.5 简图

705.514.5.3 电气装置的用户，应获得和掌握下列文件：

——电气设备平面布置图；和

——隐蔽的电缆线路路径图；和

——配电系统单线图；和

——标明联结点的等电位联结图。

705.52 电气设备的选择和安装——布线系统

705.522 与外界影响相关的布线系统的选择和安装

补充如下：

家畜可以接近和将其圈养的场所内，布线系统的安装应使家畜不能接近布线，或具有适当的防护机械损伤的保护措施。

架空线应被绝缘。

在农业设施区域,对机动车辆和可移动的农业机械作业场合,应采用下列安装方式:

——电缆被埋在地下的深度至少为 0.6 m;并具有附加的机械防护;

注 1:在将电缆管道用作附加防护的地方,它们应具有可承受 450 N 压力的防护等级,而且,按照 IEC 61386-24 的规定,对冲撞能提供规定的防护等级。

——对可耕的或已耕作的土地,电缆被埋的深度至少为 1 m;

——自支持的悬吊电缆架设的高度至少为 6 m。

注 2:电缆被埋在地下是首选的安装方式。

705.522.6.3 在电气装置的电源端向主配电盘供电的布线系统,如果没有 RCD 保护,也应有防止机械损伤的保护,例如,被埋在土壤中,或被安装在分开封闭的电缆槽盒或管道系统中。

这种要求也应适用于属于农业或园艺设施的住宅和其他场所。

705.522.10 应特别予以注意的是存在不同种类的动物,例如,田鼠和老鼠。

705.522.16 导管、管道和槽盒系统

饲养家畜的场所,外界影响被划归为 AF4 级。按照 IEC 61386-21 的规定,导管在室内使用,它对腐蚀至少具有 2 级(中等的)的防护等级作用,而对于室外,则为 4 级(高级防护)。

对布线系统有可能由于机动车辆和可移动的农业机械等遭受挤压和机械撞击,对于这种场所,外界影响应被划归 AG3 级:

——按照 IEC 61386-21 的规定,导管对挤压至少具有 4 级(严重)的防护等级;

——按照 IEC 61386-21 的规定,电缆槽盒和管道系统对冲压应能提供严重型的防护等级。

705.53 电气设备的选择和安装——隔离、通断和控制

只有具有运行位置可见指示的电气加热器才能被使用。

705.536 隔离和通断

705.536.2 隔离

按照 GB 16895.22—2004 的要求,每一栋建筑物或建筑物一部分的电气装置,应利用单独的隔离设备隔离。

偶尔使用的回路(例如在收获期间),包括中性导体在内的所有带电导体应采用隔离措施。

应标志出隔离设备属于电气装置的哪个部分。

凡是家畜有可能到达的地方,或者有可能遭到家畜妨碍的任何位置,都不应安装隔离和通断设备,以及作为紧急停机或紧急操作的设备。

凡是有可能使家畜惊慌的事件都应予考虑。

705.54 电气设备的选择和安装——接地配置、保护导体和保护联结导体

705.544 保护联结导体(等电位联结导体)

705.544.2 辅助的保护联结导体

保护(等电位)联结导体应有防机械损伤和腐蚀的保护措施,并应选用能避免电解效应的导体。

例如选用如下的导体:

——尺寸至少为 30 mm×3 mm 的热镀锌的扁钢;或

——直径至少为 8 mm 的热镀锌的圆钢;或

——截面积最小为 4 mm^2 的铜导体。

也可以采用其他的合适材料。

705.55 电气设备的选择和安装——其他设备

705.55.1 插座

农业和园艺设施的插座应符合 IEC 60309-1 或 IEC 60309-2(当存在互换要求时)以及额定电流不超过 20 A 插座的相关规定。

705.556 安全供电

705.556.8 高密度家畜饲养的自动化的生命保障系统

对高密度家畜饲养,作为家畜生命保障的运行系统所应考虑的问题如下:

a) 在电源故障而不能保证为家畜供给的食物、水、空气和/或照明的场所,应采用供电的安全电源作为可替代的或备用的电源(也可参见 GB/T 16895.18 中 551)。为通风和照明装置的供电应设置独立的终端回路。这样的回路只应供电给作为通风和照明的工作所必需的电气设备。

b) 向通风设备供电的主回路,应保证过电流和/或对地短路的任何情况下都有保护选择性。

c) 在电气装置内采用电力驱动通风时,应采用下列措施之一:

——保证通风设备有足够供电能力的备用电源;或

注 1:为发挥备用电源的应有功能,应在其附近设置一警示牌,说明应按生产厂家的说明书,对其作定期试验。

——温度和供电电压监视,可利用一个或多个监视器件来实现。这种器件应能发出令用户能很容易发现的可见的或可听到的信号,并且应可独立于正常供电进行操作。

注 2:对家畜饲养的法律要求应予考虑。

注 3:如果要提高通风装置的可靠性,应从主配电盘以下开始,设置独立的供电回路。

705.559 灯具和照明装置

灯具应符合 IEC 60598 系列标准的规定,而且,关于它们的防护等级和表面温度,应是按照周围的区域和安装地点的条件选择(例如,IP54,对靠近可燃性材料安装的,采用有恰当的温度标志▽F)。

在由于有可燃性的灰尘覆盖层而具有火灾危险的区域,按照 IEC 60598-2-24 的规定,只应采用标有▽D的限制表面温度的灯具)。

符合 IP54 的防护等级包含灯泡的灯具,则只有▽D标志的灯具才应被使用。

考虑到货物的储存和其他危险的作业程序,要保证安装灯具处离开可燃性材料有足够远的距离。

注:在生产厂家的使用说明书中,给出了安装的安全距离。此外,还要参考 GB 16895.2 中 422。

安装在干草或禾杆储存地方或类似场所的灯具,其开关所处状态(接通或断开),应满足:开关所处的地方是可以识别的,或者有可见信号予以指示。

附 录 A
（资料性附录）
农业设施中等电位联结的示例

图 A.1～图 A.4 为农业设施方面等电位联结的示例。

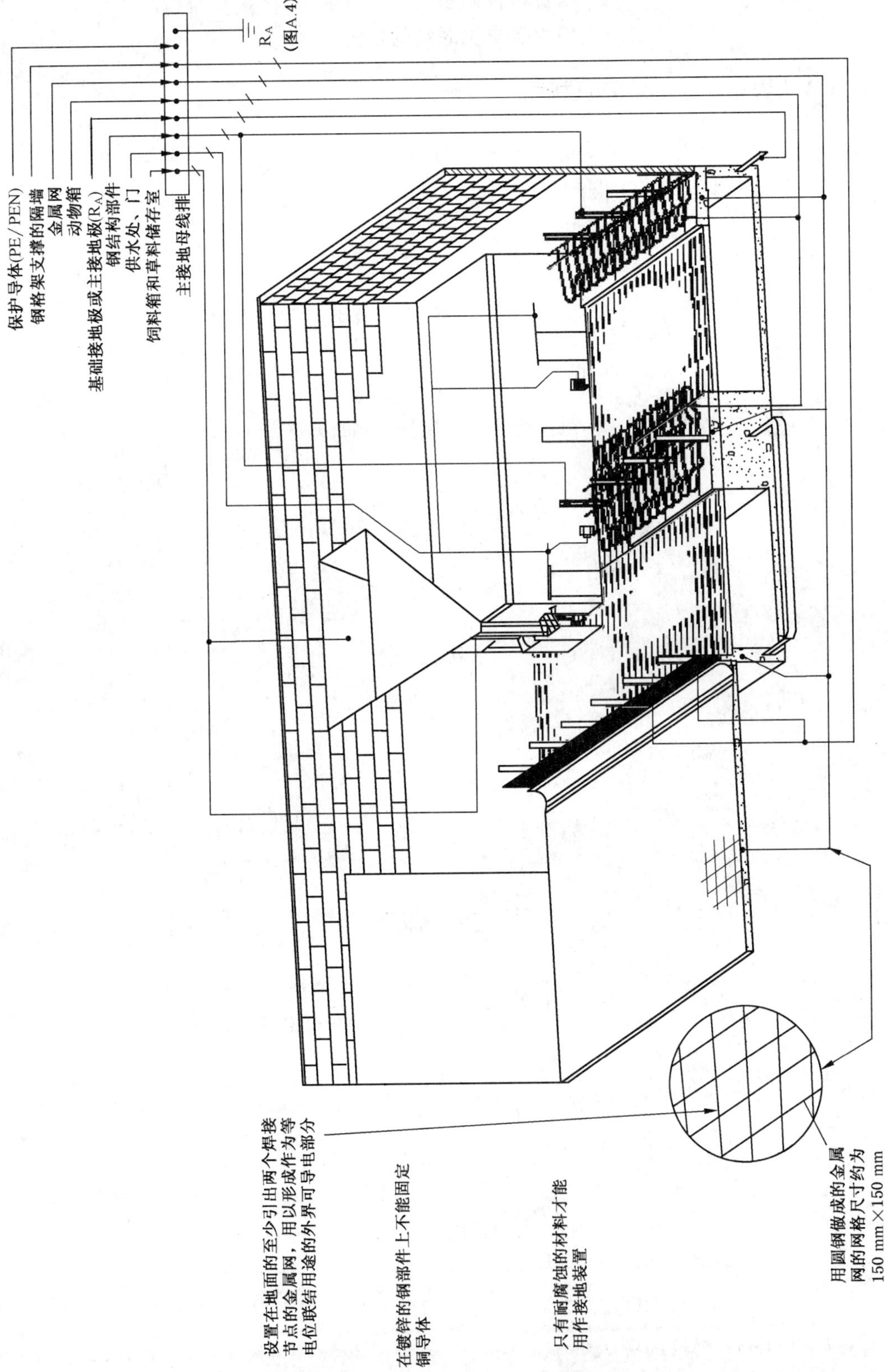

图 A.1　在牛棚内部的等电位联结示例

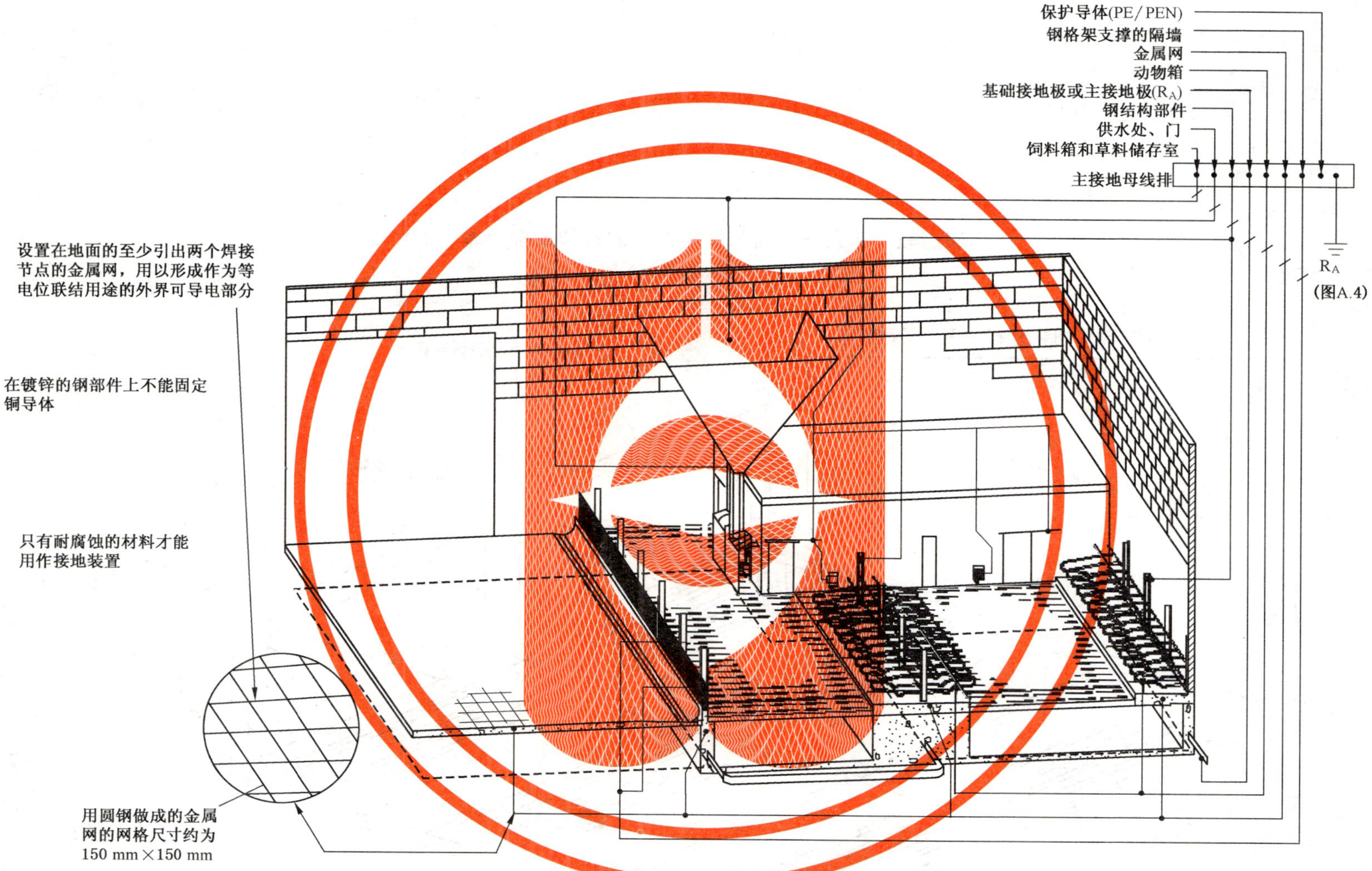

图 A.2 牛棚内环形等电位联结的示例

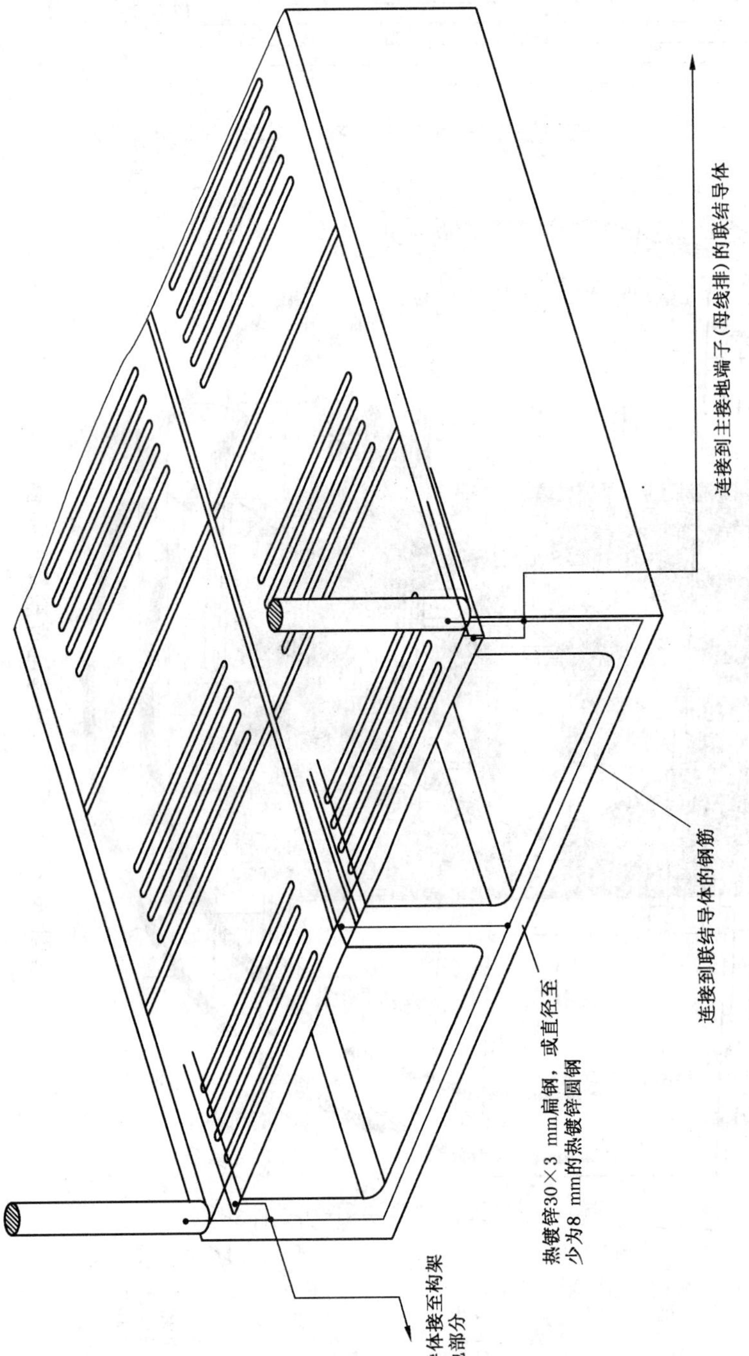

图 A.3 粪肥收集的空隙混凝土结构地面的等电位联结的示例

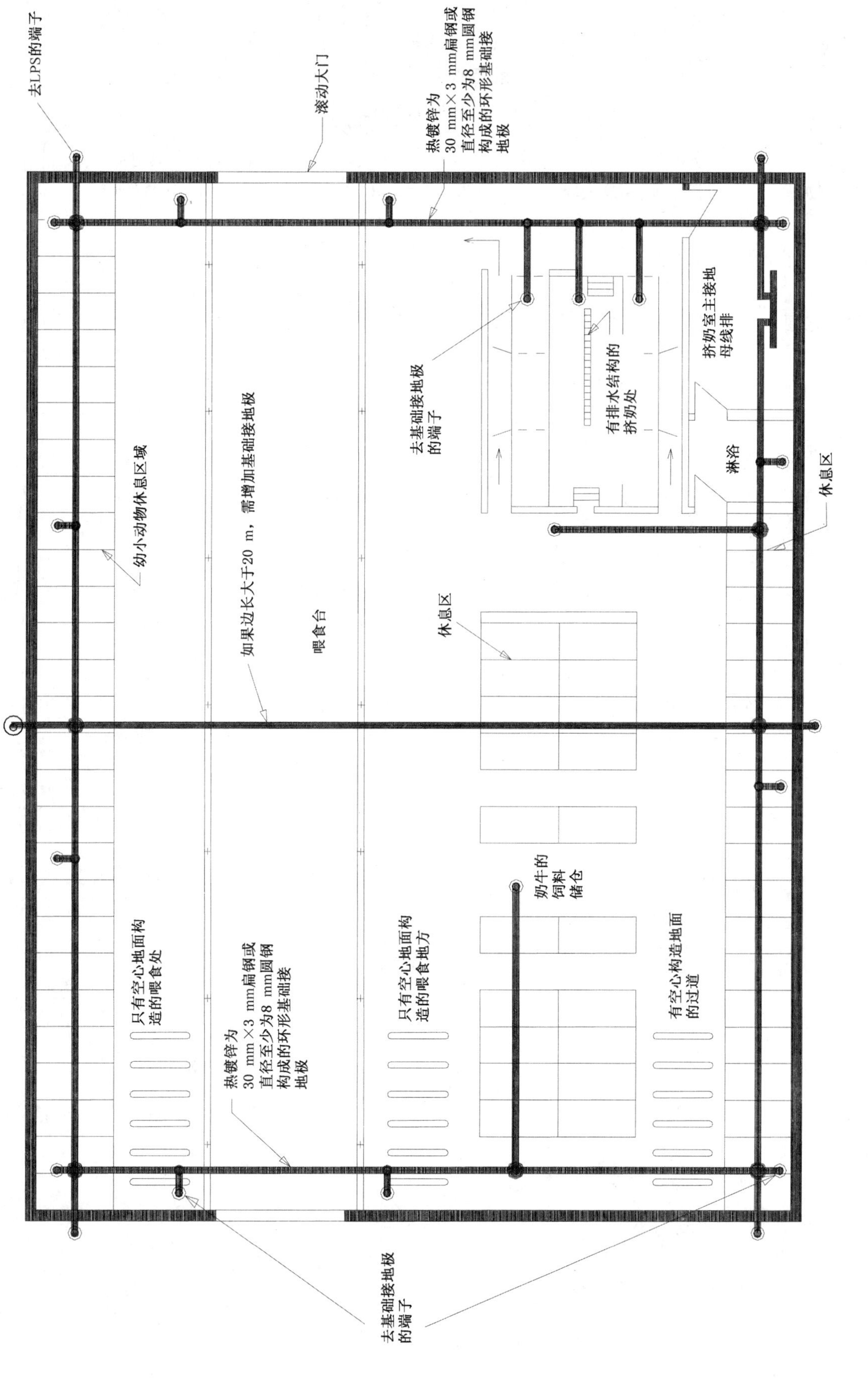

图 A.4 牛棚内基础接地极配置的示例

附 录 B
（规范性附录）
阻挡物和伸臂范围

B.2 阻挡物

采用阻挡物的防护是不允许的。

B.3 伸臂范围

采用置于伸臂范围之外的防护是不允许的。

附 录 C
（规范性附录）
电气装置只有在受到控制或在熟练技术人员的或受过训练的人员监视下才能使用的防护措施

C.1 不导电场所

采用不导电场所的防护是不允许的。

C.2 不接地的局部等电位联结

采用不接地的局部等电位联结的防护是不允许的。

参 考 文 献

[1] GB/T 2900.71 电工术语 电气装置.
[2] GB 16895.2 建筑物电气装置 第4-42部分:安全防护 热效应保护.
[3] GB/T 16895.10 低压电气装置 第4-44部分:安全防护 电压骚扰和电磁骚扰保护.
[4] GB/T 17045 电击防护 装置和设备的通用部分.
[5] GB/T 21714.3 雷电防护 第3部分:建筑物的物理损坏和生命危险.
[6] GB/T 21714.4 雷电防护 第4部分:建筑物内电气和电子系统.
[7] IEC 60079 (all parts) *Electrical apparatus for explosive gas atmospheres.*
[8] IEC 61241(all parts) *Electrical apparatus for use in the presence of combustible dust.*
[9] IEC 61386-24 *Conduit systems for cable management—Part 24:Particular requirements-Conduit systems buried underground.*

ICS 91.140
P 45

中华人民共和国国家标准

GB 16914—2012
代替 GB 16914—2003

燃气燃烧器具安全技术条件

General safety technique conditions of gas burning appliances

2012-12-31 发布　　2013-11-01 实施

中华人民共和国国家质量监督检验检疫总局
中国国家标准化管理委员会　发布

前　言

本标准的全部技术内容为强制性。

本标准按照 GB/T 1.1—2009 给出的规则起草。

本标准代替 GB 16914—2003《燃气燃烧器具安全技术条件》，与 GB 16914—2003 相比，主要技术变化如下：

——增加了“燃具和配件标准应列出符合和支持本标准第 3 章要求的条款对应表”(见 2.2)；

——删除了“合格评定程序”(见 2003 年版的第 3 章)；

——增加了“燃具与燃气管道连接要求”(见 3.3.1.13)。

本标准使用重新起草法修改采用欧盟 2009/142/EC《欧盟有关燃气器具的指令》。

本标准与 2009/142/EC 指令相比在结构上有较多调整，附录 A 中列出了本标准与 2009/142/EC 指令的章条编号对照一览表。

本标准与 2009/142/EC 指令相比存在技术性差异，附录 B 中给出了相应技术性差异及其原因的一览表。

本标准还做了下列编辑性修改：

为与现有标准一致，将标准名称改为《燃气燃烧器具安全技术条件》；

删除了附录Ⅵ(资料性附录)和附录Ⅶ(资料性附录)。

本标准由中华人民共和国住房和城乡建设部提出。

本标准由住房和城乡建设部城镇燃气标准技术归口单位归口。

本标准起草单位：中国市政工程华北设计研究总院、宁波方太厨具有限公司、广东万和新电气股份有限公司、广东美的厨卫电器制造有限公司、广东万家乐燃气具有限公司、青岛经济技术开发区海尔热水器有限公司、艾欧史密斯(中国)热水器有限公司、樱花卫厨(中国)股份有限公司、博西华电器(江苏)有限公司。

本标准主要起草人：高勇、王启、茅忠群、钟家淞、陈复进、胡定钢、郑涛、鞠平、黄国金、刘松辉、渠艳红、杨小丰。

本标准于 1997 年首次发布，2003 年第一次修订。

引　言

为了保护人身安全与健康，防止燃气燃烧器具(以下简称燃具)在使用过程中可能产生的事故和危害，加强燃具管理，适应贸易需要，制定本标准。

本标准是燃具和燃具配件标准中安全技术的基本要求，指导燃具和燃具配件产品标准的制定。

燃气燃烧器具安全技术条件

1 范围

本标准规定了燃气燃烧器具及其配件(以下简称燃具和配件)投放市场与自由流通、要求等基本安全技术内容。

本标准适用于以城镇燃气为燃料的家用和商用燃具及配件。

2 投放市场与自由流通

2.1 燃具和配件在投放市场和投入使用前应采取必要措施,保证其在正常使用时,不会危及人身健康和财产安全。

注:本标准所指燃具“正常使用”是指燃具处于下述使用条件:

a) 按安装说明书正确安装并定期正确维护;

b) 在符合标准要求的燃气质量变化和供气压力波动范围内使用;

c) 按燃具的预定用途正确使用或能够合理地按预期的方式正确使用。

2.2 燃具和配件标准应符合第3章规定的要求,并应列出符合并支持第3章要求的条款对应表。

2.3 投放市场与自由流通的燃具和配件产品应符合第3章要求。

2.4 燃具和配件经检验证明符合国家相关产品标准后方可投放市场与自由流通。

2.5 燃具和配件在正常使用中,经证明产品存在缺陷,危及人身健康和财产安全或燃具和配件的安全性能受到损害时,应禁止或限制其继续投放市场和投入使用。

3 要求

3.1 一般条件

3.1.1 燃具的设计和制造应确保按正常使用时操作安全,不应危及人身健康和财产安全。

3.1.2 燃具投放市场时应有用规范中文表示的供安装人员使用的技术说明书、供用户使用的使用和维护说明书以及安全警示。

3.1.2.1 供安装人员使用的技术说明书应包括安装、调试、维修及操作安全所需的详细说明。技术说明书应具备下列内容:

a) 所用燃气类别;

b) 所用燃气额定压力;

c) 使用交流电的燃具,应标明电压、频率、功率和接地措施等相关安全信息;

d) 通风条件,应确保燃烧所需空气的供给和避免危险的未燃气体混合物积聚;

e) 燃烧产物排放条件;

f) 燃具安装和调试方法。

3.1.2.2 供用户使用的使用和维护说明书应包括对使用限制、安装环境及通风要求以及其他安全使用所需的所有说明。

3.1.2.3 燃具上应清楚标出所用的燃气类别,燃气额定压力,安装环境、通风要求等使用限制,以及其他必要的安全警示。燃气类别应同时标示在包装上。

3.1.3 燃具的安全、调节和控制等配件按装配说明书装入燃具后，应确保实现其预定的用途。燃具配件的生产企业应提供装配、调试、操作和维修的说明。

3.2 材料

3.2.1 材料应适合其预定用途，应能经受住预期的工艺、化学腐蚀和高温等条件。

3.2.2 涉及安全的重要材料，其特性应由燃具生产企业和材料供应企业予以保证。

3.3 设计和制造

3.3.1 总则

3.3.1.1 在燃具使用年限内正常使用时，应保证稳定、可靠，其整体结构和配件不应有危及安全的不稳定、变形、泄漏、磨损或划伤人等情况的发生。

3.3.1.2 燃具在启动或使用过程中，烟气中产生的冷凝水应保证在燃具使用年限内不应影响其整机运行安全性，排放的冷凝水不得对排放管道或场地造成腐蚀。

3.3.1.3 燃具的设计和制造应把发生外来火灾引起爆炸的危险降至最低限度。

3.3.1.4 燃具的燃气系统不应有水和空气渗入。

3.3.1.5 当辅助能源正常波动时，应确保燃具安全运行。

3.3.1.6 当辅助能源异常波动、中断或恢复供应时，应确保燃具处于安全状态。

3.3.1.7 燃具的设计和制造应避免发生电气事故；燃具和配件电气设计应符合相关安全要求。

3.3.1.8 燃具所有的承压部件，应能承受机械应力和热应力，在使用年限内不得产生任何影响安全的变形。

3.3.1.9 燃具应保证当安全、控制或调节装置发生故障时不会导致不安全的情况发生。

3.3.1.10 当燃具同时装有安全装置和控制装置时，应保证控制装置的功能不影响安全装置的正常功能。

3.3.1.11 在制造阶段已设定或调整好的燃具，以及不允许由用户和安装人员操作的部件，应采取锁定、漆封或其他有效保护措施。

3.3.1.12 可由用户调节的温度调节装置、控制定位装置等的设计应能避免发生误操作，并应具有防止误操作的明显标识和说明，且各部件动作应准确、灵活、安全可靠。

3.3.1.13 燃具进气口与燃气管道的连接应采用螺纹或具有防脱结构的连接型式。

3.3.2 未燃燃气的排放

3.3.2.1 燃具的燃气泄漏速率(泄漏量)应确保用户安全。

3.3.2.2 燃具的程序和结构设计应确保点火、再点火和火焰熄灭之后燃气释放受到限制，并能及时的安全排除，应避免未燃燃气在燃具内积聚造成危险。

3.3.2.3 燃具应具备火焰确认功能，并应防止泄漏的燃气在室内积聚产生爆燃和中毒的危险。

3.3.3 点火

燃具在正常使用时，点火和再点火应安全、稳定和可靠。

3.3.4 燃烧

3.3.4.1 燃具应保证正常使用时燃烧稳定，燃烧产物中 CO 等有害物的浓度应保证人身健康和安全。

3.3.4.2 与排气管和给排气管相连的燃具的结构设计应合理，应保证在其正常使用时密封严密，不得出现漏烟。

3.3.4.3　与烟道相连的燃具，应有防倒烟的功能。

3.3.4.4　独立的无烟道的家用燃气采暖器等燃具，应保证有关房间内的 CO 浓度，在预定的使用时间内不危害人身健康。

3.3.5　能源的合理利用

在充分反映技术水平并考虑安全因素的前提下，燃具应保证能源的合理利用，提高热效率；在满足加热工艺要求前提下，应合理设计燃具的额定热负荷。

3.3.6　温度

3.3.6.1　设置在靠近地面或其他表面的燃具，其温度不应对周围区域造成危险。

3.3.6.2　燃具的按钮、旋钮、手柄等操作部件，其表面温度不应对使用者带来危害。

3.3.6.3　燃具部件的表面温度，除与传热有关的表面和部件外，在正常使用条件下，不应对使用者造成危害。

3.3.7　食品和生活用水

与食品和生活用水相接触的材料和零部件，不应污染、影响或损害食品和生活用水的质量。

附 录 A
（资料性附录）
本标准与欧盟 2009/142/EC 指令相比的结构变化情况

本标准与欧盟 2009/142/EC 指令相比在结构上有较多调整，具体章条编号对照情况见表 A.1。

表 A.1 本标准与欧盟 2009/142/EC 指令的章条编号对照情况

本标准章条编号	对应的欧盟 2009/142/EC 指令章条编号
1	第 1 章 第 1 条
2	第 1 章 第 2 条～第 3 条、第 5 条、第 7 条
2.1	第 1 章 第 2 条 1
—	第 1 章 第 2 条 2
2.2	—
2.3	第 1 章 第 3 条
—	第 1 章 第 4 条
2.4	第 1 章 第 5 条
—	第 1 章 第 6 条
2.5	第 1 章 第 7 条 1
—	第 1 章 第 7 条 2～4
—	第 2 章
—	第 3 章
—	第 4 章
—	附录Ⅱ
3	附录Ⅰ
3.1	附录Ⅰ 1
3.1.1	附录Ⅰ 1.1
3.1.2	附录Ⅰ 1.2
3.1.2.1	附录Ⅰ 1.2.1
3.1.2.2	附录Ⅰ 1.2.2
3.1.2.3	附录Ⅰ 1.2.3
3.1.3	附录Ⅰ 1.3
3.2	附录Ⅰ 2
3.2.1	附录Ⅰ 2.1
3.2.2	附录Ⅰ 2.2
3.3	附录Ⅰ 3
3.3.1	附录Ⅰ 3.1
3.3.1.1～3.3.1.12	附录Ⅰ 3.1.1～3.1.12
3.3.1.13	—
3.3.2～3.3.7	附录Ⅰ 3.2～3.7
—	附录Ⅲ～附录Ⅶ

附　录　B
（资料性附录）
本标准与欧盟 2009/142/EC 指令的技术性差异及其原因

表 B.1 给出了本标准与欧盟 2009/142/EC 指令的技术性差异及其原因。

表 B.1　本标准与欧盟 2009/142/EC 指令的技术性差异及其原因

本标准章条编号	技术性差异	原　因
2	增加了“燃具和配件标准应列出符合和支持本标准第 3 章要求的条款对应表”	依据我国国情和相关规定
2	删除欧盟 2009/142/EC 指令的第 1 章第 2 条的第 2 款“各成员国间燃气类别及相应压力应及时通报”	由燃气专业的其他标准通报
2	删除欧盟 2009/142/EC 指令的第 4 条“各成员国限制产品投放市场要求”	我国不适用
2	删除欧盟 2009/142/EC 指令的第 6 条“各成员国间标准协调程序”	我国不适用
2	删除欧盟 2009/142/EC 指令的第 7 条的第 2 款～第 4 款“各成员国间市场流通中燃具出现安全问题时，其从市场召回的措施和处理程序”	我国已有相关规定
—	删除欧盟 2009/142/EC 指令的第 2 章 合格认证方法、第 3 章 CE 合格标志、第 4 章 最终条款	我国已有相关规定
—	删除了欧盟 2009/142/EC 指令的附录Ⅱ合格评定程序	我国已有相关规定
3	删除了附录Ⅰ条款 3.4.4 中“无烟道快速热水器”	我国早已明令禁止该类热水器的设计、生产和使用
3.3.1.13	增加燃具与燃气管道连接要求	依据我国国情和相关规定
—	删除欧盟 2009/142/EC 指令的附录Ⅲ CE 合格标志和铭牌、附录Ⅳ设计文件、附录Ⅴ评定指定机构的最低要求准则	我国已有相关规定

ICS 29.120.40
K 60

中华人民共和国国家标准

GB 16915.2—2012
代替 GB 16915.2—2000

家用和类似用途固定式电气装置的开关 第2-1部分:电子开关的特殊要求

Switches for household and similar fixed electrical installations—Part 2-1: Particular requirements—Electronic switches

(IEC 60669-2-1:2009(Ed 4.1),MOD)

2012-12-31 发布

2013-12-01 实施

中华人民共和国国家质量监督检验检疫总局
中国国家标准化管理委员会 发布

前　言

GB 16915 本部分的附录 AA 为推荐性的，其余为强制性的。

GB 16915《家用和类似用途固定式电气装置的开关》分为 2 个部分：

——第 1 部分：通用要求(GB 16915.1)

——第 2 部分：特殊要求(GB 16915.2～16915.5)

- 第 2-1 部分：电子开关的特殊要求(GB 16915.2)
- 第 2 部分：特殊要求　第 2 节：遥控开关(GB 16915.3)
- 第 2 部分：特殊要求　第 3 节：延时开关(GB 16915.4)
- 第 2-4 部分：隔离开关的特殊要求(GB 16915.5)

本部分是 GB 16915 的第 2-1 部分。

本部分按照 GB/T 1.1—2009 给出的规则起草。

本部分代替 GB 16915.2—2000《家用和类似用途固定式电气装置的开关　第 2 部分：特殊要求　第 1 节：电子开关》，并根据 IEC 60669-2-1:2009 标准，将其名称调整为《家用和类似用途固定式电气装置的开关　第 2-1 部分：电子开关的特殊要求》。

本部分与 GB 16915.2—2000 相比，主要变化如下：

——第 1 章"范围"补充、完善了适用的产品，明确纳入了电子遥控开关(RCS)、电子延时开关(TDS)。

——第 2 章"规范性引用文件"中引用文件的数量从 15 个增加到 28 个，新增了电磁兼容试验等标准。

——第 3 章"定义"中新增了 3.111 外部软电缆、3.112 遥控开关、3.112.1 电磁遥控开关、3.112.2 电子遥控开关、3.113 额定控制电压等 16 个定义。

——第 5 章"关于试验的一般说明"中，表 101 中增加 19.102 栏和注 b、c，并且增加了 5.105、5.106。

——6.2 删除了对额定负载的要求。

——6.3 增加了对电子遥控开关和电子延时开关适用的要求。

——第 7 章"分类"中增加了 7.101、7.102、7.103。

——8.1 重新进行了编写，增加了相应的标志内容。并且，对于带有内置自动功能的一般用途的电子开关的操作次数进行了说明。

——8.2 中删除了"变压器连接"符号，增加了"半导体开关装置"符号。

——8.6 中，删除了原 8.6.101，原 8.6.102 改为 8.6.101。

——10.1 中，采用的试验指改为 GB/T 16842 试具 11，并修改了注 2。

——10.2 增加了触摸感应电子开关的保护阻抗的说明，并对保护阻抗的组成做出了新的规定。

——10.101 增加了 GB/T 16842 试验试具 B 的检查。

——第 11 章增加了本章不适用于 SELV 电子开关的说明。

——第 12 章增加了 12.1、12.2 的补充内容。

——13.5 将原"起动元件"明确为"旋钮"。

——第 13 章中，删除了原 13.101，原 13.102 改为 13.101，原 13.103 改为 13.102，并增加了 13.103。

——第 14 章中，增加了 14.101。

——第 16 章中，增加了测量时断开保护阻抗的说明；并在表 14 中增加 9、10、11 项。

——第 17 章中，引用的表 14 改为表 15；并增加了对电子延时开关的规定。

——第 18 章中，增加了对电子遥控开关的规定。

——18.1 增加了操作循环受其应用限制的电子开关的要求；并增加对电子延时开关操作次数的规定。

——18.102 增加了试验电压、操作次数、操作速度等规定。

——第 19 章中，原 19.1 改为 19.101，原 19.2 改为 19.103，原 19.3 改为 19.104，原 19.4 改为 19.105，并增加了 19.102、19.106、19.107、19.108；并增加了带有内置自动功能的一般用途的电子开关操作次数的规定。

——19.101 中，可双向操作的旋转电子开关的试验动作次数改为两个方向各一半总动作次数；恢复电压 U_s 与额定操作电压 U_e 之间的比率改为 1.00(±10%)。

——第 23 章中，删除了原表 103，在表 20 中增加了相应内容，并增加了 23.1 和 23.2。

——第 26 章中，增加了 26.1.6、26.1.7，并规定制造商应给出有关负载的细节。

——26.1 合并了原 c)"在 OFF 状态，最大设定值"和 d)"在 OFF 状态，最小设定值"为 c)"在 OFF 状态"；并增加了表 104。

——26.1.1、26.1.2 试验期间的电子开关状态的改变，修改为可以接受。

——26.1.2 中，试验施加次数从原 10 次改为 2 次，重复速率从原(30± 5)s 改为(60±5)s。

——26.1.4 对试验方式做了相应调整，并对不是用于操作白炽灯的电子开关的试验做出了说明。

——26.1.5 说明了出现灯的闪烁或电机不规则运行均可忽略不计的情况；并规定电子延时开关应处于原始状态。

——26.2.1 中，删除了原注，增加了注 1、注 2；并对带有机电操作的触头机构的电子开关进行了说明。

——26.2.2 将试验方法进行了细化。

——第 101 章中，增加了 101.4。

——101.1.1.1 中将原 GB 8898 表 2 曲线"A"改为图 10 规定值；并增加了注 2。

——第 102 章中，增加了 102.5。

——102.2 中增加了表 107，并调整了电容器的相关要求。

——102.4.1.1 明确了荧光灯用的电子开关中的断流器的试验与白炽灯用的电子开关的相同。

本部分使用重新起草法修改采用 IEC 60669-2-1：2009(第 4.1 版)《家用和类似用途固定式电气装置的开关　第 2-1 部分：电子开关的特殊要求》。

本部分与 IEC 60669-2-1：2009 的技术性差异及其原因如下：

——关于使用环境的温度。我国部分地区为亚热带气候，环境温度较高，根据我国的地理环境和气候特点，本部分中规定：电子开关的工作环境温度通常不超过 35 ℃，偶尔达到 40 ℃。IEC 60669-2-1 中规定：电子开关的工作环境温度通常不超过 25 ℃，偶尔达到 35 ℃。

对于某些章条的试验需要在较严酷的条件下考核时，IEC 60669-2-1 规定是在 35 ℃±2 ℃下试验，在本部分中规定在 40 ℃±2 ℃下试验。

——关于规范性引用文件，本部分做了具有技术性差异的调整，以适应我国的技术条件，调整的情况集中反映在第 2 章"规范性引用文件"中，具体调整如下：

- GB 8898—2011　音频、视频及类似电子设备　安全要求(IEC 60065：2005，MOD)代替 IEC 60065：2001。
- 用 GB/T 5023.5　额定电压 450/750 V 及以下聚氯乙烯绝缘电缆　第 5 部分：软电缆(软线)(GB/T 5023.5—2008，IEC 60227-5：2003，IDT)代替 IEC 60227-5：1997。
- 用 GB/T 6109.1—2008　漆包圆绕组线　第 1 部分：一般规定(IEC 60317-0-1：2005，IDT)

代替 IEC 60317-0-1:1997。

- 用 GB 16915.3—2000 家用和类似用途固定式电气装置的开关 第 2 部分:特殊要求 第 2 节:遥控开关(RCS)(idt IEC 60669-2-2:1996+A1:1997)代替 IEC 60669-2-2:2006。
- 用 GB 16915.4—2003 家用和类似用途固定式电气装置的开关 第 2 部分:特殊要求 第 3 节:延时开关(IEC 60669-2-3:1997,MOD)代替 IEC 60669-2-3:2006。
- 用 GB 17625.1—2003 电磁兼容 限值 谐波电流发射限值(设备每相输入电流≤16A)(IEC 61000-3-2:2001,IDT)代替 IEC 61000-3-2:2000。
- 用 GB 17625.2—2007 电磁兼容 限值 对每相额定电流≤16 A 且无条件接入的设备在公用低压供电系统中产生的电压变化、电压波动和闪烁的限制(IEC 61000-3-3:2005,IDT)代替 IEC 61000-3-3:1994。
- 用 GB/T 17626.2—2006 电磁兼容 试验和测量技术 静电放电抗扰度试验(IEC 61000-4-2:2001, IDT)代替 IEC 61000-4-2:1995。
- 用 GB/T 17626.4—2008 电磁兼容 试验和测量技术 电快速瞬变脉冲群抗扰度试验(IEC 61000-4-4:2004,IDT)代替 IEC 61000-4-4:1995。
- 用 GB/T 17626.5—2008 电磁兼容 试验和测量技术 浪涌(冲击)抗扰度试验(IEC 61000-4-5:2005,IDT)代替 IEC 61000-4-5:1995。
- 用 GB/T 17626.6—2008 电磁兼容 试验和测量技术 射频场感应的传导骚扰抗扰度(IEC 61000-4-6:2006,IDT)代替 IEC 61000-4-6:1996。
- 用 GB/T 17626.8—2006 电磁兼容 试验和测量技术 工频磁场抗扰度试验(IEC 61000-4-8:2001,IDT)代替 IEC 61000-4-8:1993。
- 用 GB/T 17626.11—2008 电磁兼容 试验和测量技术 电压暂降、短时中断和电压变化的抗扰度试验(IEC 61000-4-11:2004,IDT) 代替 IEC 61000-4-11:1994。

(3)表 102“允许的温升值”以 GB 8898—2011 表 3 为依据,代替了 IEC 60065 表 3。

本部分对 IEC 60669-2-1:2009 做了下列编辑性修改:

——根据 GB/T 1.1 有关规定,在第 1 章“范围”中第 1 行补充了“本部分规定了家用和类似用途固定式电气装置的电子开关和相关的电子辅助装置的分类、防触电保护、接地措施、结构要求、机械性能、电气性能的技术要求。”

——根据 GB/T 1.1 有关规定,在第 2 章“规范性引用文件”中补充了 GB 16915.1 的名称及一致性程度标识。

——第 23 章表 20 的“电气间隙”中第 2 栏对应的数值,IEC 原文为“0.1 mm,0.2 mm”,为保持表格的一致性,删除数值后面“mm”单位。

本部分由中国电器工业协会提出。

本部分由全国电器附件标准化技术委员会(SAC/TC 67)归口。

本部分起草单位:中国电器科学研究院有限公司、浙江正泰建筑电器有限公司、霍尼韦尔朗能电器系统技术(广东)有限公司、飞雕电器集团有限公司、天基电气(深圳)有限公司、TCL-罗格朗国际电工(惠州)有限公司、北京松下电工有限公司、奇胜工业(惠州)有限公司深圳分公司、杭州鸿雁电器有限公司、西蒙电气(中国)有限公司、公牛集团有限公司、广东松本电工电器有限公司、惠州雷士光电科技有限公司、西门子(山东)开关插座有限公司、浙江跃华电讯有限公司、北京中科可来博电子技术有限公司、北京 ABB 低压电器有限公司。

本部分主要起草人:蔡军、刘新春、陈家礼、郑伟、安桂龙、彭云、朱鸿斌、龚志雷、吴明、乔成、蔡映峰、张文捷、何均匀、赵卓君、王朝圣、李声沛、石勇、吴益辉、罗时明、冯松云、刘坤伦。

本部分代替标准的历次版本发布情况为:

——GB 16915.2—2000。

家用和类似用途固定式电气装置的开关 第2-1部分：电子开关的特殊要求

1 范围

GB 16915.1中的本章改为下述内容：

本部分规定了家用和类似用途固定式电气装置的电子开关和相关的电子辅助装置的分类、防触电保护、接地措施、结构要求、机械性能、电气性能的技术要求。

GB 16915的本部分适用于户内或户外使用的、家用和类似用途固定式电气装置的电子开关和相关的电子辅助装置。

本部分适用于操作照明电路、控制灯的亮度(调光器)、控制电动机(例如，排气扇等用的)转速和作其他用途(例如，加热控制)的电子开关，这些开关的额定电压不超过交流250 V，额定电流不超过16 A。

上述的操作和/或控制是人为地通过起动元件、传感面和传感装置，借助于触摸、接近、旋转、光、声、热或其他影响等方式来实现的。

本部分也适用于一般用途的带有内置自动功能的电子开关，这类电子开关的操作和/或控制是由物理量的改变而被激励，例如，光、温度、湿度、时间、风速、人的存在等等。

本部分也适用于电子开关的安装盒，但暗装式电子开关的安装盒除外。

本部分也适用于电子遥控开关(RCS)和电子延时开关(TDS)，其额定电压不超过440 V，额定电流不超过25 A，预期用于户内或户外使用的、家用和类似用途固定式电气装置。

注1：仅带有无源元件(例如，电阻、电容、电感、PTC和NTC元件、压敏电阻、印制线路板和连接器)的开关不被认为是电子开关。

注2：电子开关可带有交流或直流额定控制电压的控制电路。

符合本部分的电子开关适合在通常不超过35 ℃，偶尔会达到40 ℃[1)]的环境温度中使用。

在特殊条件的场所，例如，在船上、车辆上以及类似场所和在危险场所(如，可能发生爆炸的地方)，可能要求特殊的结构。

注3：本部分不打算涵盖设计装在器具里的器件，或预期随特定电器一同交货的器件，以及在GB 14536或GB 15092范围内的器件。

电子开关的设计示例及其功能见附录AA。

注4：在主电路里没有机械开关的电子开关不能形成“全断开状态”。因此，应将负载侧的电路视为带电的。

2 规范性引用文件

下列文件对于本文件的应用是必不可少的。凡是注日期的引用文件，仅注日期的版本适用于本文件。凡是不注日期的引用文件，其最新版本(包括所有的修改单)适用于本文件。

---

1) 我国部分地区为亚热带气候，考虑到最严酷情况，规定电子开关的使用环境温度“通常不超过35 ℃，偶尔会达到40 ℃”。IEC 60669-2-1该条中规定的使用环境温度为“通常不超过25 ℃，偶尔会达到35 ℃”。

GB/T 1633—2000 热塑性塑料维卡软化温度(VST)的测定(idt ISO 306:1994)

GB 4343(所有部分) 家用电器、电动工具和类似器具的电磁兼容要求 [IEC/CISPR 14(所有部分)]

GB/T 5023.5 额定电压 450/750 V 及以下聚氯乙烯绝缘电缆 第 5 部分:软电缆(软线)(GB/T 5023.5—2008,IEC 60227-5:2003,IDT)

GB/T 6109(所有部分) 漆包圆绕组线[IEC 60317(所有部分)]

GB/T 6109.1—2008 漆包圆绕组线 第 1 部分:一般规定(IEC 60317-0-1:2005,IDT)

GB 8898—2011 音频、视频及类似电子设备 安全要求(IEC 60065:2005,MOD)

GB 9364(所有部分) 小型熔断器[IEC 60127(所有部分)]

GB/T 11021—2007 电气绝缘 耐热性分级(IEC 60085:2004,IDT)

GB 13140.2 家用和类似用途低压电路用的连接器件 第 2 部分:作为独立单元的带螺纹型夹紧件的连接器件的特殊要求(GB 13140.2—2008,IEC 60998-2-1:2002,IDT)

GB/T 14472—1998 电子设备用固定电容器 第 14 部分:分规范 抑制电源电磁干扰用固定电容器 (idt IEC 60384-14:1993)

GB 14536(所有部分) 家用和类似用途电自动控制器[IEC 60730(所有部分)]

GB/T 16842 外壳对人和设备的防护 检验用试具(GB/T 16842—2008,IEC 61032:1997,IDT)

GB 16915.1 家用和类似用途固定式电气装置的开关 第 1 部分:通用要求(GB 16915.1—2003,IEC 60669-1:2000,MOD)中的本章增加下述内容后适用:

GB 16915.3—2000 家用和类似用途固定式电气装置的开关 第 2 部分:特殊要求 第 2 节:遥控开关(RCS)(idt IEC 60669-2-2:1996+A1:1997)

GB 16915.4—2003 家用和类似用途固定式电气装置的开关 第 2 部分:特殊要求 第 3 节:延时开关(IEC 60669-2-3:1997,MOD)

GB/T 16935.1—2008 低压系统内设备的绝缘配合 第 1 部分:原理、要求和试验(IEC 60664-1:2007,IDT)

GB/T 16935.3 低压系统内设备的绝缘配合 第 3 部分:利用涂层、罐封和模压进行防污保护(GB/T 16935.3—2005,IEC 60664-3:2003,IDT)

GB 17625.1—2003 电磁兼容 限值 谐波电流发射限值(设备每相输入电流≤16A)(IEC 61000-3-2:2001,IDT)

GB 17625.2—2007 电磁兼容 限值 对每相额定电流≤16A 且无条件接入的设备在公用低压供电系统中产生的电压变化、电压波动和闪烁的限制(IEC 61000-3-3:2005,IDT)

GB/T 17626.2—2006 电磁兼容 试验和测量技术 静电放电抗扰度试验(IEC 61000-4-2:2001,IDT)

GB/T 17626.3—2006 电磁兼容 试验和测量技术 射频电磁场辐射抗扰度试验(IEC 61000-4-3:2002,IDT)

GB/T 17626.4—2008 电磁兼容 试验和测量技术 电快速瞬变脉冲群抗扰度试验(IEC 61000-4-4:2004,IDT)

GB/T 17626.5—2008 电磁兼容 试验和测量技术 浪涌(冲击)抗扰度试验(IEC 61000-4-5:2005,IDT)

GB/T 17626.6—2008 电磁兼容 试验和测量技术 射频场感应的传导骚扰抗扰度(IEC 61000-4-6:2006,IDT)

GB/T 17626.8—2006 电磁兼容 试验和测量技术 工频磁场抗扰度试验(IEC 61000-4-8:2001,IDT)

GB/T 17626.11—2008 电磁兼容 试验和测量技术 电压暂降、短时中断和电压变化的抗扰度

试验(IEC 61000-4-11:2004,IDT)

GB 17743—2007 电气照明和类似设备的无线电骚扰特性的限值和测量方法(CISPR 15:2005+A1:2006,IDT)

GB 19212.7 电力变压器、电源装置和类似产品的安全 第7部分:一般用途安全隔离变压器的特殊要求(GB 19212.7—2006,IEC 61558-2-6:1997,MOD)

IEC 61000-2-2:2002 电磁兼容(EMC) 第2-2部分:环境 公用低压电力系统中的低频传导干扰和信号传输的兼容性水平(Electromagnetic compatibility (EMC)—Part 2-2:Environment—Compatibility levels for low-frequency conducted disturbances and signalling in public lowvoltage power supply systems)

3 术语和定义

GB 16915.1 中的本章增加下述内容后适用。

在第1段之后,增加下述内容:

"电子开关"一词作为统称,既包括电子通断装置,也包括控制装置。

增加下述定义:

3.101

额定负载 rated load

制造商给电子开关规定的负载。

3.102

最小负载 minimum load

电子开关能正确操作的最小负载。

3.103

最小电流 minimum current

电子开关能正确操作的最小电流。

3.104

机电操作的触头机构 electromechanically operated contact mechanism

用机电方法控制电路断开和闭合部件动作的构件。

3.105

半导体开关装置 semiconductor switching device

通过电路中半导体可控的导电性,设计用于接通或断开电路中电流的开关装置。

注1:在(周期或非周期)电流过零的电路中,在此零值后"不接通"电流与分断此电流的效果相等。

注2:半导体开关装置的典型例子有:

——应用相线接通原理(周期或非周期),例如通过可控硅在每个半波过零时或过零后的任何相角将电流接通的办法来控制负载的电子开关。

——应用相线关断原理,例如通过桥式整流电路里的晶体管在半波过零后的任何相角将电流关断的办法来控制负载的电子开关。

3.106

电子瞬动式开关 electronic momentary contact switch

机电开关机构或半导体开关装置在动作后能自动恢复到初始状态的电子开关。

3.107

机械控制装置　mechanical control unit

直接用机械方法(例如,电位器)调节的,并通过电子元件来控制输出的装置。

3.108

电子输出控制装置　electronic output control unit

用非机械方法(例如,传感装置)来调节的,并通过电子元件来控制输出的装置。

3.109

电子辅助装置　electronic extension unit

电子开关的远控装置。

3.110

保护阻抗　protective impedance

连接在带电部件与易触及导电部件之间的阻抗。在电子开关正常使用时和可能出现故障的情况下,该阻抗应能将通过的电流限制在安全值之内。在结构上,该阻抗应能保证电子开关在整个寿命期间可靠性保持不变。

3.111

外部软电缆　external flexible cable

外接电子输出控制装置的软缆。

注:这种电缆可能是电源电缆,也可能是附件的分离部分的连接电缆。

3.112

遥控开关　remote controlled switch;RCS

相隔一段距离,进行操作的开关。

3.112.1

电磁遥控开关　electromagnetic RCS

装有由脉冲操作的或可以由控制电路长期通电的线圈的遥控开关。

注:这种开关在 GB 16915.3 范围内。

3.112.2

电子遥控开关　electronic RCS

按照 GB 16915.3 的遥控开关提供功能、标志和连接结构的电子开关,但是,此遥控开关装有电子元件和/或电子元件与一个或多个线圈的组合装置,且由电子辅助装置操作。

注:例如,这种电子遥控开关可被用来作为符合 GB 16915.3 的遥控开关替换品。

3.113

额定控制电压　rated control voltage

由制造商给定的外部控制电路的电压。

3.114

开关电路　switching circuit

装有能让额定电流流经遥控开关或延时开关的部件的电路。

3.115

控制电路　control circuit

装有使开关机构动作的电气部件的电路。

3.116

控制机构　control mechanism

装有使遥控开关或延时开关动作的所有部件的机构。

3.117

内装式手动操作装置　incorporated hand-operated device

装在开关里直接或间接操作开关电路的装置。此装置不用于遥控开关或延时开关的正常动作。

3.118

额定控制电流　rated control current

制造商给控制电路规定的，用以使遥控开关激励所需的电流。

3.119

双稳态电子遥控开关　bistable electronic RCS

一种电子遥控开关，其所装控制机构在未被电激励或未被机械起动时，在其操作位置保持稳定，但一旦被激励或起动时，便改变操作位置。

3.120

单稳态电子遥控开关　monostable electronic RCS

一种电子遥控开关，其所装控制机构被电激励或被机械起动时，会改变开关的操作位置(在遥控开关被激励或被起动时保持此位置)，而在开关的激励或起动停止后，该机构会回复到遥控开关被激励或起动之前的位置。

3.121

优先次序的电子遥控开关　priority electronic RCS

用以直接或间接操作第1负载电路或第1组负载电路的电子遥控开关(有时可以不用此第1负载电路或第1组负载电路)，而此遥控开关的控制电路受制于或被连接到第2电路或第2组电路(优先电路)，因而此第2电路或第2组电路被通电期间，会激励遥控开关的控制电路，使第1电路或第1组电路断电，断电时间的长短等于第2电路或第2组电路被通电的时间。

注：此电子遥控开关可以有一装置，能视(带电流线圈的优先次序开关)总负载或分配给电路的任何部分的电流(大

小),或对加在第2负载或第2组负载的(带电压线圈的优先次序开关)电压敏感,而调节遥控开关控制电路的灵敏度,以激励遥控开关。

3.122

延时开关 time delayed switch;TDS

装有延迟一段时间(延迟时间)动作的延迟装置的开关。这种开关可手动和/或电气遥控起动。

3.123

电子延时开关 electronic TDS

按照GB 16915.4的延时开关提供功能、标志和连接结构的电子开关,但是,此延时开关装有电子元件。

注:例如,这种电子延时开关可被用来作为符合GB 16915.4的延时开关替换品。

3.124

延迟时间 delay time

使开关电路保持闭合状态的持续时间。延迟阶段结束时,使电压降低(例如,降低亮度)所需的任何时间均包括在延迟时间之内。

3.125

延迟装置 delay device

会影响延迟时间的所有元件。延迟时间可以是可调的。

4 一般要求

GB 16915.1中的本章适用。

5 关于试验的一般说明

GB 16915.1中的本章增加下述内容后适用。

5.4 增加下述内容:

试样的数量由表101示出。

表101 试样的数量

电子开关的型式	一般试验所需的试样数量	用于章或条的附加试样的数量					
		18.2	19.101	19.102	24	26	101和102
标出一种额定电流和							
——一种额定电压	3	3[a]	3[a]	3[a]	3	3	3[c]
——两种额定电压	6	6[a]	6[a]	6[a]	6	6	6[b,c]

[a] 仅用于带机械的和带机电的开关装置的电子开关;可以只送交完整的触头机构。

[b] 101.3的试验可能需提供3个附加试样。

[c] 若试样已经成功通过第26章的试验,则该试样能用于这些试验。

5.101 所用的测量方法均应达到测量目的，不会明显影响待测值，并且不会受各种因素的影响，例如波形。

注：所用测量仪表应给出真实的方均根(r. m. s.)值。

5.102 如果电子电路已密封，以致不可能或难以使元件短路或断开，制造商应提供一个带有引线的附加试样，以供测量和进行短路等试验用。

不需要将引线连接到混合集成电路或单片集成电路的内部。

5.103 为了试验目的，可将电子元件断开。

5.104 装有断流器的电子开关，要用3个附加试样来进行102.4.1的试验。

5.105 如果电子遥控开关或电子延时开关装有内装式手动操作装置，该开关应按第19章的规定进行试验。

注1：在进行通断能力试验和正常操作试验期间，应避免总是以同一相角开关，因为这样做，可能会产生误导性的结果。

注2：使用装有同步电动机的组合装置和类似操作装置时，应采取预防措施。

5.106 如果是控制和开关电路没有公共点的电子延时开关，在由制造商声明的额定电压供电的电路上进行试验。

6 额定值

GB 16915.1中的本章改为下述内容：

6.1 额定电压的优选值为110 V、120 V、130 V、220 V、230 V和240 V。

6.2 GB 16915.1中的本条不适用。

6.3 额定电源频率优选值是50 Hz和/或60 Hz。

增加下述内容：

对电子遥控开关，GB 16915.3—2000的第6章适用。

对电子延时开关，GB 16915.4—2003的第6章适用。

7 分类

7.1 GB 16915.1中的本条增加下述内容后适用。

7.1.1 增加下述的内容：

对电子延时开关，GB 16915.4—2003的7.1.1适用。

7.1.5 增加下述内容：

——触摸开关；

——接近开关；

——光控开关；

——声控开关；

——其他外部感应开关。

注：启动电子开关包括通/断操作、和/或调节灯的亮度或电动机的转速。

增加下述内容：

对电子遥控开关，GB 16915.3—2000的7.1.5适用。

对电子延时开关，GB 16915.4—2003的7.1.5适用。

7.1.6 增加下述内容：

——只预定安装在高度超过1.7 m处的电子开关。

7.1.101 按开关控制的负载种类分类：

——白炽灯；

——荧光灯；

——电动机；

——标称负载。

7.2 GB 16915.1 中的本条不适用。

7.101 对电子遥控开关，GB 16915.3—2000 的 7.101 适用。

7.102 对电子遥控开关，GB 16915.3—2000 的 7.102 适用。

7.103 具有安全特低电压(SELV)或保护特低电压(PELV)电路的电子遥控开关或电子延时开关。

8 标志

GB 16915.1 中的本章经下述修改后适用。

8.1 改为：

电子开关应标识：

——额定电压，单位用伏特；

——额定电流，单位用安培，或额定负载，单位用伏特安培或瓦特；

——电源性质的符号；

——制造商或销售商的名称或商标或识别标志；

——型号(可以是产品目录编号)；

——小间隙结构的符号(有此结构时)；

——微间隙结构的符号(有此结构时)；

——半导体开关装置的符号(有此结构时)；

——代表防止与危险部件接触和防外部固体物进入的有害影响的防护等级第 1 位特征数字；如果防护等级高于 2，应同时标出第 2 位特征数字；

——代表防有害进水的防护等级的第 2 位特征数字，如果防护等级高于 0，应同时标出第 1 位特征数字。

注 1：如果观察电子开关还看不清楚连接方式，建议使用 7.1.1 的代号标志；这个代号可以是型号的组成部分。

注 2：如果一个底座上装有两个或多个各有操作部件的电子开关，建议标出代号标志，例如 1+6 或 1+1+1。

注 3：对于适用于超过一种类型额定负载的电子开关，参见 8.3。

另外，电子开关应标识：

——额定频率(单位用赫兹)，但设计为 50 Hz 和 60 Hz 两用的电子开关除外；

——电子开关内所装熔断器的额定值和类型；

——负载种类的符号(见 8.2)；

——有辅助装置时，标出“辅助装置”一词，或开关购买国官方语言里相应的译文，后面再标出识别标记；

——如果电子开关有安装高度限制，应在制造商的安装说明书中规定最低安装高度(见 10.1)。

此外，带无螺纹端子的电子开关如果仅适于连接硬导线，则应标出仅能连接硬导线的标志。此项标志可标在电子开关和/或包装单元上。

对于带有内置自动功能的一般用途的电子开关，若制造商声明的操作次数高于 19.101、19.102 和 19.104 的规定，则应在随开关提供的说明书中给出操作次数。

此外，

——对电子遥控开关，GB 16915.3—2000 的 8.1 适用；

——对电子延时开关,GB 16915.4—2003 的 8.1 适用。

8.2 增加下述内容:

伏特安培 …… V·A

瓦特 …… W

赫兹 …… Hz

被调负载所用端子 …… 

负载种类:

白炽灯 …… 

荧光灯 …… 

电动机 …… 

特低电压白炽灯(如卤素灯)用的电子降压换流器 …… 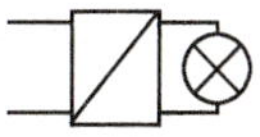

特低电压白炽灯(如卤素灯)用的铁芯变压器 …… 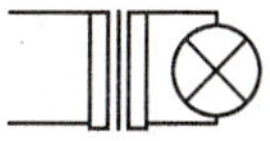

半导体开关装置的符号 …… ε

注:熔断器的额定值和类型可用符号标出(见 GB 9364)。

如果采用其他特殊符号,应在安装说明书中解释所用符号的含义。

此外,

——对电子遥控开关,GB 16915.3—2000 的 8.2 适用。

——对电子延时开关,GB 16915.4—2003 的 8.2 适用。

8.3 将第 1 段改为:

下列标志应标在电子开关的主要部件上:

——额定电流或额定负载、额定电压、电源性质的符号、额定频率(如 8.1 要求)、至少一个负载种类、所装熔断器的额定值和类型(此熔断器标志应标在熔断器座上或熔断器附近);

——制造商或销售商的名称或商标或识别标志;

——如有无螺纹端子时,导线插入此端子前应剥除的绝缘长度;

——小间隙结构、微间隙结构或半导体开关装置的符号(适用时);

——型号。

注:型号可仅是序列号。

对适用于多于一种负载的电子开关,如果负载种类没有标在电子开关上,则相关信息应在随开关提供的说明书中给出。此外,对每一种负载应给出最小和最大电流,或最小和最大负载(以伏安或瓦表示)。

增加下述内容:

如果电子开关预期和铁芯变压器一同使用,则应在说明书中提供如下信息:应使用只预期和电子开关一同使用的变压器。

8.4 增加下述内容:

如果有两个以上的端子,负载端子应用一个箭头作标记,箭头方向背离该端子,或用 8.2 所述的其中一个符号标出,任何其他端子应按安装说明书的规定标志。

除非根据端子的标志能清楚地看出电子开关的安装方法,否则每个电子开关应配有接线图。

此外,

——对电子遥控开关,GB 16915.3—2000 的 8.4 适用;

——对电子延时开关,GB 16915.4—2003 的 8.4 适用。

8.6 增加下述内容:

根据第 10 章,负载侧的电路被视为带电的,则不得用"○"来标出断开状态。

8.6.101 用于调节灯亮度的电子开关在使用时所处的实际状态,可用如下的其中一种方法来标出:

——在 ON/OFF 状态位置上加标志;或

——用指示灯;或

——使调光器处于最低控制状态并处于 0.9 倍的额定电压时,仍可看见灯光。

注:"仍可看见灯光"的试验正在考虑中。

仅用灯光来显示开关的状态时,应按如下规定调节灯的最低控制状态:

——对于白炽灯,应由制造商来调节调光器。不用工具,应不能调低最低设定值。

——对于荧光灯,应由制造商来调节调光器。如果安装说明书注明了如何调节最低设定值的方法,可由安装者进行此项调节。

8.8 在第 2 段后增加下述内容:

如果装有传感器观察窗(镜片)的电子开关预期安装在高度超过 1.7 m 的高处,则应在安装说明书中注明安装高度。

将下述内容增加到注 2:

——如适用,应标有外部的、直接相关的熔断器/限流器件的相关信息。

9 尺寸检查

GB 16915.1 中的本章增加下述内容后适用:

如果电子开关与适用的安装盒一起供货,电子开关的尺寸可与标准活页(如有)规定的尺寸不同。

10 防触电保护

GB 16915.1 中的本章增加下述内容及修改后适用。

10.1 增加下述内容:

注 1:为了本部分的目的,通过保护阻抗连接到带电部件的金属传感表面(见 10.2)不视为带电部件。

第 6 段和第 7 段改为:

附加试验期间,用 GB/T 16842 试具 11 的端部向开关施力 1 min。

将装上上述规定的电指示器的试具向绝缘材料变形会危及电子开关安全的所有部位施加 75 N 的力,但对薄壁敲落孔施加的力为 10 N。

安装在高度超过 1.7 m 高处的电子开关上的观察窗或类似部件,施加的力为 30 N。

不得将试具压向密封膜或类似部件,这些部件应按 13.15.1 进行试验。

注 2:为了本部分的目的,连接到 SELV(电压不超过 25 V a.c.或 60 V d.c.没有纹波)工作电源的部件不视为危险带电部件。

10.2 增加下述内容:

对于触摸感应电子开关,相关保护阻抗不必符合第 16 章和第 23 章的要求。

符合 7.1.4 分类的第 1 个破折号的电子开关,因操作电子开关所需而要触及的部件(例如,传感器表面)可以连接到带电部件。如果其连接到带电部件,则应通过保护阻抗进行连接。

该保护阻抗应由至少两个标称值相同的电阻器或两个独立的电容器串联而成,或是两者的组合。这些电阻器应符合 102.3 规定的要求,电容器应符合 102.2 规定的要求。

除非将电子开关毁坏或变成不可使用,才能将该保护阻抗拆下。

是否合格，通过观察并进行如下试验检查：

在单个易触及金属部件与地之间，或在易触及金属部件组成的任何组合部件与地之间，通过一个 2 kΩ 无感电阻，以额定电压(和，在 ON 状态的额定负载)，在 ON 和 OFF 状态下和/或最低和最高设定值下进行测量。测量期间，将保护阻抗中的每一个电阻器与所有其他元件(如有)依次短路。

对频率不超过 1 kHz 的交流电，任何测得的电流不得超过交流 0.7 mA(峰值)；或对直流电，任何测得的电流不得超过 2 mA。

频率高于 1 kHz 时，则应将 0.7 mA 的极限值乘以用千赫数为单位的频率值，但不得超过 70 mA。

10.101 如果不用工具，即可将盖、盖板或熔断器拆除；或，若在用户安装说明书中指明了出于维护目的，更换熔断器时，须拆除用工具固定的盖或盖板；在上述情况下，甚至在拆除盖或盖板之后，均必须保证带电部件不会被触及。

本要求不适用于：为了更换熔断体，电子开关必须从支撑装置上卸下的情况。

注：熔断器的更换应在制造商的说明书中予以规定。

是否合格，用 GB/T 16842 的试验试具 B 施加不超过 10 N 的力来检查。试验试具不应触及带电部件。

10.102 如果电子开关上有专供调节设定值用的孔，通过该孔进行调节时，应不会有触电的危险。

是否合格，用图 101 的试验针插进此孔来检查。试验针不得触及带电部件。

10.103 带电部件上方的通风孔应设计成：当电子开关按正常使用要求安装后，进入通风孔里的外来物不会与任何带电部件接触。

是否合格，用 GB/T 16842 的试验试具 13 插进通风孔来检查是否符合要求。试验试具的销不得触及带电部件。

11 接地措施

GB 16915.1 中的本章增加下述内容后适用。

本章不适用于 SELV 电子开关。

12 端子

GB 16915.1 中的本章增加下述内容后适用。

12.1 在本条的最后增加：

注：除主电路(负载电路)以外其他电路用的端子的接线容量与电子开关的额定电流并不成比例。这意谓着：用以连接外部传感器的导线用的端子，与电子开关的电源和负载侧端子二者的接线容量可能不相同。

在第 3 段之后增加：

可使用带有符合 GB 13140.2 的螺纹型夹紧件的端子。

在最后一段之后增加：

只要根据表 2 选择了端子，则除了 12.2.6、12.2.7 和 12.2.8 的要求，带有符合 GB 13140.2 的螺纹型夹紧件的端子被视为符合 12.2 的要求和试验。

12.2 增加下述内容：

下述内容增加到表 2 的注 b 中：

可通过使用带有两个分离的夹紧件的端子达到本要求。

13 结构要求

GB 16915.1 中的本章经下述修改后适用。

13.4 在第1段后面增加下述内容：

允许有符合10.102和10.103的要求敲开孔。

13.5 改为：

如果电子开关的旋钮松脱会引起危险，则应以可靠的方法将旋钮紧固，保证在正常使用时不会松脱。

如果旋钮是用于显示电子开关的位置，若固定于错误位置会引起危险，则不能将此旋钮固定于错误位置。

是否合格，通过观察并进行下述试验检查。

在正常使用时可能受到轴向拉力的地方，施加的轴向拉力以尝试拉脱旋钮，该拉力持续1 min。

施加的拉力一般为15 N，但是，对于正常使用时要被拉的旋钮，施力要增加到30 N。

然后，向所有的旋钮施加30 N的轴向推力1 min。

试验期间和试验后，电子开关不得损坏，旋钮不得移动到不符合本部分的要求。

注：除自固树脂外，密封胶及类似材料，均视为不足以防止松脱的材料。

13.15.1 改为：

密封膜、镜片和类似部件应紧固，不应因正常使用时出现的机械应力或热应力而位移。

是否合格，进行下述试验检查。

将密封膜、镜片和类似部件装在电子开关里进行试验。

首先，给电子开关装上按15.1规定进行过老化处理的密封膜、镜片和类似部件。

然后，按15.1的规定把电子开关放进加热箱里2 h，箱内温度保持在(40±2)℃。

经上述处理后，立即用GB/T 16842试具11的端部向密封膜、镜片和类似部件各个不同部位施加30 N的力5 s。

试验期间，密封膜、镜片和类似部件不得出现使带电部件变成易触及的变形。

对正常使用时易受到轴向拉力的密封膜、镜片和类似部件，施加30 N的轴向拉力5 s。

试验期间，密封膜、镜片和类似部件不得脱出。

然后，装上未经处理过的密封膜、镜片和类似部件进行复试。

13.101 装在照明电路里的电子开关的自动保护器件至少应有微断开结构。

用于电动机速度控制电路的电子开关的断流器应是非自动复位型。

是否合格，通过观察检查。

13.102 用于控制特低电压白炽灯(如卤素灯)的铁芯变压器电压的电子开关，正负半波控制相角的最大允差为±2°。

注1：允差过大会产生直流电流，它影响铁芯变压器绕组中的温升。

注2：正负半波控制相角之间的最大允差可直接测出，或作为直流电压以额定电压的百分比给出。控制相角为90°时，其对应的最大允差的直流电压相当于峰值电压的1.1%。

是否合格，通过测量检查。

13.103 对电子延时开关，GB 16915.4—2003的13.101适用。

14 开关机构

GB 16915.1中的本章仅适用于装有机械开关器件的电子开关。

14.101 对电子遥控开关，GB 16915.3—2000的14.101适用。

对电子延时开关，GB 16915.4—2003的14.101适用。

15　耐老化、开关外壳提供的防护和防潮

GB 16915.1 中的本章适用。

16　绝缘电阻和电气强度

GB 16915.1 中的本章在增加下述内容后适用。

在第 1 段后增加：

测量绝缘电阻和电气强度时，符合 10.2 的保护阻抗应断开。

在表 14 中增加下述的注：

注 101：仅对带有机械开关的电子开关按第 3 项要求进行试验。

在表 14 中增加：

9 在开关电路和控制电路之间，如果它们是电气隔离的	5	2 000	3 000
10 在 SELV/PELV 电路和其他电压高于 SELV/PELV 的电路之间	7	2 500	3 750
11 在两个 SELV/PELV 电路之间	5	500	500

17　温升

GB 16915.1 中的本章改为下述内容。

电子开关的结构应能确保在正常使用时，温升不会超过规定值。

若有触头，则触头的金属及设计应能保证开关的操作不会受氧化或任何其他劣化的影响。

电子开关的设计和材料应能保证电子开关里的元件和材料不会受到在正常使用中温升的有害影响。

是否合格，在适用的情况下按下述试验检查：

给电子开关装上表 15 规定的导线，导线的横截面积不小于 1.5 mm^2；如果有端子螺钉或螺母，应用 12.2.8 中规定力矩的 2/3 拧紧。

白炽灯（适用于供公用电源电压的电灯）用的电子开关以灯加载，灯的额定值为 200 W（可用额定值更低的灯或电阻，如有），使其在额定电压下获得额定负载。

荧光灯和电动机用的电子开关按制造商的使用说明书加载。

其他电子开关应以制造商的使用说明书中规定种类的负载加载。

注 1：通过将电子开关短路验证额定负载。

对电子延时开关，GB 16915.4—2003 的 17.1 适用。

注 2：如果电子开关预定要以不同种类的负载加载，应以标称的每一种负载来进行试验。

给电子开关加载，直至电压介于 0.9 倍和 1.1 倍额定电压时达到稳态温度为止，二者中取最不利的。

将调光器和调速器的设定值调至出现最高温升为止。

将暗装式电子开关安装在暗装式安装盒里。此盒放进松木槽里，安装盒周围填满灰浆，使盒的正面边缘不会高出松木槽的正表面，也不应低于该表面 5 mm 以上。

注 3：该试验组件在第 1 次制成后至少要晾干 7 天才能用来做试验。

松木槽可由多于一块松木板拼凑而成。松木槽的尺寸应至少有 25 mm 的木头包围着灰浆，灰浆包围着安装盒。在安装盒各边和底部最大尺寸处，灰浆的厚度在 10 mm～15 mm 之间。

注4：松木槽里的腔穴可以是圆柱形。

连接电子开关的电缆应从安装盒的顶部进入，进入点要密封，以防止空气的循环。安装盒里每根导线的长度应为(80±10)mm。

明装式电子开关应按正常使用要求安装在木块的中央，该木块至少厚20 mm、宽500 mm、高500 mm。

其他类型的电子开关应按照制造商说明书的规定安装，若无说明书，应安装在正常使用时最严酷条件的位置。

试验组件应在不通风的环境下进行试验。

温度要用熔化颗粒、变色指示器或热电偶来测量。这些测量器具的选择和放置，应使之对被测温度的影响很小，可忽略不计。

试验期间，电子开关的状态不得改变，熔断器和其他保护装置不应动作，也不应超过第17章表102栏中规定的允许温升值。

试验后，电子开关应能正常工作。

如果使用密封胶，密封胶不应流溢到以致带电部件外露。

是否合格，通过观察检查。

注5：为了进行21.3的试验，要确定那些虽然与载流部件和接地部件接触，但不是将它们保持在正常位置所必需的绝缘材料外部部件的温升。

注6：用滑动动作或用银触头或镀银触头可以防止触头过度氧化。

注7：可以用直径为3 mm(熔点为65 ℃)的蜂蜡丸作熔化颗粒。

注8：如果是组合电子开关，应分别对每个电子开关进行试验。

进行102.2，102.3和102.4.1的试验时，电子开关元件周围的基准温度就是试验期间在元件上测得的最高温升加上25 ℃。

表102 允许的温升值

(本表以GB 8898—2011表3为依据)

电子开关部件	允许温升 K	
	第17章	第101章
外部部件		
金属部件：旋钮、手柄、传感面等	40	75
外壳(注1)	50	75
非金属部件：旋钮、手柄、传感面等(注2)	60	75
外壳(注1和注2)	70	75
绝缘材料外壳内部	(注3)	(注3)
绕组线(注4)		
等级A	75	115
等级E	90	130

表 102（续）

电子开关部件	允许温升 K	
	第 17 章	第 101 章
等级 B	95	140
等级 F	115	155
等级 H	140	175
等级 200	160	195
等级 220	180	215
等级 250	210	245
铁芯迭片	相对于有关绕组线	
电源线与引线		
普通 PVC 绝缘的(注 8)		
——无机械应力的	70	110
——有机械应力的	55	110
天然橡胶绝缘的	55	110
除热塑性材料以外的其他绝缘材料(注 4 和注 7)		
非浸渍的纸	65	80
非浸渍的纸板	70	90
浸渍过的纱、丝、纸、织物和尿素树脂	80	100
酚醛树脂层压板、纤维填料酚醛压模制品	95	120
矿物填料酚醛压模制品	105	140
环氧树脂层压板	130	160
天然橡胶	55	110
热塑性材料（注 5）	（注 6）	
安装时会与电缆的绝缘接触的端子和部件	55	110

温升值以 25 ℃的环境温度为基准，但测量是在正常条件下进行。

注 1：对于面积不超过 5 cm^2 及正常使用时不可能被触及之处，在正常工作条件下，允许不超过 75 K 的温升。

注 2：如果这些温升高于相应绝缘材料等级的允许值，则材料的性能是决定的因素。

注 3：绝缘材料外壳里的允许温升是该种材料所标的值。

注 4：为了本部分的目的，本部分的允许温升是以 GB/T 11021 的推荐值为依据。上表仅引用部分材料为例。若使用 GB/T 11021 中所未列出的材料，则最高温度不得超过已证实合格材料的限值。

注 5：天然与合成橡胶不视为热塑性材料。

注 6：由于热塑性材料种类繁多，无法规定其允许温升。在测定允许温升时，应采用如下方法：

a) 按 GB/T 1633 规定的条件测定单个样品的材料的软化温度，但要作如下修改：

——压透深度 0.1 mm；

——在施加 10 N 的总推力后，刻度调到零或记下初始读数。

b) 待测材料允许温升的温度限值：

——在正常工作条件下，比 a)项中测定的软化温度低 10 ℃。

——在故障条件下，等于软化温度本身。

注 7：本表不适用于符合有关国家标准的元件。

注 8：正在考虑提高以耐热 PVC 绝缘的电线电缆的允许值。

18 通断能力

GB 16915.1 中的本章经下述修改后适用。

将 18.1 之前的内容改为：

电子开关应有足够的通断能力。

注 1：GB 16915.1 中，凡使用“开关”一词之处，只要适用，应将该词改为“触头机构”。

注 2：对使用继电器的电子开关，继电器应按正常使用时的相应负载，以规定的动作速率来操作。

本试验仅适用于装有机械或机电操作的触头机构的电子开关。

触头机构应有足够的通断能力。

用 3 个具有完整触头机构的独立的试样进行试验。

是否合格，进行下述试验检查：

——对于控制荧光灯负载用的电子开关，按 GB 16915.1—2003 中 18.1 的规定试验；

——对于控制电动机速度控制电路用的电子开关，按 GB 16915.1—2003 中 18.1 以及本部分 18.101的规定试验；

——对于控制特低电压白炽灯的铁芯变压器电压的电子开关，按 GB 16915.1—2003 中 18.1、18.2 及本部分 18.102 的规定试验；

——对于控制特低电压白炽灯用的电子降压换流器电压的电子开关，按 GB 16915.1—2003 中 18.2的规定试验；

——其他类型负载用的电子开关，按 GB 16915.1—2003 中 18.1 和 18.2 的规定试验。

注 3：对于操作循环受其应用限制的电子开关(例如，被动红外、时间延时电子开关等)，试验期间的操作速率可由制造商给定。

试验装置的示例见图 12，此装置是模拟正常的操作来进行试验。

连接方法见图 13。

电子开关要接上第 17 章试验所规定的导线。

对电子遥控开关，GB 16915.3—2000 的第 18 章适用。

18.1 在第 2 段之后增加：

对于操作循环受其应用限制的电子开关(例如，热或光的感应器等)，操作速率如下。将电子开关设置为可能最短的循环时间。电子开关在每次循环结束后的(2±0.5)s 内重新被激励。

增加下述内容：

对电子延时开关，在下述条件下，GB 16915.4—2003 中 18.1 的第 2 段适用：

对于操作循环受其应用限制的电子开关(例如，热或光的感应器等)，操作速率如下：将电子延时开关设置为可能最短的循环时间。电子开关在每次循环结束后的(2±0.5)s 内重新被激励。

对于所有其他的电子延时开关，在均匀速率下进行 200 次的操作：

——额定电流不超过 10 A 的开关，每分钟 30 次操作；

——额定电流超过 10 A 但小于 25 A 的开关，每分钟 15 次操作；

——额定电流不小于 25 A 的开关，每分钟 7.5 次操作。

18.101 每个触头机构应以额定电压进行试验，经受 50 个周期的操作，操作速率应符合 GB 16915.1—2003 中 18.1 的规定：

——用触头机构闭合电流为 9 I_n($\cos\phi=0.8\pm0.05$)的电路，每次闭合后 50 ms～100 ms，用辅助开关断开。

——用辅助开关闭合电流为 6 I_n($\cos\phi=0.6\pm0.05$)的电路，每次闭合后 300 ms～500 ms，用触头机构断开。

注 1：I_n 为电子开关的额定电流。

注 2：若电子开关标出的是额定负载而不是额定电流，则假定电动机负载的功率因数（$\cos\phi$）为 0.6 来计算 I_n。

试验期间，不得出现持续闪弧。

试验后，试样不应有任何影响其继续使用的损坏。

18.102 控制特低电压白炽灯（如卤素灯）铁芯变压器电压的电子开关应进行如下试验：

用 3 个试样进行试验。

每个触头机构应以额定电压进行试验，经受 50 个接通操作，操作速率应符合 GB 16915.1—2003 中 18.1 的规定。

为了模拟接通状态，调节试验电路，使试验电流是电子开关额定电流的 10 倍，时间为电源频率的半个周期。

试验期间，不得出现持续闪弧。

试验后，试样不得有影响继续使用的损坏。

注：正在考虑对能用空载变压器操作的电子开关的试验。

19 正常操作

GB 16915.1 中的本章改为下述内容。

电子开关应能经受正常使用时出现的机械应力、电应力和热应力，而不会出现过度磨损或其他有害的影响。

是否合格，进行 19.101、19.102、19.103、19.104 和 19.105 的试验检查。试验期间，电子开关以额定电压和第 17 章规定的负载进行试验，除非另有规定。

对于带有内置自动功能的一般用途的电子开关，19.101、19.102 和 19.104 中操作次数在相关的子条款中规定。但是，当制造商声明的操作次数高于相关子条款的规定，则应按声明的次数进行试验。

注：为了本试验的目的，制造商能提供带有特殊电路的样品，以模拟自动操作。

装有连接一个或多个电子辅助装置的电子开关，应接上一个电子辅助装置来进行试验，连接导线的长度为（1±0.1）m。

注：对于操作速率受其应用限制的电子开关（例如，被动红外、时间延时电子开关等），试验期间的操作速率可由制造商规定。

对电子遥控开关，GB 16915.3—2000 的 19.1 适用。

对电子延时开关，GB 16915.4—2003 的 19.1 适用。

试验期间，试样应能正常工作。

试验后，试样应能经受住：

——第 16 章规定的电气强度试验，但是，对试验电压为 4 000 V 的，应减去 1 000 V；对其他试验电压，应减去 500 V。对按 19.102 试验的样品不需进行电气强度试验。

——第 17 章规定的温升试验。

然后，试样不得出现下列现象：

——影响继续使用的磨损；

——如标明了起动元件的位置，起动元件与动触头（如有）之间的位置的不一致；

——外壳、绝缘衬垫或隔层损坏到电子开关不能再工作或不再符合第 10 章的要求；

——电气连接或机械连接的松脱；

——密封胶渗漏；

——代号为 2 的电子开关动触头的相对位移。

注 1：在本条款中的电气强度试验之前，不重复进行 15.3 的潮湿处理。

注 2：试验期间，试样不应加润滑剂。

19.101　白炽灯电路用的电子开关中的触头机构应经受如下试验：

用3个具有完整的触头机构的独立试样进行试验。

电路的细节和选择开关S操作方法按18.1所述，除非另有规定。

操作次数为40 000次。

操作速率应符合18.1的规定。

可双向操作的旋转电子开关在试验时，对起动元件要先朝一个方向旋转总操作次数的一半，再朝相反方向旋转余下的操作次数。

在对某一部分进行试验时，另一部分应处于“断开”位置。如适用，试验后，接着进行14.3的试验。

用于电动机速度控制电路的电子开关的触头机构按上述规定试验，但其触头机构应闭合一个电流为$6\times I_n(\cos\phi=0.65\pm0.05)$的电路，并断开一个电流为$I_n(\cos\phi=0.65\pm0.05)$的电路，恢复电压$U_s$与额定操作电压$U_e$之间的比率为1.00(±10%)。

19.102　预期用于荧光灯电路或其他电容性负载(例如，电子镇流器)的电子开关的触头机构按GB 16915.1—2003中的19.2进行试验，并做如下修改：

本条不适用于电子降压换流器的调光器，因为这些附件按19.101试验。

GB 16915.1—2003中的19.2中的第1个破折号的文本改为：

——电容器组C1，电容值由表103给出。这些电容器应以尽量短的2.5 mm^2导线连接。

表103　额定电流与电容值之间的关系

额定电流 A	电容值 μF
不超过1	12
大于1，不超过2	24
大于2，不超过3	35
大于3，不超过4	48
大于4，不超过5	58
大于5，不超过6	70
大于6，不超过7	77
大于7，不超过8	96
大于8，不超过9	105
大于9，不超过10	140

GB 16915.1—2003中的19.2中注之后的第5段改为：

操作次数如下：

荧光灯额定电流不超过10 A的电子开关：10 000次的操作，每分钟30次操作。

19.103　装在电子开关中的半导体开关装置和/或电子调节装置应经受下述试验。

注：电子调节装置的例子有用于调节时间、光亮度、敏感度等器件的控制器。

电子开关以额定负载加载，直至在1.1倍额定电压下的稳态温度为止。

通过传感面或传感器，改变电子开关状态10次和/或调节设定值10次，在整个调节范围中，应由最小调至最大，再由最大调至最小。

此外，若适用，通过电子辅助装置改变电子开关状态10次和/或调节设定值10次，在整个调节范围内，应由最小调至最大，再由最大调至最小。

19.104　装在电子开关中的机械控制装置应经受如下试验：

在额定负载下给电子开关加载，接着，将试验电压升高到 1.1 倍额定电压，调节设定值 10 000 次，在整个调节范围内，应由最小调至最大，再由最大调至最小，操作速率每分钟 10 次至 15 次。

机械控制装置需要手动操作，例如，按钮、电位器等。

19.105 由制造商规定最小负载或最小电流的电子开关，要在 0.9 倍额定电压下，按规定的最小负载或最小电流进行附加试验。

将电子开关状态改变 10 次，和/或调节设定值 10 次，在整个调节范围内，应由最小调至最大，再由最大调至最小。

若适用，还要通过电子辅助装置改变开关状态 10 次，和/或调节设定值 10 次，在整个调节范围内，应由最小调至最大，再由最大调至最小。

19.106 对电子遥控开关，GB 16915.3—2000 的 19.101 适用。

对电子延时开关，GB 16915.4—2003 的 19.101 适用。

19.107 对电子延时开关，GB 16915.4—2003 的 19.102 适用。

19.108 对电子延时开关，GB 16915.4—2003 的 19.103 适用。

20 机械强度

GB 16915.1 中的本章适用。

21 耐热

GB 16915.1 中的本章适用。

22 螺钉、载流部件和连接

GB 16915.1 中的本章适用。

23 爬电距离、电气间隙和穿通密封胶距离

GB 16915.1 中的本章在增加下述内容后适用。

表 20 的第 1、2、6 和 7 项数值仅适用于外部导线用的端子；在第 101 章的要求得以满足条件之下，这 4 项不适用于其他带电部件，这些部件被直接相连的有充分分断能力的熔断器或其他限流装置所保护。如果没有直接相连的熔断器或其他限流装置，则电子开关应符合表 20。

注 1：直接相连的熔断器或其他限流装置是指插入电路中的器件，其基本功能是保护电子开关。

注 2：直接相连的熔断器或其他限流装置不需要装入电子开关内。

表 20 中增加下述内容：

爬电距离 101 下述情况下的爬电距离：出现不超过 50 V a.c. 或 d.c.[a,b] 的标称电压，以及，符合 GB 19212.7 的安全隔离变压器在电路里产生的电压，或被相当于与电网供电隔离的电源产生的电压 ——在印制线路材料上-污染等级 1：	0.025

——在印制线路材料上-污染等级 2：	0.04
——在其他的绝缘材料上-穿过材料组别Ⅰ的绝缘材料	0.6
——在其他的绝缘材料上-穿过材料组别Ⅱ的绝缘材料	0.85
——在其他的绝缘材料上-穿过材料组别Ⅲ的绝缘材料	1.2
电气间隙	
102　下述情况下的电气间隙：出现不超过 50 V a.c. 或 d.c.[a,b] 的标称功能电压，以及，符合 GB 19212.7 的安全隔离变压器在电路里产生的电压，或以一种等效方式被相当于与电网供电电气隔离的电源产生的电压	
——污染等级 1：	0.1
——污染等级 2：	0.2

注 1：电气间隙的数值是基于 GB/T 16935.1—2008 表 F.2 选取：

——来自 GB/T 16935.1—2008 表 F.1 的 800 V 的额定冲击电压，对于 50 V a.c. 线对中性点的电压或 d.c. 和过电压类别Ⅲ和情况 A(非均匀电场)；

——污染等级 1 和 2。

爬电距离的数值是基于 GB/T 16935.1—2008 表 F.4 选取，采用表 F.4 中的 50 V 的方均根(r.m.s.)值的电压，此 50 V 电压来自 GB/T 16935.1—2008 表 F.3a 中的 50 V 电源系统的标称电压。

注 2：标称电压的定义见 IEV 601-01-21。

[a] 为了本部分的目的，下述内容适用(摘自 GB/T 16935.1—2008)：

微观环境：特别会影响确定爬电距离尺寸的绝缘附近的环境(GB/T 16935.1—2008 的 3.12.2)。

污染等级：用数字表征微观环境受预期污染程度(GB/T 16935.1—2008 的 3.12.3)。

污染等级 1：无污染或仅有干燥的，非导电性的污染，该污染没有任何影响。

对于遥控开关的印制线路板，如果印制线路板有保护措施防止任何凝露的出现和导电、吸水或可溶尘埃的沉积，则允许使用污染等级 1。以上保护可以通过下述措施实现：通过涂敷印制线路板和/或电路，此涂敷层符合 GB/T 16935.3的规定以及附加的密封；或，通过一个保护涂敷层密封整个印制线路板组件。

污染等级 2：一般仅有非导电性污染，然而必须预期到凝露会偶然发生短暂的导电性污染(GB/T 16935.1)。

对于遥控开关的印制线路板，如果印制线路板和/或电路被涂敷，且涂敷层符合 GB/T 16935.3 的规定，则允许使用污染等级 2。

本部分根据耐电痕化指数(PTI)值将绝缘材料分为以下 4 个组别：

材料组别Ⅰ　　　600≤PTI

材料组别Ⅱ　　　400≤PTI<600

材料组别Ⅲa　　　175≤PTI<400

材料组别Ⅲb　　　100≤PTI<175

材料组别Ⅲ包括材料组别Ⅲa 和材料组别Ⅲb。

某一材料应属于上述四种材料组别之一，以 PTI 值为基础来决定该材料所属组别，用 GB/T 4207 的溶液 A 方法确定材料的 PTI 值要等于或大于该组别所规定的较低值。

[b] 用于印制线路板的爬电距离数值参照污染等级 1 和 2 给出。对其他绝缘材料，允许仅参照污染等级 2 的爬电距离数值。

23.101　若电子开关有适用于连接到 SELV 电源的控制电路，且开关电路采用高于 SELV 的电压来供电，则在控制电路和开关电路之间的爬电距离和电气间隙不应小于 5.5 mm。

对符合 7.103 分类的电子遥控开关和电子延时开关，参见 GB 16915.3 和 GB 16915.4 中关于

SELV 和主回路的相关要求。

23.102 若导线的漆膜至少符合 GB/T 6109 系列的 1 级，则在控制线圈的导线、不同极性的带电部件和暴露的导电部件之间的间隙的数值，可减小到等于无漆膜情况下的间隙的三分之二。

24 绝缘材料的耐非正常热、耐燃和耐电痕化

GB 16915.1 中的本章适用。

25 防锈

GB 16915.1 中的本章适用。

26 电磁兼容性(EMC)要求

GB 16915.1 中的本章经下述修改后适用。

改为：

电子开关在设计上应保证在预定的电磁环境条件下使用时能正确操作。此项要求特别适用预定要连接到公用低压交流供电系统的电子开关。设计时，必须考虑到此种供电系统中的正常骚扰，该骚扰按照 IEC 61000-2-2 给出的兼容性等级来确定。

用 3 个新的试样进行试验(见表 101)。

对于电子开关，制造商应给出有关负载的所有细节。

是否合格，进行 26.1 和 26.2 的试验检查。

26.1 抗扰度

电子开关在设计上应做到：开关状态(ON 或 OFF)和/或设定值受到保护而不受干扰。

进行下列试验时，电子开关按正常使用要求安装进相应的安装盒里，如有，按制造商的规定且按第 17 章的规定加载，以在额定电压下达到额定负载。

为了本试验的目的，电子开关设置在输出功率(r. m. s.)的测量值或计算值上。

±10%以内的改变不认为是设定值的改变。

如果适用，每个电子开关应在下述状态下进行试验：

a) 在 ON 状态，最大设定值；

b) 在 ON 状态，最小设定值；

c) 在 OFF 状态。

试验参数的参考表 104。

表 104 抗扰度试验

环境现象	试验技术要求	试验配置	条款
电压暂降和短时中断	表 105	GB/T 17626.11	26.1.1
浪涌	±1 kV 和±2 kV (1.2/50)	GB/T 17626.5	26.1.2
快速瞬变脉冲群	表 106	GB/T 17626.4	26.1.3
静电放电	±4 kV 接触放电 ±8 kV 空气放电	GB/T 17626.2	26.1.4
辐射的电磁场试验	3 V/m	GB/T 17626.3	26.1.5[a]
射频电压	3 V r.m.s.	GB/T 17626.6	26.1.6[a]
工频磁场	3 A/m,50 Hz	GB/T 17626.8	26.1.7[b]

[a] 本试验仅适用于带有下列器件的电子开关:红外(IR)接收器、射频接收器、被动红外(PIR)器件、带有微处理器的器件或类似器件。

[b] 本试验仅适用于易受磁场影响的电子开关,例如,霍尔元件、电动力微音器等。

注:在下列子条款中,原始状态就是试验前的状态。

26.1.1 电压暂降/短时中断试验

电子开关应按 26.1 的规定用 GB/T 17626.11 所述的试验设备来进行试验。按表 105 的规定每个试验等级连续进行 3 次电压暂降/中断试验,每次试验之间的最小间隔至少为 10 s。

电源电压的突变,应出现在过零处。

试验电压发生器的输出阻抗即使在过渡过程中也必须呈低阻抗。

试验电压 U_T 与已改变的电压之间的变化应是突变的。

注:100%U_T 等于额定电压。

0%的试验等级相当于完全电压中断。

表 105 电压暂降/短时中断试验值

试验等级 % U_T	电压暂降/中断 % U_T	持续时间 (额定频率下的周期数)
0	100	10
40	60	10
70	30	10

试验期间,电子开关的状态可改变。

偶尔出现灯的闪烁或电机不规则运行均可忽略不计。

试验后,电子开关应处于开关的原始状态,而且设定值不应改变。

试验后,带有内置自动功能的一般用途的电子开关应能按预期情况动作。

26.1.2 1.2/50 μs 浪涌(冲击)抗扰度试验

电子开关应进行因切换瞬变和闪电瞬变过电压引起的单极性浪涌的耐受能力的试验。

试验按 GB/T 17626.5 的规定进行,在每个 0°、90°、270°相位施加正、负极性各 2 次的浪涌脉冲,以(60±5)s 的重复速率,施加开路试验电压 1 kV(试验水平 2)。

如果产品按正常使用安装时，有金属安装面板，则应在相线与地线之间重复试验，此时试验电压为2 kV。

试验期间，电子开关的状态可改变。

偶尔出现灯的闪烁或电机不规则运行均可忽略不计。

试验后，电子开关应处于开关的原始状态，而且设定值不应改变。

试验后，带有内置自动功能的一般用途的电子开关应能按预期情况动作。

26.1.3 电快速瞬变脉冲群试验

电子开关应进行检查供电电源端子/端头和控制端子/端头在受到重复性快速瞬变脉冲群干扰时的承受能力的试验。

试验按 GB/T 17626.4 的规定进行，技术要求如下：

重复性快速瞬变脉冲群耦合到电子开关电源和控制端子/端头的试验等级应符合表 106 的规定。

表 106 电快速瞬变脉冲群试验值

开路输出试验电压±10%	
电源端子/端头	控制端子/端头
1 kV	0.5 kV

对每一正、负极性试验电压，试验持续时间应为 60^{+5}_{0} s。

试验期间，电子开关的状态可改变。

偶尔出现灯的闪烁或电机不规则运行均可忽略不计。

试验后，电子开关应处于开关的原始状态，而且设定值不应改变。

试验后，带有内置自动功能的一般用途的电子开关应能按预期情况动作。

26.1.4 静电放电试验

按正常使用要求安装的电子开关，应能承受静电接触放电和静电空气放电。如果电子开关不是用于操作白炽灯，则仅按制造商说明书中给出的负载种类中的一个负载进行试验。

按 GB/T 17626.2 的规定，以下列方式进行 10 次正极性和 10 次负极性的放电试验：

——对导电表面和耦合面，进行接触放电，

——如适用，在绝缘表面，进行空气放电。

这些静电应仅仅施加到在正常使用中易触及的电子开关的点和表面上。

此放电应在制造商设计的预选点上进行，如有，应包括不同的材料。

施加如下等级的电压：

——接触放电试验电压：4 kV；

——空气放电试验电压：8 kV。

试验期间，电子开关的状态可改变。

偶尔出现灯的闪烁或电机不规则运行均可忽略不计。

试验后，电子开关应处于开关的原始状态，而且设定值不应改变。

试验后，带有通过触摸来操作的感应表面的电子开关，电子开关的状态和/或设定值可以改变，但应仍能按预期使用情况操作电子开关。

注：对某些电子开关，例如带可调延时装置的被动红外开关，应将其延时时间调整到长于试验时间。

试验后，带有内置自动功能的一般用途的电子开关应能按预期情况动作。

26.1.5 辐射的电磁场试验

本试验仅适用于带有下列器件的电子开关：红外(IR)接收器、射频接收器、被动红外(PIR)器件、带有微处理器的器件或类似器件。

电子开关应经受辐射的电磁场试验。

试验按 GB/T 17626.3 的规定进行，在 80 MHz～1 000 MHz 频率范围内施加的电场强度为3 V/m。

试验期间，电子开关的状态不应改变。

试验期间，不允许出现灯的闪烁或电机不规则运行。由于试验程序期间试验设备频率的改变而引起的开关瞬变，造成出现灯的闪烁或电机不规则运行均可忽略不计。

试验后，电子开关应处于开关的原始状态，而且设定值不应改变。

对电子延时开关，延时之后的开关应处于开关的原始状态。

试验后，带有内置自动功能的一般用途的电子开关应能按预期情况动作。

26.1.6 射频电压试验

本试验仅适用于带有下列器件的电子开关：红外(IR)接收器、射频接收器、被动红外(PIR)器件、带有微处理器的器件或类似器件。

电子开关应经受射频电压试验。

试验按 GB/T 17626.6 的规定进行，在供电线和控制线上施加 3 V(r. m. s.)的传导射频电压。

试验期间，电子开关的状态不应改变。

试验期间，不允许出现灯的闪烁或电机不规则运行。由于试验程序期间试验设备频率的改变而引起的开关瞬变，造成出现灯的闪烁或电机不规则运行均可忽略不计。

试验后，电子开关应处于开关的原始状态，而且设定值不应改变。

试验后，带有内置自动功能的一般用途的电子开关应能按预期情况动作。

26.1.7 工频磁场试验

本试验仅适用于带有易受磁场影响的元件的电子开关，例如，霍尔元件、电动力微音器等。

电子开关应经受工频磁场试验。

试验按 GB/T 17626.8 的规定进行，施加 50 Hz 的 3 A/m 磁场强度。

试验期间，电子开关的状态不应改变。

试验期间，偶尔出现灯的闪烁或电机不规则运行的情况是不允许的。由于试验程序期间试验设备频率的改变而引起的开关瞬变，造成出现灯的闪烁或电机不规则运行均可忽略不计。

试验后，电子开关应处于开关的原始状态，而且设定值不应改变。

试验后，带有内置自动功能的一般用途的电子开关应能按预期情况动作。

26.2 发射

26.2.1 低频发射

电子开关应设计成不会给电网造成过度骚扰。

如果电子开关符合 GB 17625.1 和 GB 17625.2 的要求，即认为符合要求。

注 1：那些装有自动控制器的电子开关会引起触发角的波动，例如使用在舞厅、迪斯科等类似场所的具有自动系统的电子开关，除了这些开关，其他电子开关无需试验，即可认为符合 GB 17625.2 的要求。

注 2：根据 GB 17625.1—2003 的 C.6，对控制不超过 1 000 W 白炽灯的独立的调光器，不需要试验。控制负载电流的半导体开关装置的电子开关被认为是调光器。

带有机电操作的触头机构(例如,继电器)的电子开关,不会产生谐波电流发射。对这种电子开关无需试验,即可认为符合 GB 17625.1 的要求。

26.2.2 射频发射

电子开关应设计成不会造成过大的射频干扰。

电子开关应符合 GB 4343 或 GB 17743 的要求。对电气照明用途的电子开关,GB 17743 适用。

GB 17743—2007 的 8.1.4.1 和 8.1.4.2[2] 做下述修改后适用:

是否合格,通过如下试验检查:

a) 主端子(GB 17743—2007 的 8.1.4.1)

应在最高设定值的 ON 状态的条件下,在 9 kHz～30 MHz 的整个频率范围内,进行初步测量或搜寻。另外,在下列频率和在 GB 17743 给出的限值之下的 6 dB 预设的水平之上的局部最大骚扰的所有频率处测量,应在最大负载时调节控制器的设置,以达到最大骚扰。

9 kHz、50 kHz、100 kHz、150 kHz、240 kHz、550 kHz、1 MHz、1.4 MHz、2 MHz、3.5 MHz、6 MHz、10 MHz、22 MHz 和 30 MHz。

b) 负载端子和/或控制端子(GB 17743—2007 的 8.1.4.2)

应在最高设定值的 ON 状态的条件下,在 150 kHz～30 MHz 的整个频率范围内,进行初步测量或搜寻。另外,在下列频率和在 GB 17743 给出的限值之下的 6 dB 预设的水平之上的局部最大骚扰的所有频率处测量,应在最大负载时调节控制器的设置,以达到最大骚扰。

150 kHz、240 kHz、550 kHz、1 MHz、1.4 MHz、2 MHz、3.5 MHz、6 MHz、10 MHz、22 MHz 和 30 MHz。

101 非正常条件

电子开关在非正常条件下应不会造成危险。

是否合格,进行 101.1、101.2 和 101.3 的试验检查。

注:电子开关可能需要附加元件来进行上述的试验。

101.1 电子开关在非正常条件下工作时,任何部件达到的温度不应使其周围有着火的危险。

电子开关应在 101.1.1 的故障条件下进行发热试验来检查是否合格。

试验期间,温升不应超过表 102 有关条款 101 章的规定值。

101.1.1 电子开关按第 17 章的规定安装、连接和加载进行试验,除非另有规定。

依次施加 101.1.1.1 和 101.1.1.2 的非正常条件。

注:试验期间,可能出现其他故障,这些故障应视为是试验所产生的。

按最便于试验的次序施加非正常条件。

101.1.1.1 应模拟如下故障条件:

——爬电距离和电气间隙两端之间短路,仅对不符合第 23 章要求且小于 GB 8898 图 10 规定值的爬电距离和电气间隙进行试验;

——由绝缘涂敷层(例如,清漆或瓷漆等构成的涂敷层)组成的两端之间短路。

评估爬电距离和电气间隙时,这些涂敷层忽略不计。

如果瓷漆成为导线绝缘层,并能经受 GB/T 6109.1—2008 第 13 章中的 2 级绝缘层规定的电压试验,此磁漆视作使上述爬电距离和电气间隙增加了 1 mm。

注 1:正在考虑修改 2 级绝缘层的要求。

---

2) IEC 标准原文为 8.1.3.1 和 8.1.3.2,按国家标准 GB 17743—2007 应为 8.1.4.1 和 8.1.4.2。

——半导体器件短路或断路；

注2：用在电子开关控制电路中的半导体(例如，微控制器、集成电路等)仅在供电插脚处短路或断路。

——电解电容器短路；

——不符合第102章要求的电容器或电阻器短路或断路；

——负载侧端子短路。

试验期间，如果模拟的故障条件会影响其他故障条件，所有这些故障条件应同时施加。

如果电子开关的温度受到自动保护器件(包括熔断器)动作的限制，应在保护器件动作2 min后测量温度。

如果无任何限温器件动作，应在达到稳定状态或4 h后测量温度，二者中取时间短者。

如果温度受熔断器限制，有怀疑时，应进行如下附加试验：将熔断器短路并在有关故障条件下测量电流。

然后，将电子开关接通，接通时间按GB 9364对该种熔断器规定的，对应于上述测得电流的最长熔断时间。在接通时间结束后2 min测量温度。

101.1.1.2　如适用，进行下述的过载试验。

对没有内装式限温器及没有内装式熔断器的电子开关，用于验证电子开关的保护器件的分断电流(例如，熔断器、自动保护器件等)应与预期用于保护电子开关的保护器件的额定电流相关，此电流值由制造商给出。制造商应在其产品说明书中给出预期用于保护电子开关的保护器件的信息(见GB 16915.1—2003的8.8)。

对没有内装式限温器及没有内装式熔断器的电子开关加载1 h，所加负载为保护该电子开关的熔断器的约定分断电流。

对由自动保护器件(包括熔断器)保护的电子开关加载，使通过电子开关的电流等于保护器件通电1 h后释放的电流的0.95倍。

在达到稳定状态或4 h后，测量温升，二者中取时间短者。

由符合GB 9364要求的内装式熔断器保护的电子开关，应将熔断器换成阻抗可忽略的连接线并加载，使流过连接线的电流为该熔断器额定电流的2.1倍。

电子开关加载30 min后，测量温升。

既有内装式熔断器保护又有自动保护器件保护的电子开关在试验时，应按上述对内装式熔断器电子开关的规定或按上述有自动保护器件电子开关的规定进行试验，取两者中较小负载者。

有自动保护器件保护而自动保护器件只有在过载时才会短路的电子开关，要按装有自动保护器件和无自动保护器件两种情况来进行试验。

101.2　不论是正在使用的或已在故障条件期间被使用过的电子开关，都应符合防触电保护要求。

是否合格，紧随着101.1的试验，进行第10章试验来检查。

101.3　电子开关应能经受可能遇到的在负载电路中的短路而不会危及周围环境。

是否合格，进行如下试验检查。

电子开关应在基本上无感电路里进行试验，此电路应与负载阻抗和一个限制允许通过的I^2t器件串联。

当电压等于受试电子开关的额定电压时，电源的预期短路电流的有效值为1 500 A。

预期允许通过的I^2t值应为15 000 A^2s。

注1：预期电流是，将电子开关、限流器件及负载阻抗换成阻抗可忽略的连接线，且电路不作任何改动的情况下会在电路中流过的电流。

注2：预期I^2t值是，将电子开关和负载阻抗换成阻抗可忽略的连接线时，限流器件允许通过的电流值。I^2t值可用开启型熔断器、引燃管或其他合适的器件来限制。

注3：15 000 A^2s的I^2t值对应于16 A小型断路器在预期短路电流为1 500 A时所测得最不利的允许通过的

I^2t 值。

电子开关试验电路图如图 102 所示。

阻抗 Z_1(短路阻抗)应是可调的,以满足规定的预期短路电流的要求。

阻抗 Z_2(负载阻抗)应调至加到电子开关的负载为最小负载或约 10%的额定负载,二者中取较大者。

注 4:使电子开关处于 ON 状态,需要负载。

将电路校准,偏差如下:电流$^{+5}_{0}$%,电压$^{+10}_{0}$%,频率±5%,I^2t 值±10%。

如有制造商推荐的内装式熔断器,应将其插进加了负载的电子开关中。有可调控制器的,应将其设定于最大输出位置。

在没有与电压波同步的情况下,用辅助开关 A 将电路短路 6 次。

注 5:为了避免在选择合闸点方面的复杂化,故需进行 6 次试验。

注 6:试验表明,试验中至少有一次结果是接近最大 I^2t 值的。

试验期间,不得喷出火焰或燃烧颗粒。

试验后,易触及金属部件不应带电。

试样不必保持在工作状态,但是任何内装式自动保护器件的触头不得熔焊,除非明显看出电子开关已损坏。

这 6 次试验可在同一试样上进行,但必须保证更换了内装式熔断器后,电子开关应仍能工作。否则,应使用新的试样,直到 6 次试验全部完成。

101.4 对电子遥控开关,GB 16915.3—2000 的第 101 章适用。

对电子延时开关,GB 16915.4—2003 的第 101 章适用。

102 元件

凡失效而可能危及安全的元件,应符合有关国家标准规定的安全要求。

如果元件标出了工作特性,在电子开关中的使用状态应与元件上标出的条件一致,除非本标准另有规定。

必须符合其他标准的元件,应按下述有关的标准进行单独的试验。

如元件有标志,并按标志的规定使用,其所需试样的个数应符合有关标准的规定。

如无国家标准,或元件无标志,或不按标志使用,元件应在电子开关中出现的条件下进行试验,所需试样个数应符合有关标准的规定。

装在电子开关中的元件应作为电子开关的部件进行本标准的所有试验。

102.1 熔断器

如果有熔断器,其应符合 GB 9364 标准中的有关要求,并应具有 1 500 A 的分断能力,否则应将通过熔断器的故障电流限制在 35 A。

102.2 电容器

电容器:

——因其短路或断路,会导致在故障条件下不符合防触电保护或防火灾危险要求的;

——因其短路会引起流经电容器端子的电流不小于 0.5A 的;

——用于抗电磁干扰的。

应符合 GB/T 14472 及本部分表 107 的要求。

注:按 GB/T 14472—1998 的 4.12 的规定进行的湿热稳态试验时间不短于 21 天,是可以接受的。

这些电容器应标出其额定电压(V),额定电容量(μF)和基准温度(℃)。

当确定电流时,熔断器和相关电容器被认为是短路的。

对其他的保护器件,阻性元件将被替换为相等的阻抗。

表 107 电容器

<table>
<tr><td rowspan="3">电容器应用</td><td colspan="3">电容器的批准类型(按 GB/T 14472)</td></tr>
<tr><td rowspan="2">$U_n \leqslant 125$ V</td><td colspan="2">125 V<$U_n \leqslant 250$ V</td></tr>
<tr><td>无过流保护</td><td>有过流保护[a]</td></tr>
<tr><td>带电导体(L 或 N)与地(PE)之间</td><td>Y4</td><td>Y2</td><td>Y2</td></tr>
<tr><td>在带电导体之间(L 与 N 之间或 L1 与 L2 之间)
——不串联阻抗
——串联阻抗,短路电容器时,该阻抗将电流限制在
● 0.5 A 及以上
● 小于 0.5 A</td><td>
X2

X3
任何类型</td><td>
X1

X2
任何类型</td><td>
X2

X3
任何类型</td></tr>
<tr><td colspan="4">[a] 外接到电容器,或内装进电容器(例如,熔断电阻器)。</td></tr>
</table>

102.3 电阻器

因其短路或断路故障,会引起不符合防火和防触电要求的电阻器,在电子开关出现过载的条件下,应有足够稳定的电阻值。

这些电阻器应符合 GB 8898—2011 的 14.1 的要求,但对电子开关里的电阻器基准温度的要求,应按本部分第 17 章加以修改。

注:正在考虑对复合型电阻器的附加要求。

102.4 自动保护器件(熔断器除外)

自动保护器件应符合 GB 14536 中适用的要求。断开电流用的自动保护器件(以下称为断流器),应符合 102.4.1 附加要求。仅用于减少电流的自动保护器件,应符合 102.4.2 的附加要求。

102.4.1 断流器应有足够的通断容量。

是否合格,用 3 个试样进行 102.4.1.1 或 102.4.1.2 的试验检查。

如果电子开关的断流器按第 17 章的规定会遇到高于 55 ℃的基准温度,试样应以此基准温度进行试验。

试验期间,其他条件应与电子开关里出现的条件相似。

试验期间,不得出现持续闪弧。

试验后,试样不得出现影响电子开关安全或继续使用的损坏。

在保证断流器不会有失效危险的情况下,断流器的开关频率可高于电子开关的正常开关频率。

如果不能对断流器单独进行试验,则需要送交装有断流器的电子开关的附加试样。

102.4.1.1 电子开关负载电路中的非自动复位断流器,要以电子开关 1.1 倍额定电压和按下述规定的负载进行试验。

使断流器在每次动作后复位,并连续动作 10 次。

——白炽灯用的电子开关中的断流器在无感电路里进行试验并加载,符合 GB 9364 要求的熔断器,负载为保护熔断器额定电流的 2.1 倍,其他熔断器为相应的约定熔断电流;

——荧光灯用的电子开关中的断流器的试验与白炽灯用的电子开关的相同;

——速度控制电路用的电子开关中的断流器应经受两个 10 次操作组成的系列。

第 1 系列：用受试断流器闭合通过 9 I_n($\cos\phi=0.8\pm0.05$)电流的电路，每次闭合后，用辅助开关将此电流断开 50 ms～100 ms。

第 2 系列：用辅助开关闭合通过 6 I_n($\cos\phi=0.6\pm0.05$)电流的电路，再用受试断流器将电路断开。

注 1：6 I_n 和 9 I_n 电流值均为暂定值。

注 2："I_n"是电子开关的额定电流。如果电子开关用额定负载代替额定电流，I_n 值在假定电动机负载的 $\cos\phi$ 等于 0.6 的条件下算出。

102.4.1.2 电子开关负载电路中的自动复位断流器，要以电子开关 1.1 倍额定电压和按下述规定的负载进行试验：

——白炽灯用的电子开关中的断流器在无感电路里自动操作 200 个周期并加载，符合 GB 9364 要求的熔断器，负载为保护熔断器的 2.1 倍额定电流；其他熔断器为相应的约定熔断电流。

注：荧光灯用的电子开关中的断流器的试验正在考虑中。

102.4.1 的试验期间，不得出现持续闪弧。

102.4.1 的试验后，试样不得出现影响电子开关的安全或继续使用的损坏。

在断流器两个断开的触头之间，施加试验电压 1 min，电压值为：

——白炽灯用的电子开关里的断流器：500 V；

——速度控制电路用的电子开关里的断流器：额定电压不超过 130 V 的断流器：1 200 V；额定电压超过 130 V 的断流器：2 000 V。

102.4.2 仅用于减少电流流到电子开关的自动保护器件按下述进行试验：

电子开关按第 17 章规定的电流加载 4 h，然后闭合辅助开关增加负载，符合 GB 9364 要求的熔断器，使通过电子开关的预期电流为保护熔断器额定电流的 2.1 倍；其他熔断器为相应的约定熔断电流。

将辅助开关闭合 30 min，然后断开，直至通过电子开关的电流稳定在原始值后，再将辅助开关闭合。

重复此过程 10 次。

试验后，保护器件应能正常操作。

是否合格，进行第 17 章的附加试验检查。

102.5 变压器

预期用于 SELV 电路的变压器应是安全隔离类型，并且符合 GB 19212.7 的相关要求。

注：对应 SELV 和 PELV 的使用，见 GB/T 17045 和 GB 16895.21。

单位为毫米

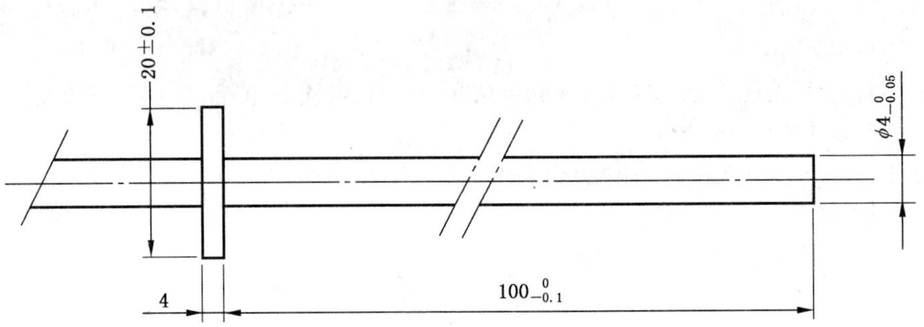

图 101 检查防触电保护的试验针

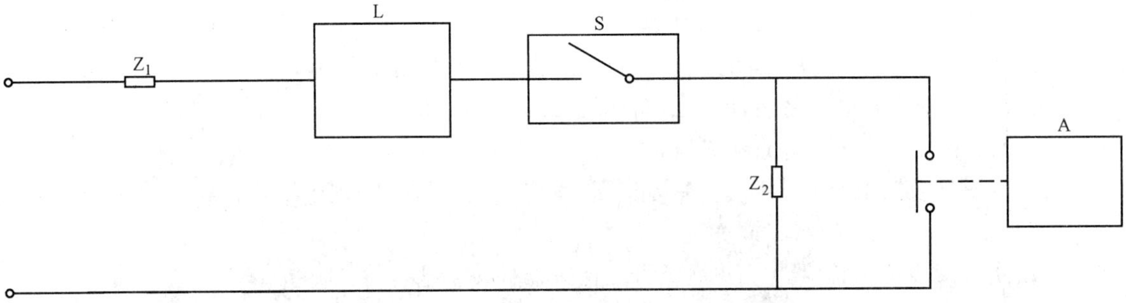

元件：

Z_1——用于调节预期短路电流的阻抗(无感)；

Z_2——用于调节负载的阻抗(无感)；

L ——限制允通能量 I^2t 的器件；

S ——试样；

A ——用于造成短路的辅助开关。

图 102 按 101.3 的要求进行电子开关试验的电路图

附　录　A
（规范性附录）
试验所需试样一览表

GB 16915.1—2003 的附录 A 适用。

附 录 B
（规范性附录）
对带软缆出口装置和软缆保持装置的开关的附加要求

GB 16915.1—2003 的附录 B 做下述修改后适用。

13 结构要求

13.16 在第 1 段后增加：

连接电子开关和它的相关的控制装置和类似元件之间的外部软缆的横截面积能够减小，如限流装置限制了在控制装置中的电流。最小横截面积如表 B.1 所示。软缆应符合 GB/T 5013.4，型号为 60245 IEC 66 或 GB/T 5023.5，以及型号为 60227 IEC 53 的软缆。

注：对电缆绝缘的要求不适用于在 SELV 情况下的软缆。

表 B.1 最大电流和最小横截面积

最大电流 A	最小横截面积 mm^2
不超过 0.2	无要求
大于 0.2，不超过 6	0.75
大于 6，不超过 10	1.0
大于 10，不超过 16	1.5

附 录 AA
（资料性附录）
电子开关类型示例及功能

<table>
<tr><th>电子开关[a]</th><th>功 能</th></tr>
<tr><td rowspan="2">触摸开关等</td><td>电子操作的半导体开关装置</td></tr>
<tr><td>电子操作的机械开关装置</td></tr>
<tr><td rowspan="2">调光器等
速度控制器等</td><td>装有电子控制电路的机械操作的调节器</td></tr>
<tr><td>装有电子控制电路的电子操作的调节器</td></tr>
<tr><td rowspan="5">装有开关的速度控制器等
装有开关的调光器等</td><td>装有电子控制电路和机械开关装置的机械操作的调节器</td></tr>
<tr><td>装有电子控制电路和电子操作的机械开关装置的机械操作的调节器</td></tr>
<tr><td>装有电子控制电路和半导体开关装置的机械操作的调节器</td></tr>
<tr><td>装有电子控制电路和半导体开关装置的电子操作的调节器</td></tr>
<tr><td>装有电子控制电路和电子操作的机械开关装置的电子操作的调节器</td></tr>
<tr><td rowspan="2">装有热、光感应器的开关</td><td>电子操作的半导体开关装置</td></tr>
<tr><td>电子操作的机械开关装置</td></tr>
<tr><td colspan="2">[a] 所有电子开关均可通过辅助控制电器来操作。</td></tr>
</table>

参 考 文 献

[1] GB/T 2900.50—2008 电工术语 发电、输电及配电 通用术语(IEC 60050-601:1985,MOD)

[2] GB 15092.1 器具开关 第1部分:通用要求(GB 15092.1—2010,IEC 61058-1:2008,IDT)

[3] GB 16895.21 低压电气装置 第4-41部分:安全防护 电击防护(GB 16895.21—2011,IEC 60364-4-41:2005 低压电力设备 第4-41部分:安全保护 防电击,IDT)

[4] GB/T 17045 电击防护 装置和设备的通用部分(GB/T 17045—2008,IEC 61140:2001,IDT)

ICS 29.120.40
K 60

中华人民共和国国家标准

GB 16915.5—2012/IEC 60669-2-4:2004

家用和类似用途固定式电气装置的开关 第2-4部分:隔离开关的特殊要求

Switches for household and similar fixed electrical installations—Part 2-4:Particular requirements—Isolating switches

(IEC 60669-2-4:2004,IDT)

2012-06-29 发布 2013-05-01 实施

中华人民共和国国家质量监督检验检疫总局
中国国家标准化管理委员会 发布

前　言

GB 16915 的本部分的第 10 章、11 章、16 章、17 章、18 章、21.2 条、23 章、24 章为强制性，其余内容为推荐性。

GB 16915《家用和类似用途固定式电气装置的开关》分为 2 个部分：

——第 1 部分：通用要求(GB 16915.1)；

——第 2 部分：特殊要求(GB 16915.2～GB 16915.5)

- 第 2-1 部分：电子开关的特殊要求(GB 16915.2)；
- 第 2 部分：特殊要求　第 2 节：遥控开关(GB 16915.3)；
- 第 2 部分：特殊要求　第 3 节：延时开关(GB 16915.4)；
- 第 2-4 部分：隔离开关的特殊要求(GB 16915.5)。

本部分是 GB 16915 的第 2-4 部分。

本部分按照 GB/T 1.1—2009 给出的规则起草。

本部分使用翻译法等同采用 IEC 60669-2-4:2004(第 1 版)《家用和类似用途固定式电气装置的开关　第 2-4 部分：特殊要求　隔离开关》。

与本部分中规范性引用文件的国际文件有一致性对应关系的我国文件如下：

——GB 16915.1　家用和类似用途固定式电气装置的开关　第 1 部分：通用要求(GB 16915.1—2003,IEC 60669-1:2000,MOD)；

——GB/T 17627.1—1998　低压电气设备的高电压试验技术　第一部分：定义和试验要求(eqv IEC 1180-1:1992)。

本部分对 IEC 60669-2-4:2004 作了下列编辑性修改：

——根据 GB/T 1.1 有关规定，在第 1 章“范围”中第 1 行补充了“本部分规定了家用和类似用途固定式电气装置的隔离开关的分类、端子、结构要求、机械性能、电气性能的技术要求。”

——根据 GB/T 1.1 有关规定，在第 2 章“规范性引用文件”中补充了 IEC 60669-1 的名称。

本部分由中国电器工业协会提出。

本部分由全国电器附件标准化技术委员会(SAC/TC 67)归口。

本部分起草单位：中国电器科学研究院有限公司、杭州鸿雁电器有限公司、天基电气(深圳)有限公司、浙江正泰建筑电器有限公司、公牛集团有限公司、奇胜工业(惠州)有限公司深圳分公司、西蒙电气(中国)有限公司、惠州雷士光电科技有限公司、北京中科可来博电子技术有限公司。

本部分主要起草人：罗怀平、高一盼、吴明、安桂龙、刘新春、阮立平、龚志雷、黄海军、何均匀、黄顺亲、李立新、唐志强、蔡映峰、邵京疆。

家用和类似用途固定式电气装置的开关 第 2-4 部分:隔离开关的特殊要求

1 范围

IEC 60669-1 的本章作下述修改后适用:

第 1 段被下述内容替代:

本部分规定了家用和类似用途固定式电气装置的隔离开关的分类、端子、结构要求、机械性能、电气性能的技术要求。

GB 16915 的本部分适用于户内或户外使用的,额定电压不超过 440 V,额定电流不超过 125 A 的家用和类似用途固定式电气装置的手动操作的一般用途隔离开关。

注:根据 GB/T 16935.1《低压系统内设备的绝缘配合 第 1 部分:原理、要求和试验》,隔离开关设计用于过压类别Ⅲ和污染等级 2 的环境。

2 规范性引用文件

下列文件对于本文件的应用是必不可少的。凡是注日期的引用文件,仅注日期的版本适用于本文件。凡是不注日期的引用文件,其最新版本(包括所有的修改单)适用于本文件。

IEC 60669-1 家用和类似用途固定式电气装置的开关 第 1 部分:通用要求(Switches for household and similar fixed-electrical installations—Part 1: General requirements)的本章作下述修改后适用:

增加:

IEC 61180-1:1992 低压电气设备的高电压试验技术 第一部分:定义和试验要求(High-voltage test techniques for low voltage equipment—Part 1:Definitions,test and procedure requirements)

3 术语和定义

IEC 60669-1 的本章增加下述内容后适用:

增加定义:

3.101

隔离开关 isolating switch

设计用于将装置或部分装置及电气设备与电源相隔离,并接通、承载或切断所有载流相极电流的开关。

3.102

限制短路电流 conditional short-circuit current

I_{nc}

不带短路保护而被一合适的串联的短路保护装置(以下简称 SCPD)保护的开关在规定的使用和工作条件下能承受的预期电流的交流分量值。

3.103

焦耳积分值　joule integral

I^2t

电流的平方在给定时间内的积分：$I^2t=\int_{t_0}^{t_1} i^2\,dt$。

4　一般要求

IEC 60669-1 的本章适用。

5　关于试验的一般说明

IEC 60669-1 的本章作下述修改后适用：

5.4　增加：

关于 18.101 的试验，增加三个试样。

6　额定值

IEC 60669-1 的本章作下述修改后适用：

6.2　改动如下：

在第一段，删除数值"6 A"和"10 A"，增加数值"80 A、100 A 和 125 A"[1)]。

增加条款：

6.101　限制短路电流（I_{nc}）的标准值和优选值

注：相关功率因数在表 103 中有规定。

6.101.1　小于或等于 10 000 A 的数值

限制短路电流（I_{nc}）的标准值为：

1 500 A、3 000 A、4 500 A、6 000 A 和 10 000 A。

6.101.2　大于 10 000 A 的数值

优选值为：

15 000 A、20 000 A 和 25 000 A。

大于 25 000 A 的数值不在本标准的考虑范围。

7　分类

IEC 60669-1 的本章作下述修改后适用：

7.1.1　增加：

隔离开关的代号只能是 1、2、3 或 03。

7.1.2　IEC 60669-1 的本条款不适用。

---

1)　IEC 原文此处增加了两个注。

注 101：在下列国家，13 A 被视做优选值：丹麦和英国。

注 102：在英国，额定电流小于 16 A 的绝缘体允许广泛使用。在英国，第 1 部分的本章适用。

7.1.6 增加：

——轨道类型。

7.2 表1第1栏最后一行，将数值“16、20、25、32、40和63”替代为“大于或等于16”。

8 标志

IEC 60669-1的本章作下述修改后适用：

8.1 增加：

——“通”位置(ON)和“断”位置(OFF)的符号；

——隔离功能的符号；

——额定限制短路电流(I_{nc})；

制造商应在随隔离开关提供的产品目录或使用说明内提供一个或多个短路保护装置(SCPDs)作为参考。

8.2 增加：

——隔离功能 

——额定限制短路电流 (I_{nc})

8.3 增加：

隔离开关应使用符号标示隔离功能和标明“通”和“断”的位置。这些标志应在安装后从正面可见，即使当隔离开关在正常使用时被安装和接线，并移除外壳的正面盖子后仍然从正面可见。这些隔离符号可标注在接线图内，甚至可与其他功能符号组合在一起，只要符号在前述规定条件下从正面可见。

额定限制短路电流(I_{nc})的标志应在隔离开关上标注或制造商的出版文献中说明。

8.6 第1段第1句被替代为：

隔离开关的标志应清晰地指示实际触头的位置。

删除注1。

9 尺寸检查

IEC 60669-1的本章适用。

10 防触电保护

IEC 60669-1的本章作下述修改后适用：

10.3 前两行被替代为：

隔离开关的易触及部件应为绝缘材料制造，下述情况除外：

11 接地措施

IEC 60669-1的本章适用。

12 端子

IEC 60669-1的本章作下述修改后适用：

表2被替代为：

表 2　螺纹型端子的额定电流和可连接铜导线横截面积之间的关系[1)]

额定电流范围 A	硬导线(单芯或绞合)[a]	
	标称横截面积 mm^2	最粗导线直径 mm
16[b]	1.5～4	2.72
>16～25	2.5～6	3.34
>25～32	4～10	4.34
>32～50	6～16	5.46
>50～80	10～25	6.85
>80～100	16～35	7.90
>100～125	25～50	9.10

[a] 允许使用软导线。

[b] 隔离开关的每个电源端子，除了代号为 3 和 03 的以外，应能连接两根 2.5 mm^2 的导线。额定电压不超过 250 V的隔离开关，圆孔可有效地连接两根 2.5 mm^2 的导线。

12.2.5　表 3 被替代为：

表 3　验证螺纹型端子机械强度的拧紧扭矩

螺纹标称直径 mm	扭矩 Nm				
	1	2	3	4	5
≤1.6	0.05	—	0.1	0.1	—
>1.6～2.0	0.1	—	0.2	0.2	—
>2.0～2.8	0.2	—	0.4	0.4	—
>2.8～3.0	0.25	—	0.5	0.5	—
>3.0～3.2	0.3	—	0.6	0.6	—
>3.2～3.6	0.4	—	0.8	0.8	—
>3.6～4.1	0.7	1.2	1.2	1.2	1.2
>4.1～4.7	0.8	1.2	1.8	1.8	1.8
>4.7～5.3	0.8	1.4	2.0	2.0	2.0
>5.3～6.0	1.2	1.8	2.5	3.0	3.0
>6.0～8.0	2.5	2.5	3.5	6.0	4.0
>8.0～10.0	—	3.5	4.0	10.0	6.0
>10.0～12.0	—	4.0	—	—	8.0
>12.0～15.0	—	5.0	—	—	10.0

1)　此处删除了 IEC 原文表 2 的一条尾注：在英国，额定电流小于 16 A 的绝缘体允许广泛使用。在英国，IEC 60669-1 中表 7 适用。

表 3（续）

螺纹标称直径 mm	扭矩 Nm				
	1	2	3	4	5

注 1：第 1 栏适用于旋紧后不会冒出螺孔的无头螺钉，以及不能用刀口宽于螺钉直径的螺钉旋具拧紧的其他螺钉。
第 2 栏适用于用螺钉旋具来拧紧的罩式端子的螺母。
第 3 栏适用于用螺钉旋具来拧紧的其他螺钉。
第 4 栏适用于螺母不是用螺钉旋具来拧紧的罩式端子的螺母。
第 5 栏适用于不是用螺钉旋具来拧紧的除罩式端子的螺母之外的其他螺钉或螺母。
第 6 栏适用于中心孔定位的开关上的螺母。
凡螺钉具有螺钉旋具拧紧用的带槽的六角形螺钉头，而且第 3 栏和第 5 栏的值又不同者，试验要进行两次。首先，对六角形螺钉头施加第 5 栏规定的力矩，然后，再用螺钉旋具施加第 3 栏规定的力矩。如果第 3 栏与第 5 栏的值相同，只需进行用螺钉旋具进行的试验。

注 2：罩式端子的规定的标称直径就是带槽的螺栓的标称直径。

注 3：试验用螺钉旋具刀口的形状必须适合于受试的螺钉头。

注 4：不得用爆发力来旋紧螺钉和螺母。

表 4 被替代为：

表 4　铜导线弯曲和拉出试验值[2)]

导线横截面积[a] mm^2	套管孔直径[b] mm	高度[c] mm	与导线对应的砝码 kg
1.5	6.5	260	0.4
2.5	9.5	280	0.7
4.0	9.5	280	0.9
6.0 10.0	9.5 9.5	280 280	1.4 2.0
16.0 25.0	13.0 13.0	300 300	2.9 4.5
35	14.5	320	6.8
50	16	340	9.5

[a] mm^2 与 AWG 线规尺寸的对应关系见 GB 17464。

[b] 如果套管孔直径不够大，要将导线捆绑才能插进套管孔，可以改用大一尺码的套管。

[c] 高度的公差＝±15 mm。

2） 此处删除了 IEC 原文表 4 的一条尾注：在英国，额定电流小于 16 A 的绝缘体允许广泛使用。在英国，IEC 60669-1 中表 4 适用。

12.2.6 表5被替代为：

表5 拉出试验的试验数据[3)]

端子能连接的导线横截面积/mm^2	1.5～2.5	2.5～4	4～6	6～10	10～16	16～25	25～35	35～50
拉力/N	50	50	60	80	90	100	190	235

12.2.7 表6被替代为：

表6 导线的组成[4)]

横截面积 mm^2	线丝根数和线丝标称直径	
	单芯导线	绞合导线
1.5	1×1.38	7×0.52
2.5	1×1.78	7×0.67
4	1×2.25	7×0.86
6	1×2.76	7×1.05
10	1×3.57	7×1.35
16	—	7×1.70
25	—	7×2.14
35	—	7×2.53
50	—	19×1.83

12.3.2 表7被替代为：

表7 无螺纹端子铜导线的额定电流和可连接横截面积之间的关系[5)]

额定电流 A	标称横截面积 mm^2	最粗硬导线直径 mm	最粗软导线直径 mm
16[a]	1.5～2.5	2.13	2.21
[a] 除代号为3和03的隔离开关之外，其余的开关的电源端子应可连接两根2.5 mm^2 的导线，连接两根这样的导线时，应选用每根导线各有独立夹紧件的端子。			

3) 此处删除了IEC原文表5的一条尾注：在英国，额定电流小于16 A的绝缘体允许广泛使用。在英国，IEC 60669-1中表5适用。

4) 此处删除了IEC原文表6的一条尾注：在英国，额定电流小于16 A的绝缘体允许广泛使用。在英国，IEC 60669-1中表6适用。

5) 此处删除了IEC原文表7的一条尾注：在英国，额定电流小于16 A的绝缘体允许广泛使用。在英国，IEC 60669-1中表7适用。

12.3.11 表8被替代为：

表8 验证无螺纹端子正常使用时电应力和热应力的试验电流

额定电流 A	试验电流 A	导线横截面积 mm^2
16	22	2.5

12.3.12 表9和表10被替代为：

表9 无螺纹端子弯曲试验用硬的铜导线的横截面积

隔离开关的额定电流 A	试验导线的横截面积 mm^2	
	第1顺序试验	第2顺序试验
16	1.5	2.5

表10 弯曲试验力[6)]

试验导线的横截面积 mm^2	使试验导线弯曲的力[a] N
1.5 2.5	0.5 1.0
[a] 选择的加到导线的应力能使导线接近弹性限值。	

13 结构要求

IEC 60669-1的本章作下述修改后适用。

增加条款：

13.2.101 隔离开关当处于断的位置时，应按照满足隔离功能必需的要求提供隔离距离。

触头位置的显示应由起动元件的位置和/或合适的方法提供。

注：仅有信号灯不被视作合适的方法。

起动元件应以可靠的方式连接到动触头上。起动元件不应显示断的位置，除非所有动触头均处于断的位置。

隔离开关应设计为起动元件只能按一种方式安装，确保正确的触头位置和正确的锁定，如果隔离开关提供了锁定措施。如果制造商提供或规定了在断的位置下锁定隔离开关的措施，应仅在所有触头都处于断的位置时才有可能锁定。

是否合格，通过观察和16.101的试验检查。

6) 此处删除了IEC原文表10的尾注：在英国，额定电流小于16 A的绝缘体允许广泛使用。在英国，IEC 60669-1中表9和表10适用。

13.12 表 12 被替代为：

表 12 明装式开关电缆外径限值[7)]

<table>
<tr><th rowspan="2">额定电流
A</th><th rowspan="2">横截面积
mm²</th><th rowspan="2">导线根数</th><th colspan="2">电缆外径限值</th></tr>
<tr><th>最小
mm</th><th>最大
mm</th></tr>
<tr><td rowspan="4">16</td><td rowspan="4">1.5～4</td><td>2</td><td rowspan="4">7.6</td><td>15</td></tr>
<tr><td>3</td><td>16</td></tr>
<tr><td>4</td><td>18</td></tr>
<tr><td>5</td><td>19.5</td></tr>
<tr><td rowspan="4">20
25</td><td rowspan="4">2.5～6</td><td>2</td><td rowspan="4">8.6</td><td>18.5</td></tr>
<tr><td>3</td><td>20</td></tr>
<tr><td>4</td><td>22</td></tr>
<tr><td>5</td><td>24.5</td></tr>
<tr><td rowspan="2">32</td><td rowspan="2">4～10</td><td>2</td><td rowspan="2">9.6</td><td>24</td></tr>
<tr><td>3</td><td>25.5</td></tr>
<tr><td rowspan="2">32</td><td rowspan="2">4～10</td><td>4</td><td rowspan="2">9.6</td><td>28</td></tr>
<tr><td>5</td><td>30.5</td></tr>
<tr><td rowspan="4">40
45
50</td><td rowspan="4">6～16</td><td>2</td><td rowspan="4">10.5</td><td>27.5</td></tr>
<tr><td>3</td><td>29.5</td></tr>
<tr><td>4</td><td>32</td></tr>
<tr><td>5</td><td>35.5</td></tr>
<tr><td rowspan="4">63</td><td rowspan="4">10～25</td><td>2</td><td rowspan="4">13</td><td>31.5</td></tr>
<tr><td>3</td><td>34</td></tr>
<tr><td>4</td><td>37.5</td></tr>
<tr><td>5</td><td>41.5</td></tr>
<tr><td rowspan="4">80
100</td><td rowspan="4">16～35</td><td>2</td><td rowspan="4">15.5</td><td>—</td></tr>
<tr><td>3</td><td>38.0</td></tr>
<tr><td>4</td><td>42.0</td></tr>
<tr><td>5</td><td>—</td></tr>
<tr><td rowspan="4">125</td><td rowspan="4">25～50</td><td>2</td><td rowspan="4">18.5</td><td>—</td></tr>
<tr><td>3</td><td>44.0</td></tr>
<tr><td>4</td><td>48.5</td></tr>
<tr><td>5</td><td>—</td></tr>
<tr><td colspan="5">注：本表规定的电缆外径限值以 GB/T 5023.4 中 60227 IEC 10 型和根据 GB/T 5013.4 中 60245 IEC 66 型电缆为依据并仅供参考。</td></tr>
</table>

7) 此处删除了 IEC 原文表 12 的尾注：在英国，额定电流小于 16 A 的绝缘体允许广泛使用。在英国，IEC 60669-1 中表 12 适用。

14 开关机构

IEC 60669-1 的本章适用。

15 耐老化、开关外壳提供的保护和防潮

IEC 60669-1 的本章适用。

16 绝缘电阻和电气强度

IEC 60669-1 的本章作下述修改后适用。

增加：

16.101 隔离开关应适于用作隔离功能。隔离开关新样品应在清洁、干燥的条件下，处于断的位置时通过每极的端子进行试验。

是否合格，通过下面的试验检查。

根据 GB/T 17627.1 中图 1 规定，处于断的位置时，在与触头连接在一起的相端子和与触头连接到一起的负载端子之间，施加如 GB/T 17627.1 中图 1 规定的 1.2/50 脉冲电压。

脉冲是由产生正负脉冲的发生器生成的，其波前时间为 1.2 μs，半峰值时间是 50 μs，他们的公差为：

峰值：±5%

波前时间：±30%

半峰值时间：±20%

脉冲的形状和连接至脉冲发生器的受试隔离开关一起进行调节。为此目的，应使用合适的分压器和电压传感器。

允许脉冲有轻微的波动，其振幅小于脉冲峰值的 5%。

对于在波前的第一个半波的波动，允许振幅小于或等于峰值的 10%。

根据隔离开关的额定电压，此试验电压应从表 101 中选取。

脉冲电压应施加三次，间隔至少为 1 s。

试验期间不应有任何放电。

注 1：试验装置的浪涌阻抗宜为 500 Ω；正在考虑大幅减小该数值。

注 2："放电"这个术语包含了在电应力下与绝缘失效有关的现象，包括电流的流动和压降。

表 101 与隔离开关的额定电压和试验地点的海拔有关的，验证适用于隔离的断开触头之间的试验电压值

额定电压 V	试验电压[kV]和海平面上的相应高度[m]				
	海平面	200	500	1 000	2 000
不超过 130	3.5	3.5	3.4	3.2	3
超过 130	6.2	6	5.8	5.6	5

17 温升

IEC 60669-1 的本章作下述修改后适用。

表 15 作下述修改后适用：

表 15 温升试验电流和铜导线的横截面积[8)]

额定电流 A	试验电流 A	导线标称横截面积 mm^2
16	20	4[a]
20	25	4
25	32	6
32	38	10
40	46	16
45	51	16
50	57.5	16
63	75	25
80	90	25
100	115	35
125	145	50
[a] 额定电压不超过 250 V 的隔离开关，应接上横截面积为 2.5 mm^2 的导线来进行试验，代号为 3 和 03 的除外。		

注 5 前面倒数第二段被替代为：

对于额定电流小于或等于 63 A 的隔离开关，其端子的温升不应超过 45 K；额定电流大于 63 A 的隔离开关，其端子的温升不应超过 65 K。

18 通断能力

IEC 60669-1 的本章作下述修改后适用。

增加条款：

18.101 短路耐受能力试验

本试验使用 6 个新的试样。

本试验旨在验证隔离开关能承受小于或等于其额定限制短路电流且不受任何损坏的能力。

18.101.1 试验的一般条件

18.101 的条件适用于任何短路条件下验证隔离开关性能的试验。

a) 试验电路

图 101、图 102、图 103 和图 104 分别列出了用于相关试验的电路图：

——单极隔离开关；

——双极隔离开关；

8) IEC 原文此处有一条注：在英国，额定电流小于 16 A 的绝缘体允许广泛使用，IEC 60669-1 中表 15 适用。

——三极隔离开关；

——四极隔离开关。

电源 S 为包括电阻 R、电抗器 L、短路保护装置(SCPD)和受试隔离开关 D 在内的电路提供电源。

试验电路的电阻和电抗器应调整为符合规定试验条件的数值。

电抗器 L 应为空心的。电抗器应一直与电阻 R 串联，其数值应通过将单个电抗器串联获得；当这些电抗器几乎具有同样的时间常数时允许将电抗器并联。

由于包含大体积空心电抗器的试验电路的瞬间恢复电压特性并不能代表正常使用条件，在任何相的空心电抗器都应由一个承载通过电抗器的电流约 1% 的电阻进行分流，除非制造商和用户之间另有约定。

在每个试验电路内，电阻 R 和电抗器 L 处于电源 S 和隔离开关 D 之间。

SCPD 处于电阻 R 和隔离开关 D 之间。

对于 18.101.2 试验，隔离开关 D 应与每极各长 0.75 m，具有表 2 中与额定电流相对应的最大横截面积的电缆连接。

注：建议在隔离开关的电源端连接 0.5 m，在负载端连接 0.25 m。

试验电路图应在试验报告中给出，且应与相关的图表一致。

试验电路有且只有一个点直接接地，这应是电源的中性点。

SCPD 可以是断路器，或熔断体，其 I^2t 和峰值电流 I_p 不超过由制造商声明的隔离开关 D 的 I^2t 和峰值电流 I_p 承受能力。

为了验证隔离开关承受的 I^2t 和 I_p 最小值，如表 102 所示，必须进行试验。SCPD 应予以调整并由图 105 的试验装置表示的银线或熔断体(附录 BB 中建议的)或其他方式体现。

为此试验目的，试验前，就必须验证 SCPD(I^2t 和 I_p)是否经过正确的挑选和调整，隔离开关被具有可忽略的阻抗的临时连接替代。

最小的通行能量 I^2t 和峰值电流 I_p 基于 45°的电相位角，如表 102 所示。

除非制造商另有规定，这些数值不应高于表 102 所示数值的 1.1 倍。

表 102　最小 I^2t 和 I_p 值[9)]

I_{nc}	I_p 和 I^2t	I_n=16 A	16 A<I_n≤32 A	32 A<I_n≤40 A	40 A<I_n≤63 A	63 A<I_n≤80A	80 A<I_n≤125 A
1 500	I_p/kA	1.02	1.50	1.90	2.10	—	—
	I^2t/kA²s	1.00	4.10	9.75	22.00	—	—
3 000	I_p/kA	1.10	1.85	2.35	3.30	3.70	3.95
	I^2t/kA²s	1.20	4.50	8.70	22.50	36.00	72.50
4 500	I_p/kA	1.15	2.05	2.70	3.90	4.80	5.60
	I^2t/kA²s	1.45	5.00	9.70	28.00	40.00	82.00
≥6 000	I_p/kA	1.30	2.30	3.00	4.05	5.10	5.80
	I^2t/kA²s	1.60	6.00	11.50	25.00	47.00	65.00
注：应制造商要求，可使用较大的 I^2t 和 I_p。							

9）IEC 原文此处还有一条注 2：在英国，额定电流小于 16 A 的绝缘体允许广泛使用。对额定电流小于 16 A 的，额定值为 16 A 的一栏适用。

对于短路试验电流的中间值而言，更高一级的短路电流应适用。

如果制造商已经声明隔离开关的实际值大于表 102 中规定的最小 I^2t 和 I_p 值，则不必进行最小 I^2t 和 I_p 值的验证，这种情况下应验证制造商所声明的数值。

为了与断路器的协调，有必要用此组件进行试验。

隔离开关正常接地使用的所有导电部件，包括安装隔离开关的金属支架或任何金属外壳（见 18.101.1 f），应连接至电源的中性点或允许流过至少 100 A 的预期故障电流的非感性的人工中性点。

该连接应包括不小于 50 mm 长、直径为 0.1 mm 的铜丝 F，用于检测故障电流，如必要，也包括电阻 R_1 用于限制大约为 100 A 的预期故障电流。

电流传感器 O_1 被连接至隔离开关 D 的负载端。

电压传感器 O_2 被连接至电源端子上。

用于在每相生成 10 A 电流的电阻 R_2 连到隔离开关 D 的电源端，并位于将预期电流调整至隔离开关的额定限制短路电流的电抗器和隔离开关之间。

除非在试验报告中另有声明，测量电路的电阻应至少为工频恢复电压的 100 Ω/V。

b) 试验参数的公差

根据第 5 章要求，限制短路承受能力验证试验应以制造商所声明的影响量和因数的数值进行，除非另有规定。

如果试验报告记录的数值在规定数值的下列公差范围内，则试验视作有效。

——电流：$\left(^{+5}_{0}\right)$ %；

——额定频率：±5%；

——电压：±5%（包括恢复电压）。

c) 试验电路的功率因数

试验电路每相的功率因数应根据已被认可的方法判定，该方法应在测试报告中声明。

附录 AA 列举了两个示例。

多相电路的功率因数被视作每相功率因数的平均值。

功率因数应符合表 103 的要求。

表 103 短路试验的功率因数

短路电流 A	功率因数
I_c=1 500	0.95～0.98
1 500<I_c≤3 000	0.85～0.90
3 000<I_c≤4 500	0.75～0.80
4 500<I_c≤6 000	0.65～0.70
6 000<I_c≤10 000	0.45～0.50
10 000<I_c≤25 000	0.20～0.25

d) 工频恢复电压

工频恢复电压值应等于隔离开关 D 额定电压的 105%。

注：额定电压的 105%被认为包括系统电压在正常使用条件下的变化造成的影响。经制造商批准，可以增加上限值。

e) 试验电路的校准

隔离开关 D 和 SCPD 被与试验电路的阻抗相比其自身阻抗可忽略不计的临时连接 G_1 替代。

关于 18.101.2 试验，隔离开关 D 的负载端子通过阻抗可忽略不计的连接而短路，电阻 R 和电抗器 L 被调整以便在试验电压和指定功率因数下获取相当于额定限制短路电流的电流，试验电路的所有极同时获得能量，电流曲线用电流传感器 O_1 记录。

f) 隔离开关的试验条件

隔离开关应被安装在开放空间中的金属支架上，除非打算将其安装在制造商规定的单独金属外壳内，在此情形下，应在最小的这类单独外壳上进行试验。

应尽可能模仿正常手动操作去操作控制机构。

须保证如果按规定条件操作，隔离开关 D 在无负载情况下操作正常。

g) 操作顺序

试验程序包括操作顺序，操作顺序使用下述符号表示：

O 代表 SCPD 的自动开启操作，由闭合装置 T 确定的短路，受试隔离开关(D)和 SCPD 处于通的位置；

CO 代表受试隔离开关(D)的闭合操作，闭合装置 T 和 SCPD 处于通的位置，接下来就是 SCPD 的自动开启。

t 代表两个相继的短路操作之间的时间间隔，至少应为 3 min。

h) 试验期间隔离开关的状态

试验期间，隔离开关 D 不得危及操作者的安全。

此外，不得有永久闪弧，各极之间或各极与暴露的导电部件之间不得出现闪络，熔断体 F 不得熔化。

i) 试验后隔离开关的状态

按照 18.101.2 要求进行试验后，隔离开关 D 不应有影响其继续使用的损伤，应无需维修就能：

——符合 16.2 的要求，之前无需进行潮湿处理，试验电压由 4 000 V 降低 1 000 V，其他试验电压降低 500 V。

——在其额定电压和其额定电流下闭合和断开开关各一次。

18.101.2 验证隔离开关和 SCPD 之间的协调

这些试验旨在验证受到 SCPD 的保护的隔离开关 D 能承受不大于其额定限制短路电流且不会被损坏的能力(见 6.101)。

短路电流被 SCPD 阻断。

SCPD 在每次操作后应替换掉或复位，如适用。

在 18.101.1 的一般条件下做下述试验，以检查在额定限制短路电流 I_{nc} 下 SCPD 保护隔离开关的能力。

对于断开操作(顺序 O)，闭合装置 T 与电压同步，以使得启动点从过零点算起为 $+45^\circ \pm 5^\circ$。为了使不同试样同步，应使用同一相作为参考。

a) 试验条件

阻抗可忽略不计的连接 G_1 被隔离开关 D 和 SCPD 替代。

b) 试验程序

按下述操作顺序进行：

O-t-CO

注：关于操作顺序的解释见 18.101.1 g。

19 正常操作

IEC 60669-1 的本章作下述修改后适用。

增加：

正常操作试验后，隔离开关应符合在 110%额定电压下最大泄漏电流为 6 mA 的要求。

19.1 表 17 作下述修改后适用：

表 17 正常操作试验的操作次数

额定电流	操作次数
16 A，额定电压不超过 250 V(a.c.)，代号 2 的隔离开关	40 000
16 A，额定电压不超过 250 V(a.c.)，代号 3 和 03 的隔离开关	20 000
16 A，额定电压超过 250 V(a.c.)的隔离开关	
>16 A～40 A	10 000
>40 A～80 A	5 000
>80 A～125 A	1 000

倒数第 3 段作下述修改后适用：

试验后，试样应无需进行潮湿处理就能承受 16.2 规定的电气强度试验，试验电压由 4 000 V 降低 1 000 V，其他试验电压降低 500 V，并能承受第 17 章规定的温升试验，试验电流减小为额定电流。

20 机械强度

IEC 60669-1 的本章适用。

21 耐热

IEC 60669-1 的本章适用。

22 螺钉、载流部件和连接

IEC 60669-1 的本章适用。

23 爬电距离、电气间隙和穿通密封胶的距离

IEC 60669-1 的本章作下述修改后适用。

表 20 的点 1 替代为：

1　当触头分开时，被分隔的带电部件之间…………………………4[101]

表 20 的点 6 替代为：

6　当触头分开时，被分隔的带电部件之间…………………………4[101]

表 20 增加如下脚注：

注 101： 如果该值小于 4 mm 但不小于 3 mm，只要隔离开关满足 16.101 的试验条件，则判定其符合本标准。

24 绝缘材料的耐非正常热、耐燃和耐电痕化

IEC 60669-1 的本章作下述修改后适用。

24.2

第 1 段被替代为：
对隔离开关而言，将带电部件固定在一定位置的绝缘材料部件，其材料应是耐电痕化的。

25 防锈

IEC 60669-1 的本章适用。

26 电磁兼容(EMC)要求

IEC 60669-1 的本章适用。

图

IEC 60669-1 的图作下述修改后适用。

图 1

在规格表中增加两行内容：

≤35	8.2	3.5	2.5	—	—	—	—	—	—
≤50	10	4	2.5	—	—	—	—	—	—

图 2

在规格表中增加两行内容：

≤35	8.2	—	—	—	—
≤50	10	—	—	—	—

图 3

在规格表中增加两行内容：

≤35	8.2	—
≤50	10	—

图 4

在规格表中增加两行内容：

≤35	9	—	—
≤50	9	—	—

图 5

在规格表中增加两行内容：

≤35	8.2	—
≤50	10	—

增加下述图的内容。

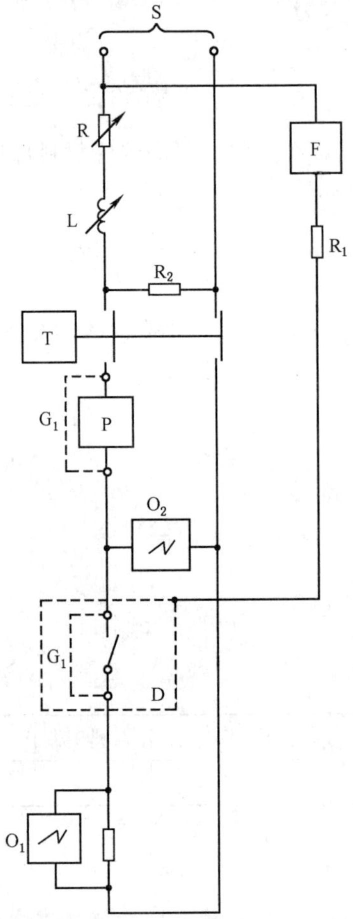

说明：

S ——电源；

R——可调负载电阻；

L——可调负载电抗器；

T——闭合装置；

F——铜丝熔断体；

R_1 ——故障电流限流电阻；

R_2 ——每相拉动 10 A 电流的电阻；

P——短路保护装置 SCPD；

G_1 ——用于校准的临时连接；

O_1 ——电流传感器；

O_2 ——电压传感器；

D——受试隔离开关。

图 101 带短路保护装置的单极隔离开关的短路承受能力的验证试验电路

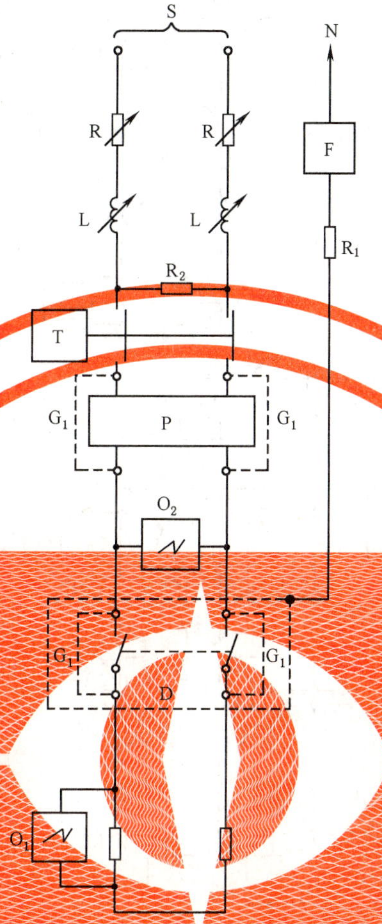

说明：

S ——电源；

R ——可调负载电阻；

L ——可调负载电抗器；

T ——闭合装置；

F ——铜丝熔断体；

R_1 ——故障电流限流电阻；

R_2 ——每相拉动 10 A 电流的电阻；

P ——短路保护装置 SCPD；

G_1 ——用于校准的临时连接；

O_1 ——电流传感器；

O_2 ——电压传感器；

D ——受试隔离开关。

图 102 带短路保护装置的双极隔离开关的短路承受能力的验证试验电路

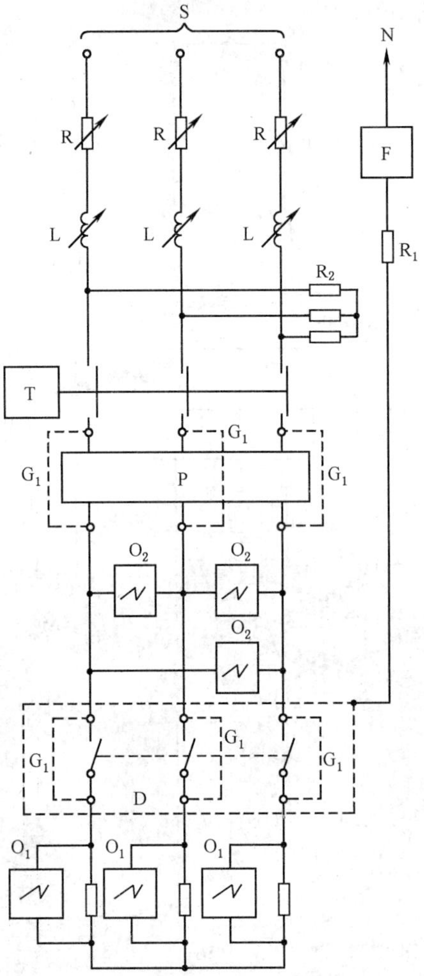

说明：

S ——电源；

R ——可调负载电阻；

L ——可调负载电抗器；

T ——闭合装置；

F ——铜丝熔断体；

R_1 ——故障电流限流电阻；

R_2 ——每相拉动 10 A 电流的电阻；

P ——短路保护装置 SCPD；

G_1 ——为了校准的临时连接；

O_1 ——电流传感器；

O_2 ——电压传感器；

D ——受试隔离开关。

图 103 带短路保护装置的三极隔离开关的短路承受能力的验证试验电路

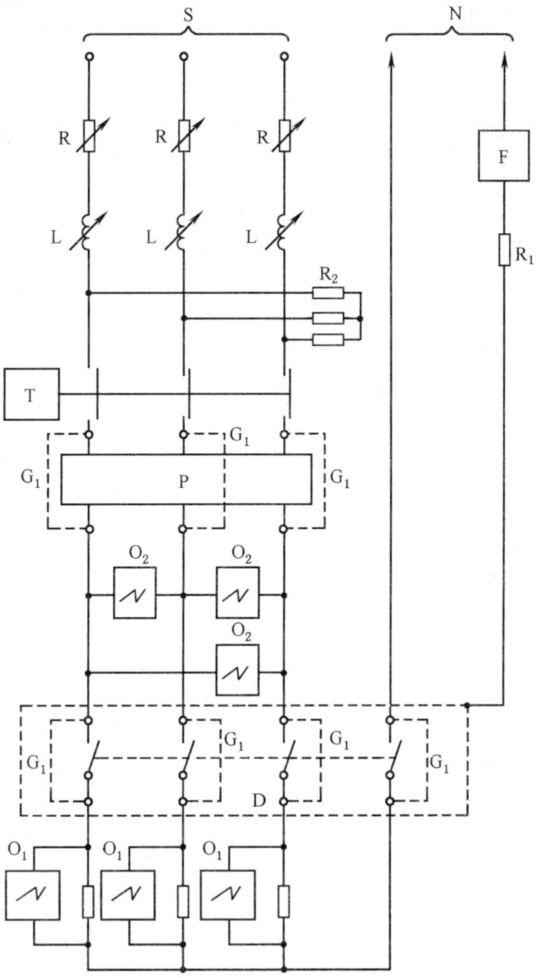

说明：

S ——电源；

R——可调负载电阻；

L——可调负载电抗器；

T——闭合装置；

F——铜丝熔断体；

R_1 ——故障电流限流电阻；

R_2 ——每相拉动 10 A 电流的电阻；

P——短路保护装置 SCPD；

G_1 ——为了校准的临时连接；

O_1 ——电流传感器；

O_2 ——电压传感器；

D——受试隔离开关。

图 104　带短路保护装置的四极隔离开关的短路承受能力的验证试验电路

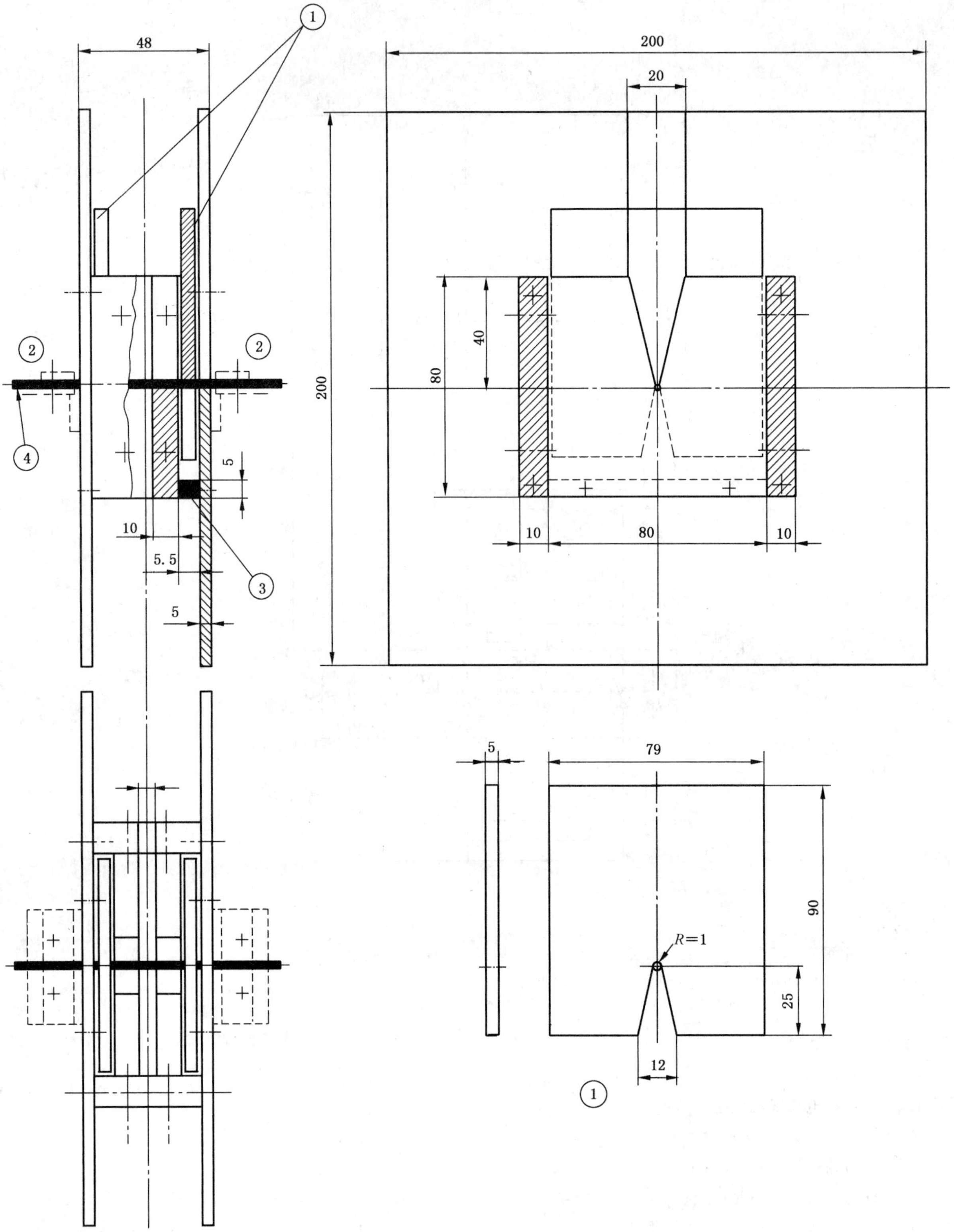

说明：
① 滑板；
② 端子；
③ 滑板的停靠点；
④ 银线。

图 105　隔离开关须承受的最小 I^2t 和 I_p 值的试验验证装置

附 录 A
（规范性附录）
试验所需试样一览表

根据 5.4 试验要求，所需试样数量如下：

章 条 款		试样编号	交直流双额定值需要的附加试样编号
6	额定值	A	
7	分类	A	
8	标志	A	
9	尺寸检查	ABC	
10	防触电保护	ABC	
11	接地措施	ABC	
12	端子[a]	ABC	JKL
13	结构要求[b]	ABC	
14	开关机构	ABC	
15	耐老化、开关外壳提供的防护和防潮	ABC	
16	绝缘电阻和电气强度	ABC	
17	温升	ABC	JKL
18.1 和 18.2	通断能力	ABC	JKL
19	正常操作[c]	ABC	JKL
16.101	脉冲试验[d]	ABC	
20	机械强度 20.1～20.9[e] 条	ABC	
21	耐热	ABC	
22	螺钉、载流部件和连接	ABC	
23	爬电距离、电气间隙和穿通密封胶的距离	ABC	
18.101	短路承受能力	XYZ+PQR	
16.101	脉冲试验[d]	XYZ	
19.2	荧光灯电路的正常操作	DEF	MNO
24.1	耐非正常热和耐燃	GHI	
24.2	耐电痕化[f]	GHI	
25	防锈	GHI	
	总计	15	6

[a] 12.3.11 的试验需要 5 个附加的无螺纹端子，12.3.12 的试验要用一组附加试样。

[b] 13.15.1 和 13.15.2 的每项试验各需一组附加密封膜。

[c] 代号为 2 的隔离开关要用一组附加试样。

[d] 仅当 23 章表 20 第 6 项的电气间隙小于 4 mm 时，才进行试验。

[e] 20.9 的试验需用一组拉线隔离开关的附加试样。

[f] 可能需用一组附加试样。

附　录　B
（规范性附录）
对带软缆出口装置和软缆保持装置的开关的附加要求

IEC 60669-1 的本章适用。

附　录　AA
（资料性附录）
短路功率因数的判定

AA.1　引言

没有任何方法可以精确地判定短路功率因数。本附录给出了两个可接受的方法示例。

AA.2　方法Ⅰ——用直流分量判定

可由短路瞬间和触头分离瞬间的不对称电流的直流分量曲线来判定角度，如下所示：

a)　直流分量的公式为：

$$i_d = I_{do} \cdot e^{-Rt/L}$$

式中：

i_d　——瞬间 t 的直流分量值；

I_{do}　——作为时间原点瞬间的直流分量值；

L/R——电路的时间常数，以秒计算；

t　——时间，从初始瞬间开始以秒计算；

e　——自然对数。

时间常数 L/R 可从上述公式判定如下：

1)　在短路瞬间测得 I_{do} 值，并在触头分离前的瞬间 t 测得 i_d 值；

2)　用 I_{do} 除 i_d 得出 $e^{-Rt/L}$ 值；

3)　从表中 e^{-x} 值判定与 i_d/I_{do} 比值相对应的 $-x$ 值；

4)　x 值代表了 Rt/L 值，由此可得出 L/R 值。

b)　由以下公式判定角 φ：

$$\varphi = \arctan \omega L/R$$

ω 是实际频率的 2π 倍。

当使用电流互感器测量电流时，不得使用该方法。

AA.3　方法Ⅱ——用辅助发电机判定

当辅助发电机与试验发电机在同轴上使用时，示波图上辅助发电机的电压可首先跟试验发电机的电压相比较，然后与试验发电机的电流相比较。

一方面是辅助发电机电压和主发电机电压的相位角，另一方面是辅助发电机电压和试验发电机电流的相位角，由以上两者的差可得出试验发电机电压和电流之间的相位角，由此相位角可计算出功率因数。

附 录 BB
（资料性附录）
短路试验用短路保护装置(SCPD)

BB.1 引言

为验证表 102 规定的隔离开关须承受的最小 I^2t 值和 I_p 值，须进行短路试验。短路试验应通过熔断体或银线与使用图 105 所示的试验装置或使用其他任何可满足要求的 I^2t 和 I_p 值的装置进行。

BB.2 银线

为验证隔离开关须承受的最小 I^2t 和 I_p 值，为获取可再现的试验结果，短路保护装置(如有)，可以是使用图 105 所示的试验装置的银线。

对于纯度至少为 99.9%的银线，表 BB.1 规定了与额定电流 I_n 和短路电流 I_{nc} 相应的直径大小。

表 BB.1 用于额定电流和短路电流功能的银线直径大小[10)]

I_{nc} A	相应的银线直径[a] mm					
	I_n=16 A	16 A<I_n≤32 A	32 A<I_n≤40 A	40 A<I_n≤63 A	63 A<I_n≤80 A	80 A<I_n≤125 A
1 500	0.35	0.50	0.65	0.85	—	—
3 000	0.35	0.50	0.60	0.80	0.95	1.15
4 500	0.35	0.50	0.60	0.80	0.90	1.15
≥6 000	0.35	0.50	0.60	0.75	0.90	1.00

[a] 银线直径大小主要取决于峰值电流(I_p)的需要(见表 102)。

银线应被水平地插入图 105 所示试验装置的相应位置并被拉伸。银线应在每次试验后予以更换。

BB.3 熔断体

为验证隔离开关须承受的最小 I^2t 和 I_p 值，为获取可再现的试验结果，短路保护装置(如有)，可以是相应的熔断体。

熔断体的额定值不应小于隔离开关的额定值。较大的熔断体额定值可用来实现表 102 的 I^2t 和 I_p 值。

可通过增加并联的熔断体来获取中间值。

BB.4 其他装置

如果能满足表 102 的数值要求，其他装置可使用。

10) IEC 原文此处有一条注，注的内容为：在英国，额定电流小于 16 A 的绝缘体允许广泛使用。对额定电流小于 16 A 的，额定值为 16 A 的一栏适用。

参 考 文 献

[1] GB/T 5013.4 额定电压450/750 V及以下橡皮绝缘电缆 第4部分:软线和软电缆.

[2] GB/T 5023.4 额定电压450/750 V及以下聚氯乙烯绝缘电缆 第4部分:固定布线用护套电缆.

[3] GB/T 16935.1—2008 低压系统内设备的绝缘配合 第1部分:原理、要求和试验.

[4] GB 17464 连接器件 电气铜导线用的螺纹型和无螺纹型夹紧件的安全要求 适用于0.2 mm² 以上至35 mm²(包括)导线的夹紧件的通用要求和特殊要求.

[5] GB/T 20636 连接器件 电气铜导线 螺纹型和非螺纹型夹紧件的安全要求 适用于35 mm² 以上至300 mm² 导线的特殊要求.

ICS 21.100.20
J 11

中华人民共和国国家标准

GB/T 16940—2012/ISO 10285:2007
代替 GB/T 16940—1997

滚动轴承　套筒型直线球轴承 外形尺寸和公差

Rolling bearings—Sleeve type linear ball bearings—Boundary dimensions and tolerances

(ISO 10285:2007,IDT)

2012-11-05 发布　　2013-03-01 实施

中华人民共和国国家质量监督检验检疫总局
中国国家标准化管理委员会　发布

前　言

本标准按照GB/T 1.1—2009给出的规则起草。

本标准代替GB/T 16940—1997《直线运动支承　直线运动球轴承　外形尺寸和公差》，与GB/T 16940—1997相比，主要技术变化如下：

——修改了“标准名称”(见封面和首页，1997年版的封面和首页)；

——增加了部分规范性引用文件(见第2章)；

——修改了部分术语和定义(见第3章，1997年版的第3章)；

——修改了部分符号(见第4章，1997年版的第4章)；

——将外形尺寸表合并，删除了2系列、4系列，增加了5系列，还增加了部分1系列外形尺寸(见表1，1997年版的表1～表4)；

——删除了4系列开口型轴承的结构示意图(见1997年版的图3)；

——删除了公差等级中的L6M级，增加了L6J级和L6JA级(见第6章，1997年版的第7章)；

——增加了对公差所不适用的轴承类型的说明(见表3、表5、表7、表A.1的脚注)；

——增加了对轴的公差的规定(见6.3)；

——将轴承公差的基本方案修改为“资料性附录”(见附录A，1997年版的表5)；

——删除了对代号方法的规定(1997年版的附录A)。

本标准使用翻译法等同采用ISO 10285:2007《滚动轴承　套筒型直线球轴承　外形尺寸和公差》。

与本标准中规范性引用的国际文件有一致性对应关系的我国文件如下：

——GB/T 4199—2003　滚动轴承　公差　定义(ISO 1132-1:2000，MOD)

——GB/T 6930—2002　滚动轴承　词汇(ISO 5593:1997，IDT)

——GB/T 7811—2007　滚动轴承　参数符号(ISO 15241:2001，IDT)

本标准还做了下列编辑性修改：

——删除了国际标准的目次和前言；

——纳入了本国际标准的修改单或技术勘误。

本标准由中国机械工业联合会提出。

本标准由全国滚动轴承标准化技术委员会(SAC/TC 98)归口。

本标准起草单位：洛阳轴承研究所有限公司、哈尔滨轴承集团公司。

本标准主要起草人：马素青、贾红霞、张玉华。

本标准所代替标准的历次版本发布情况为：

——GB/T 16940—1997。

引　言

直线运动滚动支承提供的直线运动不同于旋转运动。本标准所述的这类轴承采用钢球作滚动体，在绕轴的圆柱形轴承体内的若干条封闭滚道上作循环运动。

直线球轴承通常用于满足以下一种或多种要求：

a）平稳低摩擦运动，无爬行或振动；

b）轴承与轴之间产生相对直线运动时，只需较小的力。

以上要求和其他一些要求，可以通过正确使用各种不同类型的直线运动滚动支承（闭式套筒型、可调整套筒型、开口套筒型）来达到。制造厂和用户应协商对轴承的类型和规格进行合理的选择。

滚动轴承　套筒型直线球轴承
外形尺寸和公差

1　范围

本标准规定了套筒型直线运动球轴承的定义、外形尺寸和公差。

本标准适用于表 1 所规定的尺寸范围。

2　规范性引用文件

下列文件对于本文件的应用是必不可少的。凡是注日期的引用文件，仅注日期的版本适用于本文件。凡是不注日期的引用文件，其最新版本(包括所有的修改单)适用于本文件。

ISO 1132-1　滚动轴承　公差　第 1 部分：术语和定义(Rolling bearings—Tolerances—Part 1: Terms and definitions)

ISO 5593　滚动轴承　词汇(Rolling bearings—Vocabulary)

ISO 13012　滚动轴承　套筒型直线球轴承　附件(Rolling bearings—Linear motion, recirculating ball, sleeve type—Accessories)

ISO 15241　滚动轴承　参数符号(Rolling bearings—Symbols for quantities)

3　术语和定义

ISO 1132-1 和 ISO 5593 界定的以及下列术语和定义适用于本文件。

3.1

套筒型直线球轴承　sleeve type linear ball bearing

为实现沿轴作无限制的直线运动而在套筒上设计有若干循环球封闭滚道的直线运动球轴承。

3.2

轴　shaft

直线球轴承作往复运动顺沿的圆轴。

3.3

球组公称内径　nominal bore diameter of ball complement

与所有球内切的理论圆柱体直径。

3.4

套筒公称宽度　nominal outer sleeve width

限定直线球轴承宽度的两个理论端面间的距离。

3.5

径向跳动　radial runout

圆柱套筒的外表面与球组内径中心线间的最大和最小径向距离之差。

3.6

闭式套筒型直线球轴承　closed sleeve type linear ball bearing

该套筒型直线球轴承的套筒是连续的或假想是连续的，在大多数情况下，可通过选择座的配合、轴径和轴承的球组内径对球组内径与轴之间的间隙进行调整。

3.7

可调整套筒型直线球轴承　adjustable sleeve type linear ball bearing

具有弹性、允许对球组内径与轴之间的间隙作机械调整的套筒型直线球轴承。

3.8

开口套筒型直线球轴承　open sleeve type linear ball bearing

沿轴的方向截去一部分，以提供其在轴和支承导轨装置上的缝隙的套筒型直线球轴承。

4　符号

ISO 15241 给出的以及下列符号适用于本文件。

除另有说明外，图 1 和图 2 中所示符号（公差除外）和表 1～表 9 中所示数值均表示公称尺寸。

b：止动槽宽度

C：套筒宽度

C_s：套筒单一宽度

C_1：套筒止动槽外端面之间的距离

C_{1s}：套筒止动槽外端面之间的单一距离

D：轴承外径

D_1：止动槽直径

d：轴径

E：开口套筒型轴承在直径 F_w 处的开口宽度

F_w：球组内径

F_{ws}：球组单一内径

$F_{ws\ min}$：球组最小单一内径[1)]

K_{ea}：成套轴承径向跳动

α：开口套筒型轴承所开的扇形角（包容角）

Δ_{Cs}：套筒单一宽度偏差

Δ_{C1s}：套筒止动槽外端面之间单一距离偏差

Δ_{Dmp}：轴承单一平面平均外径偏差

5　外形尺寸

1、3 和 5 系列的外形尺寸见表 1。

6　公差

6.1　公差等级

直线球轴承的制造精度分为 L9、L7、L7A、L6、L6A、L6J 和 L6JA 级，其公差值规定在表 2～表 8 中，公差的基本方案参见附录 A。

基于规定的球组公称内径（F_w），所有直线球轴承的公差见表 2～表 8。

1)　球组最小单一内径是指将一圆柱体装入球组内孔，至少在一个径向方向的径向间隙为零时的圆柱体直径。

6.2 适用性

公差等级 L9 适用于 1 系列闭式和可调整套筒型轴承。

公差等级 L7 和 L6 适用于 1 和 3 系列闭式套筒型轴承。

公差等级 L7A 和 L6A 适用于 3 系列开口和可调整套筒型轴承。

公差等级 L6J 适用于 5 系列闭式套筒型轴承。

公差等级 L6JA 适用于 5 系列开口和可调整套筒型轴承。

6.3 轴的公差

为使套筒型直线球轴承在性能及运行上正常，轴的尺寸公差和几何公差应与所采用的套筒型直线球轴承的尺寸和系列相匹配。与本标准规定的套筒型直线球轴承相适配的轴规定在 ISO 13012 中。

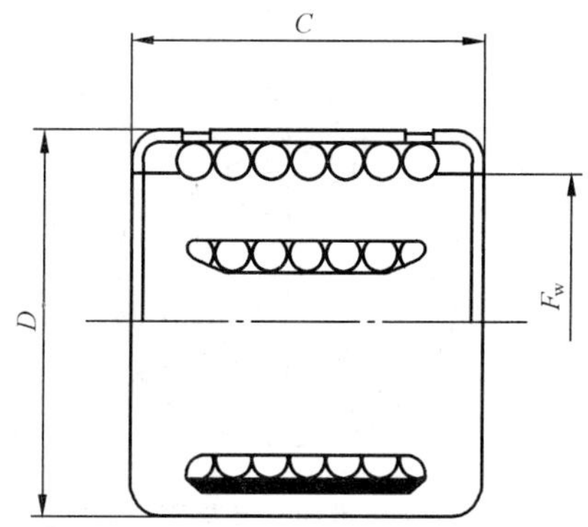

注：图示仅为一种结构示例。

图 1　无止动槽轴承(适用于 1 系列)

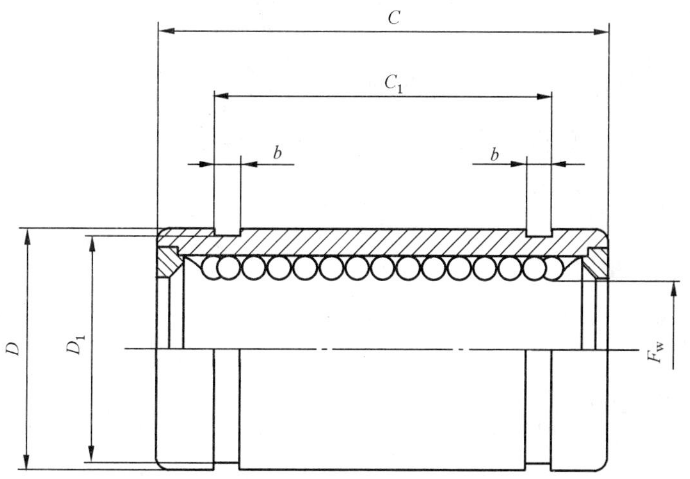

a)　轴承(侧视图)

图 2　有止动槽轴承(适用于 3 系列和 5 系列)

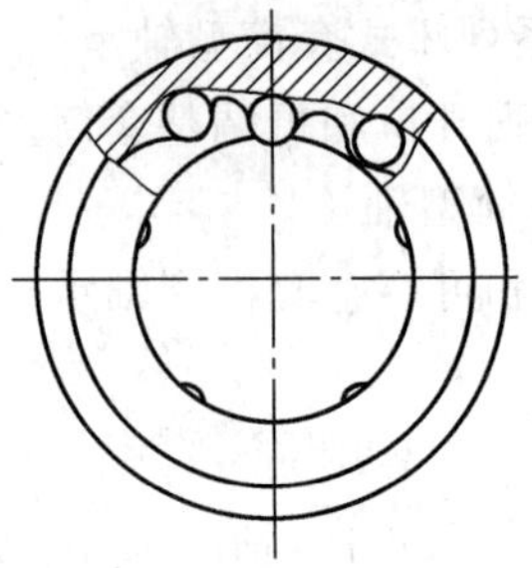

b） 闭式套筒型

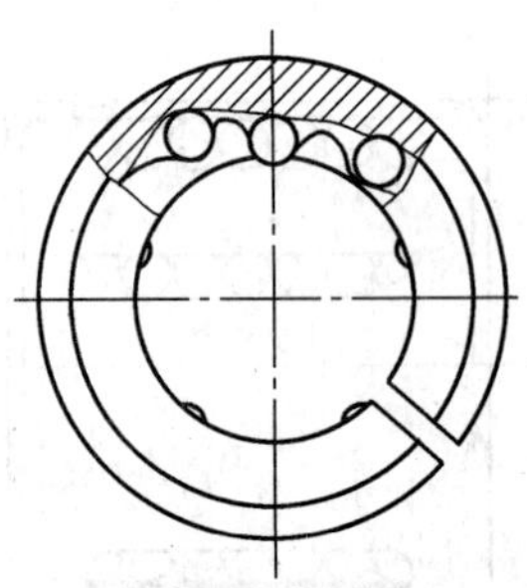

c） 可调整套筒型

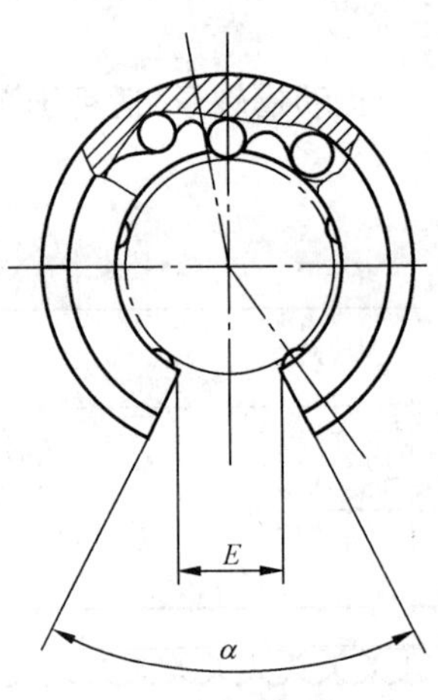

d） 开口套筒型

注：图示仅为一种结构示例。

图 2（续）

表1 外形尺寸

尺寸单位为毫米、角度单位为度

F_w	1系列		3系列							5系列						
	D	C	D	C	C_1	b	D_1	E	α	D	C	C_1	b	D_1	E	α
						min	max	min	min				min	max	min	min
3	7	10	—	—	—	—	—	—	—	7	10	—	—	—	—	—
4	8	12	—	—	—	—	—	—	—	8	12	—	—	—	—	—
5	10	15	12	22	14.2	1.1	11.5	—	—	10	15	10.2	1.1	9.6	—	—
6	12	22	13	22	14.2	1.1	12.4	—	—	12	19	13.5	1.1	11.5	—	—
8	15	24	16	25	16.2	1.1	15.2	—	—	15	24	17.5	1.1	14.3	—	—
10	17	26	19	29	21.6	1.3	18	—	—	19	29	22	1.3	18	6	65
12	19	28	22	32	22.6	1.3	21	6.5	65	21	30	23	1.3	20	6.5	65
13	—	—	—	—	—	—	—	—	—	23	32	23	1.3	22	6.7	60
14	21	28	—	—	—	—	—	—	—	—	—	—	—	—	—	—
16	24	30	26	36	24.6	1.3	24.9	9	50	28	37	26.5	1.6	27	8	60
20	28	30	32	45	31.2	1.6	30.5	9	50	32	42	30.5	1.6	30.5	8.6	50
25	35	40	40	58	43.7	1.85	38.5	11	50	40	59	41	1.85	38	10.6	50
30	40	50	47	68	51.7	1.85	44.5	12.5	50	45	64	44.5	1.85	43	12.7	50
35	—	—	—	—	—	—	—	—	—	52	70	49.5	2.1	49	14.8	50
40	52	60	62	80	60.3	2.15	59	16.5	50	60	80	60.5	2.1	57	16.9	50
50	62	70	75	100	77.3	2.65	72	21	50	80	100	74	2.6	76.5	21.1	50
60	75	85	90	125	101.3	3.15	86.5	26	50	90	110	85	3.15	86.5	25.4	50
80	—	—	120	165	133.3	4.15	116	36	50	120	140	105.5	4.15	116	33.8	50
100	—	—	150	175	143.3	4.15	145	45	50	150	175	125.5	4.15	145	42.7	50

注：对于3系列和5系列的开口和可调整套筒型轴承，D 和 D_1 的尺寸是在轴承开缝后并装在直径为 D、偏差为零的厚壁环规中所测得的尺寸。

表2 用于1系列闭式和可调整套筒型轴承的L9级公差

公差值单位为微米

F_w mm		$F_{ws\,min}$ 的公差[a]		Δ_{Cs}	
>	≤	上极限偏差	下极限偏差	上极限偏差	下极限偏差
—	3	+12.5	−12.5	+180	−180
3	5	+15	−15	+215	−215
5	6	+15	−15	+260	−260
6	10	+18	−18	+260	−260
10	18	+21.5	−21.5	+260	−260
18	20	+26	−26	+260	−260
20	30	+26	−26	+310	−310
30	50	+31	−31	+370	−370
50	80	+37	−37	+435	−435

[a] 该值系轴承装在直径为 D、偏差为零的厚壁环规中所测得的 $F_{ws\,min}$ 与 F_w 之差的极限值。

表 3　用于 1、3 系列闭式套筒型轴承的 L7 级公差　　公差值单位为微米

F_w mm		$F_{ws\ min}$的公差[a]		Δ_{Dmp}[b]				Δ_{Cs}				Δ_{C1s}[c]	
				1 系列		3 系列		1 系列		3 系列		3 系列	
>	≤	上极限偏差	下极限偏差	上极限偏差	下极限偏差	上极限偏差	下极限偏差	上极限偏差	下极限偏差	上极限偏差	下极限偏差	上极限偏差	下极限偏差
—	3	+10	0	0	−9	—	—	0	−360	—	—	—	—
3	4	+12	0	0	−9	—	—	0	−430	—	—	—	—
4	5	+12	0	0	−9	0	−11	0	−430	0	−520	+270	0
5	6	+12	0	0	−11	0	−11	0	−520	0	−520	+270	0
6	8	+15	0	0	−11	0	−11	0	−520	0	−520	+270	0
8	10	+15	0	0	−11	0	−13	0	−520	0	−520	+330	0
10	18	+18	0	0	−13	0	−13	0	−520	0	−620	+330	0
18	20	+21	0	0	−13	0	−16	0	−520	0	−620	+390	0
20	25	+21	0	0	−16	0	−16	0	−620	0	−740	+390	0
25	30	+21	0	0	−16	0	−16	0	−620	0	−740	+460	0
30	40	+25	0	0	−19	0	−19	0	−740	0	−740	+460	0
40	50	+25	0	0	−19	0	−19	0	−740	0	−870	+460	0
50	60	+30	0	0	−19	0	−22	0	−870	0	−1 000	+540	0
60	80	+30	0	—	—	0	−22	—	—	0	−1 000	+630	0
80	120	+35	0	—	—	0	−25	—	—	0	−1 000	+630	0

[a] 对于 1 系列，该值系轴承装在直径为 D、偏差为零的厚壁环规中所测得的 $F_{ws\ min}$ 与 F_w 之差的极限值。

[b] 不适用于冲压外圈和注塑成型外圈的直线球轴承。

[c] 球组公称内径 F_w＝35 mm 的 3 系列直线球轴承，其 Δ_{C1s} 的上极限偏差为＋390 μm，下极限偏差为 0。

表 4　用于 3 系列开口和可调整套筒型轴承的 L7A 级公差　　公差值单位为微米

F_w mm		$F_{ws\ min}$的公差[a]		Δ_{Cs}		Δ_{C1s}[b]	
>	≤	上极限偏差	下极限偏差	上极限偏差	下极限偏差	上极限偏差	下极限偏差
4	6	+18	0	0	−520	+270	0
6	8	+22	0	0	−520	+270	0
8	10	+22	0	0	−520	+330	0
10	18	+27	0	0	−620	+330	0
18	20	+33	0	0	−620	+390	0
20	25	+33	0	0	−740	+390	0
25	30	+33	0	0	−740	+460	0
30	40	+39	0	0	−740	+460	0
40	50	+39	0	0	−870	+460	0
50	70	+46	0	0	−1 000	+540	0
70	80	+46	0	0	−1000	+630	0
80	120	+54	0	0	−1000	+630	0

[a] 该值系轴承装在直径为 D、偏差为零的厚壁环规中所测得的 $F_{ws\ min}$ 与 F_w 之差的极限值。

[b] 球组公称内径 F_w＝35 mm 的 3 系列直线球轴承，其 Δ_{C1s} 的上极限偏差为＋390 μm，下极限偏差为 0。

表 5　用于 1、3 系列闭式套筒型轴承的 L6 级公差　　公差值单位为微米

F_w mm		$F_{ws\ min}$的公差[a]		Δ_{Dmp}[b]				Δ_{Cs}				Δ_{C1s}[c]		K_{ea}	
				1 系列		3 系列		1 系列		3 系列		3 系列		1 系列	3 系列
>	≤	上极限偏差	下极限偏差	上极限偏差	下极限偏差	上极限偏差	下极限偏差	上极限偏差	下极限偏差	上极限偏差	下极限偏差	上极限偏差	下极限偏差	max	
—	3	+6	0	0	−6	—	—	0	−360	—	—	—	—	15	—
3	4	+8	0	0	−6	—	—	0	−430	—	—	—	—	15	—
4	5	+8	0	0	−6	0	−8	0	−430	0	−520	+270	0	15	18
5	6	+8	0	0	−8	0	−8	0	−520	0	−520	+270	0	18	18
6	8	+9	0	0	−8	0	−8	0	−520	0	−520	+270	0	18	18
8	10	+9	0	0	−8	0	−9	0	−520	0	−520	+330	0	18	21
10	18	+11	0	0	−9	0	−9	0	−520	0	−620	+330	0	21	21
18	20	+13	0	0	−9	0	−11	0	−520	0	−620	+390	0	21	25
20	25	+13	0	0	−11	0	−11	0	−620	0	−740	+390	0	25	25
25	30	+13	0	0	−11	0	−11	0	−620	0	−740	+460	0	25	25
30	40	+16	0	0	−13	0	−13	0	−740	0	−740	+460	0	30	30
40	50	+16	0	0	−13	0	−13	0	−740	0	−870	+460	0	30	30
50	60	+19	0	0	−13	0	−15	0	−870	0	−1 000	+540	0	30	35
60	80	+19	0	—	—	0	−15	—	—	0	−1 000	+630	0	—	35
80	120	+22	0	—	—	0	−18	—	—	0	−1 000	+630	0	—	40

[a] 对于 1 系列，该值系轴承装在直径为 D、偏差为零的厚壁环规中所测得的 $F_{ws\ min}$与 F_w 之差的极限值。
[b] 不适用于冲压外圈和注塑成型外圈的直线球轴承。
[c] 球组公称内径 F_w=35 mm 的 3 系列直线球轴承，其 Δ_{C1s}的上极限偏差为+390 μm，下极限偏差为 0。

表 6　用于 3 系列开口和可调整套筒型轴承的 L6A 级公差　　公差值单位为微米

F_w mm		$F_{ws\ min}$的公差[a]		Δ_{Cs}		Δ_{C1s}[b]	
>	≤	上极限偏差	下极限偏差	上极限偏差	下极限偏差	上极限偏差	下极限偏差
4	6	+12	0	0	−520	+270	0
6	8	+15	0	0	−520	+270	0
8	10	+15	0	0	−520	+330	0
10	18	+18	0	0	−620	+330	0
18	20	+21	0	0	−620	+390	0
20	25	+21	0	0	−740	+390	0
25	30	+21	0	0	−740	+460	0
30	40	+25	0	0	−740	+460	0
40	50	+25	0	0	−870	+460	0
50	70	+30	0	0	−1 000	+540	0
70	80	+30	0	0	−1 000	+630	0
80	120	+35	0	0	−1 000	+630	0

[a] 该值系轴承装在直径为 D、偏差为零的厚壁环规中所测得的 $F_{ws\ min}$与 F_w 之差的极限值。
[b] 球组公称内径 F_w=35 mm 的 3 系列直线球轴承，其 Δ_{C1s}的上极限偏差为+390 μm，下极限偏差为 0。

表 7　用于 5 系列闭式套筒型轴承的 L6J 级公差　　公差值单位为微米

F_w mm		$F_{ws\ min}$的公差[a]		Δ_{Dmp}[b]		Δ_{Cs}		Δ_{C1s}		K_{ea}
>	≤	上极限偏差	下极限偏差	上极限偏差	下极限偏差	上极限偏差	下极限偏差	上极限偏差	下极限偏差	max
—	4	0	−8	0	−10	0	−200	—	—	15
4	5	0	−8	0	−10	0	−200	+240	−240	15
5	8	0	−9	0	−11	0	−200	+240	−240	18
8	10	0	−9	0	−13	0	−200	+300	−300	21
10	18	0	−9	0	−13	0	−200	+300	−300	21
18	20	0	−10	0	−16	0	−200	+300	−300	25
20	30	0	−10	0	−16	0	−300	+300	−300	25
30	40	0	−12	0	−19	0	−300	+300	−300	30
40	50	0	−12	0	−22	0	−300	+300	−300	30
50	60	0	−15	0	−22	0	−300	+300	−300	35
60	80	0	−15	0	−22	0	−400	+400	−400	35
80	100	0	−20	0	−25	0	−400	+400	−400	40

[a] 该值系轴承装在直径为 D、偏差为零的厚壁环规中所测得的 $F_{ws\ min}$ 与 F_w 之差的极限值。

[b] 不适用于冲压外圈和注塑成型外圈的直线球轴承。

表 8　用于 5 系列开口和可调整套筒型轴承的 L6JA 级公差　　公差值单位为微米

F_w mm		$F_{ws\ min}$的公差[a]		Δ_{Cs}		Δ_{C1s}	
>	≤	上极限偏差	下极限偏差	上极限偏差	下极限偏差	上极限偏差	下极限偏差
5	6	+4	−9	0	−200	+240	−240
6	8	+6	−9	0	−200	+240	−240
8	10	+6	−9	0	−200	+300	−300
10	18	+9	−9	0	−200	+300	−300
18	20	+11	−10	0	−200	+300	−300
20	30	+11	−10	0	−300	+300	−300
30	40	+13	−12	0	−300	+300	−300
40	50	+13	−12	0	−300	+300	−300
50	60	+15	−15	0	−300	+300	−300
60	80	+15	−15	0	−400	+400	−400
80	100	+15	−20	0	−400	+400	−400

[a] 该值系轴承装在直径为 D、偏差为零的厚壁环规中所测得的 $F_{ws\ min}$ 与 F_w 之差的极限值。

附 录 A
（资料性附录）
套筒型直线球轴承公差的基本方案

表 A.1 给出了表 2～表 8 中每一项公差值的基本方案。表 A.1 中给出的公差等级符号和 IT 值符合 ISO 286-1 和 ISO 286-2 所规定的 ISO 极限与配合制。

表 A.1 公差等级

符号	L9	L7	L7A	L6	L6A	L6J	L6JA
$F_{ws\ min}$	JS9	H7	H8	H6	H7	[d]	[e]
Δ_{Dmp}	[a]	h6 [b]	[a]	h5 [b]	[a]	≈h6 [b]	[a]
Δ_{Cs}	js14	h14	h14	h14	h14	≈h12	≈h12
Δ_{C1s}	[a]	H13	H13	H13	H13	[f]	≈JS14
K_{ea}	[a]	[a]	[a]	IT7 [c]	[a]	IT7 [c]	[a]

[a] 公差未作规定。
[b] 不适用于冲压外圈和注塑成型外圈的直线球轴承。
[c] 根据尺寸 D 而定。
[d] 上极限偏差为“零”、下极限偏差为“零减 IT6”的特殊公差等级。
[e] 上极限偏差约为“L6J 的下极限偏差加上 IT7”、下极限偏差为“L6J 的下极限偏差”的特殊公差等级。
[f] 特殊公差等级。

参 考 文 献

［1］ ISO 286-1:1988 ISO system of limits and fits—Part 1: Bases of tolerances, deviations and fits

［2］ ISO 286-2:1988 ISO system of limits and fits—Part 2: Tables of standard tolerance grades and limit deviations for holes and shafts

ICS 25.160.40
J 33

中华人民共和国国家标准

GB/T 16957—2012
代替 GB/T 16957—1997

复合钢板 焊接接头力学性能试验方法

Clad teel plates—Mechanical technical tests on welded joints

2012-12-31 发布　　2013-10-01 实施

中华人民共和国国家质量监督检验检疫总局
中国国家标准化管理委员会　发布

前　言

本标准按照 GB/T 1.1—2009 给出的规则起草。

本标准代替 GB/T 16957—1997《复合钢板焊接接头力学性能试验方法》。

本标准此次修订对于 GB/T 16957—1997 的下列主要内容进行了修改：

——规范性引用文件中删除了 JJG 139 等七个标准，增加了 GB/T 8165 等九个标准；

——删除了 GB/T 6396、GB/T 10623、GB/T 2650、GB/T 2651、GB/T 2652、GB/T 2653 和 GB/T 2654 已经定义的术语；

——将术语面弯改为正弯；

——增加了“试板尺寸、试验项目及试样的截取部位应按相关标准要求执行，如相关标准没有规定时，按本标准执行”；

——删除对于有引弧板和引出板的试板，两端弃去部分的可以少弃或不弃；

——增加了“注：选择何种试样应按照相关产品要求选择，一般以覆层是否计入设计强度来决定采取那一种”；

——将试样宽度 $b \geqslant 25$ mm 改为试样宽度 b 为 25mm；

——删除了所有的“试验机能力不足”

——对于纯基材拉伸试样改为“一般采用全基材厚度试样，当复合钢板基材厚度 $T_b \geqslant 30$ mm，可以按照 GB/T 2651 标准在厚度方向均匀分层取样，最终以这样的多片试样的组合结果代替一个全厚度试验结果”；

——增加了“除非另有规定，试验应在环境温度为 23±5 条件下进行”；

——弯曲试验结果评定改为“弯曲结束后，试样的外表面和侧面都应进行检验，需要时也可以检查结合面处开裂的程度”。

本标准由全国焊接标准化技术委员会(SAC/TC 55)提出并归口。

本标准起草单位：大连船舶重工集团爆炸加工研究所有限公司、大连船舶重工集团有限公司、中国船舶工业综合技术经济研究院、上海材料研究所、大连希望设备有限公司。

本标准主要起草人：王勇、张丽艳、阎均、孙义明、武晶、王滨、殷建军。

本标准所代替标准的历次版本发布情况为：

——GB/T 16957—1997。

复合钢板　焊接接头力学性能试验方法

1　范围

本标准规定了复合钢板焊接接头(以下简称焊接接头)的拉伸、弯曲、冲击和硬度试验方法。

本标准适用于压力容器、核反应堆、储槽和舰船及其他用途的以钢材为基材,以不锈钢或有色金属为覆材,总厚度不小于 8 mm 的轧制、爆炸、堆焊、铸造、爆炸轧制、堆焊轧制及铸造轧制的单面和双面复合钢板焊接接头力学和工艺性能试验。对于总厚度小于 8 mm 的复合钢板和其他金属复合板焊接接头力学性能试验亦可执行本标准。

2　规范性引用文件

下列文件对于本文件的应用是必不可少的。凡是注日期的引用文件,仅注日期的版本适用于本文件。凡是不注日期的引用文件,其最新版本(包括所有的修改单)适用于本文件。

GB 150.2　压力容器　第 2 部分:材料

GB 150.4　压力容器　第 4 部分:制造、检验和验收

GB/T 228.1　金属材料　拉伸试验　第 1 部分:室温试验方法(GB/T 228.1—2010,ISO 6892-1:2009,MOD)

GB/T 229　金属材料　夏比摆锤冲击试验方法(GB/T 229—2007,ISO 148-1:2006,MOD)

GB/T 232　金属材料　弯曲试验方法(GB/T 232—2010,ISO 7438:2005,MOD)

GB/T 2650　焊接接头冲击试验方法(GB/T 2650—2008, ISO 9016:2001,IDT)

GB/T 2651　焊接接头拉伸试验方法(GB/T 2651—2008, ISO 4136:2001,IDT)

GB/T 2652　焊缝及熔敷金属拉伸试验方法(GB/T 2652—2008, ISO 5178:2001,IDT)

GB/T 2653　焊接接头弯曲试验方法(GB/T 2653—2008, ISO 5173:2000,IDT)

GB/T 2654　焊接接头硬度试验方法(GB/T 2654—2008, ISO 9015-1:2001,IDT)

GB/T 4340.1　金属材料　维氏硬度试验　第 1 部分:试验方法(GB/T 4340.1—2009,ISO 6507-1:2005,MOD)

GB/T 6396　复合钢板力学及工艺性能试验方法

GB/T 8165　不锈钢复合钢板和钢带

GB/T 8546　钛-不锈钢复合板

GB/T 8547　钛-钢复合板

GB/T 10623　金属材料　力学性能试验术语(GB/T 10623—2008,ISO 23718:2007,MOD)

GB/T 13147　铜及铜合金复合钢板焊接技术要求

GB/T 13148　不锈钢复合钢板焊接技术要求

GB/T 13149　钛及钛合金复合钢板焊接技术要求

GB/T 13238　铜钢复合钢板

NB/T 47002.1　压力容器用爆炸焊接复合板　第 1 部分:不锈钢-钢复合板

NB/T 47002.2　压力容器用爆炸焊接复合板　第 2 部分:镍-钢复合板

NB/T 47002.3　压力容器用爆炸焊接复合板　第 3 部分:钛-钢复合板

NB/T 47002.4　压力容器用爆炸焊接复合板　第 4 部分:铜-钢复合板

NB/T 47014　承压设备焊接工艺评定

NB/T 47016　承压设备产品焊接试件的力学性能检验

3　术语和定义

GB/T 6396、GB/T 10623、GB/T 2650、GB/T 2651、GB/T 2652、GB/T 2653 和 GB/T 2654 界定的以及下列术语和定义适用于本文件。

3.1

轧制复合钢板　roll clad steel plates

用轧制方法使基材与覆材产生冶金结合的复合钢板。

3.2

爆炸复合钢板　explosive clad steel plates

用爆炸焊接方法使基材与覆材产生冶金结合的复合钢板。

3.3

堆焊复合钢板　overlaying clad steel plates

在基材上用堆焊方法产生覆材的复合钢板。

3.4

铸造复合钢板　cast clad steel plates

用铸造方法使基材与覆材产生冶金结合的复合钢板。

3.5

爆炸轧制复合钢板　explosive roll clad steel plates

轧制爆炸复合钢坯所获得的复合钢板。

3.6

堆焊轧制复合钢板　overlaying roll clad steel plates

轧制堆焊复合钢坯所获得的复合钢板。

3.7

铸造轧制复合钢板　cast roll clad steel plates

轧制铸造复合钢坯所获得的复合钢板。

3.8

正弯试验　face bend test

覆材位于弯曲受拉面的弯曲试验。

3.9

背弯试验　root bend test

覆材位于弯曲受压面的弯曲试验。

3.10

侧弯试验　side bend test

试样的覆材和基材均处于同一弯曲状态的弯曲试验。

4　符号说明

本标准使用的符号见表 1。

表 1　符号说明

符　号	单　位	说　　　明
T_t	mm	复合钢板总厚度
T_b	mm	复合钢板基材厚度
T_c	mm	复合钢板覆材厚度
a_b	mm	试样的基材厚度
a_c	mm	试样的覆材厚度
a_0	mm	试样厚度
b	mm	试样宽度
d_0	mm	试样直径
L_t	mm	试样总长度
d	mm	弯心直径
H_k	mm	焊缝最大宽度
α	(°)	弯曲角度

5　试板

5.1　试板尺寸、试验项目及试样的截取部位应按相关标准要求执行，如相关标准没有规定时，按本标准执行。

单位为毫米

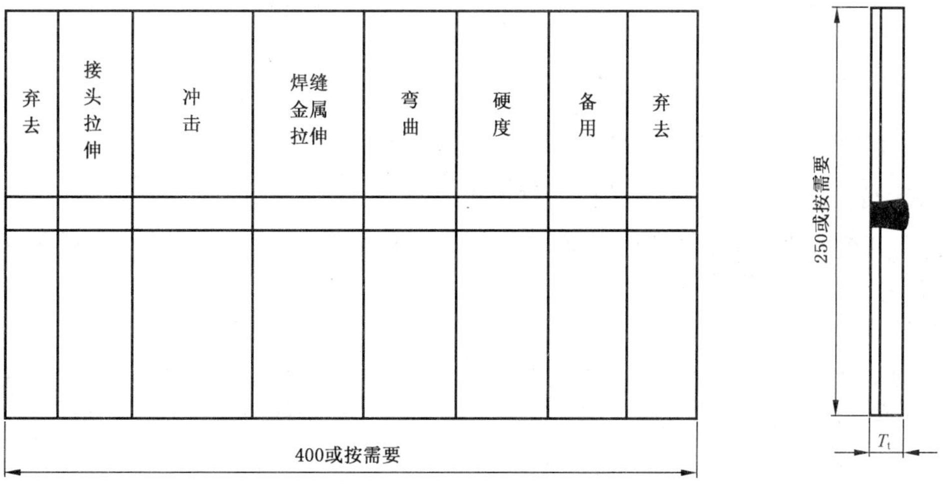

图 1　试板尺寸及截取部位

5.2　试板焊缝应进行外观检查和无损检测，然后在检验合格的部位上截取试样(见图 1)。

5.3　试板两端弃去部分的长度，焊条电弧焊不小于 30 mm，自动焊和机动焊不小于 40 mm。

5.4　试样从试板上的截取应采用机械加工方法，如果采用热加工切割，则必须除去热影响区。

6 拉伸试验

6.1 试样

6.1.1 拉伸试样分为焊接接头拉伸试样和焊缝金属拉伸试样两种，其取样数量等应按 GB 150.2、GB 150.4、NB/T 47014、NB/T 47016、GB/T 13147、GB/T 13148、GB/T 13149 等产品和有关焊接标准，或按 GB/T 8165 、GB/T 8546、GB/T 8547、GB/T 13238、NB/T 47002.1、NB/T 47002.2、NB/T 47002.3、NB/T 47002.4 等复合钢板标准执行。

6.1.2 焊接接头拉伸试样分为两种，一是去除覆材的纯基材试样，试样厚度 $a \leqslant T_b$；另一种是包括覆材的试样，试样厚度 $a = T_t$。

注：选择何种试样应按照相关产品要求选择，一般以覆层是否计入设计强度来决定采取那一种。

6.1.3 焊接接头拉伸试样一般为矩形横截面试样，加工可按 GB/T 2651 执行，具体尺寸如图 2 所示。试样宽度 b 为 25 mm，试样长度 L 与夹持部分长度 l_1 应根据需要确定，试样夹持部分长度一般应超过 2/3 夹钳钳口高度。试样焊缝处的余高部分应机械加工到与母材平齐，加工方向应平行于试样长度方向。

单位为毫米，表面粗糙度为微米

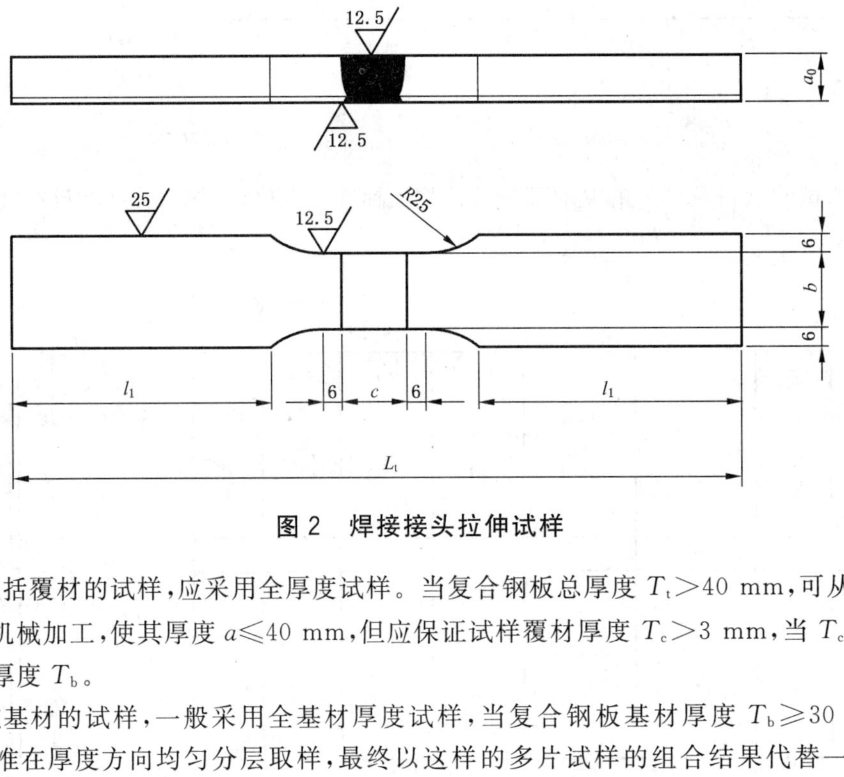

图 2 焊接接头拉伸试样

6.1.4 对于包括覆材的试样，应采用全厚度试样。当复合钢板总厚度 $T_t > 40$ mm，可从基材和覆材两面按复合比例机械加工，使其厚度 $a \leqslant 40$ mm，但应保证试样覆材厚度 $T_c > 3$ mm，当 $T_c \leqslant 3$ mm 时，只加工减薄基材厚度 T_b。

6.1.5 对于纯基材的试样，一般采用全基材厚度试样，当复合钢板基材厚度 $T_b \geqslant 30$ mm，可以按照 GB/T 2651 标准在厚度方向均匀分层取样，最终以这样的多片试样的组合结果代替一个全厚度试验结果。

6.1.6 焊缝金属拉伸样坯应取自复合钢板基材的焊缝上，其样坯截取方位和方法可参照 GB/T 2652，其试样按 GB/T 228.1 取样，试样公称直径应为 10 mm，如果无法满足要求，直径应尽可能大，但不得小于 4 mm。

6.2 试验设备和试验条件

试验设备应定期检定/校准，试验条件应按 GB/T 228.1 有关执行。除非另有规定，试验应在环境温度为(23±5)℃条件下进行。

6.3 试验方法

试验方法按 GB/T 228.1 规定进行。试验内容应按照 GB 150.2 和 GB 150.4、NB/T 47014、NB/T 47016、GB/T 13147、GB/T 13148、GB/T 13149 等产品和有关焊接标准，或按 GB/T 8165、GB/T 8546、GB/T 8547、GB/T 13238、NB/T 47002.1、NB/T 47002.2、NB/T 47002.3 和 NB/T 47002.4 等复合钢板标准要求执行。

6.4 试验结果处理

6.4.1 各种应力、强度的计算应以其相应的试验力 F 除以试样原始横截面积 S_0，其参数的计算按 GB/T 228.1 规定。

6.4.2 对于包括覆材的拉伸试验试样，抗拉强度的合格值应按式(1)计算：

$$R_m \geqslant (R_{m1}t_1 + R_{m2}t_2)/(t_1 + t_2) \quad \cdots\cdots(1)$$

式中

R_{m1}——覆材抗拉强度标准下限值，单位为牛每平方毫米(N/mm²)；

R_{m2}——基材抗拉强度标准下限值，单位为牛每平方毫米(N/mm²)；

t_1 ——覆层厚度，单位为毫米(mm)；

t_2 ——基层厚度，单位为毫米(mm)。

6.5 试验报告

试验报告除了 GB/T 228.1 要求之外，还应包括如下信息：

a) 本标准号；

b) 试样类型、尺寸等；

c) 断裂位置和缺陷。

7 弯曲试验

弯曲试验包括正弯、背弯和侧弯试验。

7.1 试样

7.1.1 正弯和背弯试样的形状和尺寸如图 3 所示，加工要求按 GB/T 2653 规定，其取样数量等应按 GB 150.4、NB/T 47014、NB/T 47016、GB/T 13147、GB/T 13148、GB/T 13149 等产品和有关焊接标准，或按 GB/T 8165、GB/T 8546、GB/T 8547、GB/T 13238、NB/T 47002.1、NB/T 47002.2、NB/T 47002.3 和 NB/T 47002.4 等复合钢板标准执行。

单位为毫米，表面粗糙度为微米

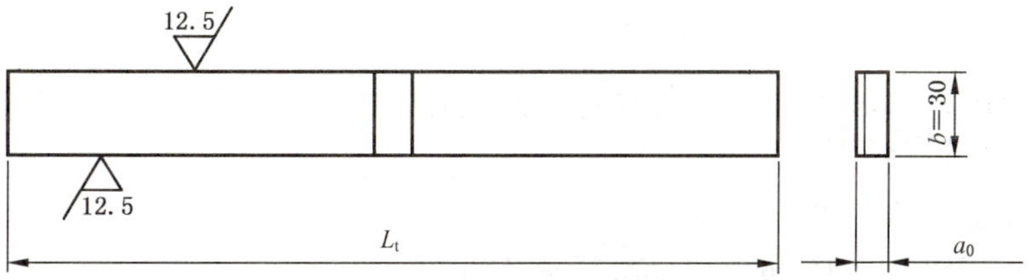

图 3 正弯和背弯试样

7.1.2 当复合钢板总厚度 T_t>30 mm，对于背弯试样，可以从覆材一侧机械加工减薄至 a_0=20 mm；对于正弯试样，可从基材一侧机械加工减薄至 a_0=20 mm；试样焊缝余高部分应机械加工到与母材平齐，加工方向应平行于试样长度方向。

7.1.3 对于双面复合钢板，当 T_t>30 mm，可分别机械加工减薄至 a_0=20 mm。其中一个试样保留一面覆材，另一个试样保留另一面覆材；当试验机能力允许时，应采用全厚度试样试验。试样焊缝处余高部分应机械加工到与母材平齐，加工方向应平行于试样长度方向。

7.1.4 侧弯取样数量等同正弯和背弯的规定，试样形状和尺寸如图 4 所示，加工要求按 GB/T 2653 规定，试样宽度 $b=T_t$。当复合钢板 T_t>40 mm 时，可采用多片组合试样代替全厚度试样，当使用两片组合时，每一个试样的宽度不能小于 $1/2T_t$；当使用超过两个的组合时，每一片试样的宽度不能小于 40 mm；对双面复合钢板，按照上述原则同样处理，试样厚度 a_0 为 10±0.5 mm。

单位为毫米，表面粗糙度为微米

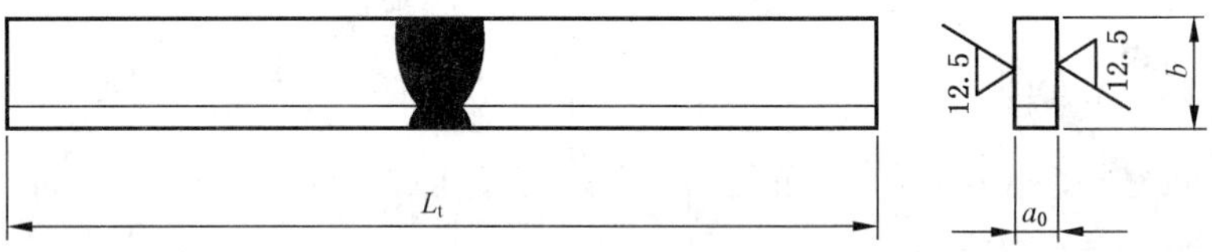

图 4 侧弯试样

7.2 试验设备和试验条件

7.2.1 弯曲试验可在压力机或万能材料试验机上进行，试验设备应满足 GB/T 232 标准要求。

7.2.2 在开始弯曲试验前，可对试样表面稍做腐蚀以分清熔化区域的形状、位置或熔合线。

7.3 试验方法

7.3.1 弯曲的试验方法按 GB/T 232、GB/T 2653 和 GB/T 6396 规定，弯心直径和弯曲角度应按 GB 150.4、NB/T 47014、NB/T 47016、GB/T 13147、GB/T 13148、GB/T 13149 等产品和有关焊接标准，或按 GB/T 8165、GB/T 8546、GB/T 8547、GB/T 13238、NB/T 47002.1、NB/T 47002.2、NB/T 47002.3 和 NB/T 47002.4 等复合钢板标准规定执行，其确定原则为：正弯按覆材焊接接头的要求，背弯按基材焊接接头的要求，侧弯按基材和覆材中要求低的材料选择弯心直径和弯曲角度。

7.3.2 对于双面复合钢板的两组试样均进行正弯试验。

7.3.3 当复合钢板总厚度 $T_t \geq 10$ mm 时，可采用侧弯取代正弯和背弯试验。

7.4 试验结果评定

7.4.1 弯曲结束后，试样的外表面和侧面都应进行检验，需要时也可以检查结合面处开裂的程度。

7.4.2 依据相关标准对弯曲试样进行评定并记录。

7.5 试验报告

试验报告除了 GB/T 232 要求之外，还应包括如下信息：

a) 本标准号；

b) 试验类别（正弯、背弯和侧弯）；

c) 试验结果（应注明开裂的方向、长度、数量及部位）。

8 硬度试验

8.1 试样

8.1.1 试样应取自复合钢板焊接接头的横截面，具体尺寸视需要和试验条件而定。

8.1.2 试样应满足 GB/T 4340.1 有关规定。

8.1.3 经抛光加工后的试样表面须进行相应的腐蚀，以显示覆材、过渡层（如果有的话）和基材各自的焊缝金属、热影响区等的分界线。

8.2 试验设备和试验条件

试验设备应定期检定/校准，试验条件应按 GB/T 4340.1 有关规定。

8.3 试验方法

8.3.1 试验方法按 GB/T 4340.1 和 GB/T 6396 规定。

8.3.2 试验位置应根据有关标准要求，测定覆材、过渡层和基材不同区域的硬度，每一区域测试一般不少于 3 点。

8.3.3 应按相关标准要求选择试验力，如未规定，应选用 98.07 N 的试验力。

8.4 试验结果处理

试验结果按 GB/T 4340.1 处理。

8.5 试验报告

试验报告除了 GB/T 4340.1 要求之外，还应包括如下信息：

a） 本标准号；

b） 试验结果（包括硬度试验符号、不同区域硬度值及示意图等）。

9 冲击试验

9.1 试样

9.1.1 冲击试样加工要求按 GB/T 229 规定。冲击试样缺口在焊接接头上的部位应按相关标准或技术条件要求，取自焊缝中心、熔合线（如相关标准需要）、热影响区和母材等部位，如图 5 所示。

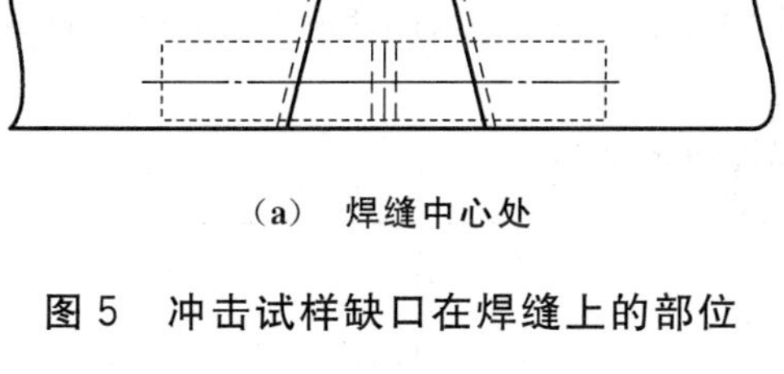

（a） 焊缝中心处

图 5 冲击试样缺口在焊缝上的部位

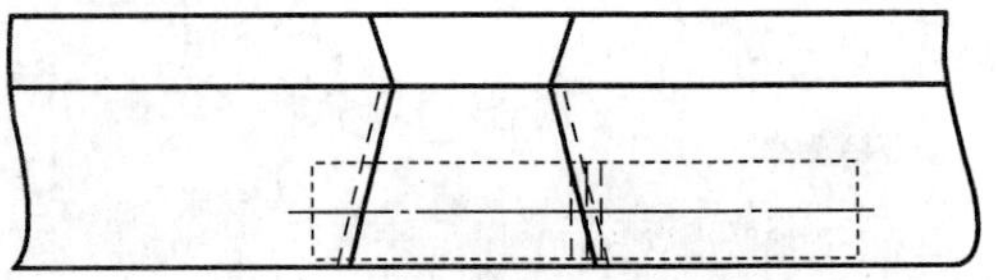

(b) 熔合线处

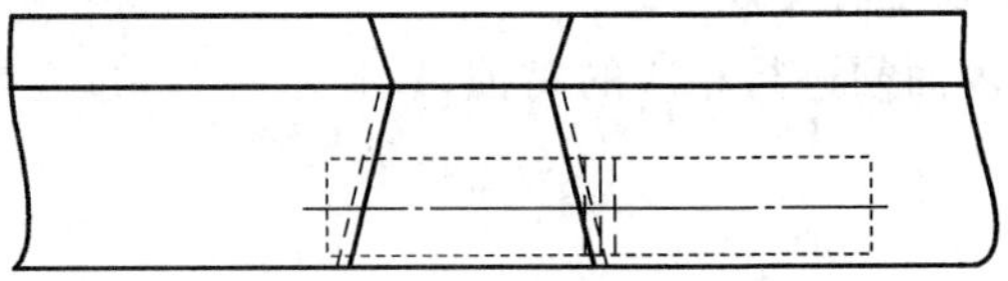

(c) 热影响区处

图 5(续)

9.1.2 每一部位的取样数量一般为三个。

9.1.3 冲击试样在试板厚度方向应在靠近复合钢板基材一侧上取样,试样上表面应距基材表面约 2 mm。对于取自焊缝中心的试样,不允许带有过渡层。当无法截取标准试样时,可截取辅助小尺寸试样。如有特殊要求,冲击试样可取自厚度方向的其他部位。

9.1.4 试样的纵轴与焊缝长度方向垂直,缺口面垂直于试件表面。

9.1.5 冲击试样缺口的类型应按有关标准确定,缺口型式与基材冲击试验一致。

9.2 试验设备和试验条件

试验设备应定期检定校准,试验条件应按 GB/T 229 有关规定。

9.3 试验方法

9.3.1 试验应按 GB/T 229 规定执行,冲击试样缺口的类型和冲击摆锤刀刃半径的选择应按照相关产品标准或工艺规范执行。

9.3.2 试验温度应按照相关产品标准或工艺规范执行。

9.4 试验结果处理

试验结果按 GB/T 229 有关规定处理。

9.5 试验报告

试验报告除了 GB/T 229 要求之外,还应包括如下信息:

a) 本标准号;

b) 试样标记,如材料规格、材质、试样代号、试样部位(在热影响区处还需要注明缺口轴线距熔合线的距离等);

c) 如需要,注明试样在厚度方向上截取的位置。

ICS 71.100.40
G 72

中华人民共和国国家标准

GB/T 17041—2012
代替 GB/T 17041—1997

表面活性剂 乙氧基化醇和烷基酚硫酸盐 活性物质总含量的测定

Surface active agents—Sulfated ethoxylated alcohols and alkylphenols—Determination of total active matter content

(ISO 6842:1989,MOD)

2012-12-31 发布 2013-08-01 实施

中华人民共和国国家质量监督检验检疫总局
中国国家标准化管理委员会 发布

前　言

本标准按照 GB/T 1.1—2009 给出的规则起草。

本标准代替 GB/T 17041—1997《表面活性剂　乙氧基化醇和烷基酚硫酸盐　活性物质总含量的测定》，与 GB/T 17041—1997 相比，主要变化如下：

——删除了 ISO 前言；

——降低了采标程度为修改采用。

本标准使用重新起草法修改采用国际标准 ISO 6842:1989《表面活性剂　乙氧基化醇和烷基酚硫酸盐　活性物质总含量的测定》。

本标准与 ISO 6842:1989 的技术性差异及其原因为：关于规范性引用文件，本标准做了具有技术性差异的调整，以适应我国的技术条件，调整的情况集中反映在第 2 章“规范性引用文件”中，具体调整如下：

——用等同采用国际标准的 GB/T 6372—2006 代替 ISO 607:1980(见第 6 章)；

——增加引用了 GB/T 601—2002(见 4.5)；

——增加引用了 GB/T 678—2002(见 4.1)；

——增加引用了 GB/T 686—2008(见 4.4)；

——增加引用了 GB/T 9853—2008(见 4.3)；

——增加引用了 GB/T 16983—1997(见 4.2)；

——增加引用了 HG/T 3440—1999(见 4.6)。

本标准由中国石油和化学工业联合会提出。

本标准由全国化学标准化技术委员会(特种)界面活性剂分技术委员会(SAC/TC 63/SC 8)归口。

本标准起草单位：上海天坛助剂有限公司、浙江皇马科技股份有限公司。

本标准主要起草人：钟仁标、傅瑞芳、庄永斌、唐福伟。

本标准所代替标准的历次版本发布情况为：

——GB/T 17041—1997。

表面活性剂
乙氧基化醇和烷基酚硫酸盐
活性物质总含量的测定

1 范围

本标准规定了测定乙氧基化醇和烷基酚硫酸盐中活性物质总含量的试验方法。

本标准适用于乙氧基化醇和烷基酚的硫酸化中和产品〔烷基醇氧乙烯醚硫酸盐(乙氧基化醇硫酸盐)〕或烷基酚氧乙烯醚硫酸盐(乙氧基化烷基酚硫酸盐)中活性物质总含量的测定。

总活性物质包括溶解于乙醇的有机物(烷基醚硫酸盐、烷基酚醚硫酸盐、聚乙二醇硫酸盐和非离子组分)。

2 规范性引用文件

下列文件对于本文件的应用是必不可少的。凡是注日期的引用文件,仅注日期的版本适用于本文件。凡是不注日期的引用文件,其最新版本(包括所有的修改单)适用于本文件。

GB/T 601—2002 化学试剂 标准滴定溶液的制备

GB/T 678—2002 化学试剂 乙醇(无水乙醇)

GB/T 686—2008 化学试剂 丙酮

GB/T 6372—2006 表面活性剂和洗涤剂 样品分样法(ISO 607:1980,IDT)

GB/T 9853—2008 化学试剂 无水硫酸钠

GB/T 16983—1997 化学试剂 二氯甲烷(ISO 6353-3:1987,MOD)

HG/T 3440—1999 化学试剂 铬酸钾

3 原理

在硫酸钠存在下将试样的乙醇溶液沸腾回流、过滤、蒸发滤液后称量残留物。将残留物溶解于丙酮溶液中,用硝酸银标准滴定溶液滴定,测定其中的氯化钠。用氯化钠含量校正残留物的质量。

4 试剂

4.1 无水乙醇

符合 GB/T 678—2002 的技术要求。

4.2 二氯甲烷

符合 GB/T 16983—1997 的技术要求。

4.3 无水硫酸钠

符合 GB/T 9853—2008 的技术要求。

4.4 丙酮溶液

符合 GB/T 686—2008 的技术要求。50 mL 丙酮溶解于 50 mL 水中，备用。

4.5 硝酸银标准滴定溶液

按 GB/T 601—2002 规定的方法配制与标定，$c(AgNO_3)=0.1$ mol/L。

4.6 铬酸钾

符合 HG/T 3440—1999 的技术要求，100 g/L 指示剂溶液。

5 仪器

5.1 磨口锥形瓶

容量为 250 mL。

5.2 旋转蒸发器

配有 250 mL 圆底烧瓶。

5.3 冷凝管

与锥形瓶相匹配。

6 采样

按照 GB/T 6372—2006 规定采样、制备和储存试样。

7 测定

7.1 试样

从实验室样品（必要时加入已知的适量水使之均匀化）称取含 0.5 g～1.5 g 总活性物质的均匀试样（精确至 0.001 g），置于磨口锥形瓶中。

7.2 测定

加入 100 mL 无水乙醇和 100 mg 无水硫酸钠至盛有试样的磨口锥形瓶中，装上冷凝管沸腾回流 30 min。

取下冷凝管，用无水乙醇冲洗冷凝管内壁和磨口锥形瓶颈部，收集洗涤液于磨口锥形瓶中，使其澄清。

将磨口锥形瓶中的溶液趁热通过快速滤纸滤入经预先干燥并称量（精确至 0.001 g）的圆底烧瓶中，用 50 mL 热无水乙醇洗涤磨口锥形瓶，过滤洗涤液至圆底烧瓶中。

将圆底烧瓶装在旋转蒸发器上，保持温度 40 ℃左右，用旋转蒸发器蒸发乙醇。然后加入 10 mL 二氯甲烷并蒸发，再加入二氯甲烷重复此步骤，再将烧瓶装在旋转蒸发器上继续蒸发 15 min，除去最后的痕量水。

从旋转蒸发器上取下烧瓶，移入干燥器中放置 15 min，将烧瓶和残留物称重。

将烧瓶再装在旋转蒸发器上蒸发 15 min，然后移入干燥器中放置 15 min，再将烧瓶和残留物称量。重复干燥和称量步骤直至两次连续称量之差不超过 0.003 g。

用 60 mL～80 mL 丙酮溶液溶解残留物，加入 1 mL 铬酸钾指示剂溶液，用硝酸银标准滴定溶液滴定至棕色不变。

7.3 空白试验

在测定试样的同时，用相同试剂，按照同样的测定步骤，不加试样进行平行操作。

8 结果的表述

8.1 计算

活性物质总含量（w）用质量分数表示，按式（1）计算：

$$w=\frac{m_1-0.0585c(V_1-V_0)}{m_0}\times 100\% \qquad \cdots\cdots(1)$$

式中：

m_1 ——残留物的质量，单位为克（g）；

0.058 5——与 1.00 mL 硝酸银标准滴定溶液[$c(AgNO_3)=1.000$ mol/L]相当的，以克表示的氯化钠质量；

c ——硝酸银标准滴定溶液的浓度，单位为摩尔每升（mol/L）；

V_1 ——测定残留物中氯化钠耗用硝酸银标准滴定溶液的体积，单位为毫升（mL）；

V_0 ——空白试验耗用硝酸银标准滴定溶液的体积，单位为毫升（mL）；

m_0 ——试样的质量，单位为克（g）。

8.2 精密度

在 15 个实验室进行比较分析，得到的如下统计结果：

——平均值[总活性物质，%（质量分数）]：58.67；

——重复性标准偏差，σ_r：0.33；

——再现性标准偏差，σ_R：0.94。

9 试验报告

试验报告应包括下列内容：

——完成鉴别试样的全部资料；

——使用的方法（包括本标准中的引用标准）；

——结果和单位的表示方法；

——本标准或引用标准中未规定的或任选的任何操作细节，以及会影响结果的情况。

ICS 25.120.10
J 62

中华人民共和国国家标准

GB 17120—2012
代替 GB 17120—1997

锻压机械　安全技术条件

Metalforming machinery—Safety requirements

2012-11-05 发布　　2013-10-01 实施

中华人民共和国国家质量监督检验检疫总局
中国国家标准化管理委员会　发布

前言

本标准的第4章为推荐性的，其余为强制性的。

本标准按照GB/T 1.1—2009给出的规则起草。

本标准代替GB 17120—1997《锻压机械　安全技术条件》

本标准与GB 17120—1997相比，主要技术变化如下：

——删除和增加了规范性引用文件；

——修改了术语和定义；

——增加了第4章；

——增加了噪声的要求(见5.11)；

——增加了辐射的要求(见5.14)；

——增加了物质和材料的要求(见5.15)；

——增加了人类工效学的要求(见5.16)；

——删除了机器及零部件的设计结构要求(见1997年版的4.2)；

——删除了平衡检查的要求(见1997年版的5.4)；

——删除了制动角的要求(见1997年版的6.2.3)；

——删除了装模高度调节装置要求(见1997年版的第8章)；

——修改了双手操纵的要求(见5.6.6)；

——修改了急停装置的要求(见5.6.9)；

——修改了保护装置的要求(见5.17.3)；

——修改了工作平台、通道、阶梯或直梯和护栏的要求(见5.18)；

——修改了使用信息的要求(见第6章)。

本标准由中国机械工业联合会提出。

本标准由全国锻压机械标准化技术委员会(SAC/TC 220)归口。

本标准负责起草单位：济南铸造锻压机械研究所有限公司、泰安华鲁锻压机床有限公司、青岛青锻锻压机械有限公司。

本标准主要起草人：马立强、尹圣军、王言强、邢吉柏。

本标准所代替标准的历次版本发布情况为：

——GB 17120—1997；

——JB 4203—1986

锻压机械　安全技术条件

1　范围

本标准规定了锻压机械设计、制造和使用的安全要求。

本标准适用于锻压机械。

2　规范性引用文件

下列文件对于本文件的应用是必不可少的。凡是注日期的引用文件，仅注日期的版本适用于本文件。凡是不注日期的引用文件，其最新版本（包括所有的修改单）适用于本文件。

GB 150（所有部分）　压力容器

GB 2893　安全色

GB 2894　安全标志及其使用导则

GB/T 3766—2001　液压系统通用技术条件

GB 4584　压力机用光电保护装置技术条件

GB 5083　生产设备安全卫生设计总则

GB 5092　压力机用感应式安全装置技术条件

GB 5226.1—2008　机械电气安全　机械电气设备　第1部分：通用技术条件

GB 7247.1　激光产品的安全　第1部分：设备分类、要求和用户指南

GB/T 7932—2003　气动系统通用技术条件

GB/T 14776　人类工效学　工作岗位尺寸　设计原则及其数值

GB/T 15241.2　与心理负荷相关的工效学原则　第2部分：设计原则

GB/T 15706.1—2007　机械安全　基本概念与设计通则　第1部分：基本术语和方法

GB/T 15706.2—2007　机械安全　基本概念与设计通则　第2部分：技术原则

GB/T 16251　工作系统设计的人类工效学原则

GB 16754　机械安全　急停　设计原则

GB/T 16855.1　机械安全　控制系统有关安全部件　第1部分：设计通则

GB/T 16856.1　机械安全　风险评价　第1部分：原则

GB 17888.1　机械安全　进入机械的固定设施　第1部分：进入两级平面之间的固定设施的选择

GB 17888.2　机械安全　进入机械的固定设施　第2部分：工作平台和通道

GB 17888.3　机械安全　进入机械的固定设施　第3部分：楼梯、阶梯和护栏

GB 17888.4　机械安全　进入机械的固定设施　第4部分：固定式直梯

GB 18209.3　机械安全　指示、标志和操作　第3部分：操作器的位置和操作的要求

GB/T 18569.1　机械安全　减小由机械排放的危害性物质对健康的风险　第1部分：用于机械制造商的原则和规范

GB/T 19671　机械安全　双手操纵装置　功能状况及设计原则

GB/T 19876　机械安全　与人体部位接近速度相关的安全防护装置的定位

GB/T 23281　锻压机械噪声声压级测量方法

GB/T 23282　锻压机械噪声声功率级测量方法

3 术语和定义

GB/T 15706.1 中界定的以及下列术语和定义适用于本文件。

3.1

工作危险区 hazard zone of working

锻压机械上完成工件加工的区域。如作相对运动的工作部件间或作往复直线运动的工作部件上所安装的工模具(包括附属装置)对工作台面在行程方向上的投影所包含的空间;或火焰、激光、高压流体与工件间所包含的空间。

3.2

工作方向行程 working stroke

锻压机械作往复运动的工作部件从全开启位置运动到全闭合位置的行程。

3.3

安全距离 safety distance

保护装置与工作危险区之间保证安全的最小距离。

3.4

协同操作 multi-synchronous actuation

两个或两个以上操作者共同进行操作时,每人同时操作双手操纵装置,才能起动工作部件的操作方式。

3.5

安全栓 safety column,safety scotch,mechanical restraint scotch

锻压机械进行模具调整或维修时,放在模具之间或工作部件底面与工作台板之间,用以防止工作部件意外移动而出现危险的支柱。

3.6

阻挡装置 impeding device

物理障碍物,如地位栅栏、栏杆。其设置不能阻碍人员进入危险区,但能通过在自由进入处设置障碍物减小进入危险区的概率。

4 锻压机械的危险

4.1 应按 GB/T 15706.1 和 GB/T 16856.1 的规定进行风险评价。

4.2 危险识别时,对于可预见的误用(包括在锻压机械的使用、调整、清理和维护期间)产生的危险也要进行分析。

4.3 锻压机械需要考虑的危险见 GB/T 15706.1—2007 的第 4 章。

5 安全要求或措施

5.1 一般要求

5.1.1 锻压机械及零部件、附属装置的设计应符合 GB 5083、GB/T 15706.1、GB/T 15706.2 以及本标准的规定。锻压机械设计时应进行风险评价并采取减小风险的措施。

5.1.2 通过设计不能避免的危险,应采取安全防护措施。对于无法通过设计、采取安全防护措施而避免的遗留危险应用信息通知或警告操作者。

5.1.3 不应有导致人员伤害的锐边、尖角(功能有要求的除外)。

5.1.4 锻压机械上的螺钉、螺母和销钉等紧固件，因其松动、脱落会导致零部件移位、跌落而造成事故时，应采取可靠的防松措施。

5.1.5 锻压机械应按自身的结构特点、工艺对象和操作方式设置相应的安全防护装置和阻挡装置。

5.1.6 锻压机械应按其自身的结构特点，设置合适的安全监督控制装置，对锻压机械的安全运行状况进行监控。

5.1.7 工作部件作往复运动的锻压机械，应按需要设置安全栓，并应与主传动或工作部件的控制系统联锁。

5.1.8 可能产生危险的锻压机械周围，如数控冲模回转头压力机、数控激光(或火焰、高压水)切割机送进装置等的周围，应设置阻挡装置。

5.1.9 锻压机械在预定使用条件下不应意外翻倒、移动或跌落，由于结构原因不能保证稳定性的，应说明稳定措施。

5.1.10 压力容器，包括各种蓄能器的设计、制造应符合 GB 150(所有部分)的规定。

5.2 传动系统

5.2.1 一般要求

5.2.1.1 锻压机械的传动结构应安全、可靠。

5.2.1.2 有可能造成缠绕、吸入或卷入危险的运动部件和传动装置应设置安全防护装置，不影响安全的除外。

5.2.1.3 运动部件与运动部件之间或运动部件与静止部件之间存在挤压和/或剪切危险的，应采取安全防护措施。

5.2.1.4 安全防护装置与运动零部件间不得形成伤害人体的夹紧点。

5.2.1.5 对于单向旋转的零部件应在明显位置标出转动方向，如飞轮，应有转向指示装置。

5.2.1.6 对于需要指示行程的，应设置行程(运动)指示装置。

5.2.2 飞轮盘杆操作

用飞轮盘杆盘动飞轮的操作应与主传动的控制系统联锁。

5.2.3 飞轮制动器

大型的锻压机械的飞轮传动，一般应设置飞轮制动器，制动时间应符合设计文件的规定。

5.2.4 惯性下降

液压传动的作垂直往复运动的工作部件，以最大速度向下运行而被紧急停止时，其惯性下降值应符合产品技术文件的规定。

5.2.5 缓冲器

采用螺旋主传动的锻压机械应设置缓冲器，防止当制动器失灵时滑块运动至极限上位与机身刚性撞击。

5.2.6 锤缸、锤头连接件

5.2.6.1 锤的锤缸的顶部应有锤杆缓冲装置。

5.2.6.2 锤头与锻模，砧块与锤身的连接零件(斜键、垫等)在楔紧时，不得破碎，楔紧后不得松动。

5.3 离合器与制动器

5.3.1 摩擦离合器与制动器

5.3.1.1 动作联锁

摩擦离合器与制动器的动作应联锁，其联锁应协调、灵敏、可靠。

5.3.1.2 双联电磁气阀

摩擦离合器与制动器的进、排气控制应采用双联电磁气阀。

5.3.1.3 空气与液体压力

摩擦离合器与制动器所使用的空气或液体的压力应符合设计规定，当压力低于设计值时，工作部件行程应不能启动或立即停止。

5.3.1.4 制动器制动动力

制动器不应采用气、液或电作制动动力。

5.3.1.5 制动角及其监控装置

使用摩擦离合器与制动器的锻压机械，其制动角应符合设计文件规定，并应设置制动角监控装置。

5.3.2 刚性离合器与制动器

5.3.2.1 急停功能与本质安全

5.3.2.1.1 急停功能

刚性离合器应具有能使锻压机械工作部件在工作方向行程的任意位置急停的功能，确保锻压机械的操作安全性；行程次数高于 120 次/min 和无急停功能要求的锻压机械除外。

5.3.2.1.2 本质安全

当外部的动力消失后刚性离合器应自动脱开，确保其自身是本质安全的。

5.3.2.2 操纵机构

刚性离合器的操纵机构应结构可靠、安装正确、牢固，并应保证单次行程规范时不出现连续行程。

5.4 平衡装置

机械传动的作垂直往复运动的工作部件，应按需要设置平衡装置。该装置应能在连杆、螺杆断裂，以及供气失压、中断等不正常情况下，将工作部件（包括模具）支承着，防止其下滑，并能持续一定时间。

5.5 超载保护装置

5.5.1 锻压机械应按其自身的结构特点和工艺对象设置力、扭矩或能量超载保护装置；因结构原因不能设置时应说明限制超负荷的条件或方法。

5.5.2 超载保护动作应与锻压机械工作部件的操纵联锁，但联锁影响锻压机械工作的情况除外。

5.6 操纵控制系统

5.6.1 一般要求

5.6.1.1 应符合 GB 5226.1—2008 第 5 章和 GB/T 16855.1 的要求。

5.6.1.2 锻压机械应有起动和停止装置。

5.6.1.3 控制系统出现故障不应导致危险的产生。

5.6.2 工作与调整规范的联锁

工作与调整规范的操纵应联锁。

5.6.3 带锁转换开关

有多种工作规范的锻压机械,其选择转换应能锁定在各工作规范的位置(或采用口令),每个位置应清晰、到位并对应单一规范。

5.6.4 单次行程工作规范

单次行程工作规范时,每次行程工作部件应停止在设计规定的停止点,即使继续按压起动按钮(或操纵器),工作部件也不得出现下一次行程。

5.6.5 连续行程工作规范

锻压机械在连续行程工作规范时,每次起动必须先按压预控按钮,然后再按压起动按钮操纵系统才能起动工作部件。如不设置预控按钮,则按压起动按钮的时间应持续至工作部件完成一次工作循环,提前松开按钮,工作部件应立即停止。

5.6.6 双手操纵

5.6.6.1 双手操纵装置应符合 GB/T 19671 的规定。

5.6.6.2 工作时的双手操纵装置应符合同步操纵要求。

5.6.6.3 工作部件作往复运动的锻压机械采用双手操纵时,双手按压起动按钮(或操纵杆)的时间应持续至工作方向行程中手不可能进入工作危险区,提前松开一个或两个按钮(或操纵杆)工作方向行程应立即停止。

5.6.6.4 双手操纵按钮(或操纵杆)的布置位置,应防止有由一只手或一只手和肘、膝等部位进行操纵的可能性。

5.6.7 脚踏操纵装置

5.6.7.1 脚踏操纵与手动操纵应联锁。

5.6.7.2 脚踏操纵装置的脚踏部分的上部及两侧应有防护罩。

5.6.7.3 脚踏部分的脚踏处应有防滑板或防滑垫。

5.6.7.4 脚踏部分的复位弹簧应采用带导杆或导套的压簧。

5.6.8 手动操纵杆

手动操纵杆应有定位措施,且不得因受损坏而移位。

5.6.9 急停装置

5.6.9.1 锻压机械上应设置急停装置(按钮、手柄等),但急停装置不能减小风险的锻压机械除外。
5.6.9.2 急停设计应符合 GB 16754 的规定。
5.6.9.3 急停装置应位于各个操作控制站以及需要引发急停功能的位置,并应使操作者易于接近,且无操作危险的地方。
5.6.9.4 由多人操作的锻压机械,每个操作点都应设置急停装置。
5.6.9.5 急停装置应保证在任何操作规范下都能停止锻压机械的工作,但不应断开若中断其工作可能引起事故的装置(如夹紧装置、制动装置)。
5.6.9.6 急停装置应能自锁,其操作件的颜色应为红色,接近操作件周围的衬托色应为黄色,操作按钮应为掌揿式或蘑菇头式的。
5.6.9.7 急停装置重调(脱开)以前,锻压机械不可能重新起动。

5.6.10 操作按钮颜色

操作按钮的颜色应符合 GB 5226.1—2008 中 10.2.1 的规定。

5.7 电气系统

锻压机械的电气系统应符合 GB 5226.1 的规定。

5.8 液压系统

5.8.1 锻压机械的液压系统应符合 GB/T 3766—2001 中 4.3 的要求。
5.8.2 液压系统的压力表应安装在操作人员易见部位;对液压的突然失压或中断应有保护措施和必要的信号显示。
5.8.3 液压系统中应装备防止液压超载的安全装置。
5.8.4 液压系统的渗漏不应引起危险。
5.8.5 液压泵起动后,必须保证若不操作工作按钮,工作部件就不动作。
5.8.6 动力源断开后,蓄能器应能自动泄压或安全闭锁(断开时还需压力的除外)。断开时蓄能器仍需保持压力,应在蓄能器上的明显位置标示安全警告信息。
5.8.7 应采取防护措施防止高压流体的飞溅。

5.9 气动系统

5.9.1 气动系统应符合 GB/T 7932—2003 中 4.3 的要求。
5.9.2 气动系统的压力表应安装在操作人员易见部位;对气压的突然失压或中断应有保护措施和必要的信号显示。
5.9.3 系统中应装备防止超载的安全装置。
5.9.4 气动系统的渗漏不应引起危险。

5.10 润滑系统

5.10.1 润滑系统的油位应便于观察。
5.10.2 润滑点位置应有明显标志。
5.10.3 润滑系统应防止润滑油漏至地面上。

5.11 噪声

锻压机械的噪声值应符合各类产品噪声限值的规定,噪声测量应符合 GB/T 23281、GB/T 23282

的规定。

5.12 振动

应采取减振措施保护人体健康和环境。

5.13 局部照明

5.13.1 锻压机械在工作时因光线不足而对操作者产生危险的，应设置局部照明装置。

5.13.2 应符合 GB 5226.1—2008 中 15.2 的规定。

5.14 辐射

5.14.1 电弧、离子化学辐射

应符合 GB 5226.1—2008 中 4.4.7 的规定，避免产生危险。

5.14.2 热和激光

5.14.2.1 激光装置应符合 GB 7247.1 的规定。

5.14.2.2 锻压机械工作中发生高温、火焰、激光辐射等危险时，应采取相应的防护措施，如分别设置隔热板和防止火焰、激光意外辐射的装置等。

5.15 物质和材料

5.15.1 有害物质

5.15.1.1 锻压机械使用和排放的物质和材料应符合 GB/T 18569.1 的规定。

5.15.1.2 锻压机械用材料、冷却介质、油、涂料、油漆不应影响人体健康和环境。

5.15.1.3 产生气体、烟雾和油雾的锻压机械应采取有效的防护措施和/或设置排放装置。

5.15.1.4 锻压机械自身产生大量粉尘的，应采取有效的防护措施和/或设置排放装置。

5.15.2 火灾和爆炸

应采取措施防止气体、液体、粉尘等物质产生火灾和爆炸危险。

5.15.3 飞溅或飞出

应避免飞溅或飞出的工件、被加工材料、碎块(材料、模具破裂)、液体造成的伤人、滑倒等危险。如设置透明的防护罩、隔板等，其强度应能承受可以预料的负荷。

5.16 人类工效学

5.16.1 一般要求

5.16.1.1 工作系统的设计应符合 GB/T 16251 的要求。

5.16.1.2 工作位置与尺寸应符合 GB/T 14776 的要求。

5.16.1.3 应符合 GB/T 15241.2 的要求，应充分考虑操作者出现过度干扰、紧张、生理或心理产生危险的可能性。

5.16.1.4 操作锻压机械会造成伤害的，应提示采用个人防护装置的信息。

5.16.2 操作装置

5.16.2.1 操作件的位置和操作的要求应符合 GB 18209.3 的要求。

5.16.2.2 操作者应能判明最终效应是否实现。

5.16.2.3 操作件应尽量避免意外操作的危险，如采用双手操纵和使能装置。

5.16.2.4 对于经常使用(包括单次行程工作规范)的手柄和操纵杆以及脚踏开关的操纵力不应大于40 N，锤的操纵力要求除外。

5.16.2.5 对于不经常使用的手柄、操纵杆和手轮上的力，每班使用不超过10次的不应大于150 N；每班使用不超过25次的不应大于80 N。

5.16.3 信息显示装置

5.16.3.1 信息显示装置的位置应便于察看和识别。

5.16.3.2 警告信息和含义应明确易于理解。

5.17 安全防护装置

5.17.1 配置原则

应按锻压机械的结构特点和操作方式，在工作危险区至少选择和配置一种合适的安全防护装置，防止操作者的手、指或身体其他部位无意地进入工作危险区。但下列情况可以除外：

——锻压机械作往复运动的工作部件行程小于6 mm；

——锻压机械配置有保证安全的专用送料装置；

——设置安全防护装置不能减小风险。

5.17.2 防护装置

5.17.2.1 防护装置的种类

防护装置分为固定式防护装置、活动式防护装置、可调式防护装置、联锁防护装置、带防护锁定的联锁装置、可控防护装置等。

5.17.2.2 防护装置的要求

防护装置应符合GB/T 15706.2—2007中5.3的规定。

5.17.3 保护装置

5.17.3.1 保护装置的种类

保护装置分为双手操纵装置、光电保护装置与感应式安全装置等。

5.17.3.2 双手操纵按钮(或操纵杆)的要求

双手操纵按钮(或操纵杆)应符合5.6.6的规定。

5.17.3.3 光电保护装置与感应式安全装置的要求

5.17.3.3.1 光电保护装置应符合GB 4584的规定。

5.17.3.3.2 感应式安全装置应符合GB 5092的规定。

5.17.3.4 保护装置距工作危险区的安全距离

安全距离的确定方法应符合GB/T 19876的规定。

5.17.4 安全防护装置的选择

安全防护装置的选择应符合GB/T 15706.2—2007中5.2的规定。

5.18 进入锻压机械的固定设施

5.18.1 当需要进入锻压机械离地面3 m以上的高处进行操作、维修和保养时，应设置工作平台、通道、阶梯或直梯和护栏。

5.18.2 平台入口处或阶梯或直梯离地面1 m以上的至少一节杆上，应设置与锻压机械主传动或工作部件的操纵系统联锁的装置，并设置提醒有人操作的警告标牌。

5.18.3 进入设施的选择应符合GB 17888.1的规定。

5.18.4 工作平台和通道应符合GB 17888.2的规定。

5.18.5 阶梯和护栏应符合GB 17888.3的规定。

5.18.6 固定式直梯应符合GB 17888.4的规定。

5.19 弹簧

5.19.1 锻压机械上与安全有关的机构中所采用的弹簧应是压簧；若采用拉簧，则应用两个拉簧代替一个压簧，且每个都能单独起作用。

5.19.2 使用拉簧时，拉簧悬挂孔不能自动从挂钩上滑脱。

5.19.3 破损后能够飞出的弹簧，如制动器的弹簧，其结构应保证弹簧破损后不能飞出。

5.20 夹持、夹紧机构

采用气压、液压的夹持、夹紧装置，其结构必须保证在气、液失压或中断后仍能可靠地夹持或夹紧，无安全要求的除外。

5.21 零部件装卸

对于笨重的零部件应考虑装卸的安全性，如设置起吊孔或柱。

6 使用信息

6.1 一般要求

6.1.1 使用信息应通知和警告操作者有关的遗留风险。

6.1.2 使用信息应使用中文。应准确、通俗易懂。

6.1.3 锻压机械应有使用说明书。

6.1.4 锻压机械应在明显位置固定永久性标牌，标牌内容至少应包括：

—— 制造者的名称和地址；

—— 符合强制性要求的标志(如有)；

—— 型号与名称；

—— 产品执行强制性标准编号；

—— 出厂日期和编号。

6.2 安全说明

6.2.1 锻压机械应有安全说明。

6.2.2 安全说明可单独编写，也可作为使用说明书的一部分。

6.2.3 安全说明的内容应符合 GB/T 15706.2—2007 中 6.5.1 的规定。

6.3 警告信息

6.3.1 一般要求

锻压机械的各种安全与警告指示应明显固定在锻压机械的相应部位上。

6.3.2 操作面板指示

锻压机械操作面板上应有反映锻压机械安全运行、工作状态、故障等有关信息的指示。

6.3.3 警告性标志

锻压机械及其电气系统存在遗留风险的位置应有警告性标志。警告性标志应符合 GB 2894 和 GB 5226.1—2008中 16.2 的规定。

6.3.4 安全色

锻压机械工作部件及易对操作者产生碰撞、夹紧、挤压的部位表面上，应按 GB 2893 的规定，涂以黑色与黄色相间隔的安全色条纹。按需要亦可只涂成黄色。

6.3.5 安全指示灯

锻压机械离地面 3 mm 以上的顶面或平台的围栏顶端的对角处和高出栏杆的部件的最高点，应设置红色安全指示灯。

6.3.6 指示信号的颜色

指示信号的颜色含义应符合 GB 5226.1—2008 中 10.3 的规定。

7 责任

7.1 制造者

7.1.1 制造者应提供符合本标准要求的锻压机械。

7.1.2 制造者应对提供给使用者的使用信息负责。

7.2 使用者

7.2.1 使用者应通过安全操作锻压机械的培训，并熟悉和掌握安全操作要求。

7.2.2 使用者应对自己增加的送料、工装和辅助装置的安全负责。

7.2.3 使用者应对改造或改装的锻压机械的安全负责。

7.2.4 使用者应对未按使用信息规定的操作、调整、维护、安装和储运造成的危险和事故负责。

ICS 33.160.01
M 60

中华人民共和国国家标准

GB/T 17147—2012
代替 GB/T 17147—1997

声音广播中音频噪声电平的测量

Measurement of audio-frequency noise voltage level in sound broadcasting

(ITU-R BS.468-4:2002,IDT)

2012-06-29 发布　　　2012-10-01 实施

中华人民共和国国家质量监督检验检疫总局
中国国家标准化管理委员会　发布

前　言

本标准按照 GB/T 1.1—2009 给出的规则起草。

本标准代替 GB/T 17147—1997《声音广播中音频噪声电平的测量》。

本标准与 GB/T 17147—1997 相比主要技术变化如下：

——加权网络在 31 500 Hz 的频率响应值由－47.7 dB 改为－42.7 dB(见表 1)；

——新增加了一个实现噪声电平测量的加权网络电路(见附录 A)。

本标准使用翻译法等同采用 ITU-R BS.468-4:2002《声音广播中音频噪声电平的测量》。

本标准做了下列编辑性修改：

——增加了代号一章；

——增加了参考文献。

本标准由国家广播电影电视总局提出。

本标准由全国广播电影电视标准化技术委员会(SAC/TC 239)归口。

本标准起草单位：国家广播电影电视总局广播电视规划院。

本标准起草人：任仪、张建东、崔俊生、肖辉、张乾。

声音广播中音频噪声电平的测量

1 范围

本标准规定了声音广播中音频噪声电平的测量方法、测量所需加权网络特性、测量仪表的特性及其测量方法。

本标准适用于音频制作、录放系统和声音广播系统中对音频噪声电平的测量。

2 代号

下列代号适用于本文件。

dBqps

取有效值 0.775 V 作基准电压,用准峰值噪声计加权测量(声音节目传输加权),以分贝表示的绝对电压电平。

[GB/T 3383—1982,2.12]

3 测量方法

3.1 加权网络

测量时,应选用符合本标准要求的准峰值表,如采用加权网络,也应使用符合本标准要求的加权网络。

图 1 给出了加权网络电路图,图 2 为加权网络的标称频率响应曲线。表 1 给出了在不同频率点上的响应数值。图 3 所示标称曲线与由放大器和加权网络组成的测量设备的响应曲线之间的容差,由表 1 的最后一栏给出。

当使用符合 3.1 的加权网络测量音频噪声时,测量仪表应当是一种符合 3.2 的准峰值表。使用任何其他仪表(例如均方根值表)进行这种测量,将导致测得的信噪比不能直接与使用本标准所述特性仪表所测得的信噪比相比较。

仪表(含加权网络)在 1 kHz 处校准,见 3.2.6。

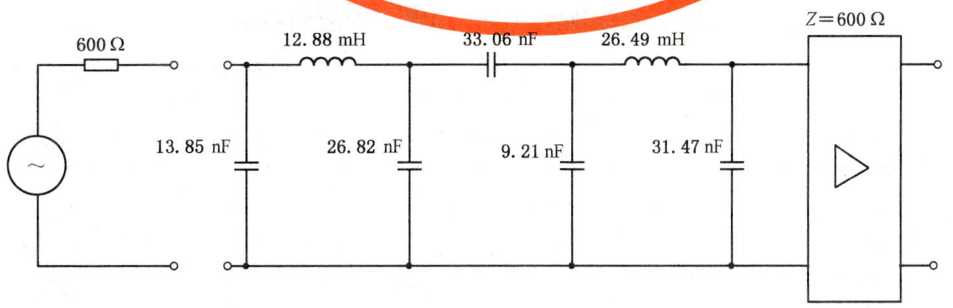

图 1 简单形式的加权网络

元件值容差最大为 1%和在 10 000 Hz 上 Q 值不小于 200 时,即可满足表 1 中给定的容差(1 000 Hz 和 6 300 Hz 处的响应之差,可以通过改变 33.06 nF 电容器或通过采用有源滤波器更精确地调节)。

一种固定阻抗实现电路见附录A。

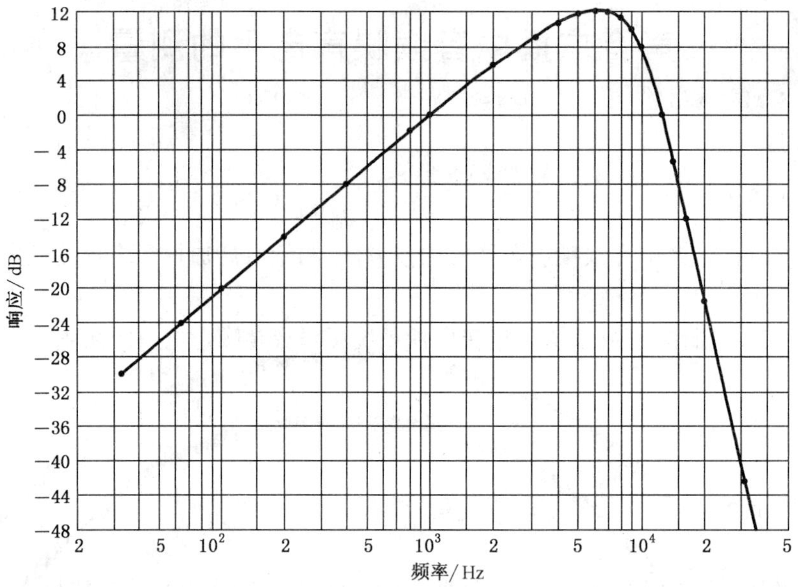

图2　图1所示加权网络的频率响应

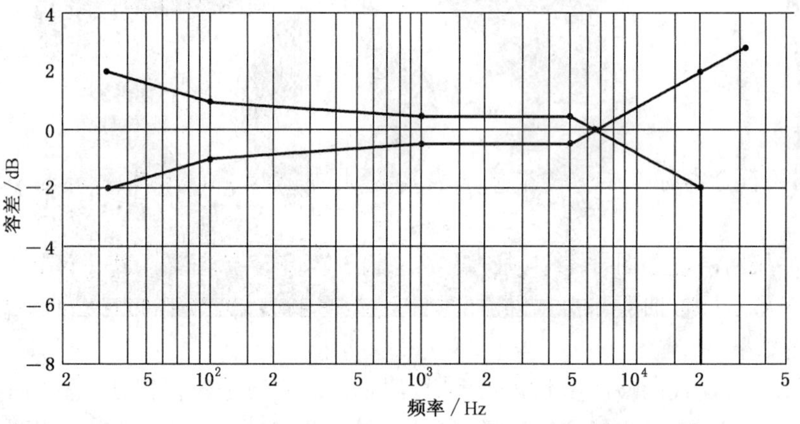

图3　加权网络和放大器频率响应的最大容差

表1　加权网络不同频点频率响应和容差

频率 Hz	响应 dB	容差 dB
31.5	−29.9	±2.0
63	−23.9	±1.4[a]
100	−19.8	±1.0
200	−13.8	±0.85[a]
400	−7.8	±0.7[a]
800	−1.9	±0.55[a]
1 000	0	±0.5

表 1（续）

频率 Hz	响应 dB	容差 dB
2 000	+5.6	±0.5
3 150	+9.0	±0.5[a]
4 000	+10.5	±0.5[a]
5 000	+11.7	±0.5
6 300	+12.2	0
7 100	+12.0	±0.2[a]
8 000	+11.4	±0.4[a]
9 000	+10.1	±0.6[a]
10 000	+8.1	±0.8[a]
12 500	0	±1.2[a]
14 000	−5.3	±1.4[a]
16 000	−11.7	±1.6[a]
20 000	−22.2	±2.0
31 500	−42.7	+2.8[a] −∞

[a] 这一容差是在对数频率标度图上，根据用于定义模板的那些频率，即在 31.5 Hz、100 Hz、1 000 Hz、5 000 Hz、6 300 Hz 和 20 000 Hz 上所规定的数值，用线性内插法求得的。

3.2 测量仪表的特性

应当使用准峰值测量方法。测量仪表动态性能可以用多种方法实现[1)]，3.2.1 和 3.2.2 规定了所要求的动态特性。对测量仪表的测试，除了 3.2.4 中所述的测试外，都应当采用加权网络进行。

3.2.1 对单个单音猝发信号的动态特性

测量方法：

将频率为 5 kHz 的单个单音猝发信号加到输入端，其稳态信号幅度为满刻度读数的 80%。猝发信号应当开始于该 5 kHz 单音的过零点，并应当由整数个周期组成。表 2 给出了与各单音猝发持续时间对应的读数界限。

该项测试应当既要在不调节衰减器时，从仪表刻度直接观察读数，又要在各衰减器分档，对应每个猝发持续时间的信号用衰减器调节，使读数都保持满刻度的 80%。

表 2　对单个单音猝发信号的动态特性

猝发信号持续时间 ms		1	2	5	10	20	50	100	200
振幅基准- 稳态信号读数	%	17.0	26.6	40	48	52	59	68	80
	dB	−15.4	−11.5	−8.0	−6.4	−5.7	−4.6	−3.3	−1.9

1) 在对输入信号进行全波整流后，一种可能的方案是通过两个时间常数不同的峰值整流电路的级联来实现。

表 2（续）

猝发信号持续时间 ms		1	2	5	10	20	50	100	200
界限值下限	%	13.5	22.4	34	41	44	50	58	68
	dB	−17.4	−13.0	−9.3	−7.7	−7.1	−6.0	−4.7	−3.3
界限值上限	%	21.4	31.6	46	55	60	68	78	92
	dB	−13.4	−10.0	−6.6	−5.2	−4.4	−3.3	−2.2	−0.7

3.2.2 对重复单音猝发信号的动态特性

测量方法：

将三组不同每秒猝发数、始于过零点、持续时间为 5 ms、频率为 5 kHz 的单音猝发信号分别加到输入端，其稳态信号幅度为满刻度读数的 80%。对应于每一重复频率的读数界限列于表 3 中。

测量应当在不调节衰减器的情况下完成，但是对所有量程来说，各特性参数都应当处在容差之内。

表 3 对重复单音猝发信号的动态特性

每秒猝发数		2	10	100
振幅基准-稳态信号读数	%	48	77	97
	dB	−6.4	−2.3	−0.25
界限值下限	%	43	72	94
	dB	−7.3	−2.9	−0.5
界限值上限	%	53	82	100
	dB	−5.5	−1.7	−0.0

3.2.3 过载特性

测量仪表的过载能力应当比衰减器所有设置对应的刻度上的最大指示值大 20 dB，“过载能力”一词既指在线性状态下不出现削波，又在可能接入的对数或类似状态下保持其特性。

测量方法：

使用仪表最灵敏的量程，将始于过零点、持续时间为 0.6 ms 的单串 5 kHz 单音猝发信号加到输入端，其振幅为满刻度读数。逐步衰减单音猝发信号的振幅，总衰减量为 20 dB，同时观察读数，以校核这些读数是否对应地逐步减小，并全部保持在 1 dB 的容差之内。对每一量程重复这项测量。

3.2.4 反极性误差

当一个非对称信号的极性反转时，读数差值应当不大于 0.5 dB。

测量方法：

将重复率为每秒 100 个或更少的 1 ms 矩形直流脉冲按不加权模式加到输入端，其振幅为 80% 满刻度读数。反转输入信号的极性，记下两次读数的差值。

3.2.5 过冲

读数设备应当不受过量的过冲影响。

测量方法：

将 1 kHz 单音信号加到输入端，其振幅的稳定读数为 0.775 V 或 0dB(见 3.2.6)。当突然加载此信号时，瞬时过冲读数应当小于 0.3 dB。

3.2.6 校准

校准时，加载一个总谐波失真小于 1%、均方根值为 0.775 V 的 1 kHz 正弦波稳态信号，应得到 0.775 V或 0 dB 的读数。仪表刻度应当有至少 20 dB 的校准范围，对应于 0.775 V(或 0 dB)的读数应在低于满刻度 2 dB～10 dB 之间。

3.2.7 输入阻抗

仪表的输入阻抗应当大于或等于 20 kΩ，而如果备有输入终接负载，则应当是 600 Ω，允许±1%的相对误差。

4 测量结果的表述

按照本标准测量的噪声电平以 dBqps 单位表示。

如果由于技术上的原因，希望测量不加权噪声，则应使用附录 B 中所叙述的方法，并注明测量结果为不加权噪声。

附 录 A
（规范性附录）
加权网络的固定阻抗实现

加权网络的固定阻抗实现电路见图 A.1。

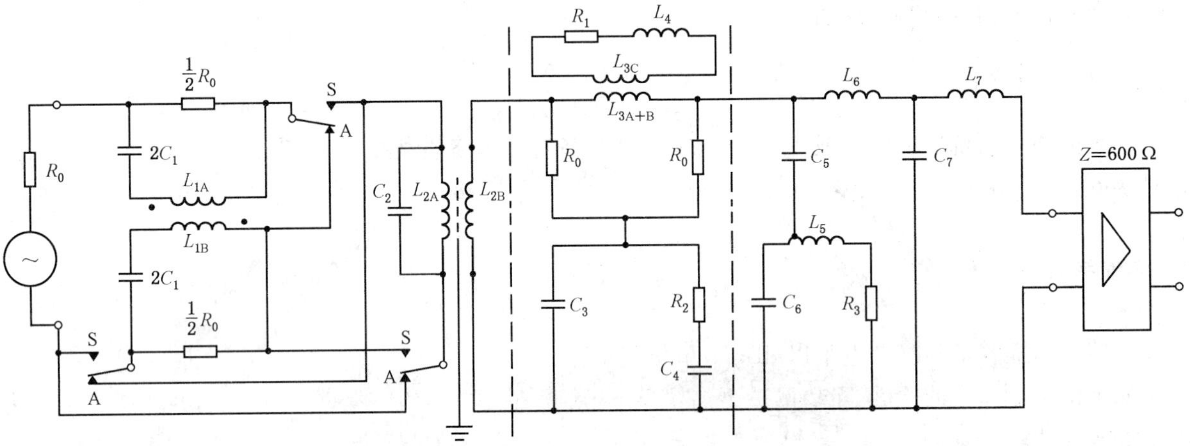

图 A.1 加权网络的固定阻抗实现电路

图 A.1 中的元器件参数见表 A.1，图中 A 为非平衡加权网络电路切换触点，S 为平衡加权网络电路切换触点。

表 A.1 图 A.1 中元器件参数

R Ω	C nF	L mH
R_0:600	$2C_1$:83.7	L_1:12.70（互感线圈的两侧线圈的电感）
$R_0/2$:300	C_2:35.28	L_2:15.06（带静电屏蔽的两个互感线圈的电感）
R_1:912	C_3:38.4	L_{3A+B}:16.73（两个相同的线圈串联的电感）
R_2:3 340	C_4:7.99	L_{3C}:4.18（一个线圈，匝数为 L_{3A+B} 的一半，有大的直流阻抗，由 R_3 吸收）
R_3:941	C_5:23.8	L_4:20.1（有大的直流阻抗，由 R_3 吸收）
	C_6:13.94	L_5:31.5（在 0.798 倍总匝数处有抽头，对应的电感为 20.1）
	C_7:35.4	L_6:13.29
		L_7:8.00

附　录　B
（规范性附录）
不加权噪声电平的测量

不加权噪声电平的测量对于一些特殊目的来说可能是需要的。图 B.1 为不加权噪声电平测量的标准响应曲线。

频率响应应该在图 B.1 给定的容限之内。

这条响应曲线用来使测量标准化，并保证分布在有用频谱内的噪声的测量读数一致。当带外信号（例如载波泄漏）以足够的振幅存在时，可能使一些测量设备给出的读数不一致，这些测量设备的响应曲线不同但仍处于图 B.1 容差模板范围内。

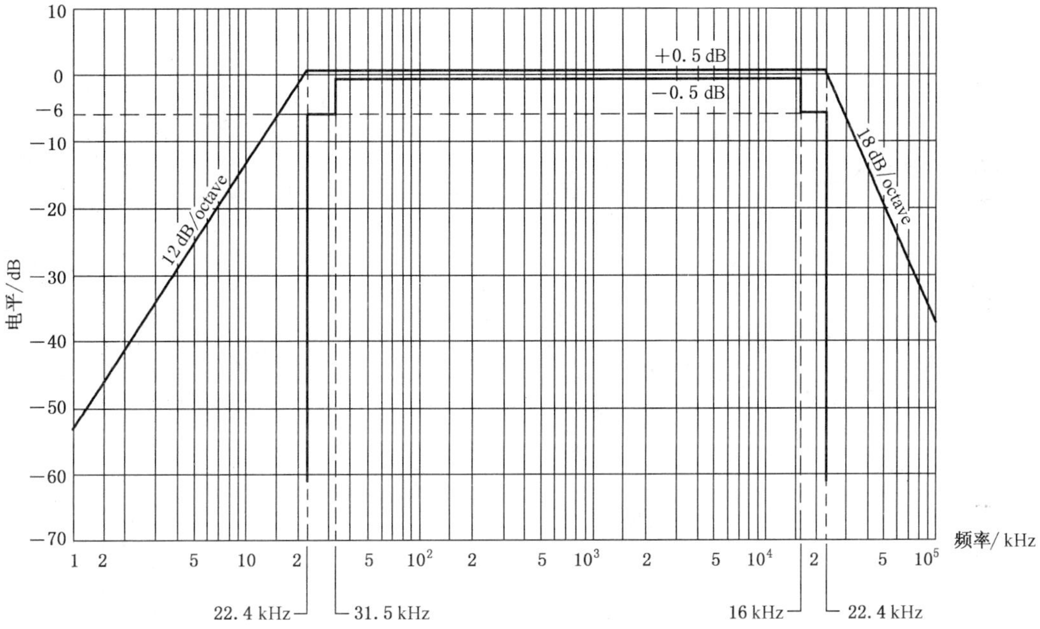

图 B.1　不加权噪声电平测量的频率响应模板

参 考 文 献

［1］ GB/T 3383—1982 电信传输单位 分贝

ICS 07.040
A 77

中华人民共和国国家标准

GB/T 17157—2012
代替 GB/T 17157—1997

1：25 000 1：50 000 1：100 000 地形图航空摄影测量解析测图规范

Specifications for aerial photogrammetric analytical mapping of 1：25 000 1：50 000 1：100 000 topographic maps

2012-06-29 发布　　　　2012-10-01 实施

中华人民共和国国家质量监督检验检疫总局
中国国家标准化管理委员会　发布

前　言

本标准按照 GB/T 1.1—2009 给出的规则起草。

本标准代替 GB/T 17157—1997《1∶25 000 1∶50 000 1∶100 000 地形图航空摄影测量数字化测图规范》。

本标准与 GB/T 17157—1997 相比主要变化如下：

——重新界定了标准名称及适用范围；

——对规范性引用文件进行了修订；

——修改了标准整体结构；

——引用了 GB/T 12340、GB/T 20257.3、GB/T 12343.1 和 GB/T 24356 的内容；

——删除了有关全数字摄影测量系统的内容及对像片扫描仪的要求；

——增加了对技术设计的要求；

——增加了像片定向精度要求；

——增加了“相关文件制作”的要求；

——修改调整了应上交成果名称顺序。

本标准由国家测绘地理信息局提出。

本标准由全国地理信息标准化技术委员会(SAC/TC 230)归口。

本标准由国家测绘局测绘标准化研究所负责起草。

本标准主要起草人：王占宏、段怡红、宋耀东、林定荣、陈继良。

本标准所代替标准的历次版本发布情况为：

——GB/T 17157—1997。

1∶25 000 1∶50 000 1∶100 000 地形图航空摄影测量解析测图规范

1 范围

本标准规定了应用航空摄影测量解析测图方法进行1∶25 000、1∶50 000、1∶100 000地形图测图作业的基本要求、规格和精度。

本标准适用于用航空摄影测量解析测图方法进行1∶25 000、1∶50 000、1∶100 000地形图的测图生产作业。

2 规范性引用文件

下列文件对于本文件的应用是必不可少的。凡是注日期的引用文件，仅注日期的版本适用于本文件。凡是不注日期的引用文件，其最新版本(包括所有的修改单)适用于本文件。

GB/T 12340 1∶25 000 1∶50 000 1∶100 000地形图航空摄影测量内业规范

GB/T 12341 1∶25 000 1∶50 000 1∶100 000地形图航空摄影测量外业规范

GB/T 12343.1 国家基本比例尺编绘规范 第1部分:1∶25 000 1∶50 000 1∶100 000地形图编绘规范

GB/T 15661 1∶5 000 1∶10 000 1∶25 000 1∶50 000 1∶100 000地形图航空摄影规范

GB/T 17158 摄影测量数字测图记录格式

GB/T 20257.3 国家基本比例尺地图图式 第3部分:1∶25 000 1∶50 000 1∶100 000地形图图式

GB/T 24356 测绘成果质量检查与验收

CH/T 1001 测绘技术总结编写规定

CH/T 1004 测绘技术设计规定

CH/T 8015 HHS90-B/120-B 数控绘图机

3 总则

3.1 地形图规格

地形图规格应符合GB/T 12340的规定。地形要素的符号及注记应符合GB/T 20257.3的规定。

3.2 测图精度

内业加密点、地物点的平面位置中误差以及内业加密点、高程注记点、等高线的高程中误差应符合GB/T 12340的规定。最大允许误差为两倍中误差值。

3.3 航摄资料的要求

航摄资料应符合GB/T 15661的规定。

3.4 航测外业成果的要求

航测外业成果应符合 GB/T 12341 的规定。

3.5 仪器的要求

作业使用的各种仪器应按仪器检校标准进行检校，检校合格后有效期内方可用于生产。

3.6 数据记录格式的要求

数据记录格式应符合 GB/T 17158 的规定。

4 测图系统

4.1 像片量测仪器

解析测图仪、联机精密立体测图仪、联机精密立体坐标量测仪应符合 GB/T 12340 规定的仪器的作业性能、精度检校要求。

4.2 计算机

计算机的处理速度及内外存贮器容量应保证仪器系统能进行实时数据采集、实时图形显示、在线编辑、数据存贮和输出。

4.3 像片定向软件

可以根据像片量测坐标和控制点的地面坐标进行内定向、相对定向、绝对定向，建立像片影像上的测标点和计算机屏幕上的光标之间的对应关系，形成定向精度报告。

4.4 数据获取软件

可以根据测图需要，选择点方式或流方式对地物地貌或所设计的数字高程模型进行人工或自动数据采集，并按 GB/T 17158 的规定记录数据。

4.5 图形编辑软件

可以按作业中的需要，逐点的或逐个要素的进行删除或修改，对图形进行移动及缩放，完成像片对间和图幅间的接边等。

4.6 注记符号库

可以自动的从注记符号库中，提取相应要素的注记和符号在屏幕上进行实时的显示、移动和定位。

4.7 图形输出软件

可以按照所采用的图形编辑软件包的要求，以规定的文件格式生成图形文件、绘图文件进行绘图输出。

5 准备工作

5.1 资料收集

收集测区内的航摄资料，查看影像质量、飞行质量、航摄检查验收报告、像机检测报告；收集航测外业成果(控制、调绘资料)，查看检查验收报告；收集测区接边处的地形图等有关资料。

5.2 技术设计

根据工程要求、测区情况、资料情况、设备情况等选择技术路线，确定作业方法，按照CH/T 1004的要求编写技术设计书。

6 摄影处理

摄影处理应符合GB/T 12340的规定。

7 空中三角测量

空中三角测量应符合GB/T 12340的规定。

8 测图

8.1 像片定向

内定向，框标坐标量测误差一般不大于0.01 mm，最大不超过0.02 mm。

相对定向，标准点位残余上下视差以像片比例尺计不大于0.005 mm，个别不大于0.008 mm。

绝对定向应符合表1的规定。

表1 绝对定向限差

单位为米

成图比例尺	地形类别	绝对定向限差	
		平面	高程
1∶25 000	平地	7.5(10.0)	1.0
	丘陵地	7.5(10.0)	1.5
	山地	10.0(12.5)	2.0
	高山地	10.0(12.5)	3.5
1∶50 000	平地	15.0(20.0)	2.0
	丘陵地	15.0(20.0)	3.0
	山地	20.0(25.0)	4.0
	高山地	20.0(25.0)	7.0
1∶100 000	平地	30.0(40.0)	4.0
	丘陵地	30.0(40.0)	6.0
	山地	40.0(50.0)	8.0
	高山地	40.0(50.0)	14.0
注：括号内为个别点允许出现的残差值。			

8.2 测图与编辑

测图与编辑应符合以下要求：

a) 按GB/T 20257.3规定实测测量控制点、居民地及设施、交通、管线、水系、境界、地貌、植被和土质等地形要素；

b） 地形图各要素的综合要求和技术指标按 GB/T 12343.1 执行。

8.3 地形原图输出

地形原图数据输出为地形图或地图制印胶片时，数控绘图机性能、精度要求应符合 CH/T 8015 的规定，其他形式的输出设备，其性能、精度应参照执行。输出载体采用聚酯薄膜和刻图膜时，其变形率应不超过 0.2‰。输出精度要求如下：

a） 基本线划尺寸墨绘线粗度 0.2 mm，点直径为 0.3 mm，刻绘线粗度 0.1 mm；

b） 符号点位误差不超过±0.2 mm；

c） 图廓线边长误差不超过±0.2 mm，对角线误差不超过±0.3 mm；

d） 图幅接边误差不超过±0.2 mm。

9 相关文件制作

根据要求填写图历簿。按 CH/T 1001 要求编写技术总结。

10 成果质量检查与验收

成果质量检查验收应符合 GB/T 24356 的规定。

11 成果上交

上交的资料包括以下内容：

a） 技术设计书；

b） 图幅结合表；

c） 立体测图成果、数据编辑成果；

d） 根据需要可输出的地形原图（如纸质原图、薄膜原图或分板胶片等）；

e） 外业控制点成果及布点图、调绘成果及结合图；

f） 内业加密点成果、布点图；

g） 图历簿、元数据文件；

h） 检查报告；

i） 验收报告；

j） 技术总结。

ICS 23.040.60
J 15

中华人民共和国国家标准

GB/T 17185—2012
代替 GB/T 17185—1997

钢制法兰管件

Steel flanged fittings

2012-12-31 发布　　2013-10-01 实施

中华人民共和国国家质量监督检验检疫总局
中国国家标准化管理委员会　发布

前　言

本标准按照 GB/T 1.1—2009 给出的规则起草。

本标准代替 GB/T 17185—1997《钢制法兰管件》，与 GB/T 17185—1979 相比主要技术变化如下：

——对标准结构尺寸进行了调整，根据 ASME B16.5:2009，删除了原 PN11.0、PN15.0 和 PN26.0 的尺寸数据；

——将公称压力由 PN2.0 和 PN5.0 修改为 Class 150 和 Class300，并调整了个别尺寸数值，例如异径接头的端面至端面的距离等；

——修改了钢制法兰管件的种类及代号；

——增加了异径管件的相关技术内容；

——增加了钢制法兰管件的材料；

——修改了标记和标志的内容。

本标准修改采用 ASME B16.5:2009《管法兰和法兰管件》的法兰管件部分，其型式尺寸和技术要求与 ASME B16.5:2009 相关内容基本一致。

本标准由中国机械工业联合会提出。

本标准由全国管路附件标准化技术委员会(SAC/TC 237)归口。

本标准起草单位：中机生产力促进中心、中国石油工程建设公司华东设计分公司、中国天辰工程有限公司、江阴金童石化管件有限公司、湖州久立管件有限公司、扬州市管件厂有限公司。

本标准主要起草人：冯峰、刘洪福、刘建欣、杨立建、姚明华、周家峰、李俊英。

本标准所代替标准的历次版本发布情况为：

——GB/T 17185—1997。

钢制法兰管件

1 范围

本标准规定了用Class标记的钢制法兰管件的种类及代号、尺寸与公差、技术要求、水压试验、检验标志及包装。

本标准适用于公称压力为Class150和Class300的钢制法兰管件。

2 规范性引用文件

下列文件对于本文件的应用是必不可少的。凡是注日期的引用文件,仅注日期的版本适用于本文件。凡是不注日期的引用文件,其最新版本(包括所有的修改单)适用于本文件。

GB/T 9113—2010 整体钢制管法兰

GB/T 9124—2010 钢制管法兰 技术条件

3 种类及代号

钢制法兰管件的种类及代号按表1的规定。

表1 钢制法兰管件的种类及代号

品种	类别	代号
45°弯头	等径	F45ES
	异径	F45ER
90°弯头	等径	F90ES
	异径	F90ER
	长半径等径	F90ELS
	长半径异径	F90ELR
三通	等径	FTS
	异径	FTR
四通	等径	FCRS
	异径	FCRR
45°斜三通	等径	F45TS
	异径	F45TR
异径接头(大小头)	同心	FRC
	偏心	FRE
Y型三通	等径	FYTS
	异径	FYTR

4 尺寸与公差

4.1 尺寸

钢制法兰管件的型式与尺寸应符合图1、图2、表2及表3的规定；异径管件的所有开孔中心至接触面或法兰面的尺寸与最大开孔的标准管件相同；钢制法兰管件的法兰尺寸应符合GB/T 9113—2010中公称压力为Class150和Class300的整体式法兰的规定。

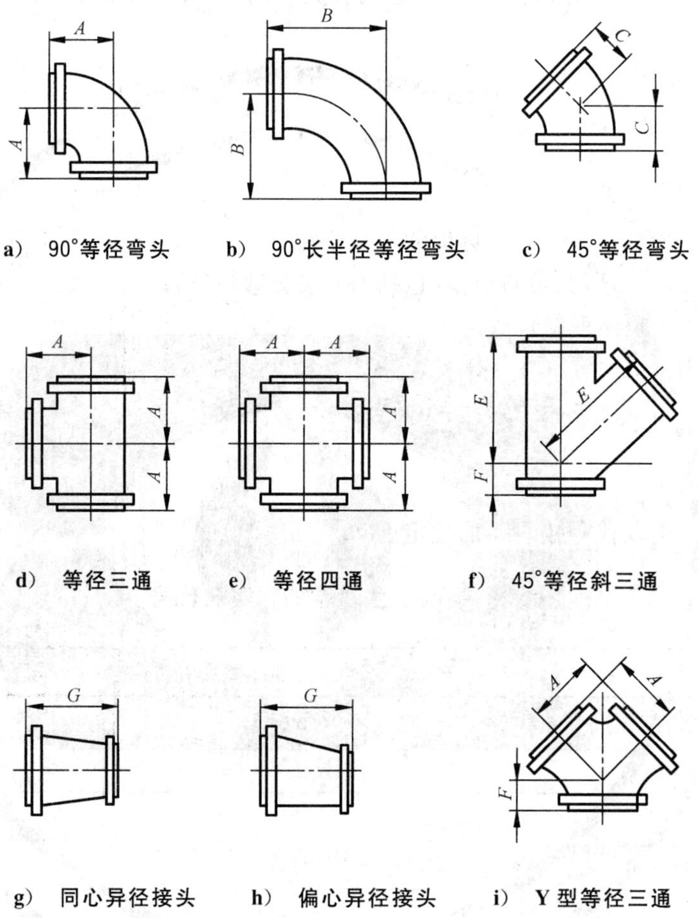

图1 常用钢制法兰管件型式

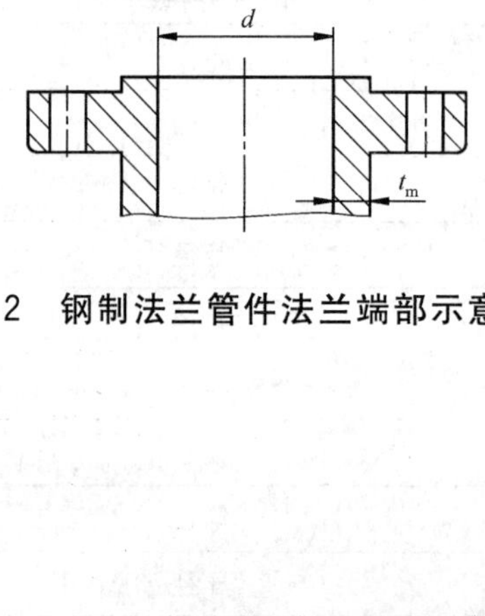

图2 钢制法兰管件法兰端部示意图

表 2　Class150 钢制法兰管件的尺寸

单位为毫米

公称尺寸		最小壁厚 t_m^a	内径 d	突面						环连接面					
NPS	DN			弯通、三通和四通的中心至连接面的距离 A	长半径弯头的中心至连接面的距离 B	45°弯头的中心至连接面的距离 C	斜三通的长中心到连接面的距离 E	斜三通的短中心至连接面的距离 F	异径接头的连接面至连接面的距离 G	弯通、三通和四通的中心至端面的距离 A	长半径弯头的中心至端面的距离 B	45°弯头的中心至端面的距离 C	斜三通的长中心到端面的距离 E	斜三通的短中心至端面的距离 F	异径接头的端面至端面的距离 G
1	25	4.0	25	89	127	44	146	44	114	95	133	51	152	51	127
1¼	32	4.8	32	95	140	51	159	44	114	102	146	57	165	51	127
1½	40	4.8	38	102	152	57	178	51	114	108	159	64	184	57	127
2	50	5.6	51	114	165	64	203	64	127	121	171	70	210	70	140
2½	65	5.6	64	127	178	76	241	64	140	133	184	83	248	70	153
3	80	5.6	76	140	197	76	254	76	152	146	203	83	260	70	165
4	100	6.4	102	165	229	102	305	76	178	171	235	108	311	83	191
5	125	7.1	127	190	260	114	343	89	203	197	267	121	349	95	216
6	150	7.1	152	203	292	127	368	89	229	210	298	133	375	95	242
8	200	7.9	203	229	356	140	444	114	279	235	362	146	451	121	292
10	250	8.7	254	279	419	165	521	127	305	286	425	171	527	133	318
12	300	9.5	305	305	483	190	622	140	356	311	489	197	629	146	369
14	350	10.3	337	356	546	190	686	152	406	362	552	197	692	159	419
16	400	11.1	387	381	610	203	762	165	457	387	616	210	768	171	470
18	450	11.9	438	419	673	216	813	178	483	425	679	222	819	184	496
20	500	12.7	489	457	737	241	889	203	508	464	743	248	895	210	521
24	600	14.5	591	559	864	279	1 029	229	610	565	870	286	1 035	235	623

[a] 此厚度为 GB/T 9124—2010 管子外径和壁厚标准 STD 对应的壁厚，用户如果没有特殊订货要求，则按此壁厚供货。因承受装配时紧固螺栓产生的应力、非圆形形状和应力集中而需要增加附加壁厚，由制造商确定。

在同时满足以下情况的条件下，允许局部壁厚小于最小壁厚：

——厚度较小的局部封闭在直径不超过 $\sqrt{dt_m}$ 的圆周范围内，其中 d 为管件的内径；

——实际测量厚度≥$0.75t_m$；

——厚度较小的局部所在的各封闭圆之间的间隔>$1.75\sqrt{dt_m}$。

表 3　Class300 钢制法兰管件的尺寸

单位为毫米

公称尺寸		最小壁厚 t_m^a	内径 d	突面						环连接面					
NPS	DN			弯通、三通和四通的中心至连接面的距离 A	长半径弯头的中心至连接面的距离 B	45°弯头的中心至连接面的距离 C	斜三通的长中心到连接面的距离 E	斜三通的短中心至连接面的距离 F	异径接头的连接面至连接面的距离 G	弯通、三通和四通的中心至端面的距离 A	长半径弯头的中心至端面的距离 B	45°弯头的中心至端面的距离 C	斜三通的长中心到端面的距离 E	斜三通的短中心至端面的距离 F	异径接头的端面至端面的距离 G
1	25	4.8	25	102	127	57	165	51	114	108	133	64	171	57	127
1¼	32	4.8	32	108	140	64	184	57	114	114	146	70	191	64	127
1½	40	4.8	38	114	152	70	216	64	114	121	159	76	222	70	127
2	50	6.4	51	127	165	76	229	64	127	135	173	84	237	71	143
2½	65	6.4	64	140	178	89	267	64	140	148	186	97	275	71	156
3	80	7.1	76	152	197	89	279	76	152	160	205	97	287	84	168
4	100	7.9	102	178	229	114	343	76	178	186	237	124	351	84	194
5	125	9.5	127	203	260	127	381	89	203	211	268	135	389	97	219
6	150	9.5	152	216	292	140	445	102	229	224	300	148	452	110	245
8	200	11.1	203	254	356	152	521	127	279	262	364	160	529	135	295
10	250	12.7	254	292	419	178	610	140	305	300	427	186	618	148	321
12	300	14.3	305	330	483	203	698	152	356	338	491	211	706	160	372
14	350	15.9	337	381	546	216	787	165	406	389	554	224	795	173	422
16	400	17.5	387	419	610	241	876	190	457	427	618	249	884	198	473
18	450	19.0	432	457	673	254	952	203	483	465	681	262	960	211	499
20	500	20.6	483	495	737	267	1 029	216	508	505	746	276	1 038	225	527
24	600	23.8	584	572	864	305	1 206	254	610	583	875	316	1 218	285	632

[a] 此厚度为 GB/T 9124—2010 管子外径和壁厚标准 STD 对应的壁厚，用户如果没有特殊订货要求，则按此壁厚供货。因承受装配时紧固螺栓产生的应力、非圆形形状和应力集中而需要增加附加壁厚，由制造商确定。

在同时满足以下情况的条件下，允许局部壁厚小于最小壁厚：

——厚度较小的局部封闭在直径不超过 $\sqrt{dt_m}$ 的圆周范围内；

——实际测量厚度≥$0.75t_m$；

——厚度较小的局部所在的各封闭圆之间的间隔>$1.75\sqrt{dt_m}$。

4.2　公差

4.2.1　钢制法兰管件的法兰公差应符合 GB/T 9124—2010 中 5.2.2 的规定。

4.2.2　突面连接面的钢制法兰管件中心至连接面的尺寸公差应符合表 4 的规定。

表 4 突面连接面的钢制法兰管件中心至连接面的极限偏差

单位为毫米

公称尺寸		公 差
NPS	DN	
≤10	≤250	±1.0
≥12	≥300	±1.5

4.2.3 环连接连接面的钢制法兰管件中心至端面的尺寸公差应符合表 5 的规定。

表 5 环连接连接面的钢制法兰管件中心至端面的极限偏差

单位为毫米

公称尺寸		公 差
NPS	DN	
≤10	≤250	±1.0
≥12	≥300	±1.5

4.2.4 钢制法兰管件连接面至连接面或端面至端面的尺寸公差应符合表 6 的规定。

表 6 钢制法兰管件中心连接面至连接面或端面至端面的极限偏差

单位为毫米

公称尺寸		公 差
NPS	DN	
≤10	≤250	±2.0
≥12	≥300	±3.0

5 技术要求

5.1 材料

5.1.1 钢制法兰管件的原材料为铸件或锻件，其常用材料见 GB/T 9124—2010 表 2，根据用户要求，也可以采用其他材料。

5.1.2 钢制法兰管件材料的化学成分、力学性能及热处理制度等技术要求应符合 GB/T 9124—2010 表 2 中所列相应标准的规定，其他要求见 GB/T 9124—2010 第 3 章。

5.1.3 制造法兰管件的原材料均须具有材料制造厂的质量合格证明书或其复印件，并应按照证明书对钢材进行验收，必要时还应进行复验确认合格后方可使用。

5.2 表面质量

所有成品管件表面应无裂纹、夹层、夹渣及氧化皮等有害缺陷；铸造管件表面应没有影响使用的裂纹、气孔、冷隔和粘砂等缺陷。

5.3 表面处理

5.3.1 碳钢合金钢管件的内外表面应进行除锈处理，并涂防锈油漆。对于铸造管件必要时应进行喷丸处理。

5.3.2 奥氏体不锈钢管件应进行酸洗钝化处理。

5.4 压力-温度额定值

钢制法兰管件的压力-温度额定值应按照GB/T 9124—2010中4.2对法兰的规定。如果异径管件上几个法兰的压力-温度额定值不相同，那么该管件的压力-温度额定值由几个法兰中较低的一个法兰所决定。

5.5 标记

公称尺寸为NPS4(DN 100)，公称压力为Class150，材料为WCB的45°等径弯头标记为：

F45ES NPS4(或DN100)-Class150 WCB GB/T 17185—2012

公称尺寸为NPS4×2(DN100×50)，公称压力为Class300，材料为ZG12Cr2Mo1G的同心异径接头标记为：

FRC NPS4×2(或DN100×50)-Class300 ZG12Cr2Mo1G GB/T 17185—2012

6 水压试验

6.1 每一个钢制法兰管件都应对壳体进行水压试验，其水压试验压力应为温度在38 ℃时的最大允许工作压力的1.5倍。

6.2 试验介质为水(可含抗腐蚀剂或煤油)，也可以是其他液体介质(黏度不大于水)。其试验温度不超过50 ℃。当对不锈钢、镍及镍合金管件进行试验时，水中氯离子含量不得超过25×10^{-6}(25 ppm)。

6.3 试验保压时间应符合表7的规定。

表7 保压时间

单位为秒

公称尺寸		保压时间
NPS	DN	
≤2	≤50	60
2½≤NPS≤8	65≤DN≤200	120
≥10	≥250	180

6.4 承压壳体表面不得有可见泄漏。

7 检验

7.1 外观检查

成品管件应全部进行外观检查，不得有肉眼可见的裂纹及其他有损强度和外观的缺陷。

7.2 形状和尺寸

所有管件的形状和尺寸应符合第4章的规定。

7.3 无损检验

钢制法兰管件的无损探伤检验由用户与制造厂协商确定。

7.4 其他

对于重要装置上使用的法兰管件，在原材料进厂后应对材料进行化学成分分析，确定合格后方可投产。

根据用户要求订货时可增加对材料的检验项目，如超声、渗透、磁粉探伤或其他检验项目，但须经供需双方协商并在合同中注明。

根据用户要求，订货时可增加对成品管件的其他检验项目，如化学成分、机械性能、水压试验及晶间腐蚀试验等。但需经供需双方协商并在合同中注明。

8 标志

成品钢制法兰管件应在显著位置喷涂或打印耐久性标志，字迹清晰完整标志内容包括：

a) 制造商名称或商标；

b) 本标准编号；

c) 法兰的类型代号；

d) 公称尺寸；

e) 公称压力；

f) 材料牌号或代号；

g) 合同要求的其他标志内容。

9 包装

9.1 成品管件除锈后应在内外表面涂防锈油，并对法兰连接面采取适当保护措施，防止其受划伤和撞击损伤。

9.2 成品管件应根据合同要求按钢号、规格分别包装，并有防潮措施。

9.3 包装箱内应有塑料袋包装的产品装箱单，产品质量合格证明书。装有成品的箱子应存放在干燥的室内，不得露天存放。

9.4 产品装箱单内容包括：

a) 制造厂名称；

b) 出厂编号及日期；

c) 产品名称规格数量及净重；

d) 订货单位和合同号；

e) 所附文件的名称和份数。

ICS 31.060.50
L 11

中华人民共和国国家标准

GB/T 17207—2012/IEC 60384-18-1:2007
代替 GB/T 17207—1998

电子设备用固定电容器 第18-1部分:空白详细规范 表面安装固体(MnO_2)电解质铝固定电容器 评定水平 EZ

Fixed capacitors for use in electronic equipment—Part 18-1: Blank detail specification—Fixed aluminium electrolytic surface mount capacitors with solid(MnO_2) electrolyte—Assessment level EZ

(IEC 60384-18-1:2007,IDT)

2012-11-05 发布　　2013-02-15 实施

中华人民共和国国家质量监督检验检疫总局
中国国家标准化管理委员会　发布

前　言

本标准按照GB/T 1.1—2009给出的规则起草。

《电子设备用固定电容器》系列国家标准分为如下若干部分：

——第1部分：总规范(GB/T 2693—2001/IEC 60384-1:1999)；

——第2部分：分规范　金属化聚乙烯对苯二甲酸酯膜介质直流固定电容器(GB/T 7332—2011/IEC 60384-2:2005)；

——第2-1部分：空白详细规范　金属化聚乙烯对苯二甲酸酯膜介质直流固定电容器　评定水平E和EZ(GB/T 7333—2012/IEC 60384-2-1:2005)；

——第3部分：分规范　表面安装MnO_2固体电解质钽固定电容器(IEC 60384-3:2006)；

——第3-1部分：空白详细规范　表面安装MnO_2固体电解质钽固定电容器　评定水平EZ(IEC 60384-3-1:2006)；

——第4部分：分规范　固体和非固体电解质铝电解电容器(GB/T 5993—2003/IEC 60384-4:1998,第1号修改单:2000)；

——第4-1部分：空白详细规范　非固体电解质铝电解电容器　评定水平EZ(GB/T 5994—2003/IEC 60384-4:2000)；

——第4-2部分：空白详细规范　非固体电解质铝电解电容器　评定水平EZ(SJ/T 11068-96/IEC 60384-4-2:1985)；

——第6部分：分规范　金属化聚丙烯薄膜介质直流固定电容器(GB/T 14004—1992/IEC 60384-6:1987)；

——第6-1部分：空白详细规范　金属化聚丙烯薄膜介质直流固定电容器(IEC 60384-6-1:2005)；

——第7部分：分规范　金属箔式聚苯乙烯膜介质直流固定电容器(GB/T 10185—2012)；

——第7-1部分：空白详细规范　金属箔式聚苯乙烯膜介质直流固定电容器　评定水平E(GB/T 10186—2012)；

——第8部分：分规范　1类瓷介固定电容器(GB/T 5966—2011/IEC 60384-8:2005)；

——第8-1部分：空白详细规范　1类瓷介固定电容器　评定水平EZ(GB/T 5967—2011/IEC 0384-8-1:2005)；

——第9部分：分规范　2类瓷介固定电容器(GB/T 5968—2011/IEC 60384-9:2005)；

——第9-1部分：空白详细规范　2类瓷介固定电容器　评定水平EZ(GB/T 5969—2012/IEC 0384-9-1:2005)；

——第11部分：分规范　金属箔式聚乙烯对苯二甲酸乙二醇酯膜介质直流固定电容器(IEC 60384-11:2008)；

——第11-1部分：空白详细规范　金属箔式聚乙烯对苯二甲酸乙二醇酯膜介质直流固定电容器(IEC 60384-11-1:2008)；

——第12部分：分规范　金属箔式聚碳酸酯膜介质直流固定电容器(GB/T 10679—1995/IEC 60384-12:1988)；

——第12-1部分：空白详细规范　金属箔式聚碳酸酯膜介质直流固定电容器　评定水平E(GB/T 10680—1995/IEC 60384-12-1:1988)；

——第13部分：分规范　金属箔式聚丙烯膜介质直流固定电容器(IEC 60384-13:2006)；

——第13-1部分：空白详细规范　金属箔式聚丙烯膜介质直流固定电容器　评定水平E

(IEC 60384-13-1:2006);

——第14部分:分规范　抑制电源电磁干扰用固定电容器(GB/T 14472—1998/IEC 60384-14:1993,第1号修改单:1995);

——第14-1部分:空白详细规范　抑制电源电磁干扰用固定电容器　评定水平D(GB/T 14473—1998/IEC 60384-14-1:1993);

——第15部分:分规范　非固体或固体电解质钽固定电容器(GB/T 7213—2003/IEC 60384-15:1982,第1号修改单:1987,第2号修改单:1992);

——第15-1部分:空白详细规范　固体电解质钽箔固定电容器　评定水平E(GB/T 12794—1991/IEC 60384-15-1:1984);

——第15-2部分:空白详细规范　固体电解质烧结钽固定电容器　评定水平E(GB/T 2795—1991/IEC 60384-15-2:1984);

——第15-3部分:空白详细规范　固体电解质和多孔阳极钽钽固定电容器　评定水平E(GB/T 7214—2003/IEC 60384-15-3:1984);

——第16部分:分规范　金属化聚丙烯薄膜介质直流固定电容器(IEC 60384-16:2005);

——第16-1部分:空白详细规范　金属化聚丙烯薄膜介质直流固定电容器　评定水平E和EZ(IEC 60384-16-1:2005);

——第17部分:分规范　金属化聚丙烯薄膜介质交流和脉冲固定电容器(IEC 60384-17:2005);

——第17-1部分:空白详细规范　金属化聚丙烯薄膜介质交流和脉冲固定电容器　评定水平EZ(IEC 60384-17-1:2005);

——第18部分:分规范　表面安装固体和非固体电解质铝电解固定电容器(GB/T 17206—1998/IEC 60384-18:1993,第1号修改单:1998);

——第18-1部分:空白详细规范　表面安装固体(MnO_2)电解质铝固定电容器　评定水平EZ(GB/T 17207—2012/IEC 60384-18-1:2007);

——第18-2部分:空白详细规范　非固体电解质片式铝电解质固定电容器　评定水平E(GB/T 17208—1998/IEC 60384-18-2:1993);

——第19部分:分规范　金属化聚乙烯对苯二甲酸酯膜介质片式直流固定电容器(IEC 60384-19:2006);

——第19-1部分:空白详细规范　金属化聚乙烯对苯二甲酸酯膜介质片式直流固定电容器　评定水平E(IEC 60384-19-1:2006);

——第21部分:分规范　表面安装1类多层瓷介固定电容器(GB/T 21041—2007/IEC 60384-21:2004);

——第21-1部分:空白详细规范　表面安装1类多层瓷介固定电容器(GB/T 21038—2007/IEC 60384-21-1:2004);

——第22部分:分规范　表面安装多层2类多层瓷介固定电容器(GB/T 21042—2007/IEC 60384-22:2004);

——第22-1部分:空白详细规范　表面安装2类多层瓷介固定电容器(GB/T 21040—2007/IEC 60384-22-1:2004)。

本标准为电子设备用固定电容器系列国家标准的第18-1部分。

本标准使用翻译法等同采用IEC 60384-18-1:2007《电子设备用固定电容器　第18-1部分:空白详细规范:表面安装固体(MnO_2)电解质铝固定电容器　评定水平EZ》。

与本标准中规范性引用的国际文件有一致性对应关系的我国文件如下:

GB/T 2693—2001　电子设备用固定电容器　第1部分:总规范(IEC 60384-1:1999,idt)

GB/T 17206—1998　电子设备用固定电容器　第18部分:分规范:固体和非固体电解质片式铝电

解固定电容器(IEC 60384-18:1993,idt)

为了方便使用,对IEC 60384-18-1:2007进行了下列编辑性修改:

——删除了IEC 60384-18-1:2007前言部分;

——表中的脚注采用小写英文字母。

本标准是对GB/T 17207—1998进行的第一次修订。本标准与GB/T 17207—1998相比,主要变化如下:

——产品名称改为表面安装固体(MnO_2)电解质铝固定电容器;

——评定水平由E改为EZ;

——增加了A0分组检验;

——增加了可焊性试验方法;

——增加了耐焊接热试验中温度曲线的要求。

本标准由中华人民共和国信息产业部提出。

本标准由全国电子设备用阻容元件标准化技术委员会(SAC/TC 165)归口。

本标准起草单位:中国电子技术标准化研究所(CESI)。

本标准主要起草人:张玉芹。

电子设备用固定电容器 第18-1部分:空白详细规范 表面安装固体(MnO_2)电解质铝固定电容器 评定水平EZ

空白详细规范

空白详细规范是分规范的一种补充性文件,它包括对详细规范的格式、编排和最少内容要求。不遵守这些要求的详细规范,认为是不符合电子元件质量评定体系要求的标准。

制定详细规范时应考虑分规范1.4的内容。

首页括号中数字标注的位置上应填写下列相应内容:

详细规范的识别

(1) 授权起草本详细规范的组织:IEC或国家标准机构。

(2) IEC或国家的详细规范标准编号,发布日期以及国家标准体系所要求的任何其他的内容。

(3) IEC或国家的总规范编号及其版本号。

(4) IEC或国家标准的空白详细规范编号。

电容器的识别

(5) 该类型电容器的简要说明。

(6) 典型结构的信息(适用时)。

注:当电容器不是设计用于印制电路板时,在详细规范的这个位置上应该明确地加以说明。

(7) 影响互换性的主要尺寸的外形图,和(或)引用国家标准或国际文件的外形图。这种图形也可以在详细规范附录中给出。

(8) 应用或涉及的应用类别和/或评定水平。

注:详细规范中采用的评定水平应从IEC 60384-18分规范的3.5.4中选取。这就意味着只要试验的分组不变,几个评定水平可以共用一个详细规范。

(9) 重要特性的参考数据,以便在各种类型电容器之间进行比较。

<table>
<tr><td>(1)</td><td>GB/T 17207—2012
(2)</td></tr>
<tr><td rowspan="2">电子元器件质量评定按
GB/T 2693—2001
QC302301

(3)</td><td>GB/T 17207—2012 (4)</td></tr>
<tr><td>表面安装固体(MnO_2)电解质铝固定电容器
(5)</td></tr>
<tr><td rowspan="2">外形图(见表 1)
(第…角视图)

(7)

在给定尺寸范围内允许形状有所不同</td><td>(6)</td></tr>
<tr><td>评定水平:EZ (8)</td></tr>
</table>

按本详细规范鉴定合格的元件的有效资料在合格产品一览表中给出。 (9)

1 一般资料

1.1 推荐的安装方法(应填入)

见 IEC 60384-18 分规范中 1.4.2 和 4.3。

1.2 尺寸

表 1 外形代号和尺寸

外壳代号	尺寸/mm						
	ϕ	L	H	d	……		

注 1:当没有外形代号时,表 1 可以省略,尺寸应在表 2 中给出,并将表 2 改成表 1。

注 2:尺寸应给出最大尺寸或标称尺寸及公差。

1.3 额定值和特性

电容量范围(见表 2);
标称电容量允许偏差;
额定电压(见表 2);
类别电压(适用时)(见表 2);
气候类别;
额定温度;
额定纹波电流(见表 3);
损耗角正切(见表 3);
漏电流;
阻抗(适用时,见表 3);
反向电压(要求时);
绝缘电阻(适用时)。

表 2 电容量、额定电压与外形尺寸的关系

额定电压				
类别电压[a]				
标称电容量/μF	外壳代号	外壳代号	外壳代号	外壳代号

[a] 如与额定电压不同。

表 3　损耗角正切、阻抗和额定纹波电流

U_R/V	C/μF	损耗角正切 在_℃_Hz	阻抗(适用时) 在_℃_Hz Ω	额定纹波电流 在_℃_Hz A

1.4　规范性引用文件

下列文件对于本文件的应用是必不可少的。凡是注日期的引用文件,仅注日期的版本适用于本文件。凡是不注日期的引用文件,其最新版本(包括所有的修改)适用于本文件。

IEC 60384-1　电子设备用固定电容器　第1部分:总规范(Fixed capacitors for use in electronic equipment—Part 1: Generic specification)

IEC 60384-18　电子设备用固定电容器　第18部分:分规范:固体和非固体电解质片式铝电解固定电容器(Fixed capacitors for use in electronic equipment—Part 18: Sectional specification—Fixed aluminium electrolytic surface mount capacitors with solid (MnO_2) andnon-solid electrolyte)

IEC 60410　计数检查抽样方案和程序(Sampling plans and procedures for inspection by attributes)

1.5　标志

电容器和包装的标志应符合 IEC 60384-18 中 1.6 规定。

注:元件和包装上的标志的细节,应在详细规范中完整地给出。

1.6　订货资料

订购本部分所包括的电容器的订货单,应以数字形式或以代码的形式至少给出下列内容:

a)　标称电容量;

b)　标称电容量的允许偏差;

c)　额定直流电压;

d)　详细规范编号及其版本号和品种命名;

e)　包装说明书。

1.7　放行批证明记录

要求/不要求。

1.8　附加内容(不作检验用)

1.9　补充或提高总规范和(或)分规范中所规定的严酷等级或要求

补充或提高总规范和(或)分规范中所规定的严酷等级或要求,见表4。

注:必要时,才规定补充或提高要求。

表 4　其他特性

此表用于对分规范特性的增加或严酷等级的提高。

2 检验要求

2.1 程序

2.1.1 鉴定批准程序应按分规范 IEC 60384-18 中 3.4 的规定。

2.1.2 质量一致性检验试验一览表(表 5)包括抽样、周期、严酷等级和要求。检验批的构成按 IEC 60384-18 中 3.5.1。

表 5 质量一致性检验一览表

章条号和试验项目[a]	D[d]或ND	试验条件[a]	IL[d]	n[d]	c[d]	性能要求[a]
A 组检验(逐批) A0 分组 4.22 高浪涌电流(当详细规范要求时)	ND		100%[e]			
A1 分组	ND		S-3[f]	[f]	0	
4.4 外观检查						按 4.4.2 标志清晰,并符合本部分 1.5 的规定
4.4 外形尺寸(详细)[b]						按本部分表 1 的规定
A2 分组	ND		S-3[f]	[f]	0	
4.5.1 漏电流		保护电阻:1000 Ω				≤0.15 $C_R U_R$ (μA)
4.5.2 电容量		频率:__Hz				在规定的允许偏差范围内
4.5.3 损耗角正切(tanδ)		频率:__Hz				按 4.5.3
B 组检验(逐批) B1 分组	D		S-3[f]	[f]	0	
4.5.4 阻抗(适用时)		频率:__Hz				按本部分表 3 规定
4.7 可焊性		试验方法:焊槽法或再流焊 焊料:__ 助焊剂类型:非活性或活性 焊槽或再流焊温度:__ 温度曲线:__				
4.7.2 最后测量		外观检查				按 4.7.2
4.21 标志耐溶剂性[c] (适用时)		溶剂:__ 溶剂温度:__ 方法 1 摩擦材料:脱脂棉 恢复时间:__				标志清晰

表 5（续）

章条号和试验项目[a]	D[d]或ND	试验条件[a]	样品数和允许不合格数[d]			性能要求[a]
			p	n	c	
C 组检验(周期)						
C1 分组	D		3	12	0	
4.6 耐焊接热		温度曲线：__				
		恢复时间：24 h±2 h				
4.6.3 最终测量		外观检查				按 4.6.3
		电容量				按详细规范
		损耗角正切				按详细规范
4.20 元件耐溶剂(适用时)		溶剂：__				按详细规范
		溶剂温度：__				
		方法 2				
		恢复时间：__				
C2 分组	D		3	12	0	
4.9 衬底弯曲试验(端面镀层的结合强度)[g]		电容量和阻抗(在基片的弯曲状态下)				按详细规范
最终测量		外观检查				无可见损伤
C3 分组	D					
4.3 安装		基板材料：__[h]				
		外观检查				无可见损伤
		漏电流				≤0.15 $C_R U_R$ μA/μF×V
		电容量				与初始测试值比较，$\Delta C/C$≤5%
		损耗角正切				按 4.5.3
		阻抗(若适用)				按表 3
C3.1 分组	D		6	18	0	
4.8 剪切试验(附着力)		外观检查				无可见损伤
4.10.1 初始测量		电容量(可用 C3 分组的测量值)				
4.10 温度快速变化		T_A=下限类别温度				
		T_B=上限类别温度				
		5 次循环				
		持续时间：t_1=30 min				
		恢复时间：1 h～2 h				
4.10.3 最终测量		漏电流				≤初始极限值
		电容量				与 4.10.1 测试值比较，$\Delta C/C$≤5%
		损耗角正切				≤初始极限值
		阻抗(适用时)				按表 3

表 5（续）

章条号和试验项目[a]	D[d]或ND	试验条件[a]	样品数和允许不合格数[d]			性能要求[a]
			p	n	c	
4.11 气候顺序 4.11.1 初始测量 4.11.2 干热 4.11.3 循环湿热试验 Db 第1个循环 4.11.4 寒冷 4.11.5 循环湿热试验 Db 其余循环 4.11.6 最终测量		 电容量 温度:上限类别温度 持续时间:16 h 温度:下限类别温度 持续时间:2 h 恢复时间:1 h～2 h 外观检查 漏电流 电容量 损耗角正切				无可见损伤,标志清晰 ≤初始极限值 与4.11.1测试值比较,$\Delta C/C$≤10% ≤1.2倍初始极限值
C3.2 分组 4.12 稳态湿热 4.12.1 初始测量 4.12.2 最终测量	D	 恢复时间:1 h～2 h 电容量(可用C3分组的测量值) 外观检查 漏电流 电容量 损耗角正切 阻抗	6	9	0	无可见损伤,标志清晰 ≤初始极限值 与4.12.1测试值比较,$\Delta C/C$≤10% ≤1.2倍初始极限值 ≤1.2倍表3规定
C3.3 分组 4.15 耐久性 4.15.1 初始测量 4.15.3 最终测量	D	 持续时间:1 000 h 试验温度:上限类别温度 试验电压:__V 恢复时间:1 h～2 h 电容量(可用C3分组的测量值) 外观检查 漏电流 电容量 损耗角正切 阻抗	3	24	0	无可见损伤,标志清晰 ≤初始极限值 与4.15.1测试值比较,$\Delta C/C$≤10% ≤1.2倍初始极限值 ≤1.2倍表3规定

表 5(续)

章条号和试验项目[a]	D[d]或ND	试验条件[a]	样品数和允许不合格数[d]			性能要求[a]
			p	n	c	
C3.4 分组						
4.13 高低温特性		应在每一步测量电容量				
		步骤 1:20 ℃				
		电容量[i]				作为基准值
		阻抗(与步骤 2 的频率相同)				作为基准值
		损耗角正切[i]				
		步骤 2:下限类别温度				
		电容量[i]				与步骤 1 比较,$\Delta C/C \leqslant 20\%$
		阻抗				与步骤 1 比值,≤2 倍
		损耗角正切[i]				≤2 倍初始极限值
		步骤 3:上限类别温度				
		漏电流				125 ℃(U_R), ≤15 倍 4.5.1 中规定的极限值 125 ℃(U_c), ≤8 倍 4.5.1 中规定的极限值 105 ℃(U_R), ≤12.5 倍 4.5.1 中规定的极限值 100 ℃(U_R), ≤12.5 倍 4.5.1 中规定的极限值 85℃(U_R), ≤10 倍 4.5.1 中规定的极限值
		电容量[i]				与步骤 1 比较,$\Delta C/C \leqslant 20\%$
		损耗角正切[i]				≤初始极限值
		温度:20 ℃				
4.19 充放电(要求时)		循环次数:10^6				
		充电时间:0.5 s				
		放电时间:0.5 s				
		漏电流				≤初始极限值
4.19.3 最终测量		电容量				与 4.13 中步骤 3 比较,$\Delta C/C \leqslant 5\%$

表 5（续）

章条号和试验项目[a]	D[d]或ND	试验条件[a]	样品数和允许不合格数[d]			性能要求[a]
			p	*n*	*c*	
C3.5 A 分组	D		12	6	0	
4.17 高温贮存		温度:上限类别温度 持续时间:96 h±4 h 恢复时间:至少 16 h				
4.17.1 初始测量		电容量(可用 C3 分组的测量值)				
4.17.3 最终测量		外观检查 漏电流 电容量 损耗角正切				无可见损伤 ≤初始极限值 与 4.17.1 测量值比较,$\Delta C/C$ ≤10% ≤初始极限值
4.14 浪涌		循环次数:1 000 次 温度:__℃ 电压:1.15 U_R 或 1.15 U_C 保护电阻: RC=0.1 s±0.05 s 充电时间:30 s 无负荷时间:5.5 min				
4.14.3 最终测量		外观检查 漏电流 电容量 损耗角正切				无可见损伤 ≤初始极限值 与 4.17.3 测量值比较,$\Delta C/C$ ≤10% ≤初始极限值

表 5（续）

章条号和试验项目[a]	D[d]或ND	试验条件[a]	样品数和允许不合格数[d]				性能要求[a]
			p	n	c		
C3.5 B分组	D		12	6	0	0	
4.16 反向电压(适用时)		持续时间:在上限类别温度下施加直流 $0.15U_C$ 反向电压 125 h,随后在上限类别温度施加正向直流类别电压 125 h					
4.16.1 初始测量		电容量(可用 C3 分组的测量值) 漏电流					≤初始极限值
4.16.3 最终测量		电容量 损耗角正切					与 4.16.1 测量值比较,$\Delta C/C$ ≤10% ≤初始极限值

[a] 试验项目和性能要求的条款号见分规范 IEC 60384-18 和本部分的第 1 章。

[b] 如果承制方外形尺寸测量采用了 SPC 技术或其他方式以避免元件尺寸超差,则该试验可以用生产检验来代替。

[c] 该试验可将电容器安装在基板上进行。

[d] 本表中：IL=检查水平(IEC 60410)；
n=样本大小；
c=允许不合格品数；
p=周期(月)；
D=破坏性试验；
ND=非破坏性试验。

[e] 100%试验后,为了用每百万分之几的不合格品数来检查产品出厂质量水平,应进行抽样复验。抽样水平由制造厂商决定。计算不合格品数数值时,任何参数值的不合格即判定一个不合格项。

[f] 试验数量:按 IEC 60410 中表 2a 中的代码字母 IL 直接分配样本大小(一次正常检查抽样方案)。

[g] 对按详细规范规定应仅安装在铝基板上的片式电容器不适用。

[h] 当不同分组的基板材料不同时,详细规范应规定在每一分组的基板材料。

[i] 适用时。

ICS 17.220.20
N 22

中华人民共和国国家标准

GB/T 17215.921—2012/IEC/TR 62059-21:2002

电测量设备　可信性
第21部分:现场仪表可信性数据收集

**Electricity metering equipment—Dependability—
Part 21:Collection of meter dependabity data from the field**

(IEC/TR 62059-21:2002,IDT)

2012-12-31 发布　　2013-06-01 实施

中华人民共和国国家质量监督检验检疫总局
中国国家标准化管理委员会　发布

前　言

GB/T 17215是由若干个部分组成的系列标准,GB/T 17215中的"电测量设备　可信性"拟由下列部分组成:

——第11部分:一般概念(IEC/TR 62059-11);

——第21部分:现场仪表可信性数据收集(IEC/TR 62059-21);

——第31-1部分:温度和湿度加速可靠性试验(IEC 62059-31-1);

——第32-1部分:耐久加速试验(IEC 62059-32-1);

——第41部分:可靠性预测(IEC 62059-41);

——第51部分:软件可信性(IEC 62059-51)。

本部分为GB/T 17215的第21部分。

本部分按照GB/T 1.1—2009给出的规则起草。

本部分使用翻译法等同采用IEC/TR 62059-21:2002《电测量设备　可信性　第21部分:现场仪表可信性数据收集》(英文版)。

为了便于使用,本部分做了下列编辑性修改:

a)　用小数点"."代替作为小数点的逗号",";

b)　"IEC 62059的本部分"一词,改为"GB/T 17215的本部分";

c)　删除了IEC/TR 62059-21:2002的前言。

请注意本文件的某些内容可能涉及专利。本文件的发布机构不承担识别这些专利的责任。

本部分由中国机械工业联合会提出。

本部分由全国电工仪器仪表标准化技术委员会(SAC/TC 104)归口。

本部分起草单位:哈尔滨电工仪表研究所、重庆电力科学试验研究院、华北电力科学研究院、江苏省计量科学研究院、上海英孚特电子技术有限公司、深圳市科陆电子科技股份有限公司、华立仪表集团股份有限公司、杭州百富电子技术有限公司、西安旌旗电子有限公司、威胜集团有限公司、正泰仪器仪表有限责任公司、宁波三星电气股份有限公司、江苏卡欧万泓电子有限公司、深圳航天泰瑞捷电子有限公司。

本部分主要起草人:郑可、侯兴哲、张立华、王慧武、邵凤云、周孔均、雷惠博、薛德晋、高化田、陈洪波、陈克昌、盛泉根、胡宁、周忠祥、李先怀、王思彤、李向锋、陈道升、祝栲、姚礼本、徐茂林、李俊明、洪沅伸、李亦非。

引　言

本报告基于 GB/T 17215.911《电测量设备　可信性　第 11 部分:一般概念》。

此报告集中考虑以下问题:

——设备复杂性的定义;

——失效的分类;

——通过现场返回的故障设备来进行数据收集;

——通过抽样检验的方法来进行数据收集。

以上部分构成了收集和分类失效数据的方法,而这些数据可以用于评估静止式电测量设备的可靠性。如 IEC 60812:1985 中所说明的,失效可以用不同的方法进行分类。

为了对现场的静止式电测量设备进行可靠性评估,特从现行标准中选择了一些分类方法。

电测量设备　可信性
第21部分:现场仪表可信性数据收集

1　范围

GB/T 17215的本部分规定了用现场失效报告和抽样检验对静止式电测量设备进行现场失效数据收集和分析的方法。适用于设备复杂性的定义和失效的分类。

2　规范性引用文件

下列文件对于本文件的应用是必不可少的。凡是注日期的引用文件,仅注日期的版本适用于本文件。凡是不注日期的引用文件,其最新版本(包括所有的修改单)适用于本文件。

GB/T 2900.13—2008　电工术语　可信性与服务质量(IEC 60050(191):1990、Amend.1:1999 And Amend.2:2002,IDT)

GB/T 17215.911—2011　电测量设备　可信性　第11部分:一般概念(IEC/TR 62059-11:2002,IDT)

IEC 60300-3-2:1993　可信性管理　第3部分:应用指南　第2节:现场可信性数据收集(Dependability management—Part 3-2: Application guide—Collection of dependability data from the field)

IEC 60410:1973　抽样方案和特性检验的步骤(Sampling plans and procedures for inspection by attributes)

IEC 60605-1:1978　设备可靠性试验　第1部分:通用要求　修改1(1982)(Equipment reliability testing—Part 1: General requirements)

IEC 60812:1985　系统可靠性分析技术　失效模式与影响分析(FMEA)的步骤[Analysis techniques for system reliability—Procedure for failure mode and effects analysis (FMEA)]

IEC 61358:1996　直接接入交流静止式有功电能表(1级和2级)的验收检验[Acceptance inspection for direct connected alternating current static watt-hour meters for active energy (Classes 1 and 2)]

IEC 62051:1999　电能测量　术语汇编(Electricity metering—Glossary of terms)

3　术语和定义

GB/T 2900.13—2008和IEC 62051:1999中界定的以及下列术语和定义适用于GB/T 17215的本部分。为了便于使用,以下重复列出了GB/T 2900.13—2008和IEC 62051:1999中的一些术语和定义。

3.1

类别　category

具有相同品质物体的一个种类或一个群。

3.2

分类　classification

有计划的安排类别;或者根据一种或多种分类要素,将样品或产品归入不同类别中。

3.3

可信性　dependability

一个集合性术语，用来表示可用性及其影响因素：可靠性、维修性、维修保障性。

注：可信性仅用于非量化术语中的通用描述。

[IEV-191-02-03]

3.4

失效　failure

产品执行规定功能的能力的终结。

注 1：在失效后，该产品有故障。

注 2："失效"是一种结果，而"故障"是一种状态。

注 3：本概念不适用于仅由软件构成的产品。

[IEV-191-04-01]

注意：以上的定义提出了功能的问题。功能性失效可被定义为某种实物不能达到所要求的性能标准。

3.5

最大允许工作误差　maximum permissible error in service

mpe_s

一个给定的测量设备在使用时，由规范、规程等所允许的误差的极端值。

3.6

可靠度　reliability

产品在给定的条件下和给定的时间区间(t_1，t_2)内，能完成要求的功能的概率。

注 1：通常假设在此时间区间的起始时刻，产品处于能完成要求的功能的状态。

注 2：术语"reliability"也常用于此概率量度表示的可靠性性能。

[IEV-191-12-01]

3.7

有用寿命　useful life

产品在规定的条件下，从规定的时刻开始，到失效密度变得不可接受或产品的故障被认为不可修理时为止的时间区间。

[IEV-191-10-06]

4　根据复杂性对测量设备分类

设备可靠性监测的任务之一就是明确地定义待评估设备的类型和此设备选自何种总体。

[IEC 60605-1:1978，5.2.1 和 7.1]。

此报告涵盖了从简单的定时自动开关到多电能和多费率静止式电能计量设备的广阔范围。一个特定设备类型的可靠性受它的复杂性、技术和制造过程的影响。

此外，环境条件的影响程度取决于设备的设计。不同的设计可能导致设备在执行相同功能时表现出不同的可靠性特性，因此可靠性评估的方法需要考虑设备的内部结构。

然而在本部分中，正如 GB/T 17215.911 中已经解释的，没有考虑设计参数。因此，这里的分类是基于功能上的。

一个计量设备的功能，可分为以下几类：

——影响计费的功能，如测量功能、控制和脉冲输入、费率控制、计费信息保存；

——不影响计费但用户比较敏感的功能，比如辅助信息显示；

——辅助功能，如远程编程、远程读抄表和用户信息输出，以及其他的测量，比如瞬时值或电能质量等非计费过程处理。

这个分类比较简单，仅仅定义了少量几种类别。另一方面，应该注意对不同的功能进行分组以构成一个同源群体，从而使现场数据的收集结果可以和可靠性要求进行比较。带着这种意识，定义了如表1所示的复杂性分类。

表1 电测量设备按复杂性分类

复杂性	描　述	标　号
基本	无内部费率或负荷控制装置的简单电能表；有或没有脉冲输出，有或没有光通信接口 时间开关和纹波控制接收器	A
多电能	在单一仪表情况下，有或没有脉冲输出，有或没有光通信接口的测量一种以上电能的仪表	B
多功能	基本或多功能仪表，除了基本的计量功能外，还包括如下功能：最大需量记录、分时记录、费率和/或负荷控制装置，如时间开关或纹波控制接收器	C
有附加功能的仪表	如PLC、无线或电话线通信、付费卡读卡器等	D
注：规定标识符是为了在失效报告格式中使用，在附录A中描述。		

5 工作条件

表2给出了规格和工作条件分类。

表2 工作条件

工作条件	规　格	标识符
网络类型	地下	R 01
	架空	R 02
	架空集束电缆	R 03
	其他	R 99
安装类型	户内	I 01
	户外	I 02
	塑料柜	I 03
	金属柜	I 04
	其他	I 99
特殊环境条件	请注明	A 01

6 现场报告

表3列出了拆除电测量设备的可能原因。

表 3 最初的发现

结 论	描 述	标 号
没有发现故障	无外部迹象的损坏或不工作	NF
物理损坏	表壳损坏、破裂或铅封缺失情况等	PD
检测到故障	请描述	FD

7 失效的分类

在知道了仪表的功能行为后，就可以为其主功能设计出一个最小的装置。一个根据功能模块而绘制的仪表图形表示在附录B中给出。仪表装置的失效应该根据表4进行分类。

表 4 功能层面上失效的分类

功能失效	功能定义	标号
通信	用户/公共设施与电表之间的通信 例如：付费卡上的数据转移、访问电表的计度器、远程数据交换、输入/输出脉冲、测试输出	C
测量/处理	测量和处理 例如：信号采集和处理、程序执行	P
存储	仪表数据存储 例如：用电量记录，赊电记录	M
显示	用户接口显示部分 例如：发光二极管(LED's)，液晶显示器(LCD)，呼叫器/蜂鸣器	I
断开/重连	涉及能量流动的功能 例如：负荷控制、端子连接器 / 端子座/模块	D
外壳	仪表外壳，印制电路板底支架 ，LED导光器，LCD窗口，铭牌或表盖	E
电源	除了“外壳”以外的所有功能的电源供给。包括冲浪涌保护元件	S

注1：主要目的是将失效仅同其中一个功能联系起来，也就是说通过消除其他的可能性去选择最明显的一个。用户、制造商或第三方的详细分析可能会导致对此选择进行修正。如果失效同多于一个的功能相联系，就必须被描述为两个或多个失效，并且被单独的分类。

注2：功能的定义一定不能同子系统相混淆：一个典型的功能可能意味着一个或多个子系统。

注3：二级分类(也就是一个清晰的、简洁的失效原因描述符)可以和本表中的一级分类标识符联合使用。但是这超出了此技术报告的范围。

例子：

P1：仪表超出最大允许误差 mpe_s；P2：处理器死机(不可确定的软件状态)；

S1：仪表完全不能执行功能；S2：LCD 和 LED's 全暗；

C1：键盘按键“6”不能保存；C2：远程抄表失败；C3：测试输出失败。

失效被分为关联失效和非关联失效。为了评估可靠性,只使用关联失效。非关联失效是:

a) 人为错误引起的失效,其中有:
   ——安装过程中的损坏;
   ——事故或非正常运行。
b) 外部提供的过应力条件超过规定试验要求,从而引起的设备失效(窃电引起的失效也可以包含在这一类中)。
c) 不能被其后证实的误报的失效。
d) 由许可的设备操作说明书中明确规定的正常操作调整。

在下面情况中,可以不作失效来报告:

设备内由相关或非相关的首次失效所直接引起的二次失效。必须证明二次失效从属于首次失效,从属失效可能由相应项的失效引起。

8 失效的根源

详细的元件层次的失效分析,即失效原因(确定具体的故障部件),是制造商的职责。此外,一个"通用代码"的分类将给制造厂商提供一个绝非满意的折衷方案,因为不同的产品在技术、设计和材料成本的巨大差异会导致使用该"通用代码"分类无法对具体产品进行详细的失效分析。

不过,我们仍然可以根据不同的责任方("制造商"或者"设施服务部门/能源供应商/仪表操作员")通过一组互斥的、普遍使用的标识符将这些根源归类,当监控的参数超出了规范/标准的规定而难以确定责任方时,可以将其归入"其他原因"中。

在收到来自仪表制造商的必要的反馈信息之后,基于责任的失效根源就可以用表5确定。

表5 失效根源

责任	根源	标号
制造商	设计错误	M01
	制造问题	M02
	元件质量问题	M03
	其他(描述)	M99
公共设施服务部门,能源供应商,抄表员	错误安装	U01
	不恰当的规范/标准	U02
	不正确的仪表使用(硬件/软件)	U03
	窃电企图	U04
	没有校准	U05
	没发现故障	U06
	其他(描述)	U99

表 5（续）

责任	根源	标号
其他原因	光照	X01
	水(进水)	X02
	火	X03
	超出规范的电磁现象	X04
	元件老化/漂移	X05
	随机元件失效	X06
	其他参数极限超出了规定	X99

注 1：在本表的标识符里添加一个清晰、简明的失效原因的描述符(根据制造厂商的报告)不是强制性的,但是在某些情况下是有用的。

例子：

M02:电容 c14 引线切的太短——不良的焊接接头。

U05:超过 12 年,准确度偏移——需重新校准。

M03:厂商使用了错误的原材料。

M03:元器件不符合规范。

U02:规范中规定(400 V 的)过电压条款。

注 2：本表给定的标识符组合(M01～M03 以及 U01～U06)被认为是广泛而全面的,因此赞成作为“通用代码”使用,然而附加的“其他(描述)”,也就是 M99 和 U99,覆盖了本部分中来自用户反馈的意外事件,可以在今后修订时作为附加标识符。

9　失效的严重程度

关联失效对于关心它的有关各方并不是总表现出相同的重要性和严重性。例如对电能消费者来说,可能仅仅关心传送能量、账单真实性和用于负荷控制的仪表输出方面的失效。另外,用户可能对有关通信、附加的测量或功能的失效比较关心。执法部门关心的可能仅仅是仪表的精确度和失效的大概时间。

仪表持有者的责任是根据他们的服务期望依照危险程度对仪表的功能和失效情况进行分类。因此,为了根据严重程度对失效进行分类,应事先明确地定义出设备的用途。

IEC 60812:1985 附录 B 中给出的关键、主要或次要失效的严重程度的定义仅和一个功能有关,对上述目的并不适用,对电能表来说,必须对表里的各个功能给出相对的重要性分级。

例如,“电源”是仪表中经常被归入“关键”的一个功能,因为它影响了能量的记录以及并因此影响向用户收费。如果“显示”是向用户收费的唯一途径(如简单的居民用表),显示功能的失效可能被归入“关键”等级;而如果账单数据可以通过其他方法收集,如远程抄表,而不影响其提供的数据的正确性,则“显示”可以归入“次要”失效。

发生在现场仪表中的失效的严重程度分类的例子在表 6 中给出。

表6 失效判据

严重程度	描述	标号
关键失效	以任何方式影响计费的失效(如:仪表电源失效,仪表超出准确度等级或法定要求,分时或最大需量计算错误	C1
重要失效	影响计费数据采集(通讯等)或提供给最终用户的负载管理的数据的失效	C2
次要失效	假警报,当计费数据可以用其他远程通讯方法收集时的显示失效,次要的机械故障	C3

10 通过抽样方案进行的数据收集

10.1 一般原理

前面条款中详细描述了故障仪表的数据收集,可能不能充分满足持有者所有的要求。因为仪表可能在无人看管的状态下运行很长一段时间,故障可能在发生后才会被察觉,且一些故障类型,如超出误差允许范围,可能不那么明显。一般情况下,不是所有的故障都可以在立刻轻易的检查出来。

因此,推荐对现场仪表进行结构性抽样两种互补的数据采集系统:

——故障仪表数据的收集;

——有计划的抽样。

以上两种方法是相辅相成的。

下面条款中所描述的方法考虑了所有的经济和物质上的限制,如标准 IEC 60300-3-2:1993 中的定义。

10.2 抽样方案和试验

从可靠性的角度考虑,为了获取设备行为方式和工作情况方面有意义的结论,就必须从目标群体中抽取一个有代表性的样本。建议对产品根据计数检验进行随机检验,建议根据 IEC 60410:1973 的抽样方案,一般检验水平Ⅱ,正常检验二次抽样方案进行随机计数检验。可接受质量水平(AQL)应该由所涉及的相关方达成一致。

部分试验应该按照 IEC 61358:1996 中 10.2.3 说明的进行。

10.2.1 试验条件

参见 IEC 61358:1996 中 7.1“参比条件”和 7.3“盖和铅封”。

10.2.2 测量不确定度

用于试验的测量仪器仪表和其他设备应该确定其综合测量不确定度应该不超过 IEC 61358:1996 中 7.2 规定限值。

对于其他的精度等级,应该选择适当的测量不确定度。

10.2.3 试验过程

试验应该根据 IEC 61358:1996 以下的条款进行:

——8.5 准确度试验(见 10.2.4);

——8.3 潜动试验;

——8.4 起动试验。

10.2.4 准确度试验

单相和多相仪表的准确度要求试验应在表 7 中给出的电流值和功率因数值条件下进行。

表 7 准确度试验

电　　流	功率因数	误差限值
$0.05I_b$ 或 $0.05I_n$	1	mpe_s
I_b 或 I_n	1	mpe_s
I_b 或 I_n	$0.5L$	mpe_s
I_{max}	1	mpe_s

10.2.5 样品选取

样品的选取要确保是随机抽取,可以用序列号或从经济角度来说更适合的其他任何随机的抽样方法。选出的不属于相应群体的仪表,用一个新的随机选取的样品取代。

10.2.6 采样周期

当一个新型的仪表首次投入使用时,应该用故障报告的形式密切地监测其性能。如果这些报告表明存在某个特殊的问题,那么就应该对相关批次进行抽样试验。

抽样试验应不晚于产品预期使用寿命一半的时间和批投入使用的最后一年进行。

11 失效信息的来源

表 8 中提供了一种确定仪表装置失效信息来源的标示方法。

表 8 失效信息的来源

失效信息的来源	标号
公共设施服务部门在送到仓库的批上进行的试验(交收试验)但是没有包含现场性能评估	A
随机的现场检验(抽样试验)	B
有计划的和正式的现场检测(现场性能试验)	C
抄表员或服务人员	D
收费信息/关于消费量及其改变的统计数据	E
根据用户要求进行的试验	F

附　录　A
（规范性附录）
故障仪表/装置的失效报告表

故障仪表/装置的失效报告表如表 A.1 所示。

表 A.1　故障仪表/装置的失效报告表

来源	描述	现场数据	长度	实例
	一般信息(用户、电话、地址、仪表部门等)		30	
抄表员 (公共设施服务部门)	失效发现日期(yyyy-mm-dd)		10	1998-05-12
	仪表序列号		20	732-9612345
	仪表/用户地点		40	a—城市,b—街道,c—用户,……
	运行条件(表 2) —网络类型 —安装类型 —特殊环境条件		 3 3 3	 R02 架空 I02 户外 A01 请注明
	最初发现(表 3)		2	PD 物理损坏
公共设施服务部门	类型和技术信息		30	仪表类型×3×230/400 V, 5//1 A
	生产年份(yyyy)		4	1996
	认证日期(yyyy-mm)		7	1997-03
	安装日期(yyyy-mm-dd)		10	1997-05-12
	生产者/制造商		30	制造商-xyz
	批号(抽样试验的内部分类) yyyy-zzzz		15	1996-abcd-xyz
	仪表装置复杂性的分类(表 1)		1	C 多功能仪表
	失效			
	失效分类(表 4)		1	C 通信
	失效根源(表 5)		3	M03 元件质量问题
	失效严重程度(表 6)		2	C3 次要失效
	信息来源(表 8)		1	D 服务人员
制造商	故障原因		30	
	故障装置/故障项		30	故障产品
	其他评述		50	

附 录 B
（规范性附录）
仪表功能模块

仪表功能模块如图 B.1 所示。

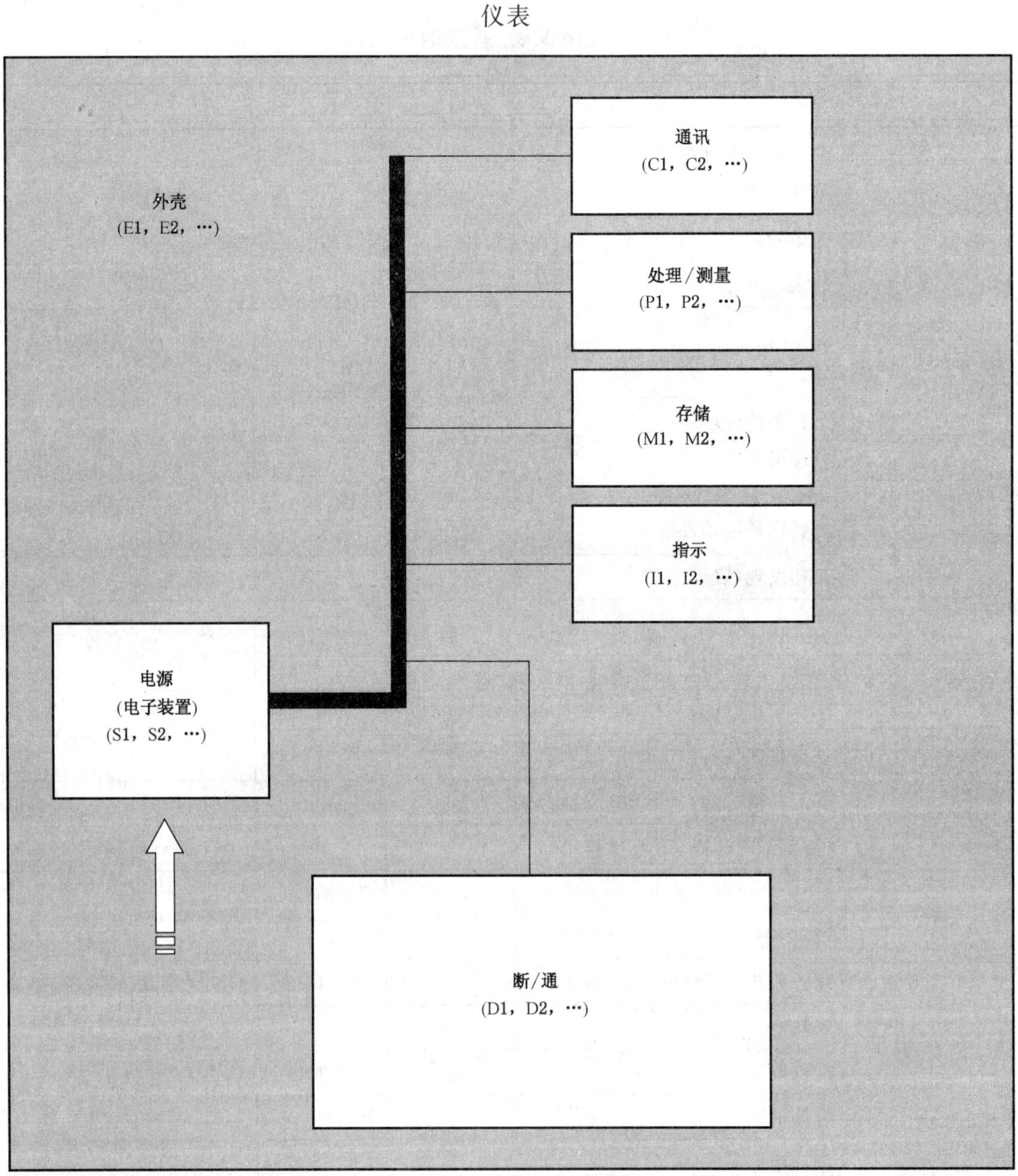

图 B.1 仪表功能模块

ICS 17.220.20
N 22

中华人民共和国国家标准

GB/T 17215.941—2012/IEC 62059-41:2006

电测量设备 可信性
第41部分:可靠性预测

Electricity metering equipment—Dependability—
Part 41:Reliability prediction

(IEC 62059-41:2006,IDT)

2012-12-31 发布

2013-06-01 实施

中华人民共和国国家质量监督检验检疫总局
中国国家标准化管理委员会 发布

前　言

GB/T 17215是由若干个部分组成的系列标准,GB/T 17215中的"电测量设备　可信性"拟由下列部分组成:

——第11部分:一般概念(IEC/TR 62059-11);

——第21部分:现场仪表可信性数据收集(IEC/TR 62059-21);

——第31-1部分:温度和湿度加速可靠性试验(IEC 62059-31-1);

——第32-1部分:耐久加速试验(IEC 62059-32-1);

——第41部分:可靠性预测(IEC 62059-41);

——第51部分:软件可信性(IEC 62059-51)。

本部分为GB/T 17215的第41部分。

本部分按照GB/T 1.1—2009给出的规则起草。

本部分使用翻译法等同采用IEC/TR 62059-41:2006《电测量设备　可信性　第41部分:可靠性预测》(英文版)。

为了便于使用,本部分做了下列编辑性修改:

a) 用小数点"."代替作为小数点的逗号",";

b) "IEC 62059的本部分"一词,改为"GB/T 17215的本部分";

c) 删除了IEC/TR 62059-41:2006的前言。

请注意本文件的某些内容可能涉及专利。本文件的发布机构不承担识别这些专利的责任。

本部分由中国机械工业联合会提出。

本部分由全国电工仪器仪表标准化技术委员会(SAC/TC 104)归口。

本部分起草单位:哈尔滨电工仪表研究所、重庆电力科学试验研究院、华北电力科学研究院、江苏省计量科学研究院、上海英孚特电子技术有限公司、深圳市科陆电子科技股份有限公司、华立仪表集团股份有限公司、杭州百富电子技术有限公司、西安旌旗电子有限公司、威胜集团有限公司、正泰仪器仪表有限责任公司、宁波三星电气股份有限公司、江苏卡欧万泓电子有限公司、黑龙江省电工仪器仪表工程技术研究中心有限公司、深圳航天泰瑞捷电子有限公司。

本部分主要起草人:郑可、侯兴哲、张立华、陈克昌、薛德晋、王慧武、邵凤云、周孔均、雷惠博、高化田、陈洪波、盛泉根、胡宁、周忠祥、李先怀、王思彤、李向锋、陈道升、祝梣、姚礼本、徐茂林、李俊明、洪沅伸、李亦非。

引 言

本部分包含 GB/T 17215 系列标准中电测量设备有关可信性问题的一部分。其主要目的是提供一个有关可靠性分析和预测方法的概述，同时规范选取用来计算计量装置预测的失效率的部件计数法。当预测的失效率这一基本参数知道以后，如果也知道仪表操作员的维修行为，那么用户计量端的计量功能的可用度就可以确定出来。

电测量设备 可信性
第41部分:可靠性预测

1 范围

GB/T 17215的本部分规定了有关可靠性分析和预测方法。适用于IEC/TC 13范围内的用于电能测量和负荷控制的静止式电测量设备的所有类型。

2 规范性引用文件

下列文件对于本文件的应用是必不可少的。凡是注日期的引用文件,仅注日期的版本适用于本文件。凡是不注日期的引用文件,其最新版本(包括所有的修改单)适用于本文件。

GB/T 2900.13—2008 电工术语 可信性与服务质量(IEC 60050(191):1990、Amend.1:1999 And Amend.2:2002,IDT)

GB/T 17215.911—2011 电测量设备 可信性 第11部分:一般概念(IEC/TR 62059-11:2002,IDT)

GB/T 17215.921—2012 电测量设备 可信性 第21部分:现场仪表可信性数据收集(IEC 62059-21:2002,IDT)

IEC 61709:1996 电子元器件 可靠性 失效率和应力模型的基准条件(Electronic components—Reliability—Reference conditions for failure rates and stress models for conversion)

3 术语和定义

下列术语和定义适用于本部分。

为了便于使用,以下重复列出了GB/T 2900.13—2008中的一些术语和定义。

注:这里仅列出了GB/T 17215.911没有包括的但与此主题相关的术语。

3.1

加速试验 accelerated test

为缩短观测产品应力响应所需时间段或放大给定时间段内的应力响应,施加超过参考条件中规定的应力水平的一种试验。

注:为了结果的有效性,加速试验不能改变基本的故障模式和失效机制,或者它们之间的相对主次关系。

[IEV-191-14-07]

3.2

管理延迟(对校正维修) administrative delay (for corrective maintenance)

对一个故障产品的校正维修行为因为管理方面的原因而没有实施的累积时间。

[IEV-191-08-09]

3.3

老化失效,损耗失效 ageing failure , wearout failure

发生概率随时间增大的失效,它是产品固有过程的结果。

[IEV-191-04-09]

3.4

恒定失效密度期　constant failure intensity period

若存在，指可修复产品寿命中失效密度近似为常数的一段时期。

[IEV-191-10-08]

3.5

恒定失效率期　constant failure rate period

如果存在的话，指不可修复产品寿命中失效率近似为常数的一段时期。

[IEV-191-01-09]

3.6

待预测设备　equipment under prediction;EUP

在进行可靠性预测的静止式电测量设备。

3.7

失效原因　failure cause

引起失效的设计制造或使用的有关事项。

[IEV-191-04-17]

3.8

失效密度加速因子　failure intensity acceleration factor

在一个给定的起始时间由修复的固定时期所确定的时间段内，两组不同的应力条件下得到的失效数量的比值。

[IEV-191-14-12]

3.9

（瞬间）失效率　(instantaneous)failure rate

$\boldsymbol{\lambda}(t)$

不可修复产品瞬间失效的条件概率的比例限值，如果其存在的话，表示当 Δt 趋近于 0 时，$(t,t+\Delta t)$时间段内产品失效瞬间的比例，失效持续时间为 Δt。假定失效不是发生在时间段内的起始时间。

注 1：瞬间失效率可以用以下方程式表示：

$$\lambda(t)=\lim_{\Delta t\to 0}\frac{1}{\Delta t}\frac{F(t+\Delta t)-F(t)}{R(t)}=\frac{f(t)}{R(t)}$$

其中，$F(t)$和 $f(t)$分别指分布函数和失效瞬间的概率密度，$R(t)$指可靠性函数。

注 2：在给定时间段内失效的产品数量和在时间段起始没有失效的产品数的比例除以持续时间，就可以估算瞬间失效率。

注 3：在英语里，瞬间失效率有时被称作“风险函数”。

[IEV-191-12-02]

3.10

失效率加速因子　failure rate acceleration factor

加速试验条件下与规定的参比试验条件下的失效率之比值。

注：两个失效率都应该在被试验产品的寿命的相同时期内。

[IEV-191-14-11]

3.11

故障　fault

产品不能执行规定功能的状态，预防性维修或其他计划性活动或缺乏外部资源造成的不能执行功能的情况除外。

注 1：故障通常是产品本身失效后的状态，但也可能在失效前就存在。

注 2：在英语里，术语“故障”也被用于电力系统现场，含义在 604-02-01 中给出，其法语对应术语是“default”。

[IEV-191-05-01]

3.12

维修 maintenance

所有技术和管理行为的联合，包括监督行为、试图将产品保持在或者恢复到一个可以执行其要求功能的状态。

[IEV-191-07-01]

3.13

维修政策 maintenance policy

在一个产品的维修中，维修团队、合同等级和施加的维修等级之间相互关系的描述。

[IEV-191-07-03]

3.14

维修时间 maintenance time

不管是人工还是自动，施加于产品上的维修行为的时间段，包括技术延迟和后勤服务延迟。

注：维修可以在产品正在执行一个要求功能的同时进行。

[IEV-191-08-01]

3.15

平均修复时间 mean repair time

修复时间的期望值。

[IEV-191-13-05]

3.16

两次失效间的平均工作时间 mean operating time between failures; MTBF

两次失效之间的平均工作时间的期望值。

[IEV-191-12-09]

3.17

失效前的平均时间 mean time to failure; MTTF

失效前时间的期望值。

[IEV-191-12-07]

3.18

工作时间 operating time

产品处于工作状态的时间区间。

[IEV-191-09-01]

3.19

预测 prediction

用来获得某个量的预测值的计算过程。

注：术语“预测”也经常用来描述一个量的预测值。

[IEV-191-16-01]

3.20

冗余 redundancy

在一个产品中存在的实现某一规定功能的多于一种的方法。

[IEV-191-15-01]

3.21

参考数据 reference data

一般协商一致的，可以用来作为一个预测和/或同观测到的数据进行比较的标准或基础的数据。

[IEV-191-14-18]

3.22

可靠性模型 reliability model

一个用来预测或估计一个产品可靠度的数学模型。

[IEV-191-16-02]

3.23

(瞬时)修复率 (instantaneous)repair rate

$\boldsymbol{\mu}(t)$

一个条件概率的比例极限,如果其存在的话,表示当$\triangle t$趋近于0时,校正修复行为的在一个时间段$(t,t+\triangle t)$内终止的时刻与此时间段的长度的比值。假定在此时间段的开始时刻修复行为还没有停止。

[IEV-191-13-02]

3.24

修复时间 repair time

在对一个产品进行修复行为时,实际的维修行为所占的那部分时间。

[IEV-191-08-16]

3.25

要求的功能 required function

被认为是提供一个规定服务所必需的某个功能或许多功能的联合。

[IEV-191-01-05]

3.26

(稳态)可用度 (steady-state) availability

在一个给定的时间段内,稳态条件下稳态可用度的平均值。

注:在一定条件下,例如恒定失效率和恒定维修率时,稳态可用度可以表示为平均能工作时间与平均能工作时间和平均不能工作时间之和的比值。

[IEV-191-11-06]

3.27

应力模型 stress model

在产品可靠性或其他任何性质的测量中,用来描述有关施加的应力影响的一个统计模型。

[IEV-191-16-10]

4 一般信息

可靠性预测方法用来测定在一个规定的时间段内,某EUP处于工作状态、不能工作或处于维修状态的概率。这些预测方法的结果也可以显示在一个给定的总体中,正常工作、失效或正在维修的产品的百分比以及这些时间段的平均长度。

可靠性预测是一个基于过去已知的信息而推导将来信息的统计过程。因此其结果经常是某些变量的概率值。为了进行可靠性预测,详细的系统信息和元器件可靠性数据是必需的。

区别可修复和不可修复系统是非常重要的,因为刻画它们的特征变量有很大差别,尽管这些变量之间存在着一定的关系。

例如在一个不可修复系统中,系统元器件的失效前时间决定其使用寿命,而所谓的使用寿命是指设备以某一估计的概率执行其规定功能的时间段。

对于一个可修复系统,它的稳态可用度就非常重要,同时平均修复时间或维修度也变成重要的变量,因为维修费用和功能中断的频率相互依赖。

必须做这种区分的另外一个原因是要为变量的正确设置制定一些要求。例如,不可能不考虑维修性,包括公共服务部门的维修政策而仅仅通过观察或预测可靠性函数去制定或满足可用度的要求。

在开始做任何预测之前,EUP 必须被建模。一个 EUP 通常由几个子系统或元器件组成,在这种情况下元器件是组成系统的最小单元。元器件被定义为不可修复的,否则它们就应该被认为是子系统,因此对不可修复系统的预测方法同样适用于元器件。系统可靠性预测取决于这些元器件的可靠性,而系统可靠性计算要用元器件的可靠性数据。为了获得好的预测结果,要尽可能准确的知道元器件的可靠性。

知道这些元器件的工作条件也是非常重要的,因为它们影响了元器件的可靠性。一些预测方法也要求知道系统的结构信息。

预测只有在以下条件下有效:

——在 EUP 内部或外部没有意外的事件发生(例如 EUP 被损坏);

——除老化外,EUP 没有改变其特性;

——环境条件是恒定的,或者至少是可预料的;

——功能性条件(如电源电压)也是恒定的或可预料的;

——EUP 详细的功能要求或失效判据存在。

以上的判据是确定 EUP 是否正常运行的唯一准则。

因此,可靠性预测的结果应该同预测的假设和条件一起呈交。参见 6.6。

5 可靠性分析方法

对任何可靠性模型,有必要对 EUP 作一个分析以便确认所选择的模型能够得到我们想要的结果。作这种分析的方法在附录 B 中略述。

可靠性分析方法经常用来提供现在某一特定时刻或过去某一时间段内的系统可靠性信息。对可靠性分析和预测来说,有关变量、特性和参数大体是相同的。此外,可靠性分析能够也应该提供失效原因的信息。

如果 EUP 被认为是可修复的,那么也应该精确地掌握维修之后重新投入现场使用(不能工作时间段结束)的信息。

6 零部件应力方法可靠性预测

6.1 概述

零部件应力方法是用于预测在系统使用期间基于在工作状态下的元器件失效率的系统实效率。

基本的假设是,对系统可靠性而言,所有元器件都承担相同的重要性,也就是说任何元器件的失效都被假定会引起一个系统失效。显然在许多实际情况下这一假设并不成立。在这种情况下,此方法可能导致悲观的结果。

此外,对于所考虑的时间段来说,失效率假定为常数,也就是假定呈一个指数失效分布。在 EUP 的使用寿命内,这个是可以接受的近似值。

需要以下的数据:

——元器件的所有分类和每一类中元器件的数量;

——所有元器件在参比条件下的失效率;

——所有元器件的应力因子和转换模式;

——本身并不是串联组合的电器装置的结构信息。

系统的失效率是通过将每一类中每一个元器件在它们各自的工作条件下的失效率相加得到的。

此失效率的反函数是 MTBF,即平均故障间隔时间。另一方面,使用寿命的终止是由元器件损坏决定,而不能基于指数模型进行估测。

如果系统中构造了冗余结构,由于元器件的数量较多,在越好的系统中部件计数法会显示出低的可靠性。在这种情况下,有必要将部件计数法同其他可靠性预测和分析方法联合起来。冗余子系统必须被当作单独的元素考虑,以保证失效率计算结果可以包含在串联组合的部件计数模型中。此失效率也可以用其他方法计算,例如联合概率计算(多层次方法)。

6.2 元器件失效率数据

元器件失效率数据可以从相应的手册获得(见参考文献)。使用手册数据的好处是不同生产商的系统设计易于比较。然而,元器件供应商给的数据和现场回馈的数据可以提供更精确地结果,因此推荐此种数据。对于那些不包含在所选数据库里的元器件,其数据也只能由产品供应商提供或者由前面的设计得到现场回馈。

IEC 61709:1996 给出了如何使用失效率数据来预测电子设备中元器件可靠性。该标准描述了参比条件和类别,以及将参比条件下失效率转换成工作条件下失效率的元器件应力模型。

6.3 应力模型

元器件并不是一直运行在参比条件下,在某些情况下,工作条件的不同将导致与参比条件下不同的失效率。因此,需要获得能将参比条件下的失效率转化为工作条件下(施加于元器件上的实际环境温度和电应力)失效率的应力模型因子。

IEC 61709:1996 第 7 章给出了详细的应力模型和元器件分类,可用于将参比条件下的失效率转化为工作失效率。但是,如果用于具体的元器件类型的模型越详细则应注明此模型的使用方法。

失效率的变化仅可能包括在具体的元器件功能限制范围之内。

计算工作条件下的失效率的一般公式是:

$$\lambda = \lambda_{ref} \times \pi_U \times \pi_I \times \pi_T$$

其中:

λ_{ref}——参比条件下的失效率;

π_U——电压依赖因子;

π_I——电流依赖因子;

π_T——温度依赖因子。

对于具体的元器件类型,并不是会用到上述的所有 π 因子,也可能存在其他的 π 因子,下面给出一些例子:

π_D 是灵敏度漂移因子,适用于某些存在灵敏度漂移电路的半导体器件;

π_{ES} 是电应力依赖因子,例如适用于继电器和开关器件(尤其在感性负载下);

π_E 是环境依赖因子,相应地,例如适用于继电器和开关器件;

π_W 是应力剖面因子,该因子与承受非连续性应力的元器件有关,例如继电器。

对于每个元器件种类,IEC 61709:1996 给出了适当的公式以计算工作条件下的失效率以及相关的 π 因子。

其数据库包括了参比条件下的失效率和计算公式,以及计算工作条件下的失效率的常数。

注:IEC 61709 没有考虑湿度、压力以及机械应力影响相关的 π 因子,这些影响因素可以通过加速试验方法和适当的损害模型评估得到。更多的信息参见 IEC 62308 附录 B。

参比失效率的典型值和计算 π 因子公式中的常数,可以通过将各制造商提供的说明书和测试结果中给出的典型元器件参数值平均后得到。这些参数应相当可靠,但在一些案例中,这些参数并未详细说明或不能通过现场数据直接获得,因此,失效率数据预测结果常与现场数据存在差异,在可能的情况下,应尽量使用现场数据。通过引入校正因子 π_{FD},可以通过现场收集的数据对预测结果进行校正,见 B.2.5。

此外,对于电池和 LCD 等特定的元器件难以给出其模型,可能需要制造商单独提供这些元器件在特定运行条件下的可靠性和预计寿命时间等信息。

6.4 使用部件计数法的失效率预测

按照 6.1,假定是简单的串联系统模型和恒定的失效率,那么系统的失效率就是其元器件失效率的总和,即:

$$\lambda = \lambda_1 + \lambda_2 + \lambda_3 + \cdots + \lambda_n$$

因此 EUP 的可靠性就可以从它的元器件的失效率中预测出来。

6.5 失效率预测过程的阶段

失效率预测过程包括以下阶段:

——通过预测分析设备和潜在功能;

——定义失效;

——详细说明设备的运行条件,此运行条件决定了每个元器件的运行条件。运行条件可能包括:电压电路上的电压、供电电压(若二者存在区别),电流电路上的负载电流,周围温度和其他相关条件;

——分析设备结构和冗余情况;

——测定每一个元器件应力概况;

——从数据手册或其他相关资料中选取每个元器件的参比失效率;

——运用相关应力因子计算每个元器件的失效率;

——将元器件的失效率相加。

注:这些都可以通过商业软件计算。

6.6 结果表述

当根据此标准呈报可靠性预测结果的时候,至少应该提供以下的信息:

——预测的目的,如商业决策、系统结构确定、设备设计确定等;

——预测的对象(EUP);

——预测的对象的功能,所有隐含的功能或预测过程中未考虑的功能均应当与未考虑的原因一起列出;

——基于标准 IEC 61709:1996 和本部分中的可靠性模型和方法的预测描述;

——预测所应用的恒定失效率时期的描述;

——失效的定义:根据 GB/T 17215.921—2012 的有关失效定义;

——环境和工作条件为此作出的预测;

——假设的 π 因子等级;

——元器件失效率数据来源(参见西门子标准 29500),若用到的数据不是来源于数据手册,应陈述其来源及原因;

——预测结果:失效率(%/年)。

7 其他可信性考虑因素

预测的失效率也可以用来计算其他的可靠性函数,系统可靠性函数 R 可以用数学表达式写为:

$$R(t) = e^{-\lambda t}$$

这里：

e=2.718 28……；

t=时间间隔；

λ=失效率。

在指定的时间区间 t 内，可靠度也可以用失效分布函数 $F(t)$ 的累积值表示：

$$F(t) = 1 - R(t)$$

如在 GB/T 17215.921—2012 的附录 A 中所述，从失效发生到发现的最大时间段内，可靠度和可用度之间存在一定关系。

为确定适当的服务水平，其前提条件主要是确定运行在用户侧的仪表的可用性。

从必须的可用度图形可以看出，仪表设备必要的可靠度（λ 或 MTBF）在考虑到运行人员的维护策略下可以被计算出来，例如通过每年发现的故障、每月抄表等。通过其他的一些手段，如对于给定的仪表设备类型的可靠度图形已知，则维护策略可根据实用性需求进行调整。

8 有使用期限的元器件的使用寿命

为了确认恒定失效率期的结束，需估测有使用期限的元器件的使用寿命。有使用期限（磨损）的元器件通常为以下几种（见 IEC 62380）：

——锡焊（振动和热循环）；

——功率管（接点温度循环）；

——光耦合器，发光二极管，激光二极管；

——非固体的电解电容器；

——继电器，舌簧继电器，热动继电器；

——开关，连接头；

——压敏电阻；

——电池。

应使用元器件供应商所给的数据或者现场反馈的数据。IEC 62380 还包含有使用期限的元器件的寿命预测的公式。

附 录 A
（规范性附录）
可靠性预测—流程图

可靠性预测—流程图见图 A.1。

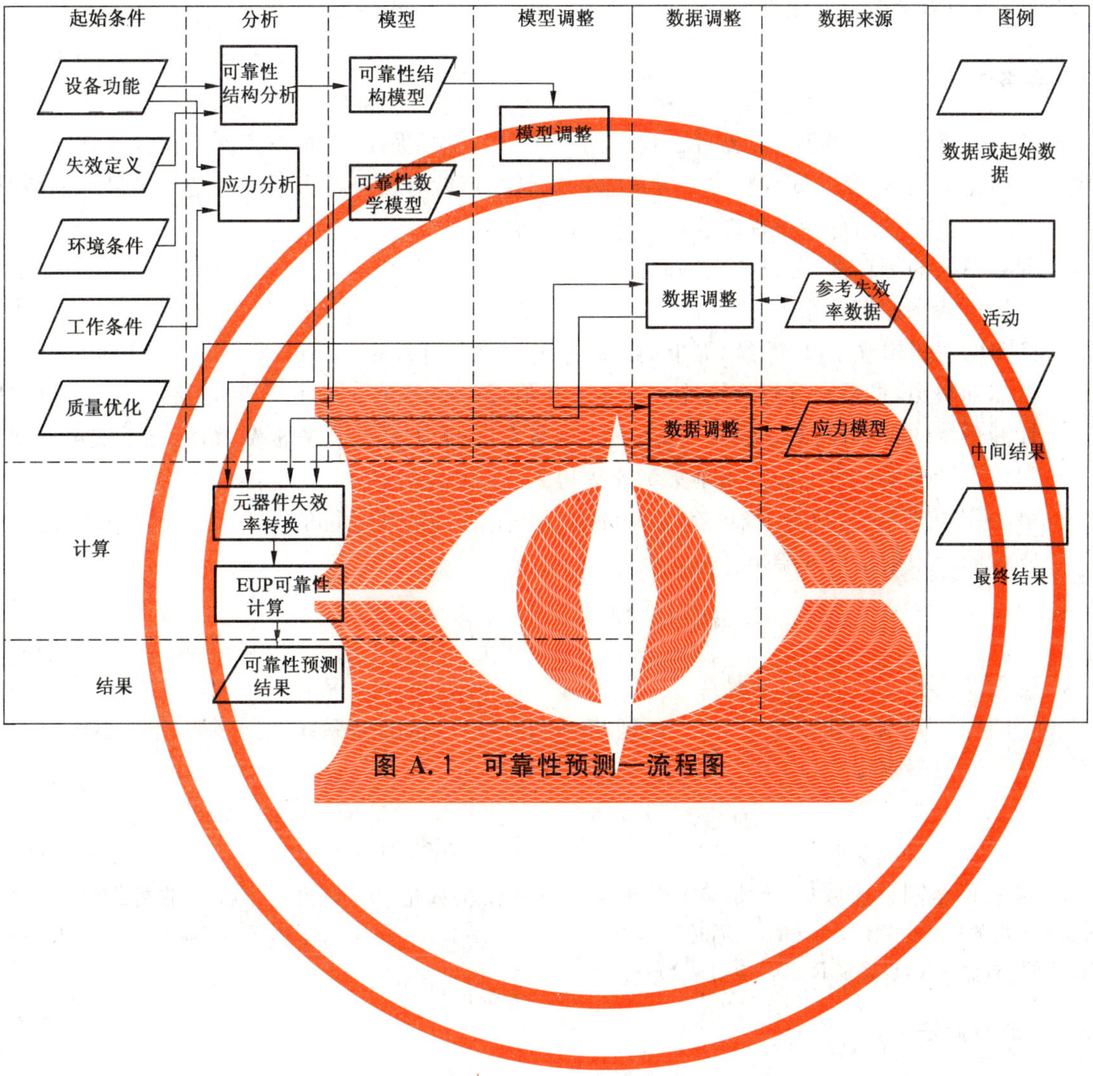

图 A.1 可靠性预测—流程图

附 录 B
（资料性附录）
其他可靠性分析和预测方法概述

B.1 可靠性分析方法

B.1.1 网络法

基本的模型是对系统和所有元器件都仅有两种状态(工作/失效)的布尔条件。在许多情况下,这是一个粗略的简化模型,但是它却仅需要非常简单的数学知识就可以分析大系统。结果是最坏的情况,也就是说不会遗留隐藏着的危险。许多软件包采用这些方法。

为了计算系统的可靠性,可以使用下面的方法:

——元器件状态的组合原则;

——简单的逻辑串联/并联系统,如上面的基本的可靠性计算;

——可靠性块图:将系统分解为统计上独立于其他任一个的单独的可靠性块(不是功能块!),进而计算系统的可靠性;对于大的、复杂的或网络系统,此方法变得非常费力,因此系统可靠性的时间段估计值就可以通过使用割集和连集得到;

——最小-连集(路径)-集合:找出连接输入和输出使系统正常运行的所有最小子集。那么系统可靠性的上限就由下式给出:

$$R_{\text{s-upper}} = \sum_{j=1}^{T} \prod_{k=1}^{n_j} R_k$$

——这里 T 是连集的数量,n_j 是第 j 个连集拥有的模块数量,R_k 是第 k 个模块的可靠性。

最小-割集-集合:找出切断输入和输出间所有联系(路径)从而使系统失效的所有最小子集。那么系统可靠性的下限就是:

$$R_{\text{s-lower}} = 1 - \sum_{j=1}^{C} \prod_{k=1}^{n_j} (1 - R_k)$$

这里 C 是割集的数量,n_j 是第 j 个割集拥有的模块数量,R_k 是第 k 个模块的可靠性。

注:对于高的模块可靠性,$R_s \to R_{\text{s-lower}}$ 同时“计算的”$R_{\text{s-upper}} > 1$,也就是 $R_{\text{s-upper}} = 1$。对于低的模块可靠性,$R_s \to R_{\text{s-supper}}$ 同时“计算的”$R_{\text{s-lower}} < 0$,也就是 $R_{\text{s-lower}} = 0$。

B.1.2 状态空间法

基本的模型是马尔可夫过程。基本的假设同样是对所有元器件都成立的两状态(二进制)模型,但是却引入了由所有元器件状态为元素而构成的作为系统特性的状态空间向量。因为对 n 个元器件的系统来说,结果有 2 n 种可能的系统状态,所以在许多实际情况下这个系统特性过于详细了。

对于一个基于马尔可夫方法的可靠性分析,以下的信息是必要的:

——所有元器件的数量和状态;

——所有元器件相对于其他元器件的独立程度;

——前一个状态与最近一个状态的独立程度(这是否是马尔可夫过程?);

——(关键)状态间的转换率,通常是不变的,与时间无关(至少是分段的);

——每一状态所属的类别和它对系统的影响。

此方法可以对未来的系统状态进行完全的描述。它是计算可修复系统可靠度最常用的方法。在一个时间段内矩阵元素必须保持恒定。

如果没有所有状态之间的相互转换率的详细信息，那么作为系统微分方程主要成分的系统矩阵就不能被量化，也就是说不可能进行计算，也不能得到结果。因此估计每一个矩阵元素是最基本的。

B.1.3 试验

像计算概率一样，也可以通过测试样品来估计可靠性变量。测试的基础标准是 IEC 60300-3-5 和 IEC 60605-2。

如果该设备要求高可靠性(低失效率)，那么要确定某一参数要花费很多时间，因为失效可能发生在一段时间的测试之后。因此，必须使用加速测试。

在设计中，为了确认弱点和失效模式，可以使用步进应力试验(HALT 试验)。

B.2 可靠性建模和预测方法

B.2.1 概述

可靠性建模和预测是一个在设计阶段和现场工作时都要进行的对系统可靠性进行量化估计的过程。在设计和开发中，预测被用来作为评价设计选择的一种指导。在现场运行中，预测被作为一种有利的指导去确定产品在一个给定的时间段内失效的可能性，从而对现场服务要求进行估计。

分析系统可靠性的方法经常被用作预测的工具，并且假设所有相关的系统和环境参数在适当的时间段内保持不变。它基本上是一个从过去到未来的统计推导。

有四种基本的预测类型：

——系统仿真；

——数学建模和分析；

——试验；

——收集和处理现场数据。

可靠性模型和预测的局限性是：

——可靠度取决于失效率数据的精确性和有效性；

——对于新技术设备，失效率数据可能不适用；

——通过降低温度，模型会显示我们可以获得一个低的失效率，但在实际中，其他应力可能占据主导地位并且导致温度单独下降不足以获得高的可靠性；

——这些方法仅提供了可靠性的一个粗略估计；

——在使用寿命期间，假设的常规故障率可能并不总是有效；

——可修复系统不能用这种方法建模。

B.2.2 系统仿真

系统或其功能的仿真可以通过硬件或软件模型进行。在投入生产之前进行硬件建模(例如通过一个原型)是非常普遍的。这通常是查明设计能否按要求运行最好方法。为可靠性预测而进行的仿真通常会花费很长一段时间。使用软件仿真可以对系统做复杂的随机过程的分析，但是这种分析只有在一段很长的时间后才会收敛。

B.2.3 数学建模和分析

这些方法是对系统目前的状态进行建模和分析从而去预测它将来的可靠性行为。有以下的数学预测类型：

B.2.3.1 基本概率计算

这些被限制在具有简单结构的非常简单的系统中。对于这些系统,存在可以从元器件的可靠性数据中去确定系统的可靠性的计算公式。

另一方面,花费会随着元器件的数量和系统复杂性增加而呈指数增长,并且结果仅在某一瞬间有效。由于这些限制,这些方法并不常用。

B.2.3.2 随机过程理论

它描述了系统的性能和失效对时间的关系。使用的基本变量是系统状态、状态的平均时间段和状态转换的概率。通常,确定的和随机的过程同时发生,例如费率的改变(确定过程)和不可预料的工作/失效状态(随机过程)。

B.2.4 试验

加速寿命试验是另外一种有用的技术,但是选用正确的失效机制是很关键的,例如要确定高温应力不改变主要失效机制,并且在选用不同失效机制的时候,要确保它们之间的基本关系保持不变。

B.2.5 收集和处理现场数据

这只能是一个预测方法的最后一步,因为它经常落在后面。对任何可靠度的测量,现场数据是一个也是唯一一个真实依据。同时它也是一个回顾的方法,因为它能用来修正预测模型以供后来使用。

使用现场数据进行可靠性预测要求知道失效发生的时刻,也就是在哪一时刻系统的确从一个工作状态转移到了故障状态。为了达到这一目的,必须事先定义失效的判据,例如对于计量装置来说,判据可能就是现场的可接受百分比误差限。

为了达到这一点,要给出失效标准和建立失效时间的方法(例如,在现场可以接受精确度中的百分比误差见 IEC 62059-21)。

由于在电测量设备的工作过程中,在发生失效和记录失效之间可能存在一个延时,例如在下次规定的仪表读取时间才检测到失效。这取决于工作实际,如果使用的是月读表或者年读表的话,延迟时间的平均值可能是半个月或者半年。由于"实际失效时刻"和"记录失效时刻"之间的潜在的延时而引入的误差对长期稳定的可靠性预测结果来说并不重要,因此可靠性数据可以通过使用标准 IEC 62059-21 得到。

参 考 文 献

可信性标准

［1］ IEC 60300-3-1：2003 可靠性管理应用指南第3-1部分：可靠性分析技术(Dependability management—Part 3-1：Application guide—Analysis techniques for dependability—Guide on methodology(IEC 60300-3-1：2003)

［2］ IEC 60300-3-5：2001 可靠性管理应用指南第3-5部分：可靠性试验条件和统计试验原则(Dependability Management—Part 3-5：Application Guide—Reliability Test Conditions and Statistical Test Principles—First Edition)

［3］ IEC 60605-2：1994 设备可信性试验 第2部分 试验周期设计(Equipment reliability testing—Part 2：Design of test cycles)

［4］ IEC 60605-3-2：1986 设备可靠性试验 第3部分：推荐试验条件 第2节 在有气候保护场合下使用的固定设备 高模拟度设备可信性试验(Equipment Reliability Testing—Part 3：Preferred Test Conditions Equipment for Stationary Use in Weatherprotected Locations—High Degree of Simulation—First Edition)

［5］ IEC 60605-3-3：1992 设备可靠性试验 第3部分：推荐试验条件 第3节：试验循环3：在有部分气候保护场合下使用的固定设备 低模拟度(Equipment Reliability Testing—Part 3：Preferred Test Conditions Section 3：Test Cycle 3：Equipment for Stationary Use in Partially Weatherprotected Locations—Low Degree of Simulation-First Edition)

［6］ IEC 60605-4：2001 设备可靠性试验 第4部分：指数分配用统计程序—定点估算，置信范围，预报范围和公差范围(Equipment reliability testing. Part 4：Statistical procedures for exponential distribution—Point estimates，confidence intervals，prediction intervals and tolerance intervals)

［7］ IEC 60605-6：1997 设备可靠性试验—第6部分：对恒定失效率或恒定失效密度假设有效性的检验(equipment reliability testing part 6：tests for the validity of the constant failure rate or constant failure intensity assumptions)

［8］ IEC 61078：1991 可靠性分析技术.可靠性方框图法(analysis techniques for dependability—reliability block diagram method)

［9］ IEC 61165：1995 马尔契夫技术的应用(application of markov techniques)

［10］ IEC 62308 可靠性假设方法(Equipment reliabilty—Reliability assessment methods)

可靠性数据手册

[1] IEC 62380:2004 可靠性数据手册.电子组件、PCBs 和设备的可靠性预测用通用模型

[1] 西门子规范 29500.元器件失效率

SN 29500 组成部分		
1	期望值,一般	2004-01
1 H1		2005-01
2	集成电路	2004-12
3	分立半导体	2004-12
4	无源元器件	2004-03
5	电气连接	2004-06
6	电和光接头和插座	1996-06
7	继电器	1997-07
9	开关和按钮	1992-04
10	信号和指示灯	1982-05
11	触点	1990-08
12	光半导体信号接收器	1994-03
13	发光二极管(LED),红外发光二极管(IRED)和半导体激光器	1994-03
14	光耦合器和挡光板	1994-03

ICS 13.100
C 51

中华人民共和国国家标准

GB/T 17216—2012
代替 GB/T 17216—1998

人防工程平时使用环境卫生要求

Hygienic requirements for peacetime utilization of civil air defence works

2012-06-29 发布　　2012-10-01 实施

中华人民共和国卫生部
中国国家标准化管理委员会　发布

前　言

本标准按照 GB/T 1.1—2009 给出的规则起草。

本标准代替 GB/T 17216—1998《人防工程平时使用环境卫生标准》。

本标准与 GB/T 17216—1998 相比，主要的技术变化如下：

——依据 GB/T 1.1—2009《标准化工作导则　第 1 部分：标准的结构和编写规则》调整了结构；

——修改了标准的适用范围；

——增加了规范性引用文件；

——增加了对新风量的规定，增加了地下游泳场所的卫生要求；

——增加了新风量的监测方法、细菌总数的检验方法和人防工程氡浓度测定的标准方法；

——删除了空气耗氧量的限值规定；

——删除了空气耗氧量的检验方法。

本标准由中华人民共和国卫生部提出并归口。

本标准起草单位：中国疾病预防控制中心环境与健康相关产品安全所。

本标准主要起草人：王强、徐东群、徐春雨、王秦。

本标准所代替标准的历次版本发布情况为：

——GB/T 17216—1998。

人防工程平时使用环境卫生要求

1 范围

本标准规定了全国人防工程平时使用的环境卫生要求。

本标准适用于平时功能为旅馆(招待所、宾馆等)、商场、舞厅(含游艺厅、音乐茶座、多功能厅等)、影剧院(含音乐厅、录像厅、会堂等)、餐厅、医院及游泳馆等7类人防工程,其他用途人防工程参照我国相关的公共场所卫生标准执行。

2 规范性引用文件

下列文件对于本文件的应用是必不可少的。凡是注日期的引用文件,仅注日期的版本适用于本文件。凡是不注日期的引用文件,其最新版本(包括所有的修改单)适用于本文件。

GB 9663 旅店业卫生标准
GB 9664 文化娱乐场所卫生标准
GB 9667 游泳场所卫生标准
GB 9670 商场(店)、书店卫生标准
GB 9671 医院候诊室卫生标准
GB/T 14582 环境空气中氡的标准测量方法
GB/T 16147 空气中氡浓度的闪烁瓶测量方法
GB 16153 饭馆(餐厅)卫生标准
GB/T 18204.1 公共场所空气微生物检验方法 细菌总数测定
GB/T 18204.13 公共场所空气温度测定方法
GB/T 18204.14 公共场所空气湿度测定方法
GB/T 18204.15 公共场所风速测定方法
GB/T 18204.18 公共场所室内新风量测定方法
GB/T 18204.21 公共场所照度测定方法
GB/T 18204.22 公共场所噪声测定方法
GB/T 18204.23 公共场所空气中一氧化碳测定方法
GB/T 18204.24 公共场所空气中二氧化碳测定方法
GB/T 18204.26 公共场所空气中甲醛测定方法
GB 50038 人民防空地下室设计规范
GB 50225 人民防空工程设计规范

3 术语和定义

下列术语和定义适用于本文件。

3.1

人防工程 civil air defence works

亦称人防工事。为保障人民防空指挥、通信、掩蔽等需要而建造的防护建筑。

3.1.1

Ⅰ类人防工程　type Ⅰ civil air defence works

根据国家人民防空办公室1979年及其以后颁发的《人民防空工程战术技术要求》修建的人防工程。

3.1.2

Ⅱ类人防工程　type Ⅱ civil air defence works

未按国家人民防空办公室1979年及其以后颁发的《人民防空工程战术技术要求》修建的人防工程。

4 卫生要求

4.1 平时功能为旅馆的人防工程环境卫生要求应符合表1的规定。

表1 平时功能为旅馆的人防工程环境卫生要求

项目		标准限值	
		Ⅱ类人防工程	Ⅰ类人防工程
温度/℃	冬季(采暖地区)	≥14	≥16
	夏季(空调场所)	26～28	26～28
相对湿度/%		30～80	30～75
风速/(m/s)		≥0.10	≥0.15
新风量(空调通风)/[m^3/(h·人)]		≥20	≥30
二氧化碳/%		≤0.15	≤0.10
一氧化碳/(mg/m^3)		≤10	≤10
细菌总数	撞击法/(CFU/m^3)	≤4 000	≤4 000
	沉降法/(个/平皿)	≤75	≤75
甲醛/(mg/m^3)		≤0.12	≤0.12
台面照度/lx		≥50	≥75
噪声/dB(A)		≤60	≤55
平衡当量氡浓度/(Bq/m^3)		≤400	≤200

4.2 平时功能为商场的人防工程环境卫生要求应符合表2的规定。

表2 平时功能为商场的人防工程环境卫生要求

项目		标准限值	
		Ⅱ类人防工程	Ⅰ类人防工程
温度/℃	冬季(采暖地区)	≥14	≥16
	夏季(空调场所)	26～28	26～28
相对湿度/%		30～80	30～75
风速/(m/s)		≥0.15	≥0.20
新风量(空调通风)/[m^3/(h·人)]		≥10	≥20
二氧化碳/%		≤0.20	≤0.15

表 2（续）

项目		标准限值	
		Ⅱ类人防工程	Ⅰ类人防工程
一氧化碳/(mg/m³)		≤10	≤10
细菌总数	撞击法/(CFU/m³)	≤4 000	≤4 000
	沉降法/(个/平皿)	≤75	≤75
甲醛/(mg/m³)		≤0.12	≤0.12
照度/lx		≥100	≥200
噪声(出售音响设备的柜台)/dB(A)		≤85	≤85
平衡当量氡浓度/(Bq/m³)		≤400	≤200

4.3 平时功能为影剧院的人防工程环境卫生要求应符合表 3 的规定。

表 3 平时功能为影剧院的人防工程环境卫生要求

项目		标准限值	
		Ⅱ类人防工程	Ⅰ类人防工程
温度/℃	冬季(采暖地区)	≥14	≥16
	夏季(空调场所)	26～28	26～28
相对湿度/%		30～80	30～75
风速/(m/s)		≥0.10	≥0.15
新风量(空调通风)/[m³/(h·人)]		≥10	≥20
二氧化碳/%		≤0.20	≤0.15
一氧化碳/(mg/m³)		≤10	≤10
细菌总数	撞击法/(CFU/m³)	≤4 000	≤4 000
	沉降法/(个/平皿)	≤75	≤75
甲醛/(mg/m³)		≤0.12	≤0.12
照度[a]/lx		≥50	≥75
平衡当量氡浓度/(Bq/m³)		≤400	≤200
[a] 混合照度。			

4.4 平时功能为舞厅的人防工程环境卫生要求应符合表 4 的规定。

表 4 平时功能为舞厅的人防工程环境卫生要求

项目		标准限值	
		Ⅱ类人防工程	Ⅰ类人防工程
温度/℃	冬季(采暖地区)	≥14	≥18
	夏季(空调场所)	26～28	26～28

表 4（续）

项目		标准限值	
		Ⅱ类人防工程	Ⅰ类人防工程
相对湿度/%		30～80	30～70
风速/(m/s)		≥0.20	≥0.30
新风量(空调通风)/[m^3/(h·人)]		≥20	≥30
二氧化碳/%		≤0.15	≤0.10
一氧化碳/(mg/m^3)		≤10	≤10
细菌总数	撞击法/(CFU/m^3)	≤4 000	≤4 000
	沉降法/(个/平皿)	≤75	≤75
甲醛/(mg/m^3)		≤0.12	≤0.12
平衡当量氡浓度/(Bq/m^3)		≤400	≤200

4.5 平时功能为餐厅的人防工程环境卫生要求应符合表 5 的规定。

表 5 平时功能为餐厅的人防工程环境卫生要求

项目		标准限值	
		Ⅱ类人防工程	Ⅰ类人防工程
温度/℃	冬季(采暖地区)	≥14	≥16
	夏季(空调场所)	26～28	26～28
相对湿度/%		30～80	30～80
风速/(m/s)		≥0.15	≥0.20
新风量(空调通风)/[m^3/(h·人)]		≥20	≥30
二氧化碳/%		≤0.15	≤0.10
一氧化碳/(mg/m^3)		≤10	≤10
细菌总数	撞击法/(CFU/m^3)	≤4 000	≤4 000
	沉降法/(个/平皿)	≤75	≤75
甲醛/(mg/m^3)		≤0.12	≤0.12
照度/lx		≥75	≥100
平衡当量氡浓度/(Bq/m^3)		≤400	≤200

4.6 平时功能为医院的人防工程环境卫生要求应符合表 6 的规定。

表 6 平时功能为医院的人防工程环境卫生要求

项目		标准限值	
		Ⅱ类人防工程	Ⅰ类人防工程
温度/℃	冬季(采暖地区)	≥16	≥16
	夏季(空调场所)	26～28	26～28
相对湿度/%		30～75	30～70
风速/(m/s)		≥0.15	≥0.15

表 6（续）

项　目		标准限值	
		Ⅱ类人防工程	Ⅰ类人防工程
新风量(空调通风)/[m^3/(h·人)]		≥30	≥30
二氧化碳/%		≤0.10	≤0.10
一氧化碳/(mg/m^3)		≤10	≤10
细菌总数	撞击法/(CFU/m^3)	≤2 500	≤2 500
	沉降法/(个/平皿)	≤30	≤30
甲醛/(mg/m^3)		≤0.08	≤0.08
照度/lx		≥75	≥100
噪声/dB(A)		≤55	≤50
平衡当量氡浓度/(Bq/m^3)		≤400	≤200

4.7　平时功能为游泳馆的人防工程空气卫生要求应符合表 7 的规定。

表 7　平时功能为游泳馆的人防工程空气卫生要求

项　目		标准限值
冬季室温/℃		高于游泳池水温 1 ℃～2 ℃
相对湿度/%		≤80
风速/(m/s)		≤0.50
新风量(空调通风)/[m^3/(h·人)]		≥20
二氧化碳/%		≤0.15
细菌总数	撞击法/(CFU/m^3)	≤4 000
	沉降法/(个/平皿)	≤75

4.8　地下游泳馆水质卫生要求参照 GB 9667 执行。

5　其他

5.1　各类人防工程中除本标准规定限值以外的其他卫生要求应符合 GB 9663、GB 9664、GB 9667、GB 9670、GB 9671 及 GB 16153 中的有关规定。

5.2　人防工程内的环境卫生应建立和健全必要的保障制度，做到定职定岗专人负责。

5.3　地下医院内不应设传染病诊室和传染病病房，各类人防工程的从业人员，其健康和卫生条件应符合国务院现行的有关规定。

5.4　人防工程内严禁使用煤、火、汽油、煤气、石油液化气等明火及其他产生有害气体的燃烧器，且不应设置厨房。若必须设置厨房时，应与上述 6 类人防工程的功能房间隔断，并单设独立的进风、排风系统。

5.5　人防工程内应禁止吸烟，或专设有独立排风系统的吸烟室。

5.6　厕所等产生臭气、潮气或其他有害气体的房间应设独立的机械排风系统进行局部排风。

5.7　人防工程应设机械通风系统或空气调节装置，并使之保持良好状态。空调除湿系统中各类换热器、加湿器、淋水室内壁不准积尘、积垢和有霉变物。

5.8 人防工程平时使用必需的新风量，其相应的新风系统、回风系统等设置要求应符合 GB 50225 和 GB 50038 的有关规定。

6 监测检验方法

6.1 氡的监测检验方法参照 GB/T 14582 和 GB/T 16147。

6.2 细菌总数监测检验方法参照 GB/T 18204.1。

6.3 空气温度、湿度及风速的监测检验方法参照 GB/T 18204.13、GB/T 18204.14 和 GB/T 18204.15。

6.4 新风量的监测检验方法参照 GB/T 18204.18。

6.5 照度及噪声的监测检验方法参照 GB/T 18204.21 和 GB/T 18204.22。

6.6 一氧化碳、二氧化碳和甲醛的监测检验方法参照 GB/T 18204.23、GB/T 18204.24 和 GB/T 18204.26。

ICS 13.100
C 51

中华人民共和国国家标准

GB/T 17222—2012
代替 GB/T 17222—1998

煤制气业卫生防护距离

Health protection zone for coal gas industry

2012-11-20 发布　　2013-05-01 实施

中华人民共和国卫生部
中国国家标准化管理委员会　发布

前　言

本标准按照GB/T 1.1—2009给出的规则起草。

本标准代替GB/T 17222—1998《煤制气厂卫生防护距离标准》，与GB/T 17222—1998相比主要技术变化如下：

——调整了标准名称，并依据GB/T 1.1—2009调整了标准结构；

——修订了卫生防护距离的定义，增加了敏感区、复杂地形、煤制气企业3项术语和定义；

——修订了卫生防护距离标准限值，调整了生产规模分档。

本标准由中华人民共和国卫生部提出并归口。

本标准由中国疾病预防控制中心环境与健康相关产品安全所负责起草。

本标准主要起草人：金银龙、洪燕峰、杨文静、张伟、窦燕生、沈少林。

煤制气业卫生防护距离

1 范围

本标准规定了煤制气企业、煤气发生站和煤气加压站与敏感区之间所需卫生防护距离。

本标准适用于地处平原地区的煤制气企业、煤气发生站和煤气加压站的新建、改建、扩建工程。现有煤制气企业、煤气发生站和煤气加压站可参照执行。

2 规范性引用文件

下列文件对于本文件的应用是必不可少的。凡是注日期的引用文件，仅注日期的版本适用于本文件。凡是不注日期的引用文件，其最新版本(包括所有的修改单)适用于本文件。

GB/T 3840—1991 制定地方大气污染物排放标准的技术方法

3 术语和定义

下列术语和定义适用于本文件。

3.1

卫生防护距离 health protection zone

产生有害因素的部门(生产车间或作业场所)的边界至敏感区边界的最小距离。

3.2

敏感区 sensitive area

居民区、学校、医院等对大气污染比较敏感的区域。

3.3

复杂地形 complicated landform

山区、丘陵、沿海等。

3.4

煤制气企业 coal gas enterprise

采用各种类型的煤气化技术来制取含有可燃组分气体的企业。

3.5

煤制气业 coal gas industry

包括煤制气企业、煤气发生站和煤气加压站等。

4 指标要求

4.1 煤制气业卫生防护距离标准限值见表1。

表 1 煤制气业卫生防护距离标准限值

煤气日贮存量 t	卫生防护距离 m
≤100	2 200
100～500	3 800
>500	4 400

4.2 地处复杂地形条件下的煤制气企业卫生防护距离的确定方法，参照 GB/T 3840—1991 中的 7.6 规定执行。

4.3 煤制气企业与敏感区的位置，应考虑风向频率及地形等因素的影响，尽量减少其对敏感区大气环境的污染。

ICS 13.100
C 56

中华人民共和国国家标准

GB/T 17223—2012
代替 GB/T 17223—1998、GB/T 17224—1998

中小学生一日学习时间卫生要求

Health requirements of daily learning time for secondary and elementary school students

2012-12-31 发布　　2013-05-01 实施

中华人民共和国卫生部
中国国家标准化管理委员会　发布

前　言

本标准按照GB/T 1.1—2009给出的规则起草。

本标准代替GB/T 17223—1998《小学生一日学习时间卫生标准》和GB/T 17224—1998《中学生一日学习时间卫生标准》。

本标准整合了GB/T 17223—1998和GB/T 17224—1998的内容，与原标准相比，主要技术变化如下：

——修改了每节课的时间；

——修改了早读、课外自习时间要求；

——修改了睡眠与体育活动时间要求；

——增加了课间休息与排课的要求。

本标准由中华人民共和国卫生部提出并归口。

本标准起草单位：华中科技大学同济医学院。

本标准主要起草人：王礼桂、吴汉荣。

中小学生一日学习时间卫生要求

1 范围

本标准规定了中小学生一日学习时间、睡眠与体育活动时间、课间休息与排课要求。

本标准适用于全日制普通中小学，其他类型中小学可参照使用。

2 术语和定义

下列术语和定义适用于本文件。

2.1

早读时间 early morning learning time

上午课前由学校统一安排的自习时间。

2.2

上课时间 time in class

课程表安排的早读、上课、实验实习、课内自习时间。

2.3

课外自习时间 time out of school hours

预习、复习及完成学校教师指定的课外作业时间(含晚自习、家庭作业)。

2.4

一日学习时间 daily learning time

一天中上课和课外自习时间(不含课间休息时间)。

3 一日学习安排

3.1 一日学习时间

小学一、二年级一日学习时间不应超过4 h。

小学三、四年级一日学习时间不应超过5 h。

小学五、六年级一日学习时间不应超过6 h。

初中各年级一日学习时间不应超过7 h。

高中各年级一日学习时间不应超过8 h。

3.2 课时安排

小学生每节课时间不应超过40 min，上午4节，下午1～2节。

中学生每节课时间不应超过45 min，上午4节，下午2～3节。

3.3 早读、课外自习

小学一、二年级：不宜安排早读，不留书面家庭作业。

小学三至六年级：早读不宜超过20 min，课外自习时间不应超过60 min。

中学各年级：早读不宜超过30 min，课外自习时间不应超过90 min。

4 睡眠与体育活动时间

4.1 每日睡眠时间

小学生不应少于 10 h。

初中生不应少于 9 h。

高中生不应少于 8 h。

4.2 体育活动时间

确保中小学生每天锻炼 1 h。没有体育课的当天，下午课后应组织学生进行 1 h 集体体育锻炼。

5 课间休息与排课要求

5.1 课间休息

在两节课之间，课间休息时间不应少于 10 min。

第 2 节与第 3 节课之间，课间休息时间不宜少于 20 min～30 min。

5.2 排课要求

一日内不连排两节相同的课程(除作文、实验等特殊需要外)，各种文化课间宜插入体育、手工、画图等课程。

小学一、二年级周总课时不应超过 26 节。

小学三至六年级周总课时不应超过 30 节。

中学各年级周总课时不应超过 34 节。

ICS 17.140
A 59

中华人民共和国国家标准

GB/T 17249.3—2012

声学　低噪声工作场所设计指南 第3部分：工作间内的声传播和噪声预测

Acoustics—Recommended practice for the design of low-noise workplaces containing machinery—Part 3: Sound propagation and noise prediction in workrooms

(ISO/TR 11690-3:1997,IDT)

2012-11-05 发布　　2013-02-15 实施

中华人民共和国国家质量监督检验检疫总局
中国国家标准化管理委员会　发布

前　言

GB/T 17249《声学　低噪声工作场所设计指南》分为 3 个部分：

第 1 部分：噪声控制规划；

第 2 部分：噪声控制措施；

第 3 部分：工作间内的声传播和噪声预测。

本部分是 GB/T 17249 的第 3 部分。

本部分按照 GB/T 1.1—2009 给出的规则起草。

本部分等同采用 ISO/TR 11690-3:1997(E)《声学　低噪声工作场所设计指南　第 3 部分　工作间内的声传播和噪声预测》。

本部分做了编辑性修改。

本部分由中国科学院提出。

本部分由全国声学标准化技术委员会归口(SAC/TC 17)。

本部分起草单位：南京大学声学研究所、中国科学院声学研究所、北京市劳动保护科学研究所、同济大学、合肥工业大学、长沙奥邦环保实业有限公司。

本部分主要起草人：邱小军、田静、杨军、张斌、俞悟周、李志远、莫建炎、徐欣。

引　　言

本部分供涉及工作场所噪声控制和低噪声工作场所设计的所有相关部门使用。其目的是：

——使所有相关部门了解当前工作间内声传播和噪声预测方面的技术现状；

——帮助各相关部门在共同的技术框架中进行沟通；

——促进对希望达到的噪声控制要求的理解。

本部分提供了工作间内声源（例如运行的机器）发射和工作位置处声压级之间的联系。据此，提供噪声发射值的机器供应商和需要低噪声照射值的机器使用者可进行信息交换。

本部分进一步的目标是能够评估工作间内的声学性能。

这些任务通过确定工作间内的声传播描述量来相互联系。

本部分提出了工作间内的噪声预测方法，并给出了一种噪声预测的框架，其中各种噪声预测方法依照可提供参量详细程度的不同来划分。

声学　低噪声工作场所设计指南 第3部分：工作间内的声传播和噪声预测

1　范围

本标准的本部分规定了工作间内的声传播以及工作场所声压级和噪声照射的一种预测方法。

噪声预测方案中物理现象的描述细节与所针对的环境及该环境的建模方法(输入参数、计算方法)密切相关。本部分综述了这种关系，描述了噪声预测的方法，并提供了在工作间内利用噪声预测进行噪声控制的建议。附录A～附录E给出了噪声预测方法的应用示例。

2　规范性引用文件

下列文件对于本文件的应用是必不可少的。凡是注日期的引用文件，仅注日期的版本适用于本文件。凡是不注日期的引用文件，其最新版本(包括所有的修改单)适用于本文件。

GB/T 17249.1—1998　声学　低噪声工作场所设计指南　噪声控制规划(ISO 11690-1:1996，EQV)

注：专门针对室内空间声场分布曲线测量的标准见GB/T 27763—2011。

3　术语和定义

GB/T 17249.1—1998界定的术语和定义适用于本文件。

4　室内声传播的基本原理

4.1　声传播描述量

工作间内噪声预测的基本要素是预测无指向性点声源产生的声压级分布。该分布和以下因素有关：

——室内的形状和体积；

——室内各表面的声吸收；

——室内的布置。

用该房间的空间声场分布曲线(参见GB/T 17249.1—1998中3.4.11和图1和图2)表述其声能分布结果。给定距离范围内，空间声场分布曲线包含的信息可概括为如下两个参数(参见GB/T 17249.1—1998中3.4.12和3.4.13)：

——距离加倍声压级的空间衰减量(DL_2)

——相对于自由声场的声压级衰减逾量(DL_f)

空间声场分布曲线和这两个参数用于描述一个房间的声学特性。如果DL_f越低，DL_2越高，则由给定声源产生的声压级越小(参见GB/T 17249.2—2005中6.3)。附录D介绍了如何用空间声场分布曲线描述一个房间的声学特性。

空间声场分布曲线在声源和接收器之间无障碍物，声波无阻碍传播路径上测得。其测量方法参见 GB/T 17249.2—2005 中 8.4。

注 1：专门针对室内空间声场分布曲线测量的标准参见 GB/T 27763—2011。

注 2：当声源（机器）尺寸过大时，在距离机器特征尺寸之内的声场分布曲线可能和点声源情况下的不同。

4.2 声场扩散的房间

在扩散声场中（见 GB/T 17249.1—1998 中的定义 3.4.8 和 3.4.9），距声源一定距离以外，声压级几乎是常量，和接收点的位置无关，如图 1 所示。

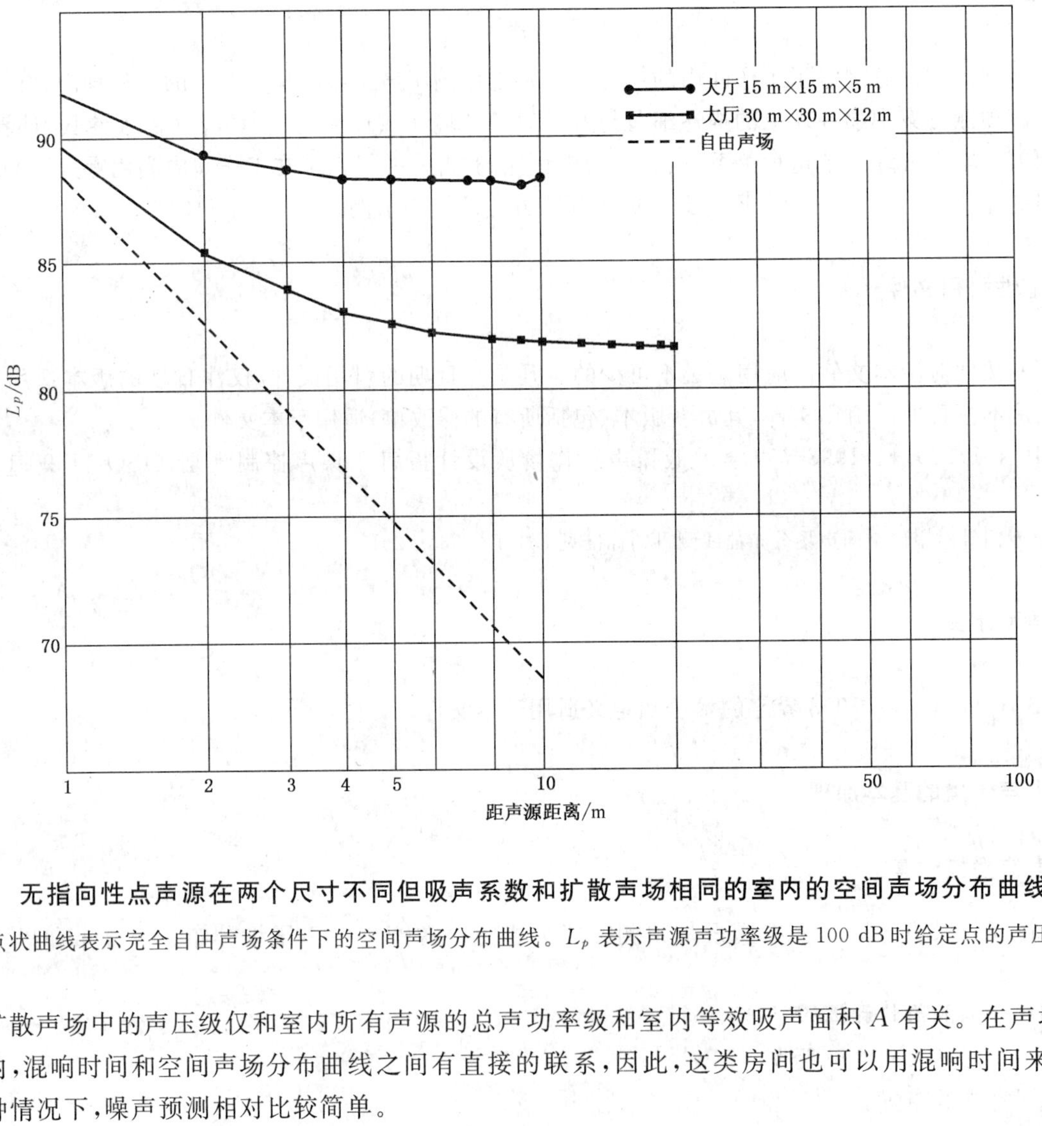

图 1 无指向性点声源在两个尺寸不同但吸声系数和扩散声场相同的室内的空间声场分布曲线示例

（点状曲线表示完全自由声场条件下的空间声场分布曲线。L_p 表示声源声功率级是 100 dB 时给定点的声压级）

扩散声场中的声压级仅和室内所有声源的总声功率级和室内等效吸声面积 A 有关。在声场扩散的室内，混响时间和空间声场分布曲线之间有直接的联系，因此，这类房间也可以用混响时间来描述。在这种情况下，噪声预测相对比较简单。

4.3 均匀声传播的房间

许多工作间无法满足扩散声场的条件。例如房间高度小于其长度的 1/3 的扁房间。在这类房间中，即使距离声源很远，声场仍和考察点的位置有关，需要用空间声场分布曲线来描述。

在许多工作间，可以认为在室内不同部分的吸声和布置密度相近（包括有吸声天花板和反射地板的房间）。在这种情况下，声波无阻碍传播路径（不靠近墙壁和室内设备）的单个空间声场分布曲线代表了该工作间内的声传播特点和声学特性。

图 2 给出了某布置下扁房间的两条典型空间声场分布曲线示例。

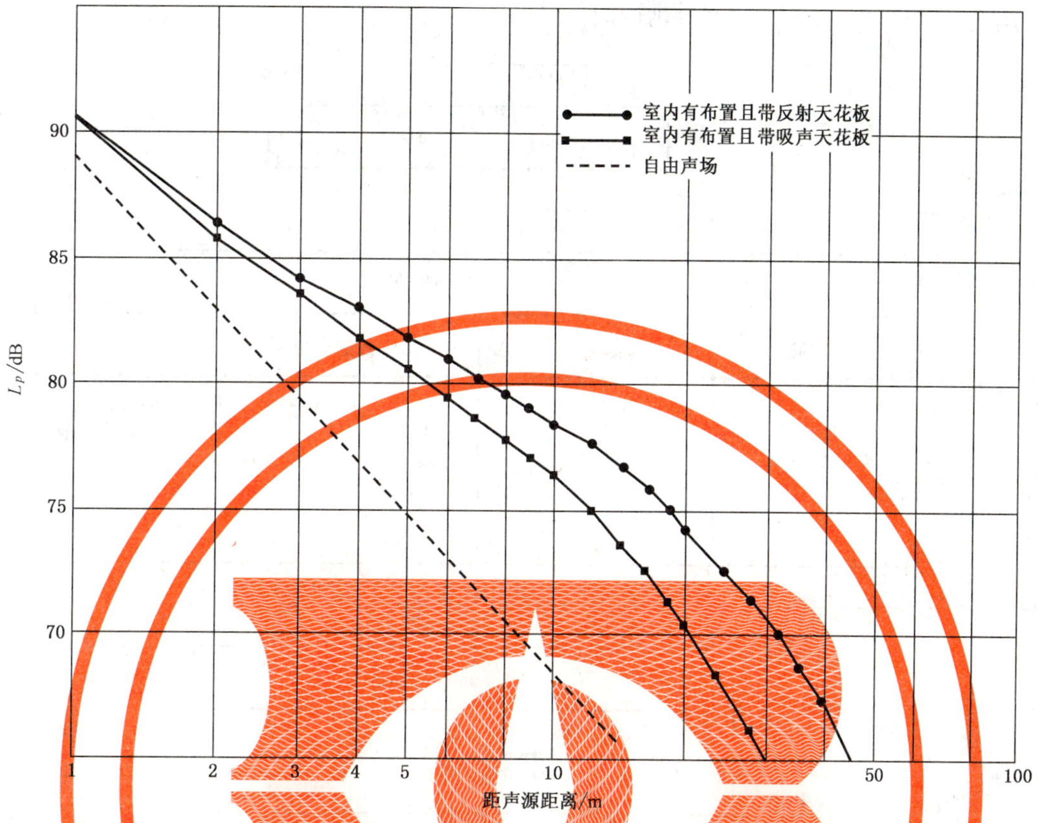

图 2 相同布置的同一个扁房间内，有吸声和无吸声天花板两种情况下的典型空间声场分布曲线示例

（点状曲线表示完全自由声场条件下的空间声场分布曲线。L_p 表示声源声功率级是 100 dB 时给定点的声压级）

通常根据距声源的距离将空间声场分布曲线分为 3 个部分(参见 GB/T 17249.1—1998 中 3.4.11)。第 1 部分对应靠近声源的近区。在这部分区域，声场以直达声场为主。在大多数情况下，距离加倍的声压级空间衰减量(DL_2)大约是 5 dB～6 dB。增加声源附近的布置数量，可能增加声源附近的声压级，降低远离声源区域的声压级。

空间声场分布曲线的第 2 部分对应于中区，其 DL_2 值在 2 dB～5 dB 之间，DL_f 在 2 dB～10 dB 之间。

在远区(空间声场分布曲线的第 3 部分)，布置的散射效应起重要作用。墙壁的吸声、布置的吸声和密度对远离声源处的声传播起主要作用。因此，在这个区域，DL_2 可能大于 6 dB，DL_f 有可能是负数。

4.4 非均匀声传播的房间

在某些情况下，房间的形状、室内不同部分的吸声和布置密度差别很大，无法只用一条空间声场分布曲线来描述房间的声传播。在这种情况下描述声场时，有可能需要考虑上面提到的影响因素。布置也可以分开来考虑。

5 工作间内噪声预测

工作间内的噪声预测(参见 GB/T 17249.1—1998 中第 8 章)在确定噪声控制措施时有用。通过噪声预测，可以计算室内任一点声压级和确定声传播描述量，因此可以用来和某特定值或限值进行比较，并比较噪声控制方案中的各种方法。虽然有几种噪声预测方法可用，但它们都基于相同步骤。图3的流程图归纳了这个步骤，并在下一章详细阐明。

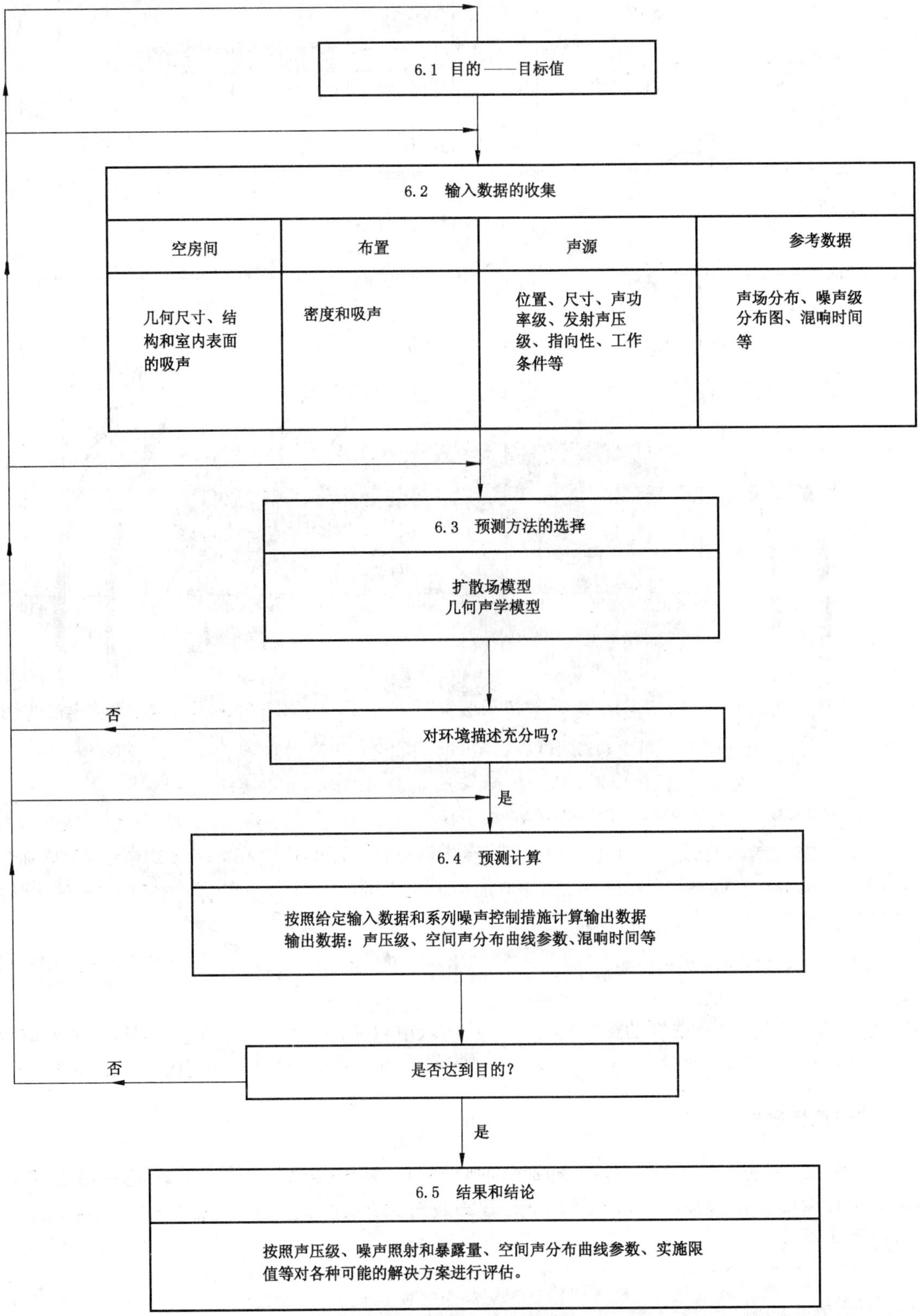

图3 工作间内噪声预测的通用流程图

6 工作间内噪声预测方法

工作间内噪声预测应遵循如下 5 个步骤。

6.1 目的——目标值

在噪声预测计划的早期阶段，必须选择声学描述量和目标值。这个目标值在考虑各种与项目有关的约束条件下，由介入项目的各方共同确定。这些描述量可以是工作位置处的声压级、噪声照射量和/或暴露量、空间声场分布曲线、距离加倍声压级空间衰减量、声压级衰减逾量和混响时间等。

6.2 输入数据的收集

输入参数的详细程度等级应该与期望的或者可能的结果的准确度的值一致。不同详细程度等级的输入参数的描述见表 1～表 3。室内声场类型的设定、输入参数的知晓程度、和房间的声学描述是选择预测方法的关键因素。

6.2.1 空房间描述

空的房间是由室内表面限定的空间。室内表面包括工作间的边界(天花板、地板和墙壁)和限定工作间内部的大的表面(屏障、隔断、隔声罩和隔声间等)。

预测方法需要输入室内表面的特性，例如它们的几何特性(位置、尺寸、形状等)以及它们的吸声和反射性质。由于实际工作间的复杂性，室内表面常常需要划分成若干个单元，每个部分具有各自的声学特性。

吸声系数也是非常重要的参数，其值对预测结果有影响。任何预测方法都应清楚地给出估计这些参数的步骤。

表 1 给出了几种描述空室内声学特性的详细程度等级。

表 1 室内吸声和形状

描述的详细程度等级	室内吸声和形状
1	体积和所有表面的平均吸声系数
2	矩形形状，每个表面有各自的吸声系数
3	矩形形状，室内表面被分割成具有不同吸声系数的单元
4	实际房间形状，室内各表面上的吸声和反射特性分布

6.2.2 室内布置描述

室内布置指的是房间中任何影响声传播的布置。这些布置可以是机器、堆积的货物、屏障、柱子、管道、隔墙、隔声间等。在预测模型中，这些布置可以作为整体引入，或者分成若干具有不同声学特性的较小部分分别引入。

表 2 给出了几种描述室内布置的详细程度等级。

注：布置可用布置密度 q 表示如下：

$$q=S/4V \quad (m^{-1})$$

其中，S——布置的表面总面积，单位是 m^2；V——房间或布置所处空间的体积，单位是 m^3。

表 2 室内布置

描述的详细程度等级	室内布置描述
1	不考虑室内布置
2	整个室内的布置用所有布置的密度均值和吸声均值描述
3	室内不同部分的布置用该部分布置的密度均值和吸声均值描述
4	考虑各布置的实际形状和位置，分别考虑每一个障碍物的反射和遮挡
注：表 2 中 2、3、4 等级之间并不是相互排斥的。	

6.2.3 声源

噪声声源指机器、设备和其他任何产生噪声的活动。

噪声发射可由下列物理量描述(参见 GB/T 14367、GB/T 6881、GB/T 3767、GB/T 6882，GB/T 3768、GB/T 16538—1996、GB/T 16404、GB/T 17248 和 GB/T 14574)：

——声功率级：A 计权倍频带或 1/3 倍频带值；

——工作位置处的发射声压级：A 计权倍频带或 1/3 倍频带值；

——噪声发射的时间变化、峰值等；

——测量表面的指向性或声压级分布；

——机器结构上的噪声源分布；

——声源的尺寸。

表 3 给出了几种描述声源的详细程度等级。

表 3 声源

描述的详细程度等级	声源描述
1	无指向性点源
2	指向性点源
3	复杂声源

表 3 中的各等级描述通常都使用声源的声功率级和工作位置处的发射声压级。对第 2 和 3 级描述，应该知道测量面上各点的声压级和指向性。表 3 中的第 3 级描述，即复杂声源的建模，需要知道所有子声源的数目、位置和声功率级。声源的声功率级和在工作位置处的发射声压级是主要的声源描述量，可在实验室或现场测得(参见 GB/T 14367、GB/T 6881、GB/T 3767、GB/T 6882、GB/T 3768、GB/T 16538—1996、GB/T 16404、GB/T 17248)，或在机器的噪声发射标称值中(参见 GB/T 14574)得到。操作和安装条件对机器的噪声发射影响很大，因此也必须考虑操作流程的类别和速率。

注：在临近声源位置，当直达声比反射声更主要时，声源的描述级别应该高。

6.2.4 参考数据

参考数据可以从以前研究过的类似工作间的数据得到，或采用本工作间的已有数据。参考数据可以是吸声系数和声源声发射量等参数，也可以是声压级、噪声场分布图和空间声场分布曲线等数据。这些量和数据的知识帮助噪声专家选择最合适的预测方法。

6.3 预测方法的选择

表 4 给出了两类重要的预测方法。

表 4 预测方法分类

类 别	预测方法	
1		扩散场方法
2a	几何声学方法	室内可以用各个墙面的平均吸声系数和室内布置的平均密度来近似
2b		室内可以用其各个表面的平均吸声系数和室内各区域布置的平均密度来近似
2c		考虑室内每一个布置的吸声和空间分布

附录 E 给出了不同预测方法的使用建议。室内声传播和噪声预测方法的一些基本知识参见参考文献。

6.3.1 扩散场方法

采用扩散场方法预测噪声相对简单。假设混响场(反射和多次反射形成的声场)是扩散的，则某点的声压级可以通过将直达声和混响声能量相加得到。在某些情况下，虽然扩散场条件不一定完全满足，但和相应扩散场一致的声场分布可看作是可接受的近似。例如时常遇见的具有声学硬表面和许多布置的高度混响的室内声场就是这种情况(见附录 A)。

如果室内声场不是扩散的，采用扩散场方法计算声压级通常会导致过高估计。如果目标是预测噪声照射限值超过与否，扩散场方法可首选。仅当计算的声压级超过预期的声压级时，才有必要使用更精确的方法。

采用扩散场方法，仅需要知道声源的位置和声发射以及室内总吸声，就可预测室内各点的声压级。如果声源的指向性可以得到，也可以在方法中考虑进去。

附录 A 给出了一个使用扩散场方法的示例。扩散场方法的相关知识参见参考文献。

6.3.2 几何声学方法

几何声学方法是以室内声传播的几何表示法为基础，其中假设声沿直线传播。边界反射可以是镜面反射或漫反射。可以通过估计室内布置的密度(见表 2 的第 2 和第 3 等级)来考虑散射的影响。如果实际可行的话，还可考虑散射障碍物的实际形状和位置(见表 2 的第 4 等级)。几何声学方法包括声线跟踪法、虚声源法和扩散反射法(见表 4)。

附录 A 给出了一个使用一种几何声学方法的示例。几何声学方法的相关知识参见参考文献。

6.3.3 预测方法的准确度和有效性

使用任何预测方法前，一般要求检验所选定预测方法的固有近似条件以保证所得结果的有效性。

当工作间存在时，一般要求将预测计算出来的结果和在初始环境(在应用噪声控制措施前)测得的结果进行对比以确定所采用的预测模型是否适合当前特定环境。有时，也许需要做决定来改变输入参数的详细程度等级或根据当前所选模型的固有近似条件，判断它能否用于当前特定情况的噪声预测。

在实际操作中，具体情况的复杂性常导致在输入参数的详细程度等级、输入参数的精度和计算结果的准确性之间进行折中。

对于设计阶段的工作间，无法将预测计算结果和测量数据进行对比。但如果根据经验，某一已知工作间和所要设计的新工作间的细节在声学上相近，则此时预测方法的有效性可通过已知工作间检验，从而得到预测方法的准确度。若做不到这点，则可根据相关产业中的经验或从数据库和文献中搜集到的资料检验其有效性。

6.4 预测计算

一旦选定了预测方法和恰当的输入参数详细程度等级，就可用预测方法针对提供输入数据的工作间计算工作位置处的声压级和空间声场分布曲线。附录 B 给出了噪声预测的一个实际应用，该示例确定了现有工作间中新增加机器的噪声影响。下一步，根据噪声控制的具体措施(见 GB/T 17249.2)，改变输入参数，重复上述计算，给出噪声控制措施的效果，如工作位置处的声压级和空间声场分布曲线的变化。

在室内运转的机器附近的声压级受反射声的影响，因此大于指定机器工作位置处的发射声压级。声压级增加的程度和机器本身的噪声功率以及室内声学特性都有关系。附录 C 给出了一种计算室内运转机器附近(假设室内无其他噪声源)工作位置处声压级的实际方法。

6.5 结果和结论

对每种噪声控制方案，预测方法可以给出声压级、噪声照射级或噪声暴露级、空间声衰减曲线(DL_f 和 DL_2)或者混响时间。

这些结果的值可以用以下形式表示出来：

——空间声场分布曲线；

——噪声照射级或者噪声暴露级的噪声场分布图；

——大于给定声压级的区域的百分比曲线；

——表格。

给出的结果值(曲线、图形、表格中的值)可以和给定的限值或推荐的工作位置处的声压级和空间声衰减值进行比较。通过比较拟采取噪声控制措施前后的计算值，可对各种噪声控制方法进行评估。在比较中也应考虑各种方法实际实施时的限制。

在考虑了各种解决方法优缺点基础上，选择最有效的噪声控制方法。

7 噪声预测需进一步考虑的方面

工作间内噪声预测通常需要知道室内机器和其他噪声源的噪声发射量以及室内壁面和结构的声学特征等一系列参数作为输入量，并采用恰当的计算方法。无论采用何种预测模型，输入参数总有一定的不确定度。因此，在其他参数精度有限的情况下，不必要求某一个特定参数非常准确详细。具体采用何种数据合适取决于各种具体情况，但如果综合考虑所花的代价、计算方法的复杂性和准确性，有必要对所涉及问题的输出值进行一些考虑。

以下方面需要特别考虑：

a) 在工作位置距离机器小于机器特征尺寸时，大型机器应模拟为多个点噪声源以得到足够的准确度。

b) 虽然计算机技术的发展缩短了计算时间，但是仍然有必要限制预测中使用到的声线、反射或虚源的数量并降低散射物描述的详细程度等级。室内每个独立的物体（机器、屏障等）的散射效果的计算非常费时，但通常有可能做一定的近似来简化问题，仍能得到足够的对所观察到现象的描述。这种近似的例子有：

——声场是扩散的（见本部分 6.3.1 和 GB/T 17249.2 中 6.3 和参考文献）；

——整个工作间内（见 6.3.2）或者部分区域内（大的工作间可划分为几个区域）布置是均匀分布的。

附 录 A
（资料性附录）
工作间内噪声预测的三个示例研究

本附录用3个示例说明工作间内噪声预测的实际应用。每个示例的目标是预测工作间内工作位置处的噪声照射值。

A.1 概述

3个示例所用的基本方法相同，但输入参数的详细程度等级以及具体预测方法不同。对于每个示例，具体预测方法的种类和输入参数的详细程度等级按表1～表4中的数字来表示。首先建立初始状态，初始状态用工作位置处的声压级表示。其次，考察各种噪声控制措施的效果，如采用更安静的机器、隔声罩、吸声天花板等后的工作位置处的声压级。在这些示例中，考虑A计权的声发射级和噪声照射级；吸声系数采用中心频率为500 Hz的倍频程的值。

在示例1和示例2中，第一步是采用选定的计算程序，根据房间及其布置，确定一条或几条空间声场分布曲线；第二步，按照声源数据和空间声场分布曲线计算工作位置处的声压级。在示例3中，没有采用空间声场分布曲线，直接计算声压级。

注：本附录中所列出的步骤可用于任何频带或频率计权。一般提供的噪声发射值通常是A计权的。

A.2 示例研究 1

以噪声预测为目标的情况描述(见表A.1～表A.5和图A.1)。

表 A.1 输入参数的详细程度等级

方法类别	室内吸声和形状	室内布置	声源
1	1	1	1

可假设室内声场是扩散的，这是因为：

——室内各边的尺寸是在同一量级上；

——室内吸声系数小。

输入数据：工作间、声源和工作位置数据。

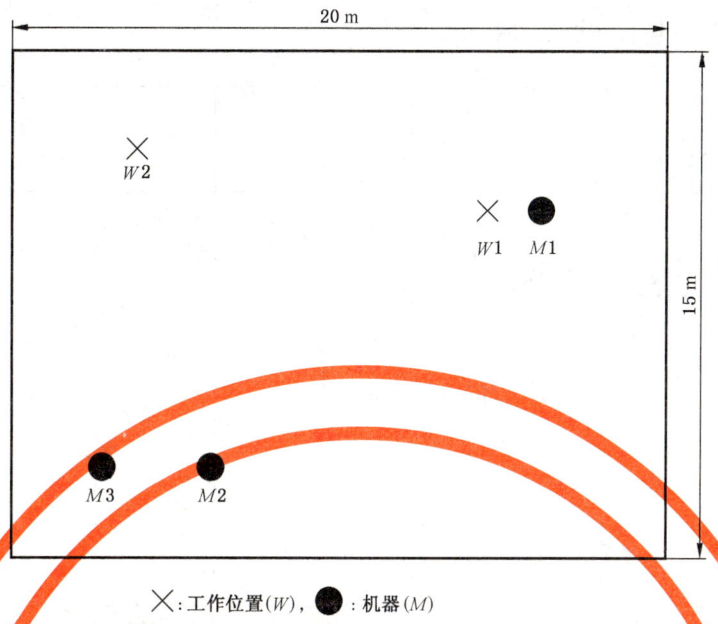

图 A.1 工作间内机器位置和工作位置

表 A.2 室内形状和尺寸

矩形工作间	$L_x=20\ \text{m}, L_y=15\ \text{m}, L_z=7\ \text{m}$

表 A.3 室内吸声

所有表面均匀吸声
平均吸声系数 $\bar{\alpha}=0.2$

表 A.4 声源数据

机器	L_W/dB	L_p/dB	x/m	y/m	z/m
$M1$	95	86	15	10	1
$M2$	100	(90)	6	3	1
$M3$	102	(91)	3	3	1
注:括号内为计算中未采用的数据;L_p 为某工作位置处发射声压级(和本示例研究中的工作位置没有关系)。					

表 A.5 工作位置数据

工作位置	x/m	y/m	z/m
W1	14	10	1.6
W2	3	12	1.6

输出数据：

第一步：计算空间声场分布曲线(图A.2)。

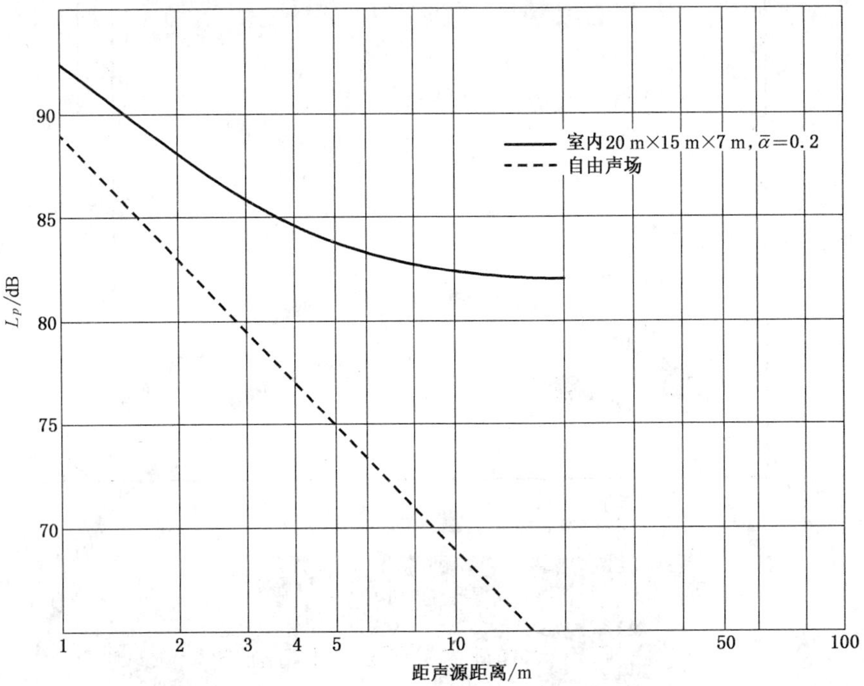

图A.2　声源声功率级为100 dB时计算出的空间声场分布曲线(L_p是给定点的声压级)

第二步：计算工作位置处的照射声压级 L_p(见表A.6)。

表A.6　工作位置处的噪声数据

工作位置	L_p/dB
$W1$	89.9
$W2$	87.7

注：对于机器 $M1$ 附近的工作位置 $W1$，需要考虑该机器的噪声发射值(声功率级和指定工作位置处的发射声压级)。$M1$ 对 $W1$ 处的 L_p 的贡献由附录C介绍的步骤确定。

A.3　示例研究2

以噪声预测为目标的情况描述(见表A.7～表A.12和图A.3)：

表A.7　输入参数的详细程度等级

方法类别	室内吸声和形状	室内布置	声源
2a	2	2	1

输入数据:工作间、声源和工作位置数据。

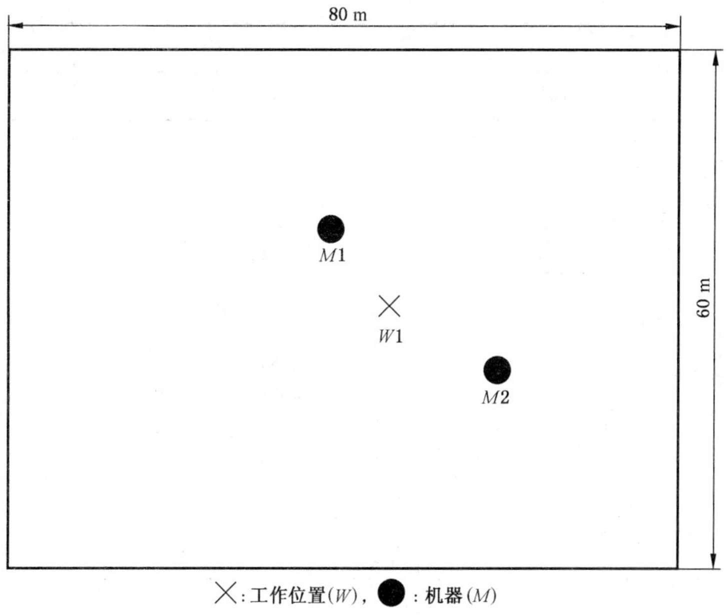

图 A.3　工作间内机器位置和工作位置

表 A.8　室内形状和尺寸

矩形工作间	L_x=80 m,L_y=60 m,L_z=7 m

表 A.9　室内吸声

平均吸声系数	墙 1　α_1=0.08 墙 2　α_2=0.15 墙 3　α_3=0.12	墙 4　α_4=0.12 天花板　α_5=0.45 地板　α_6=0.15

表 A.10　室内布置(散射物体,见 6.2.2)

布置密度(见 6.2.2)q=0.05 m^{-1}
吸声系数　α=0.08

表 A.11　声源数据

机器	L_W/dB	L_p/dB	x/m	y/m	z/m
M1	105	(88)	36	28	1
M2	98	(84)	50	17	1
(　):计算中未采用的数据; L_p:某工作位置处发射声压级。					

表 A.12 工作位置数据

工作位置	x/m	y/m	z/m
W1	40	22	1.6

输出数据：

第一步：计算空间声场分布曲线(图 A.4)。

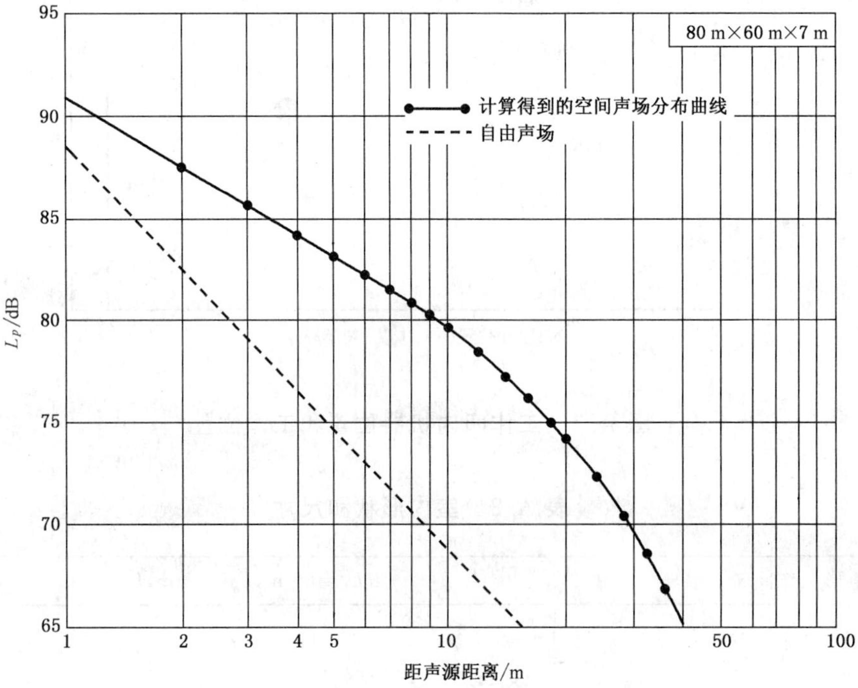

图 A.4 声源声功率级为 100 dB 时计算出的空间声场分布曲线(L_p 是给定点的声压级)

第二步：计算工作位置处的照射声压级 L_p(见表 A.13)。

表 A.13 计算出的工作位置处的照射声压级

工 作 位 置	L_p/dB
W1	85.4

A.4 示例研究 3

以噪声预测为目标的情况描述(见表 A.14～表 A.18 和图 A.5)：

表 A.14 输入参数的详细程度等级

方法类别	室内吸声和形状	室内布置	声源
2b	4	3	1

输入数据：工作间、声源和工作位置数据。

单位为米

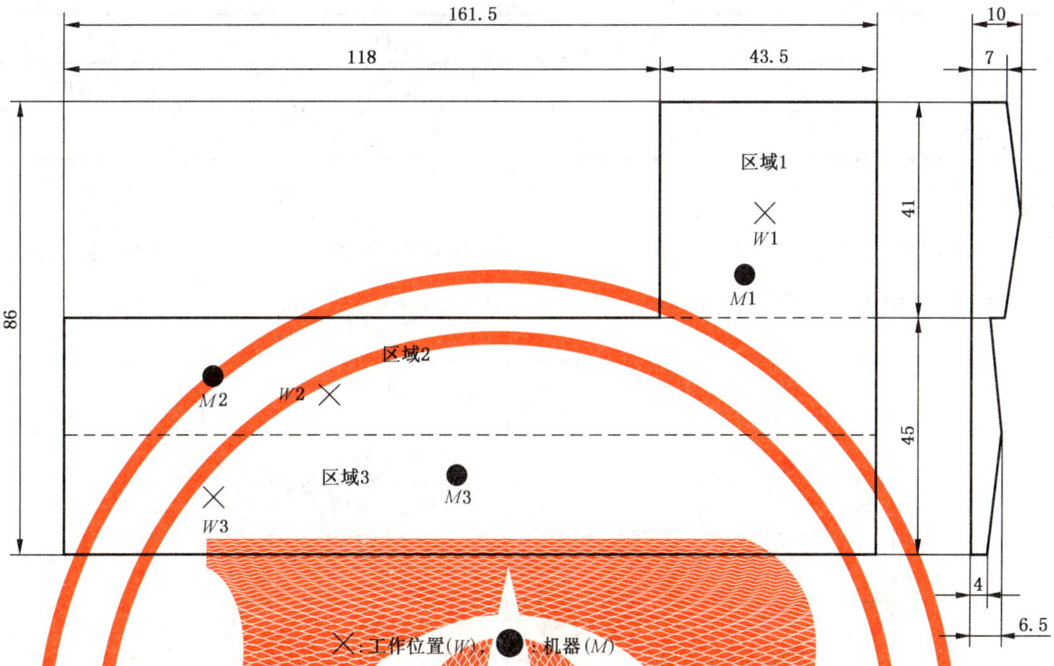

图 A.5 工作间示意图及其内部机器位置和工作位置

表 A.15 室内吸声

平均吸声系数	墙	α=0.15
	天花板	α=0.25
	地板	α=0.10

表 A.16 室内布置(散射物体，见 6.2.2)

区域	布置密度 q/m^{-1}	布置的吸声系数
1	0	—
2	0.05	0.10
3	0.15	0.10

表 A.17 声源数据

机器	L_W/dB	x/m	y/m	z/m
$M1$	114	138	49	1
$M2$	118	45	36	1
$M2$	111	94	15	1

表 A.18 工作位置数据

工作位置	x/m	y/m	z/m
$W1$	139	60	1.6
$W2$	60	30	1.6
$W3$	45	10	1.6

输出数据：

在本示例中，每个区域有一条空间声场分布曲线。依据每条曲线，可以估计该区域的声学性能。图 A.6 和表 A.19 给出了输出数据。

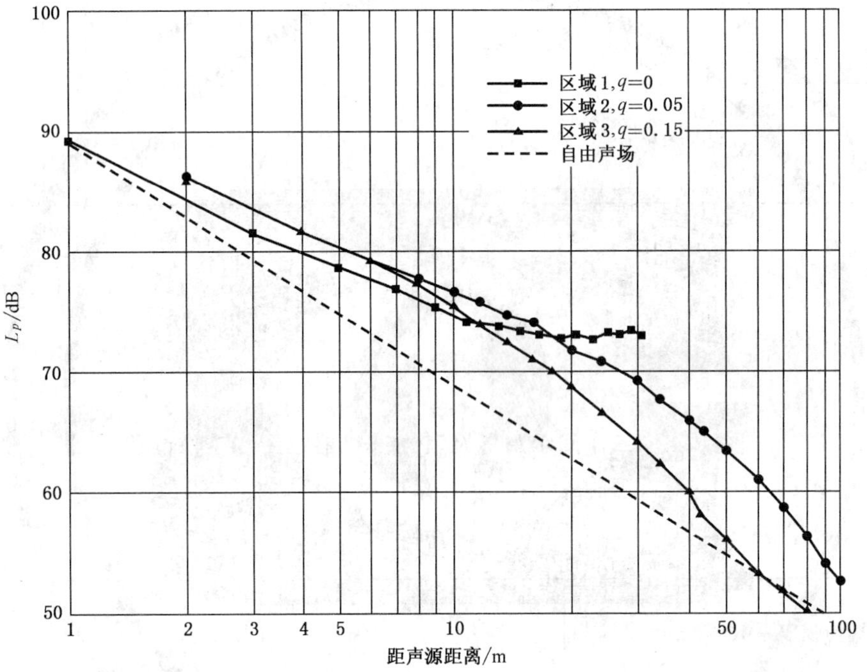

图 A.6 声源声功率级为 100 dB 时计算出的空间声场分布曲线（L_p 是给定点的声压级）

表 A.19 计算出的工作位置处的照射声压级 L_p

工作位置	L_p/dB
$W1$	95
$W2$	92
$W3$	86.5

注：在室内分成若干区域，且各区域有不同布置特点的条件下，工作位置处的声压级无法直接从一条空间声场分布曲线得到。

附　录　B
（资料性附录）
预测现有工作间内新机器的噪声影响

本附录介绍如何使用噪声预测工具来估计现有工作间内新机器对噪声照射的影响。

步骤：

通过对如下满足扩散声场条件的工作间内来说明预测新机器噪声影响的步骤。室内声场可假设为扩散的，这是因为：

——室内各边尺寸在同一量级上，

——室内表面的吸声系数小。

第一步：计算空间声场分布曲线

表 B.1 给出了根据表 1～表 4 所选定的计算详细程度等级。

表 B.1　输入参数的详细程度等级

方法类别	室内吸声和形状	室内布置	声源
1	1	1	1

输入数据：工作间、声源和工作位置数据（见图 B.1 和表 B.2、表 B.3）。

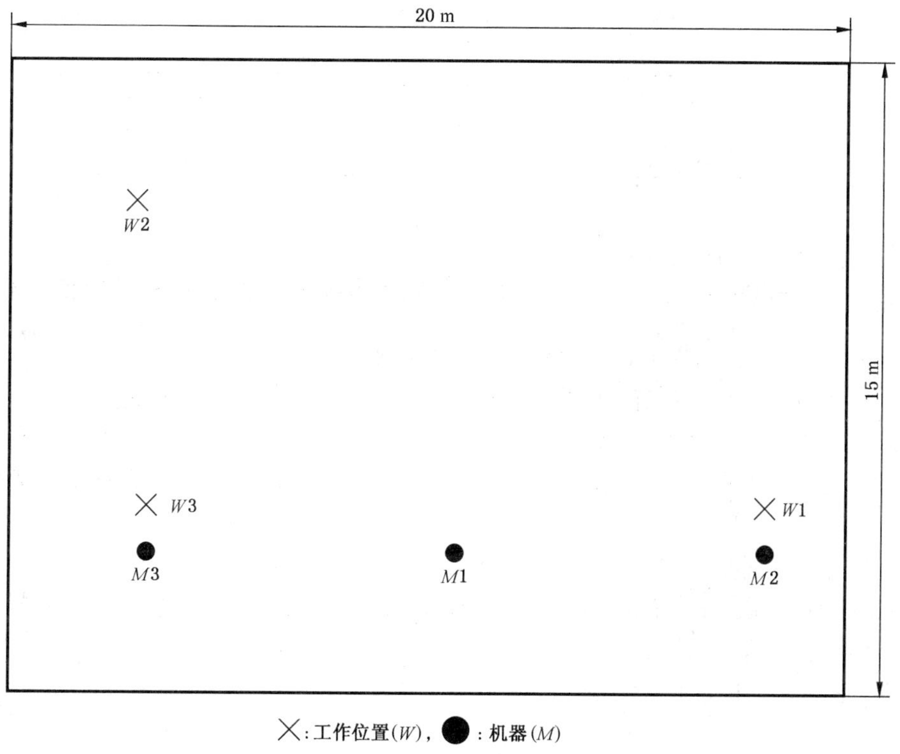

图 B.1　工作间内机器位置和工作位置

表 B.2 室内形状和尺寸

矩形工作间	$L_x=20$ m, $L_y=15$ m, $L_z=7$ m

表 B.3 室内吸声

所有表面均匀吸声
平均吸声系数：$\bar{\alpha}=0.15$

输出数据：计算空间声场分布曲线(见图 B.2)。

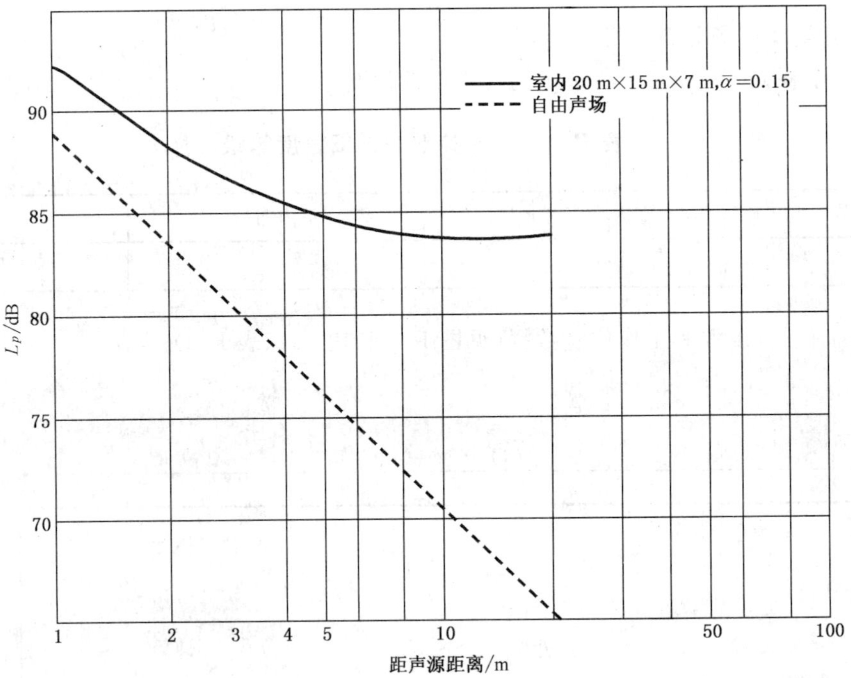

图 B.2 声源声功率级为 100 dB 时计算出的空间声场分布曲线(L_p 是给定点的声压级)

第二步：用计算出的空间声场分布曲线计算新机器的噪声影响

计算原理如下：在每个工作位置，利用空间声场分布曲线计算出各台新机器贡献的声压级。这些声压级和已有的声压级进行能量相加得到新机器安装后各个工作位置处的总声压级。各机器对工作位置处的总声压级的贡献可用附录 C 介绍的方法确定，其中用到机器的声功率级和各个工作位置处的发射声压级。

下面通过两个与第一步考虑的工作间有关的示例来说明本步骤。

示例 A：工作间内初始有一个工作位置，$W1$，没有机器。安装两台新机器，$M1$ 和 $M2$，和一个新的工作位置，$W2$($M2$ 的工作位置)。

输入参数(见表 B.4 和表 B.5)：

表 B.4 声源数据

机器	噪声发射值		声源位置		
	L_W/dB	L_p/dB	x/m	y/m	z/m
$M1$	95	(80)	10	3	1
$M2$	90	77	17	3	1
括号内为计算中未采用的数据。					

表 B.5 工作位置数据

工作位置	位置			照射声压级 L_p/dB
	x/m	y/m	z/m	
$W1$(现有)	3	12	1.6	50(背景噪声)
$W2$(新的)	17	4	1.6	待定

输出数据:计算出的新机器安装后工作位置处的照射声压级(表 B.6)。

表 B.6 计算出的工作位置处的照射声压级

工作位置	L_p/dB	
	安装新机器之前	安装新机器之后
$W1$	50	82.1
$W2$	—	80.3

示例 B:工作间内初始有两台机器,$M1$ 和 $M2$,和两个工作位置,$W1$ 和 $W2$。新机器 $M3$ 从两个选择方案中选出。新增加一个新的工作位置,$W3$($M3$ 的工作位置)。

输入参数(见表 B.7 和表 B.8):

表 B.7 声源数据

机　器	噪声发射值		声源位置		
	L_W/dB	L_p/dB	x/m	y/m	z/m
$M1$	95	(80)	10	3	1
$M2$	90	77	17	3	1
$M3$(第一选择)	100	87	3	3	1
$M4$(第二选择)	95	82	3	3	1
括号内为计算中未采用的数据。					

表 B.8 工作位置数据

工作位置	位置			照射声压级 L_p/dB
	x/m	y/m	z/m	
$W1$	3	12	1.6	82
$W2$	17	4	1.6	80
$W3$	3	4	1.6	—

输出数据:计算出的新机器 $M3$(两种方案)安装后工作位置处的照射声压级(表 B.9)。

表 B.9 计算出的工作位置处的照射声压级 L_p/dB

工作位置	之前	选择第一个机器后	选择第二个机器后
$W1$	82.1	86.2	83.8
$W2$	80.3	85.7	82.8
$W3$	—	89.4	85.4

从表 B.9 计算出的新机器 $M3$(两种方案)安装后工作位置处的照射声压级可以看出采购低噪声机器的益处。

附 录 C
（资料性附录）
工作间内机器工作位置处声压级的确定

C.1 步骤

机器工作位置处的发射声压级 L_p 指的是机器在仅有反射地面(没有其他反射表面)的半自由场条件下的声压级。

当机器运转在工作间内时由于房间的影响，工作位置处的声压级 L_p' 比机器的发射声压级高。这个声压级增加量 ΔL：

$$\Delta L = L_p' - L_p$$

该量等同于局部环境修正量 K_3[参见 GB/T 17248.5—1999《声学　机器和设备发射的噪声　工作位置和其他指定位置发射声压级的测量　环境修正法》(eqv ISO 11204:1995)]，和下面两个基本噪声发射值联合使用：

——声功率级，L_W(A 计权或频带值)；和

——发射声压级，L_p(A 计权或频带值)。

其中，需要使用的室内声学特性用以下参数表示：

——等效吸声面积(吸声量)A，单位是 m^2；或

——室内修正量(环境修正)，K_2[见 GB/T 3767《声学　声压法测定噪声源声功率级　反射面上方近似自由场的工程法》(eqv ISO 3744)]。通过采用已知声功率级的参考声源，在给定的围绕声源的表面积 S 测量得到；或

——在给定距离范围内(如 1 m～5 m)，从空间声场分布曲线确定的相对于自由声场的声压级衰减逾量或/和距离加倍声压级空间衰减量得到。

下面将介绍如何由发射值确定工作间内工作位置处的声压级，这里假设室内声学特性可以用等效吸声面积 A 表示，单位是 m^2。

机器工作位置处的声压级增加量 ΔL_A 由以上参数确定(下标 A 表示 A 计权)。图 C.1 给出了在不同的 $L_{WA} - L_{pA}$ 值情况下，该声压级增加量以室内等效吸声面积 A 为自变量的函数变化曲线。

借助此图中的 ΔL_A，可以得到工作间内各台机器(仅此台机器在运行)在工作位置处产生的照射声压级 L_{pA}'。

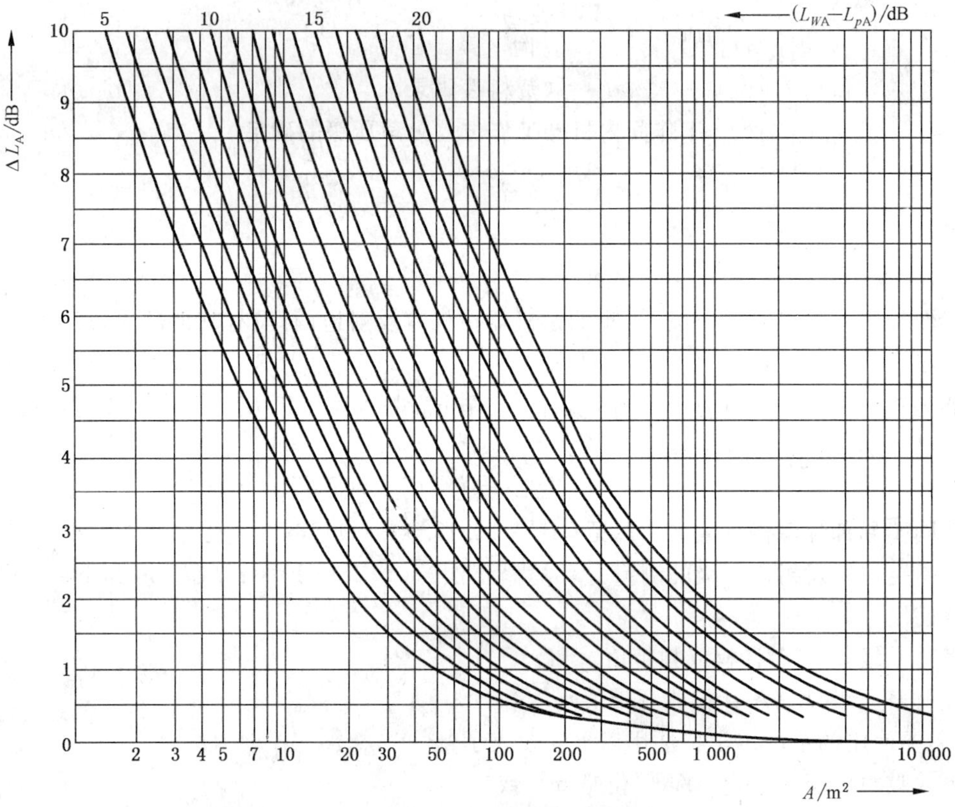

图 C.1 机器工作位置处声压级增加量计算图

将以下面在工厂内安装新机器为示例来说明以上计算步骤。

C.2 输入数据

C.2.1 机器数据

每台机器的基本声发射值(声功率 L_W 和发射声压级 L_p)必须知道(见表 C.1)。在本例中考虑 A 计权值。

表 C.1 声源数据

机　器	A 计权噪声发射值	
	L_{WA}/dB	L_{pA}/dB
*M*1	105	79
*M*2	98	81
*M*3	107	87
*M*4	94	82
*M*5	102	84
*M*6	96	82
*M*7	101	84
*M*8	107	78

C.2.2 工作间数据

本例中，室内总吸声面积为 195 m^2。

C.2.3 声压级增加量的确定

本例中 L'_{pA} 的值如表 C.2 所示。

表 C.2 声压级的确定

机器	$(L_{WA}-L_{pA})$/dB	ΔL_A/dB	L'_{pA}/dB
$M1$	26	10	89
$M2$	17	3	84
$M3$	20	5	92
$M4$	12	1	83
$M5$	18	4	88
$M6$	14	2	84
$M7$	17	3	87
$M8$	29	10	88

表 C.2 中最后一列的 L'_{pA} 值是该机器工作位置处声压级(仅这台机器在运行，其他所有机器都关闭)。如要确定所有机器运行时某工作位置处的声压级，室内每台机器对该工作位置的声压级的贡献都必须考虑，可按照附录 A 或附录 B 给出的步骤对这些贡献值进行能量相加得到。

附　录　D
（资料性附录）
工作间声学特性的估计

本附录说明如何通过计算空间声场分布曲线以及其派生参数（DL_f 和 DL_2）来估计工作间的声学特性。在示例中，考虑了带和不带吸声天花板的空房间。

D.1　估计方法

以噪声预测为目标的情况描述（见表 D.1）：

表 D.1　输入参数的详细程度等级

方法类别	室内吸声和形状	室内布置	声源
2a	2	1	1

上表中的数值来源于表 1 到表 4。

D.2　输入数据

工作间数据（见表 D.2 和表 D.3）：

表 D.2　室内形状和尺寸

矩形房间
尺寸：$L_x=75$ m，$L_y=50$ m，$L_z=10$ m

表 D.3　室内吸声

<table>
<tr><td rowspan="3">测量频率范围内的吸声系数</td><td rowspan="2">天花板</td><td>未处理 $\alpha=0.10$</td></tr>
<tr><td>处理 $\alpha=0.85$</td></tr>
<tr><td colspan="2">其他表面 $\alpha=0.10$</td></tr>
</table>

D.3　输出数据

计算得到的空间声场分布曲线（见图 D.1），L_p 是声源声功率级为 100 dB 时给定点的声压级。

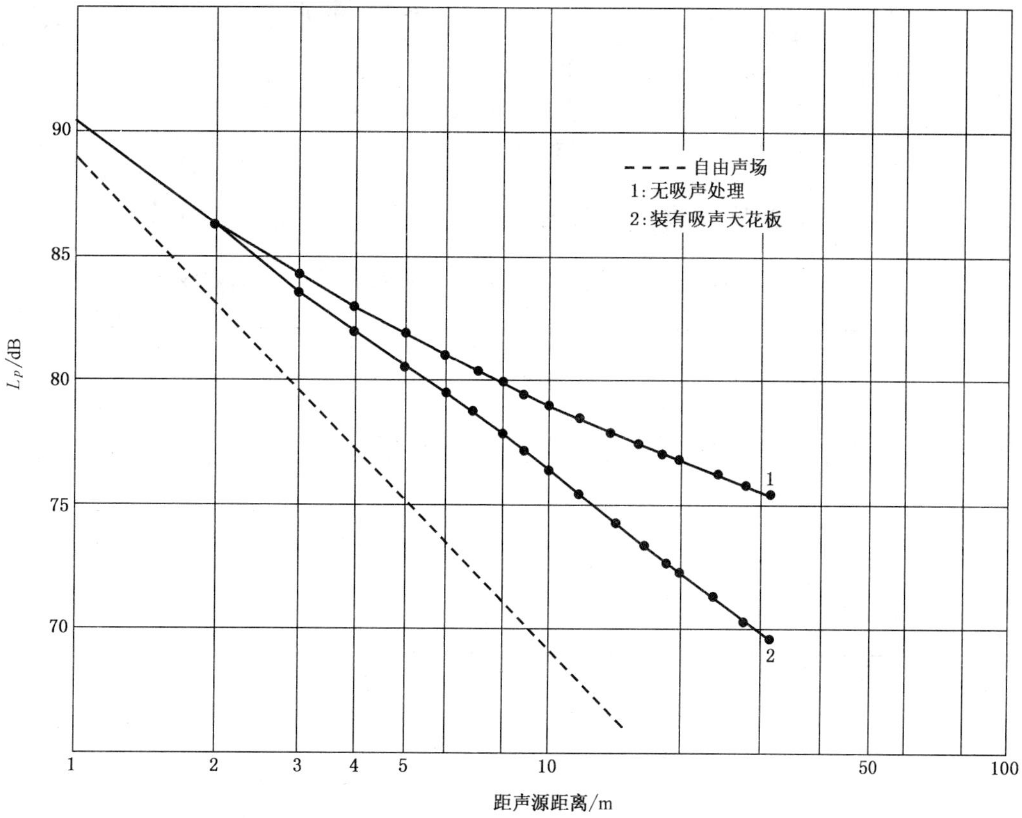

图 D.1 计算出的空间声场分布曲线

派生的房间参数：

此处 DL_2 和 DL_f 是针对距声源中等距离范围(5 m～15 m)计算的(见表 D.4)。

表 D.4 相对于自由声场的声压级衰减逾量 DL_f 和距离加倍声压级空间衰减量 DL_2 的计算值

室内处理	DL_2/dB	DL_f/dB
未处理	2.5	6.9
吸声天花板	4.4	4.5

处理天花板的益处在上表中定量给出(参见 GB/T 17249.2—2005 中的图 8 和图 9)，也可从图 D.1 所示的空间声场分布曲线看出。

附　录　E
（资料性附录）
噪声预测方法使用建议

表 E.1 建议了各类噪声预测方法输入参数的详细程度等级。

表 E.1　各类噪声预测方法输入参数详细程度等级的建议

预测方法类别 （参见表 4）	输入参数详细程度等级		
	室内吸声和形状 （参见表 1）	室内布置 （参见表 2）	声源描述 （参见表 3）
1	1	1	1—3
2a	1 或 2	1 或 2	1—3
2b	1—3	1—3	1—3
2c	1—4	1—4	1—3

参 考 文 献

本附录给出了部分关于工作间内室内声传播和噪声预测的基本参考文献。

* :表示与室内声学和/或室内噪声预测方法有关的文件

** :表示与室内噪声预测方法实际应用有关的文件

[1] BERANEK L. L. Noise and vibration control. Mc Graw Hill,1988. *

[2] CREMER L. Statistische Grundlagen der Raumakustik. S. Hirzel Verlag,1961. *

[3] HODGSON M. Factory sound fields—Their characteristics and prediction. Canadian Acoustics, 18-30,1986. *

[4] HODGSON M. Case history: Factory noise prediction using ray tracing—Experimental validation and the effectiveness of noise control measures. Noise Control Engineering J. 33 (3),87-104,1989. * *

[5] I. N. R. S. Acoustique prévisionnelle intérieure. Notes Scientifiques et Techniques n° 50 à 56 et n° 67,1984. * ,* *

[6] J ACQUES J. R. Indoor noise prediction: From myth to reality. Proceedings I. O. A. ,Vol. 15,Part 3,1993. *

JOVICIC S. Anleitung zur Voraus Berechnung von Schallpegeln in Räumen. VDI Berichte 476,11-19,1983. *

[7] KUTTRUFF H. Room Acoustics. Applied Science Publishers,1979. *

[8] KUTTRUFF H. ,Stationäre Schallausbreitung in Flachräumen. Acustica 57,62-70,1985. *

[9] UTTRUFF H. ,Stationäre Schallausbreitung in Längräumen. Acustica 69,53-62,1989. *

[10] LAZARUS H. Berechnung und Messung der Schallausbreitung in Arbeitsräumen—Überblick über Methoden und Schallschutzmassnahmen. VDI Berichte,n°860,1990. * ,* *

[11] LINDQUIST E. A. ,Sound propagation in large factory spaces. Acoustica 50,313-328,1982. *

[12] LINDQUIST E. A. ,Noise attenuation in factories. Appl. Acoustics 16,183-214,1983. *

[13] LUZZATO E. ,HERMANSEN O. ,Sound power identification and sound level prediction in a Danish power plant. Proceedings of Inter—Noise 89 (2),1271-1274,Newport Beach,1989. * *

[14] NYKÄNEN H. ,KLAMKA E. ,LAMULA L. ,RÄISÄNEN E. Experiences of the acoustical design of working environments using computer modeling based on ray-tracing techniques. Proceedings of Inter—Noise 91 (2),1245-1248,Sydney,1991. * *

[15] ONDET A. M. ,BARBRY J. L. Modeling of sound propagation in fitted workshops using ray tracing. J. Acoust. Soc Am. 85 (2),787-796,1989. *

[16] ONDET A. M. , BARBRY J. L. Sound propagation in fitted rooms—Comparison of different models. J. Sound Vib. 125 (1),137-149,1988. * ,* *

[17] PROBST W. Schallabstrahlung und Schallausbreitung,Forschungsbericht n°556 der B. A. U. ,Wirtschaftsverlag NW,Bremerhaven,1988. *

[18] PROBST W. ,NEUGEBAUER G. ,KURZE U. ,JOVICIC S. ,STEPHENSON U. ,Schallausbreitung in Arbeitsräumen—Einfluss der Raumparameter—Vergleich von Berechnungs-und Messergebnissen. Forschungsbericht n°621 der B. A. U. ,Wirtschaftsverlag NW,Bremerhaven,1990. * ,* *

[19] SENAT C., ZULIANI P., GUILHOT J. P., GAMBA T., Un modèle de prévision des niveaux de pression dans les locaux vides et encombrés reposant sur l'hypothèse de réflexion diffuse sur les parois. Journal d'Acoustique 4,1-16,1991.

ICS 11.020
C 05

中华人民共和国国家标准

GB/T 17256—2012
代替 GB/T 17256—1998

残疾人自行车和射箭运动员医学和功能分级

Medical and functional classification of cycling and archery for disabled athletes

2012-12-31 发布　　2013-05-01 实施

中华人民共和国国家质量监督检验检疫总局
中国国家标准化管理委员会　发布

前　言

本标准按照 GB/T 1.1—2009 给出的规则起草。

本标准代替 GB/T 17256—1998《残疾人自行车和射箭运动员医学和功能分级》。

本标准与原 GB/T 17256—1998 相比有以下主要变化：

——自行车分级更多是注重功能分级而不仅是医学分级；

——不再依据残疾类别 CP、LC、HC、B&V 分级，而是依据自行车类型分级；

——越来越多的将生物力学、运动学和生理学原理运用到自行车运动项目分级中；

——增加了附录 A；

——修改了射箭项目运动员级别内容；

——增加了射箭功能分级评价内容和肌力、关节活动度、功能障碍测试内容；

——增加了分级规则一章。

本标准与国际残奥委会残疾人自行车组织分级指南（Para-Cycling Classification guide）2011 年 16.5.002～16.5.013、2009 年测试评分规则和国际残奥委会残疾人射箭组织分级师手册（Para-Archery A handbook for classifiers）2010 年 1～6 的技术内容一致。

本标准由中华人民共和国民政部提出。

本标准由全国残疾人康复和专用设备标准化技术委员会(SAC/TC 148)归口。

本标准起草单位：中国康复研究中心、国家康复器械质量监督检验中心、中国残疾人体育运动管理中心。

本标准主要起草人：丁伯坦、贾亚玲、黄莹、常肖雯、叶志敏、万里、王兰。

本标准所代替标准的历次版本发布情况为：

——GB/T 17256—1998。

残疾人自行车和射箭运动员医学和功能分级

1 范围

本标准规定了残疾人自行车和射箭运动员的医学和功能分级标准。

本标准适用于视力残疾、脊髓损伤、脑瘫、截肢和其他肢体残疾的运动员。

2 自行车运动员分级

2.1 自行车分类

参赛自行车分为4种类型，残疾人运动员根据残疾类别使用不同类型的自行车：

H：手动自行车（包括原HCA-C级的运动员，部分选择参加手动自行车比赛而不选择两轮自行车比赛的原LC2和LC3级的运动员）。

T：三轮自行车（包括原CP1-2级的运动员）。

C：自行车，运动员使用两轮自行车（包括原LC1-4和CP3-4级的运动员）。

B：双人自行车，视力残疾人使用双人自行车。

2.2 自行车项目分级

2.2.1 自行车项目分级原则

残疾人运动员按照残疾程度和自行车类型分为12个级别，"1"表示残疾人运动员残疾程度最重，按顺序依次减轻，"5"表示残疾运动员残疾程度最轻，具体项目分级见表1。

表1 自行车项目分级

H 手动自行车	T 三轮自行车	C 自行车	B 双人自行车
H1	T1	C1	B
H2	T2	C2	
H3		C3	
H4		C4	
		C5	

三轮自行车和自行车分级中功能测试评分规则见附录A。

2.2.2 手动自行车

2.2.2.1 手动自行车H1级

a) H1-1级

——颈6或以上平面完全性颈髓损伤，四肢瘫；

——躯干稳定性及双下肢功能完全丧失；

——伸肘功能减退，肌力为6分(包括两侧肱三头肌)；
——握力降低；
——非脊髓损伤，但功能障碍同H1-1级；
——交感神经系统受损；
——在手动自行车中必须卧位姿势(AP自行车)；
——严重痉挛/手足徐动症/共济失调/肌张力障碍，并且有伸肘障碍；
——对称或非对称性四肢瘫，上肢和下肢至少有3级痉挛。

b) H1-2级
——颈7、8或以上平面完全性颈髓损伤，四肢瘫；
——躯干稳定性及双下肢功能完全丧失；
——非脊髓损伤，但功能障碍同H1-2级；
——交感神经系统受损；
——在手动自行车中必须卧位姿势(AP自行车)；
——严重痉挛/手足徐动症/共济失调/肌张力障碍，无伸肘障碍；
——对称或非对称性四肢瘫，上肢和下肢至少有2级痉挛。

2.2.2.2 手动自行车H2级

a) H2-1级
——胸1～3平面完全性胸髓损伤，截瘫；
——躯干稳定性非常受限；
——交感神经系统受损；
——非脊髓损伤，但功能障碍相当于H2-1级；
——在手动自行车中必须卧位姿势(AP自行车)。

b) H2-2级
——胸4～10平面完全性胸髓损伤，截瘫；
——躯干稳定性受限；
——非脊髓损伤，但功能障碍相当于H2-2级；
——在手动自行车中必须卧位姿势(AP自行车)；
——中度四肢瘫，有/没有手足徐动症/共济失调；
——严重偏瘫(不能行走)；
——严重双肢瘫(不能行走)和手足徐动症/共济失调；
——上肢至少有1级痉挛。

2.2.2.3 手动自行车H3级

——胸11或以下平面完全性脊髓损伤，截瘫；
——下肢无功能或受限；
——躯干稳定性正常或接近正常；
——非脊髓损伤，但功能障碍相当于H3级；
——下肢功能未完全丧失，功能障碍相当于H3或H4级，伴有其他残疾，妨碍安全使用两轮自行车、三轮车或用跪姿的手动自行车；
——在手动自行车中必须卧位姿势(AP或ATP自行车)；
——双肢瘫和手足徐动症/共济失调/肌张力障碍，(上肢几乎正常)；
——偏瘫的痉挛3级，下肢更多地受累。

2.2.2.4 手动自行车 H4 级

——胸 11 或以下平面完全性脊髓损伤，截瘫；
——通过双膝关节或双膝关节以下截肢；
——单侧膝关节以上截肢，最低残疾为单侧膝关节以下截肢；
——下肢功能未完全丧失，伴有其他残疾妨碍使用两轮自行车、三轮车；
——跪姿(ATP 自行车)，如果活动减少妨碍采用跪姿，可以选择 H3 级的卧位自行车；
——双肢瘫，双下肢痉挛 2 级；
——偏瘫，痉挛 2 级，下肢较多受累；
——轻度至中度双肢瘫或手足徐动。

2.2.3 三轮自行车

2.2.3.1 三轮自行车 T1 级

a) 神经功能障碍
——偏瘫/双肢瘫/四肢瘫，上肢和下肢痉挛 3 级；
——三肢瘫，双下肢痉挛 3 级；
——重度手足徐动症或共济失调；
——严重的运动能力障碍，可以混合模式(手足徐动，痉挛或共济失调)；
——骑自行车的平衡控制能力差，平衡能力不足，无法使用自行车，需使用三轮车；
——蹬脚蹬及节奏受限；
——儿麻，周围神经损伤，不完全脊髓损伤，不能骑自行车者。
b) 类似障碍
——多重损伤(截肢伴有神经损伤)；
——功能分在 210 及以上的类似多重损伤；
——非截肢者。

2.2.3.2 三轮自行车 T2 级

a) 神经功能障碍
——偏瘫/四肢瘫，痉挛 2 级，下肢更多受累；
——双肢瘫，双下肢痉挛 3 级；
——中至重度痉挛/手足徐动症或共济失调；
——肌力降低；
——功能分在 160～209 之间(小儿麻痹症，周围神经损伤，不完全性脊髓损伤，无法骑自行车)。
b) 类似障碍
——多重损伤(截肢伴有神经损伤)，能流畅运动和控制自行车；
——非截肢者。

2.2.4 自行车

2.2.4.1 自行车 C1 级

a) 神经功能障碍
——偏瘫，上下肢痉挛 3 级；
——双肢瘫，双下肢痉挛 3 级；

——手足徐动症或共济失调；

——严重的运动能力障碍，可以混合模式（手足徐动，痉挛或共济失调）；

——躯干功能和/或所有四肢功能差。

b）截肢

——单膝关节以上截肢＋同侧或对侧肘关节以上或以下截肢，用或不用假肢；

——双侧通过膝关节截肢，戴假肢；

——双侧肘关节以下截肢＋单侧膝关节以上截肢，无假肢。

c）类似障碍的不完全脊髓损伤或多重损伤，功能测试分多于210分者。

2.2.4.2 自行车C2级

a）神经功能障碍

——偏瘫，上肢和下肢痉挛2级，下肢更多受累；

——双肢瘫，双下肢痉挛2级；

——中至重度手足徐动症或共济失调；

——肌力减退；

——功能分在160～209之间[小儿麻痹症，周围神经损伤，不完全性脊髓损伤，遗传性运动和感觉神经病（HMSN），多发性硬化（MS）]。

b）截肢

——单侧肘关节以上截肢用或不用假肢＋单侧通过膝关节截肢用假肢；

——双侧肘关节以下截肢＋单侧通过膝关节截肢用假肢；

——双侧膝关节以下截肢用假肢＋单侧肘关节以上截肢不用上肢假肢；

——单侧膝关节以上截肢不用假肢，可用残端支撑。

c）类似残疾

——多重损伤（截肢伴有神经损伤），能流畅运动和控制自行车；

——髋关节或膝关节活动度受限或肌力弱导致自行车脚踏曲柄不能充分功能性绕转，自行车的曲柄半径应界定为0 cm。

2.2.4.3 自行车C3级

a）神经功能障碍

——偏瘫，痉挛2级，下肢更多受累，上肢痉挛1级；

——双肢瘫，双下肢痉挛2级；

——中度手足徐动症，共济失调或肌张力异常；

髋关节或膝关节活动度受限，自行车脚踏曲柄不能充分功能性绕转时，运动员可选择缩短曲柄至理想长度。

b）截肢

——单侧肘关节以上截肢不戴假肢＋单侧膝关节以下截肢戴假肢；

——单侧通过膝关节截肢戴假肢＋单侧肘关节以下截肢；

——单侧通过膝关节截肢戴假肢；

——双侧膝关节以下截肢戴假肢。

c）类似功能障碍的残疾，功能测试分数在110～159分之间。

2.2.4.4 自行车C4级

a）神经功能障碍

——偏瘫，痉挛 1 级，下肢更多受累；
——双肢瘫，双下肢痉挛 1 级；
——轻度至中度手足徐动症，共济失调或肌张力异常；

髋关节或膝关节活动幅度受限，自行车脚踏曲柄不能充分功能性绕转时，运动员可以选择缩短曲柄至理想长度。

b) 截肢

——单侧膝关节以下截肢戴假肢＋单侧肘关节以下截肢戴或不戴假肢；
——单侧膝关节以下截肢戴假肢；
——双侧肘关节以下截肢戴或不戴假肢，允许尽可能接触自行车把手。

c) 类似功能的多重残疾，功能测试分数在 60～109 之间。

2.2.4.5 自行车 C5 级

a) 神经功能障碍

——单肢瘫，痉挛 1 级或以上，并有明确的神经损伤体征；
——明确的一侧或双侧 Hoffman 阳性；
——肢体反射明显过于活跃或左右两侧肢体反射明显不同。

b) 截肢

——单侧肘关节以上截肢戴或不戴假肢，无抓握功能；
——单侧肘关节以下截肢戴假肢。

最低残疾：单侧半足（前脚掌）以上截肢或单上肢所有手指和拇指截肢（通过 MCP）及其他类似残疾。无抓握功能，运动员不能够用手操作车把手、变速器和刹车杆。

c) 类似功能障碍的残疾，功能测试分数在 20～59 之间。

2.2.5 双人自行车 B 级

符合 B 级参赛的视力残疾人是从无光感至视力为 0.1(6/60) 和/或视野小于 20°。分级评定时，应测较好一侧眼睛的最佳矫正视力，凡使用隐形眼镜或其他视力矫正镜的运动员，在比赛时不管是否配戴，分级评定时均应配戴。

3 射箭运动员分级

3.1 射箭项目分类

射箭项目分为以下 4 类：

——坐姿 ARW1 级（含 ARW1-C 亚级）；
——坐姿 ARW2 级；
——站姿 ARST 级（含 ARST-C 亚级）；
——视力残疾。

3.2 射箭功能分级

3.2.1 评价内容

包括：肌力、关节活动度、功能障碍（协调障碍、痉挛，手足徐动、共济失调），总分为 340 分。

其总分分配如下：

——上肢 180 分（肩：屈、伸、收、展、内旋、外旋；肘：屈、伸；前臂：旋前、旋后；腕：屈、伸、尺偏、桡偏；

手指:屈、伸、分开及并拢;持箭手拇指:对掌、伸);

——躯干 60 分(躯干上部屈、伸;躯干下部屈、伸;旋转;侧屈);

——下肢 100 分(髋:屈、伸、收、展、内旋、外旋;膝:屈、伸;踝:屈、伸)。

以上单侧肢体每个动作最高 5 分。

参赛最低残疾情况:上肢减少 25 分;或躯干减少 20 分;或下肢减少 15 分;或总体减少 25 分。

3.2.2 肌力测试

0(级)分:肌肉完全无主动收缩;

1(级)分:肌力很差,有微弱的收缩,但不能带动关节运动;

2(级)分:肌力差,有带动关节运动的轻度收缩,但不能对抗肢体重力;

3(级)分:肌力很一般,肌肉有克服肢体重力的收缩,但不能抗阻力活动关节;

4(级)分:肌力较好,有克服肢体重力及部分抗阻力的收缩;

5(级)分:肌力正常,有正常完全抗阻力的收缩。

3.2.3 关节活动度测试

0 分:无;

1 分:非常小的运动范围;

2 分:可达 25%的正常运动范围;

3 分:可达 50%的正常运动范围;

4 分:可达 75%的正常运动范围;

5 分:正常运动范围。

注:各关节正常运动范围:

肩:屈 170°,伸 40°,展 180°,收 40°,内旋 70°,外旋 70°;

肘:屈 150°,伸 10°;

前臂:旋前 90°,旋后 90°;

腕:屈 50°,伸 60°,尺偏 40°,桡偏 30°;

指:屈 90°,伸 10°;

躯干:旋转 60°;

髋:屈 130°,伸 10°,展 40°,收 30°,内旋 40°,外旋 50°;

膝:屈 150°,伸 5°;

踝:屈 50°,伸 30°。

3.2.4 功能障碍(协调障碍、痉挛,手足徐动、共济失调)测试

0 分:功能性运动完全丧失;

1 分:运动的协调性非常小,以及由于严重的肌张力增高、僵硬,运动范围严重受限;

2 分:运动的连贯性非常困难,只能进行缓慢和不协调的运动,快速重复运动范围严重受限(不多于正常的 25%);严重的运动范围受限伴有严重的痉挛,肌张力增高、僵硬;

3 分:只能完成慢而欠精细的正常运动,在快速重复运动时,活动范围受限(不多于正常的 50%),中度运动范围受限,中度痉挛性肌张力增高限制肢体运动和/或中度的运动协调障碍;

4 分:轻度的运动协调障碍,快速重复运动时运动范围不超过正常的 75%;轻度肌张力增高;

5 分:正常。

3.3 分级规则

3.3.1 坐姿 ARW1 级(坐轮椅的四肢瘫痪或类似的残疾)

3.3.1.1 残疾

上肢运动范围、肌力及协调能力明显受限,并且,在射箭举弓时,躯干控制能力差或无,影响静态平衡,和/或下肢肌力、活动度或控制功能受限(长距离行走困难或不能走),截肢至下肢无功能。

3.3.1.2 残障情况

包括四肢瘫、三肢瘫或严重的双肢瘫,伴有上肢控制功能障碍或痉挛(肌张力 2～4 级),(由于肩和拉弓的臂肘功能降低,以及或双手功能障碍,拉弓力量受限)。

双侧膝关节以下截肢并单侧髋关节融合,或双侧膝关节以上截肢残肢短(1/3),上述两种情况必需合并有双上肢截肢或功能运动范围、肌力或控制能力受限。

3.3.1.3 最低残疾情况

每侧上肢功能减少 5 分,且躯干功能至少减 15 分;
每侧上肢肌力减少 5 分,且下肢功能减少 35 分;
每侧上肢肌力减少 5 分,且躯干功能减少 8 分和下肢功能减少 20 分。

3.3.2 坐姿 ARW1-C 级

在 ARW1 级中,残疾重的放在 ARW1-C 级。
最低残疾情况:
每一侧上肢功能减少 20 分,且躯干功能减少 15 分;
每一侧上肢功能减少 20 分,且双侧下肢功能减少 35 分;
每一侧上肢功能减少 20 分,且躯干功能减少 8 分和下肢功能减少 20 分。

3.3.3 坐姿 ARW2 级(坐轮椅的截瘫或类似残疾)

3.3.3.1 残疾

上肢:功能不受限。
躯干:功能从好到不能控制影响静态平衡(射击举弓时)。
下肢:由于截肢或肌力、活动度或控制功能受限致功能障碍(长距离行走困难)。

3.3.3.2 残障情况

截瘫;严重双肢瘫,上肢控制不受限;躯干平衡功能不同程度受限;
下肢中度至重度痉挛(3 级);
双侧膝关节以下截肢(特殊情况下,分级师同意)。

3.3.4 站姿 ARST 级(为站立或坐椅、凳的运动员所设置)

3.3.4.1 残疾

下肢:具有长距离行走功能。

3.3.4.2 最低残疾情况

双侧下肢功能减少 15 分 （其中一侧下肢功能减少 10 分）;或
整个肢体功能总分减少 25 分;或
一侧下肢短 7 cm;或
一侧小腿下 1/3 截肢(踝关节以上)。

3.3.5 站姿 ARST-C 级

为上肢有严重残疾的 ARST 级的运动员所设置。
最低残疾情况:每侧上肢肌力减少 20 分,或拉弓上肢功能减少 40 分。

3.3.6 视力残疾

视力残疾分级,授权视力残疾分级师进行。

附　录　A
（规范性附录）
脊髓损伤及其他运动功能障碍者功能测试评分规则
（三轮自行车、自行车）

A.1　肌力测试及测试结果

A.1.1　肌力测试

——肌力 0～2 级：3 分；
——肌力 3 级：2 分；
——肌力 4 级：1 分；
——肌力 5 级：0 分。

以上的得分（0～3）将乘以下列的一个重要系数（根据自行车的运动生物力学要求）。

a）下肢

——髋关节屈曲测试（系数：6），在屈曲 60°～110°范围内测试；
——髋关节伸展测试（系数：10），在屈曲 110°～60°范围内测试；
——髋关节内收测试（系数：2），在髋关节屈曲 1/2 内收；
——髋关节外展测试（系数：2），在髋关节屈曲 1/2 外展；
——膝关节伸展测试（系数：14），在 115°～30°屈曲范围内测试；
——膝关节屈曲测试（系数：7），在 30°～115°屈曲范围内测试；
——踝关节背屈测试（系数：6），在超出中立位 5°测试；
——踝关节跖屈测试（系数：6），在超出中立位 5°测试；
——踝关节内翻测试（系数：4），等距测试；
——踝关节外翻测试（系数：4），等距测试。

最多：单下肢 183 分。

b）上肢

——肩外展（系数：1）；
——肩内收（系数：1）；
——肩伸展（系数：3）；
——肘伸展（系数：2）；
——肘屈曲（系数：2）；
——手腕伸展（系数：1）；
——手腕屈曲（系数：1）；
——手指 2～5 屈（系数：3）；
——手指 2～5 伸（系数：1）；
——拇指对掌（系数：2）；
——拇指伸展（系数：1）。

最多：单上肢 54 分。

c）躯干

——躯干伸展（系数：6）；

——颈部伸展(系数:2);
——前锯肌(系数:1);
——肩胛骨内收(系数:1)。
最多:躯干 30 分。

A.1.2 肌力测试结果

非常差	超过 210 分;
差	160～209 分;
较差	110～159 分;
一般	60～109 分;
基本正常	20～59 分。

A.2 关节活动度

按自行车运动生物力学需求,测定四肢的活动范围,其对应的相应值乘以下列的一个重要系数。

a) 髋关节(屈伸幅度受限):系数 22,功能运动幅度在屈曲 85°～135°
   1) 0 = 50°;
   2) 1 = < 50°;
   3) 2 = < 25°;
   4) 3 = < 85°屈曲位(超出功能性运动范围)。
b) 膝关节(屈伸幅度受限):系数 22,功能运动幅度在屈曲 50°～110°
   1) 0 = > 60°;
   2) 1 = < 60°;
   3) 2 = < 30°;
   4) 3 = < 50°屈曲位(超出功能性运动范围)。
c) 踝关节跖/背屈:系数 13,功能运动幅度从背屈 10°到跖屈 10°(20°)
   1) 0 = 20°;
   2) 1 = < 20°;
   3) 2 = < 5°;
   4) 3 = 0°(关节僵硬)。
d) 足内翻/外翻:系数 4
   1) 0 = 正常;
   2) 1 = 受限制;
   3) 2 = 最小幅度;
   4) 3 = 无功能。

如果单侧下肢功能完全丧失,单侧下肢得分为 183 分。

e) 肩关节(屈曲活动幅度):系数 6,功能运动幅度在屈曲 80°～120°
   1) 0 = 40°(80°～120°);
   2) 1 = < 40°(80°～120°);
   3) 2 = < 20°(80°～120°);
   4) 3 = 受限在 0°～80°(超出功能性运动范围)。
f) 肘关节(屈曲活动幅度):系数 3,功能运动幅度在屈曲 20°～80°
   1) 0 = 60°(20°～80°);

2） 1 ＝ 40°(20°～80°)；

3） 2 ＝ 20°(20°～80°)；

4） 3 ＝ 0—20°(20°～80°)；

5） 3 ＝ 无功能，固定在＞80°屈曲位；

6） 2 ＝ 几乎没有功能，固定在＜20°屈曲位。

g） 前臂中立位旋前运动(90°)：系数 1

1） 0 ＝ 90°；

2） 1 ＝ 60°；

3） 2 ＝ 45°；

4） 3 ＝ 固定在旋前位。

h） 腕关节：系数 1，功能运动测试在 30°屈曲和 30°伸展幅度内(60°)

1） 0 ＝ 60°；

2） 1 ＝ ＞ 20°；

3） 2 ＝ ＜ 20°；

4） 3 ＝ 固定在超出功能性运动范围。

i） 手指和拇指：

伸展(可以伸到中立位，可以松开自行车把和刹车杆)：系数 2

1） 0 ＝ 有；

2） 1 ＝ 无。

屈曲：系数 5

1） 0 ＝ 所有手指和拇指能运动，具有抓握功能；

2） 1 ＝ 两个手指(MCP 或 PIP)或拇指不能运动；

3） 2 ＝ 三个手指或拇指和一个手指不能运动；

4） 3 ＝ 所有手指和拇指没有功能抓握。

如果单侧上肢功能完全丧失，单侧上肢得分为 54 分。

j） 躯干、颈部和头部：系数 10

1） 0 ＝ 在自行车上保持正常的符合空气动力学的姿势；

2） 1 ＝ 能保持正常的符合空气动力学的姿势，但躯干受限(呼吸受限)；

3） 2 ＝ 由于颈部、下腰部或躯干运动功能受限，致在自行车上符合空气动力学的姿势受限，如髋关节屈曲受限，只进行髋关节活动测试；

4） 3＝不能保持符合空气动力学的姿态。

最多得分 30 分。

A.3 下肢长度差异：系数 20

a） 0 ＝ 正常～7 cm；

b） 1 ＝ 7 cm 以上～12 cm；

c） 2 ＝ 12 cm 以上～17 cm；

d） 3 ＝ 17 cm 以上。

最多得分 60 分。

A.4 肌肉和关节测试

肌肉和关节测试将得到一个分数，当因为关节活动受限同时伴有肌力障碍，那么功能障碍将会计算严重一方。如果关节和肌肉都没有功能(如：整个髋关节功能受限引起膝关节无法运动，上肢不能与车把接触)，运动员以肢体功能完全丧失评估分数。如果一下肢缺失，自行车运动员将会得下肢缺失最大分。单上肢残疾，运动员最多得59分。

A.5 测试评估

最低残疾情况为20分，最重残疾情况为267分。每个级别的不同得分将会界定在不同的运动级别里面。对于脑损伤自行车运动员，使用计分系统不合适，因此通过功能(尽可能多的功能)协调测试确定参赛运动级别。

a) 肌力和关节活动测试将评分；

b) 神经功能测试、协调测试和能力测试将评分；

c) 对自行车的支撑、适应性和改装可能加或减去相应的分数，甚至更改级别。

d) 现场观察可能更改结果，内容如下：

1) 运动员的基本状况

——运动员的姿态；

——现场表现及成绩。

2) 适应性装置

——自行车架；

——刹车系统；

——踏板系统，脚趾固定夹位置；

——车把；

——车座。

注：无论装置和性能如何，分级师应评估运动员，医学原因明显影响运动员在自行车上的姿态及表现，可以改变级别。

ICS 75.040
E 21

中华人民共和国国家标准

GB/T 17282—2012
代替 GB/T 17282—1998

根据黏度测量值确定石油平均相对分子质量的方法

Test method for estimation of mean relative molecular mass of petroleum oils from viscosity measurements

2012-12-31 发布　　2013-07-01 实施

中华人民共和国国家质量监督检验检疫总局
中国国家标准化管理委员会　发布

前　言

本标准按照 GB/T 1.1—2009 给出的规则起草。

本标准代替 GB/T 17282—1998《根据运动粘度确定石油分子量(相对分子质量)的方法》,与 GB/T 17282—1998 相比,主要技术变化如下:

——标准名称由原来的《根据运动粘度确定石油分子量(相对分子质量)的方法》改为《根据黏度测量值确定石油平均相对分子质量的方法》;

——将标准正文中"分子量(相对分子质量)"均修改为"平均相对分子质量";

——删除精密度中数值的单位(见第 6 章,1998 年版的第 5 章);

——增加了"质量保证和控制"(见第 7 章);

——增加了"试验报告"(见第 8 章)。

本标准使用重新起草法修改采用 ASTM D2502-04(2009)《根据黏度测量值确定石油平均相对分子质量的标准试验方法》。

本标准与 ASTM D2502-04(2009)的技术性差异及其原因如下:

——本标准中运动黏度的单位由"厘斯(cSt)"修改为"平方毫米每秒(mm^2/s)",以符合我国的法定计量单位;

——关于规范性引用文件,本标准做了具有技术性差异的调整,以适应我国的技术条件,调整的情况集中反映在第 2 章"规范性引用文件"中,用 GB/T 265 和 GB/T 11137 代替了 ASTM D445(见 4.1)。

本标准做了下列编辑性修改:

——删除了 ASTM D2502-04(2009)的第 4 章"意义和用途";

——删除了 ASTM D2502-04(2009)的第 7 章"关键词"。

本标准由全国石油天然气标准化技术委员会(SAC/TC 355)提出并归口。

本标准起草单位:中国石油天然气股份有限公司管道分公司管道科技研究中心、大庆油田工程有限公司、中国石油塔里木油田分公司质量检测中心。

本标准主要起草人:张双凤、李秋萍、宋一青、王清平。

本标准所代替标准的历次版本发布情况为:

——GB/T 17282—1998。

根据黏度测量值确定石油平均相对分子质量的方法

警告：使用本标准的人员应有正规实验室工作的实践经验。本标准并未指出所有可能的安全问题。使用者有责任采取适当的安全和健康措施，并保证符合国家有关法规规定的条件。

1 范围

本标准规定了根据黏度测量值确定石油平均相对分子质量的方法。

本标准适用于平均相对分子质量在250～700范围内的石油样品，包括通常的石油馏分。

本标准不适用于那些组成异常或相对分子质量范围相当窄的油品。

2 规范性引用文件

下列文件对于本文件的应用是必不可少的。凡是注日期的引用文件，仅注日期的版本适用于本文件。凡是不注日期的引用文件，其最新版本(包括所有的修改单)适用于本文件。

GB/T 265 石油产品运动粘度测定法和动力粘度计算法

GB/T 11137 深色石油产品运动粘度测定法(逆流法)和动力粘度计算法

3 方法提要

测定37.8 ℃和98.9 ℃的石油样品运动黏度。在 H 函数表查出对应37.8 ℃黏度的 H 函数值。利用该 H 值及98.9 ℃的黏度，从黏度、H 函数与平均相对分子质量关系图确定平均相对分子质量。

4 步骤

4.1 按GB/T 265或GB/T 11137测定石油样品在37.8 ℃和98.9 ℃时的运动黏度。

4.2 用37.8 ℃的黏度值查表1读取对应的 H 值。可用线性内插法计算相邻两列之间的数值。

4.3 在图A.1黏度、H 函数与平均相对分子质量关系图中，确定对应于纵坐标 H 值及98.9 ℃等黏度线的交点后，沿横坐标读出相应的相对分子质量。在确定98.9 ℃等黏度线时可用线性内插法求得。

示例： 测得37.8 ℃运动黏度＝179 mm^2/s；98.9 ℃运动黏度＝9.72 mm^2/s。

在表1中查出179 mm^2/s 的 H 值为461；在黏度、H 函数与平均相对分子质量关系图中，利用 H 值461及98.9 ℃的黏度值9.72 mm^2/s，查出对应的平均相对分子质量为360(如图1所示)。

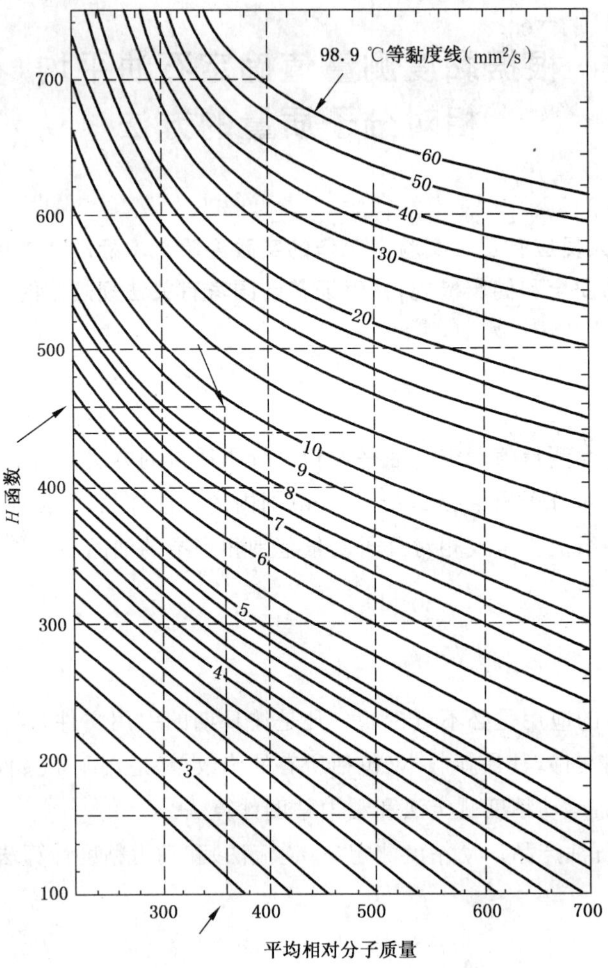

图 1 黏度、*H* 函数与平均相对分子质量关系示意图

5 结果表示

取两次试验结果的算术平均值作为平均相对分子质量,结果保留至整数位。

6 精密度

6.1 重复性

同一操作者,在同一实验室,使用同一台仪器,对同一试样,使用本方法试验,所得两个重复测定结果之差不应大于 3(95%的置信水平)。

6.2 再现性

不同操作者,在不同实验室,使用同类型仪器,对同一试样,使用本方法试验,所得两个结果之差不应大于 25(95%的置信水平)。

7 质量保证和控制

7.1 通过分析一种受控的质控样品保证仪器的性能和试验步骤的准确。

7.2 各检测机构应制定质量控制和质量评价方法，并能确保试验结果的可靠性。

8 试验报告

试验报告至少应给出以下几个方面的内容：

——识别被试的样品所需的全部资料；

——使用的标准(包括发布或出版年号)；

——试验结果；

——与规定的分析步骤的差异；

——在试验中观察到的异常现象；

——试验日期。

表 1 *H* 函数

运动黏度(37.8 ℃) mm²/s	0	0.2	0.4	0.6	0.8
2	−178	−151	−126	−104	−85
3	−67	−52	−38	−25	−13
4	−1	9	19	28	36
5	44	52	59	66	73
6	79	85	90	96	101
7	106	111	116	120	124
8	128	132	136	140	144
9	147	151	154	157	160
10	163	166	169	172	175
11	178	180	183	185	188
12	190	192	195	197	199
13	201	203	206	208	210
14	211	213	215	217	219
15	221	222	224	226	227
16	229	231	232	234	235
17	237	238	240	241	243
18	244	245	247	248	249
19	251	252	253	255	256
20	257	258	259	261	262
21	263	264	265	266	267
22	269	270	271	272	273
23	274	275	276	277	278
24	279	280	281	281	282
25	283	284	285	286	287
26	288	289	289	290	291
27	292	293	294	294	295

表 1（续）

运动黏度 (37.8 ℃) mm²/s	0	0.2	0.4	0.6	0.8
28	296	297	298	298	299
29	300	301	301	302	303
30	304	304	305	306	306
31	307	308	308	309	310
32	310	311	312	312	313
33	314	314	315	316	316
34	317	317	318	319	319
35	320	320	321	322	322
36	323	323	324	325	325
37	326	326	327	327	328
38	328	329	329	330	331
39	331	332	332	333	333

	0	1	2	3	4	5	6	7	8	9
40	334	336	339	341	343	345	347	349	352	354
50	355	357	359	361	363	364	366	368	369	371
60	372	374	375	377	378	380	381	382	384	385
70	386	387	388	390	391	392	393	394	395	397
80	398	399	400	401	402	403	404	405	406	407
90	408	409	410	410	411	412	413	414	415	415
100	416	417	418	419	420	420	421	422	423	423
110	424	425	425	426	427	428	428	429	430	430
120	431	432	432	433	433	434	435	435	436	437
130	437	438	438	439	439	440	441	441	442	442
140	443	443	444	445	445	446	446	447	447	448
150	448	449	449	450	450	450	451	451	452	452
160	453	453	454	454	455	455	456	456	456	457
170	457	458	458	459	459	460	460	461	461	461
180	461	462	462	463	463	463	464	464	465	465
190	465	466	466	466	467	467	468	468	468	469

	0	10	20	30	40	50	60	70	80	90
200	469	473	476	479	482	485	487	490	492	495
300	497	499	501	503	505	507	509	511	512	514
400	515	517	518	520	521	523	524	525	527	528
500	529	530	531	533	534	535	536	537	538	539
600	540	541	542	543	544	545	546	547	547	548
700	549	550	551	551	553	552	554	554	555	556
800	557	557	558	559	560	559	561	562	562	563
900	563	564	565	565	566	566	567	567	568	569

表 1（续）

运动黏度 (37.8 ℃) mm²/s	0	100	200	300	400	500	600	700	800	900
1 000	569	574	578	583	587	591	594	597	600	603
2 000	605	608	610	612	614	616	618	620	621	623
3 000	625	626	628	629	631	632	633	634	636	637
4 000	638	639	640	641	642	643	644	645	646	647
5 000	648	649	650	651	652	652	653	654	655	656
6 000	656	657	658	658	659	660	660	661	662	662
7 000	663	664	664	665	665	666	666	667	667	668
8 000	668	669	670	670	671	671	671	672	672	673
9 000	673	674	674	675	675	676	676	677	677	677
	0	1 000	2 000	3 000	4 000	5 000	6 000	7 000	8 000	9 000
10 000	678	681	684	688	691	694	696	699	701	703
20 000	705	707	709	711	712	714	715	717	718	719
30 000	720	722	723	724	725	726	727	728	729	730
40 000	731	732	732	733	734	735	736	736	737	738
50 000	739	739	740	741	741	742	743	743	744	744
60 000	745	746	746	747	748	748	748	749	749	750
70 000	750	751	751	752	752	753	753	753	754	754
80 000	755	755	756	756	756	757	757	758	758	758
90 000	759	759	759	760	760	760	761	761	761	762
100 000	762	762	763	763	763	764	764	764	764	765

附 录 A
（规范性附录）
黏度、*H* 函数与平均相对分子质量关系图

本标准应使用尺寸为 559 mm×711 mm 的黏度、*H* 函数与平均相对分子质量关系图（见图 A.1）。若使用其他关系图，本标准的精密度不适用。

ICS 67.240
B 04

中华人民共和国国家标准

GB/T 17321—2012
代替 GB/T 17321—1998

感官分析方法　二-三点检验

Sensory analysis method—Duo-trio test

(ISO 10399:2004, Sensory analysis—Methodology—Duo-trio test, MOD)

2012-06-29 发布　　　　2012-11-01 实施

中华人民共和国国家质量监督检验检疫总局
中国国家标准化管理委员会　发布

前　言

本标准按照 GB/T 1.1—2009 给出的规则起草。

本标准代替 GB/T 17321—1998《感官分析方法　二-三点检验》，与 GB/T 17321 相比，其主要技术变化如下：

——增加了用于优选、培训和检验评价员的内容（见第 1 章）；

——“引用标准”改为“规范性引用文件”（见第 2 章）；

——增加了“术语和定义”、“原理”、“评价员”（见第 3 章、第 4 章和第 6 章）；

——删除了“方法提要”、“设备”和“抽样”（见 1998 年版的第 4 章、第 5 章和第 6 章）；

——“一般检验条件和要求”将具体条件逐项列出（见第 5 章），而不是引用其他标准（见 1998 年版的第 7 章）；

——删除了有关评价员要求，而是作为单独条详述（见第 6 章）；

——“检验步骤”和“结果表示”（见 1998 年版的第 8 章和第 9 章）更改为“程序”、“结果分析和表述”和“（见第 7 章和第 8 章）；

——增加了“精密度和偏差”（见第 10 章）；

——附录 A、附录 B 内删除“答案格式”，增加了统计学表格和示例。

本标准修改采用 ISO 10399：2004《感官分析　方法论　二-三点检验》（英文版）。与 ISO 10399：2004 相比，本标准做了具有技术性差异的调整，具体调整如下：

a) 关于“规范性引用文件”：

——用 GB/T 10221 代替了 ISO 5492：1992；

——用 GB/T 13868 代替了 ISO 8589：1988；

——增加了 GB/T 10220、GB/T 12311、GB/T 14195 和 GB/T 16291.2。

b) 删除了国际标准前言，增加了我国标准前言。

c) 7.3 原文“注”的内容，编排为标准正文。

本标准由中华人民共和国农业部提出并归口。

本标准起草单位：中国农业科学院农业质量标准与检测技术研究所、农业部食品质量监督检验测试中心（济南）。

本标准主要起草人：任凤山、张丙春、吕潇、钱永忠、王敏、朱志华、毛雪飞、王磊、赵平娟、吴伟。

本标准所代替标准的历次版本发布情况为：

——GB/T 17321—1998。

感官分析方法　二-三点检验

1　范围

本标准规定了确定两个产品的样品间是否存在可感觉到的感官差别或相似的程序。本标准方法为强迫选择程序。

本标准适用于单一或几种感官特性存在的差别。本标准也适用于差别特性未知时(即它既不确定样品间的差别程度也不确定差别范围,也没有任何特性差别迹象)。本标准仅适用于产品相当相似时。

本标准适用于下述情况:

a)　确定

——有感觉差别(二-三点检验检验差别);

——无感觉差别(二-三点检验检验相似),例如当配料、工艺、包装、处理或贮藏有一项改变时。

b)　用于优选、培训和检验评价员

本标准方法的两种形式:

——恒定参比技术,用于评价员对一个产品熟悉时(如样品来自固定生产线);

——平衡参比技术,用于评价员对一个产品不比另一个产品更熟悉时。

本标准统计有效性低于三点检验(见 GB/T 12311),但评价员较易实施。

2　规范性引用文件

下列文件对于本文件的应用是必不可少的。凡是注日期的引用文件,仅注日期的版本适用于本文件。凡是不注日期的引用文件,其最新版本(包括所有的修改单)适用于本文件。

GB/T 10220　感官分析方法总论(GB/T 10220—2012,ISO 6658:2005,IDT)

GB/T 10221　感官分析　术语(GB/T 10221—2012,ISO 5492:2008,MOD)

GB/T 12311　感官分析方法　三点检验(GB/T 12311—2012,ISO 4120:2004,MOD)

GB/T 13868　感官分析　建立感官分析实验室的一般导则(GB/T 13868—2009,ISO 8589:2007,IDT)

GB/T 16291.1　感官分析　选拔、培训和管理评价员一般导则　第 1 部分:优选评价员(GB/T 16291.1—2012,ISO 8586-1:1993,MOD)

GB/T 16291.2　感官分析　选拔、培训和管理评价员一般导则　第 2 部分:专家评价员(GB/T 16291.2—2010,ISO 8586-2:2008,IDT)

3　术语和定义

GB/T 10221 界定的以及下列术语和定义适用于本文件。

3.1

α-风险　alpha-risk

当感官差别不存在时,推断感官差别存在的概率。

注:这也被认为是第Ⅰ类错误、显著水平或假阳性率。

3.2

β-风险　beta-risk

当感官差别存在时，推断感官差别不存在的概率。

注：这也被认为是第Ⅱ类错误或假阴性率。

3.3

差别　difference

根据感官特性，样品能被区别的状态。

注：能检出产品间感官差别的评价员比例用符号 P_d 表示。

3.4

产品　product

被评估的原料。

3.5

样品　sample

检验过程中制备、呈送和评估的产品单元。

3.6

敏感性　sensitivity

用于评价检验性能特性的通用术语。

注：在统计学术语中，检验敏感性用 α、β 和 P_d 值定义。

3.7

相似　similarity

样品间的感官差别很小以致于产品可互换的状态。

3.8

三联样　triad

在二-三点检验中提供给评价员的三个样品。

注：在二-三点检验中，一个样品被标记为参比样，另外两个样品用不同编码标识。其中一个编码样品与参比样是同一产品，另外一个编码样品是检验中的其他产品。

4　原理

根据检验要求的敏感性选择评价员数(见 6.2 和 A.3)。

评价员得到一组三个样品(即三联样)，一个样品被标记为参比样，另外两个样品编码不同。告知评价员其中一个编码样品与参比样相同，一个与参比样不同。根据检验前的训练和指导，评价员应报告哪个编码样品与参比样相同，或哪个编码样品与参比样不同。

计算正确答案数并根据统计学表确定显著性。

5　检验条件和要求

5.1　用书面形式明确检验目的。

5.2　设施和小隔间应符合 GB/T 13868 的要求。在完成所有评价前，应防止评价员相互交流。

5.3　在评价员视野外以完全相同的方式(即相同器具、相同容器、产品数量相同)制备样品。

5.4　评价员应不能通过样品的呈送方式鉴别出样品。例如，在品尝检验中，避免任何外观差别。用滤光器和(或)柔和灯光掩饰任何不相干的色泽差别。

5.5　用统一方式对盛有样品的容器进行编码，宜使用为每个检验随机选择的三位数字。每组三联样一个被标记为参比样，两个用不同编码标记。在一个会期期间，每个评价员宜使用不同编码。但若一个检验会期期间每个评价员仅使用每个编码一次（例如，若相同会期内实施了不同产品的几个二-三点检验），在一项检验内所有评价员可使用两个相同编码。

5.6 每组三联样内三个样品的呈送数量或体积应完全相同，对于一种规定的产品类型在一系列检验内的所有其他样品也相同。应规定被评估的数量或体积。若未规定，应告知评价员无论任何样品取相似的数量或体积。

5.7 每组三联样内三个样品的温度应完全相同，对于一种规定的产品类型在一系列检验内的所有其他样品也相同。宜在产品通常的食用温度呈送样品。

5.8 应告知评价员是否可吞咽样品或是否可按他们喜欢的方式随意去做。后一种情况，应要求评价员对所有样品以相同的方式进行。

5.9 检验会期内，完成所有检验前应避免给出有关产品特性、预期处理结果或独特特性的信息。

6 评价员

6.1 评价员资格

所有评价员应具有相同资格等级，该等级根据检验目的确定（见 GB/T 16291.1 和 GB/T 16291.2）。对产品的经验和熟悉程度可改善一个评价员的成绩，因而增加发现显著差别的可能性。监测评价员一段时间内的成绩可能有助于提高检验敏感性。

所有评价员应熟悉二-三点检验技术方法（即形式、任务和评价程序）。

6.2 评价员数

选择评价员数以达到检验所需敏感性（见 A.3）。使用大量评价员增加检出产品之间微小差别的可能性。但实际上，评价员数通常决定于具体条件（如试验周期、可利用评价员人数、产品数量）。当检验差别时，具有代表性的评价员数在 32 位～36 位之间。当检验无合理差别时（即相似），为达到相当的敏感性需要两倍评价员数（即大约 72 位）。

尽量避免同一位评价员的重复评价。若需要重复评价以得出产品足够数量的总评价，应尽量使每一位评价员评价次数相同。例如，仅有 12 位评价员可利用，应使每位评价员评价三组组合以得到 36 个总评价数。

注：当用表 A.2 检验相似时，由 12 位评价员得出的 36 个独立评估的三组评估论述无效。然而，当给出重复评估时用表 A.1 的差别检验是有效的。关于重复选择检验的出版物提出近似值二选一，用于选择检验中的平行评估分析。

7 程序

7.1 本标准方法有恒定参比技术和平衡参比技术两种形式。若评价员熟悉产品（如来自生产线的控制样），使用恒定参比技术。若对于两个产品都不太熟悉，使用平衡参比技术。

a) 恒定参比技术

检验前准备工作表和评分表（见 B.2），使用数目相同的 A、B 两个产品两种可能的序列。

A_RAB A_RBA

在评价员之间两人一组随机分发样品（即在第一组两个评价员之间用一个序列，在下一组两个评价员中再使用这个序列，等等）。若评价员总数是奇数时，会使结果的不平衡性降至最低。

b) 平衡参比技术

检验前准备工作表和评分表（见 B.2），使用数目相同的 A、B 两个产品四种可能的序列。

$A_R AB$　　　　$A_R BA$

$B_R AB$　　　　$B_R BA$

系列中前两个组合含有产品 A(即 A_R)作为对照,后两个组合含有产品 B(即 B_R)作为对照。在评价员之间四人一组随机分发样品(即在第一组四个评价员之间用一个序列;在下一组四个评价员中再使用这个序列,等等)。若评价员总数不是四的倍数时,会使结果的不平衡性降至最低。

7.2 若可能,应同时呈送每组三个样品,随后为每个评价员提供相同的空间排列(如总是从左到右直线排列、以三角排列呈送样品)。在三联样内,若愿意,一般允许评价员为每个样品给出重复评价(若产品性质允许做出重复评价)。

7.3 要求评价员首先评价参比样,然后按顺序评价呈送的两个编码样品。告知评价员其中一个编码样品与参比样相同,一个与参比样不同。要求评价员指出两个编码样品中与参比样相同的一个,或两个编码样品中与参比样不同的一个。

当要求评价员选择与参比样相同样品或选择与参比样不同的样品时,应考虑常规评价小组是否使用了其他鉴别检验方法。许多鉴别检验方法如三点检验,侧重于检验中鉴别"不寻常的"或"不同的"样品。要求评价员在一种方法中识别"不同"样品并在另一种方法中识别"相同"样品,这可能引起混淆并导致高概率的不正确回答。

7.4 应为每个三联样组合提供一个评分表。若一个评价员在一个会期内进行一项以上检验,在呈送随后的三联样前收集全部评分表和未用样品。评价员不能追溯到以前样品或改变以前检验的结论。

7.5 评价员做出选择后不要询问有关偏爱、接受或差别程度的问题。对任何附加问题的回答可能影响到评价员做出的选择。这些问题的答案可通过独立的偏爱、接受、差别程度检验等获得(见 GB/T 10220)。询问为何做出选择的陈述部分可包含评价员的陈述。

7.6 二-三点检验是强迫选择程序;评价员不允许回答"无差别"。应要求检验出样品之间无差别的评价员随机选择一个样品,并在评分表陈述部分内指明这项选择仅是一个猜测。

8 结果分析与表述

8.1 差别检验

用表 A.1 分析由二-三点检验获得的数据。若正确答案数大于或等于表 A.1 中给出的数(对应评价员数和检验选择的 α-风险水平),推断样品之间存在感官差别(见 B.1)。

若需要,根据能区分样品人数的比例计算出置信区间。方法见 B.3。

8.2 相似检验[1)]

用表 A.2 分析由二-三点检验获得的数据。若正确答案数小于或等于表 A.2 中给出的数(对应评价员数和检验选择的 β-风险水平和 P_d 值),则推断出样品之间不存在有意义的感官差别(见 B.2)。

若一项检验与另外一项对照检验结果,则应为所有检验选择相同的 P_d 值。

若需要,根据能区分样品的人数比例计算置信区间。方法见 B.3。

9 检验报告

给出检验对象、检验结果和结论。建议给出以下附加信息:

1) 本标准中,"相似"不是指"等同"。更确切地说,"相似"指两个产品足够相似可用来互换。不可能证实两个产品完全相同,但可表明存在于两个产品之间的差别很小以致无实际意义。

——检验目的和样品处理的特性；

——样品的全部标识(即来源、制备方法、数量、状态、检验前的储藏、呈送的量、温度)，样品信息应传达所有已进行的储藏、处理和制备，以这种方式生产的样品仅仅由于关注点的变化而不同，无论任何情况；

——评价员人数、正确答案数和统计评价结果(包括检验使用的 α、β 和 P_d 值)；

——评价员：经验(感官检验中、对产品、对检验中样品)，年龄和性别(见 GB/T 16291.1 和 GB/T 16291.2)；

——对评价员给出的有关检验的任何信息和明确建议；

——检验环境(即所用检验设施、同时或连续呈送，检验后样品特征是否公开，若公开，以何种方式)；

——检验地点、日期及小组组长姓名。

10 精密度和偏差

因为感官鉴别检验结果取决于个体敏感性，因此不能做出适用于所有评价员的结果再现性的一般陈述。关于特定数目评价员的精密度随小组规模的增加而增加，也随训练和对产品的接触而增加。

作为强迫选择程序使用时，若完全遵守第 7 章的注意事项，通过本标准方法得到的结果无偏差。

附 录 A
（规范性附录）
二-三点检验所需正确答案数和评价员数查询表

A.1 表A.1给出的值是在规定的α显著性水平所需的最少正确答案数(列)，和相应的评价员数n(行)。若正确答案数大于或等于表A.1中的值，则“无差别”的假设不成立。

表 A.1 二-三点检验推断感官差别存在所需最少正确答案数

n	α					n	α				
	0.20	0.10	0.05	0.01	0.001		0.20	0.10	0.05	0.01	0.001
6	5	6	6	—	—	26	16	17	18	20	22
7	6	6	7	7	—	27	17	18	19	20	22
8	6	7	7	8	—	28	17	18	19	21	23
9	7	7	8	9	—	29	18	19	20	22	24
10	7	8	9	10	10	30	18	20	20	22	24
11	8	9	9	10	11	32	19	21	22	24	26
12	8	9	10	11	12	36	22	23	24	26	28
13	9	10	10	12	13	40	24	25	26	28	31
14	10	10	11	12	13	44	26	27	28	31	33
15	10	11	12	13	14	48	28	29	31	33	36
16	11	12	12	14	15	52	30	32	33	35	38
17	11	12	13	14	16	56	32	34	35	38	40
18	12	13	13	15	16	60	34	36	37	40	43
19	12	13	14	15	17	64	36	38	40	42	45
20	13	14	15	16	18	68	38	40	42	45	48
21	13	14	15	17	18	72	41	42	44	47	50
22	13	14	15	17	19	76	43	45	46	49	52
23	15	16	16	18	20	80	45	47	48	51	55
24	15	16	17	19	20	84	47	49	51	54	57
25	16	17	18	19	21	88	49	51	53	56	59

注1：因为是根据二项式分布得到，表中的值是准确的。对于不在表中的n值，根据下列二项式的正常近似值为遗漏的登记项计算近似值：

最少正确答案数(x)＝大于下式的最近似整数：$x=(n/2)+z\sqrt{n/4}$

其中z随以下显著水平不同而不同：$\alpha=0.20$时，0.84；$\alpha=0.10$时，1.28；$\alpha=0.05$时，1.64；$\alpha=0.01$时，2.33；$\alpha=0.001$时，3.09。

注2：n值＜24时，通常不推荐二-三点检验检验差别。

A.2 表A.2给出的值是在选择的P_d、β和n水平检验“相似”所需的最大正确答案数。若正确答案数小于或等于表A.2中的值，则在$100(1-\beta)\%$置信水平“无差别”的假设成立。

表 A.2　二-三点检验推断两个样品相似所需最大正确答案数

n	β	P_d					n	β	P_d				
		10%	20%	30%	40%	50%			10%	20%	30%	40%	50%
20	0.001	3	4	5	6	8	56	0.001	18	21	24	27	30
	0.01	5	6	7	8	9		0.01	21	24	27	30	33
	0.05	6	7	8	10	11		0.05	24	27	29	32	36
	0.10	7	8	9	10	11		0.10	25	28	31	34	37
	0.20	8	9	10	11	12		0.20	27	30	32	35	38
24	0.001	5	6	7	9	10	60	0.001	20	23	26	30	33
	0.01	7	8	9	10	12		0.01	23	26	29	33	36
	0.05	8	9	11	12	13		0.05	26	29	32	35	38
	0.10	9	10	12	13	14		0.10	27	30	33	36	40
	0.20	10	11	13	14	15		0.20	29	32	35	38	41
28	0.001	6	8	9	11	12	64	0.001	22	25	29	32	36
	0.01	8	10	11	13	14		0.01	25	28	32	35	39
	0.05	10	12	13	15	16		0.05	28	31	34	38	41
	0.10	11	12	14	15	17		0.10	29	32	36	39	43
	0.20	12	14	15	17	18		0.20	31	34	37	41	44
32	0.001	8	10	11	13	15	68	0.001	24	27	31	34	38
	0.01	10	12	13	15	17		0.01	27	30	34	38	41
	0.05	12	14	15	17	19		0.05	30	33	37	40	44
	0.10	13	15	16	18	20		0.10	31	35	38	42	45
	0.20	14	16	18	19	21		0.20	33	36	40	43	47
36	0.001	10	11	13	15	17	72	0.001	26	29	33	37	41
	0.01	12	14	16	18	20		0.01	29	32	36	40	44
	0.05	14	16	18	20	22		0.05	32	35	39	43	47
	0.10	15	17	19	21	23		0.10	33	37	41	44	48
	0.20	16	18	20	22	24		0.20	35	39	42	46	50
40	0.001	11	13	15	18	20	76	0.001	27	31	35	39	44
	0.01	14	16	18	20	22		0.01	31	35	39	43	47
	0.05	16	18	20	22	24		0.05	34	38	41	45	50
	0.10	17	19	21	23	25		0.10	35	39	43	47	51
	0.20	18	20	22	25	27		0.20	37	41	45	49	53
44	0.001	13	15	18	20	23	80	0.001	29	33	38	42	46
	0.01	16	18	20	23	25		0.01	33	37	41	45	50
	0.05	18	20	22	25	27		0.05	36	40	44	48	53
	0.10	19	21	24	26	28		0.10	37	41	46	50	54
	0.20	20	23	25	27	30		0.20	39	43	47	52	56
48	0.001	15	17	20	22	25	84	0.001	31	35	40	44	49
	0.01	17	20	22	25	28		0.01	35	39	43	48	52
	0.05	20	22	25	27	30		0.05	38	42	46	51	55
	0.10	21	23	26	28	31		0.10	39	44	48	52	57
	0.20	23	25	27	30	33		0.20	41	46	50	54	59
52	0.001	17	19	22	25	28	88	0.001	33	37	42	47	52
	0.01	19	22	25	27	30		0.01	37	41	46	50	55
	0.05	22	24	27	30	33		0.05	40	44	49	53	58
	0.10	23	26	28	31	34		0.10	41	46	50	55	60
	0.20	25	27	30	33	35		0.20	43	48	52	57	62

表 A.2（续）

n	β	P_d 10%	20%	30%	40%	50%	n	β	P_d 10%	20%	30%	40%	50%
92	0.001	35	40	44	49	55	104	0.001	40	46	51	57	63
	0.01	38	43	48	53	58		0.01	44	50	55	61	66
	0.05	42	46	51	56	61		0.05	48	53	59	64	70
	0.10	43	48	53	58	63		0.10	50	55	60	66	71
	0.20	46	50	55	60	65		0.20	52	57	63	68	73
96	0.001	37	42	47	52	57	108	0.001	42	48	54	59	65
	0.01	40	45	50	56	61		0.01	46	52	57	63	69
	0.05	44	49	54	59	64		0.05	50	55	61	67	72
	0.10	46	50	55	60	66		0.10	52	57	63	68	74
	0.20	48	53	57	62	67		0.20	54	60	65	71	76
100	0.001	39	44	49	54	60	112	0.001	44	50	56	62	68
	0.01	42	47	53	58	64		0.01	48	54	60	66	72
	0.05	46	51	56	61	67		0.05	52	58	63	69	75
	0.10	48	53	58	63	68		0.10	54	60	65	71	77
	0.20	50	55	60	65	70		0.20	56	62	68	73	79

注 1：因为是根据二项式分布得到，表中的值是准确的。对于不在表中的 n 值，根据下列二项式的正常近似值计算 100(1－β)%置信上限 P_d 近似值：

$$[2(x/n)-1]+2z_\beta\sqrt{(nx-x^2)/n^3}$$

式中：

x ——正确答案数；

n ——评价员数；

z_β ——随以下显著水平不同而不同：β＝0.20 时，0.84；β＝0.10 时，1.28；β＝0.05 时，1.64；β＝0.01 时，2.33；β＝0.001 时，3.09。

若计算值小于选择的 P_d 限，则声明样品在 β 显著水平相似。

注 2：n 值＜36 时，通常不推荐二-三点检验检验相似。

A.3 表 A.3 给出了确定评价员数的统计学方法。检验的统计学敏感性是三个值的作用：α-风险、β-风险和识别人员的最大允许比例 P_d[2)]。实施检验前，用下述导则选择 α、β 和 P_d 值。

作为一个经验法则，统计学显著结果在

——10%～5%(0.10～0.05)的 α-风险表明差别不显著；

——5%～1%(0.05～0.01)的 α-风险表明差别中等显著；

——1%～0.1%(0.01～0.001)的 α-风险表明差别显著；

——低于 0.1%(＜0.001)的 α-风险表明差别非常显著。

对于 β-风险，差别不明显的显著程度用上述相同要求来评价（"β"代替"α"，"不明显"代替"明显"）。

识别人员的最大允许比例 P_d 在以下三个范围内：

——P_d＜25%，代表小值；

——25%＜P_d＜35%，代表中值；

——P_d＜35%，代表大值。

2) 在本标准中，正确答案的概率 P_c 按模型 $P_c=P_d+(1-P_d)/2$ 得出，其中 P_d 是能区分两个产品的评价员人数比例。一个评价员决策过程的心理学模型，如在二-三点检验中 Thurstone-Ura 模型也适用。

选择评价员数以得到检验所需敏感性水平。进入表 A.3 选择的 P_d 值的相应部分和选择的 β 值的相应列。在选择的 α 值的相应行找到所需评价员的最少数。反之,表 A.3 可用来导出当维持评价员数在实际限量内时提供的可接受敏感性的一系列 α、β 和 P_d 值。方法在参考文献中详述。

表 A.3 给出的值是执行由 α、β 和 P_d 值决定的具有特定敏感性的二-三点检验所需评价员最小数。进入表中选择的 P_d 值的相应部分和选择的 β 值的相应列。在选择的 α 值的相应行读出所需评价员数。

表 A.3 二-三点检验所需评价员数

α	P_d	β				
		0.20	0.10	0.05	0.01	0.001
0.20	50%	12	19	26	38	58
0.10		19	26	33	48	70
0.05		23	33	42	58	82
0.01		40	50	59	80	107
0.001		61	71	83	107	140
0.20	40%	19	30	39	60	94
0.10		28	39	53	79	113
0.05		37	53	67	93	132
0.01		64	80	96	130	174
0.001		95	117	135	176	228
0.20	30%	32	49	68	110	166
0.10		53	72	96	145	208
0.05		69	93	119	173	243
0.01		112	143	174	235	319
0.001		172	210	246	318	412
0.20	20%	77	112	158	253	384
0.10		115	168	214	322	471
0.05		158	213	268	392	554
0.01		252	325	391	535	726
0.001		386	479	556	731	944
0.20	10%	294	451	618	1 006	1 555
0.10		461	658	861	1 310	1 905
0.05		620	866	1 092	1 583	2 237
0.01		1 007	1 301	1 582	2 170	2 927
0.001		1 551	1 908	2 248	2 937	3 812

附 录 B
（资料性附录）
示 例

B.1 示例 1:确定差别存在的二-三点检验——平衡参比技术

B.1.1 背景说明

一个番茄汤制造商想要推荐一个新的且价值更高的低盐配方以期获得市场收益。在将其提交品尝检验与旧配方对比之前,商家希望证实能通过感觉区分两个产品。选择平衡参比模式的二-三点检验,因为产品的复杂风味使得评价员的判断过程简单非常重要。当一个产品没有差别时,厂家领导乐意接受推断出仅一项差别存在的微小概率。但因为旧产品依然很受欢迎,他乐意接受一个弄错差别不存在的较高风险。

B.1.2 检验目的

确定新产品(B)能和传统产品(A)区分开,以验证消费者试验。

B.1.3 评价员数

为防止提供给厂家领导一个差别不存在的不真实推断,感官分析人员建议 $\alpha=0.01$。为平衡样品呈送顺序,分析人员决定采用 36 位评价员。

B.1.4 实施检验

制备样品(54 份 A 和 54 份 B)。其中 18 份样品“A”和 18 份样品“B”被标记为参照样。其余 36 个样品“A”和 36 个样品“B”用唯一性随机三位数进行编码。然后,全部样品分为 9 个系列,每个系列由以下 4 组样品组成。每组样品内呈送的第一份为参照样,标明为 A_R 或 B_R,示例如下:

A_RAB　　B_RAB

A_RBA　　B_RBA

每四个三联样组合被呈送 9 次,以使以平衡的随机顺序涉及 36 位评价员。工作表见表 B.1。评分表示例见表 B.2。

B.1.5 结果分析与表述

28 位评价员正确识别与参照相同样品。表 A.1 中对应 36 位评价员的行和对应 $\alpha=0.01$ 的列内,感官分析人员找出在 $\alpha=0.01$ 显著水平推断感官差别存在需要 26 个正确答案数。因此,28 个正确答案足以推断两个产品有感官差别。

推荐分析人员可根据能感觉出样品间差别的人数比例选择计算一个单边低置信区间。

计算结果为(亦见 B.3):

$$[2(28/36)-1]-2\times2.33\sqrt{(28/36)[1-(28/36)]/36}=0.233$$

至少 23%的人数能感觉样品间差别,分析人员可推断出 99%置信水平。

B.1.6 报告和结论

感官分析人员报告在 1%($n=36, x=28$)显著水平,评价小组实际能区分传统产品的范例。使用新工艺的生产试验应转到 B.1.2 提出的消费者试验。

表 B.1 示例 1 工作表

日期:2003-09-20　　　　　　检验编码:TX-0245

二-三点检验样品顺序和呈送草案

在样品盘制备区域公布本表格。预先将评分表和呈送容器编码。

产品类型:番茄汤

样品编码:

A=传统的(编码 941 和 387)　　　　B=新的(编码 792 和 519)

呈送容器编码如下

专家小组成员	样品编码			专家小组成员	样品编码		
1	A_R	A-941	B-792	19	A_R	A-941	B-792
2	A_R	B-792	A-941	20	B_R	B-519	A-387
3	B_R	A-387	B-519	21	B_R	A-387	B-519
4	B_R	B-519	A-387	22	B_R	B-519	A-387
5	B_R	A-387	B-519	23	A_R	A-941	B-792
6	A_R	B-792	A-941	24	A_R	B-792	A-941
7	A_R	A-941	B-792	25	A_R	A-941	B-792
8	B_R	B-519	A-387	26	A_R	B-792	A-941
9	B_R	A-387	B-519	27	B_R	A-387	B-519
10	A_R	A-941	B-792	28	B_R	B-519	A-387
11	B_R	B-519	A-387	29	A_R	A-941	B-792
12	A_R	B-792	A-941	30	B_R	B-519	A-387
13	B_R	A-387	B-519	31	B_R	A-387	B-519
14	B_R	B-519	A-387	32	A_R	B-792	A-941
15	A_R	A-941	B-792	33	B_R	A-387	B-519
16	A_R	B-792	A-941	34	B_R	B-519	A-387
17	B_R	A-387	B-519	35	A_R	A-941	B-792
18	A_R	B-792	A-941	36	A_R	B-792	A-941

注 1:用参照(Ref)或指定的随机三位数标记样品杯并按给每位评价员的呈送顺序排列。

注 2:在一个呈送盘内呈送、放置样品和一份编码评分表。

注 3:无论回答正确与否都回传涉及的工作表。

表 B.2 二-三点差别检验示例 1 评分表

二-三点检验

评价员编码:________________姓名:________________日期:____________

说明:

从左到右品尝样品。左侧样品为参照,其他两个样品之一与参照相同。另外一个与参照不同。在与参照相同的样品框内标记"×"。若不确定,标记最好的猜测;也可在猜测的标记下作出标注。

参照　　　　941　　792

陈述:____

____。

B.2 示例2:确定两个样品相似的二-三点检验——恒定参比技术

B.2.1 背景说明

一个软饮料公司希望证实申请的新包装不改变饮料的风味,消费者察觉不到差别。厂方管理者知道不可能证明两个产品完全相同,但他希望证实若差别存在,仅有一小部分评价员可能察觉到差别。另一方面,当产品相同时,他乐意接受错误推断出产品不同的相当大的概率,因为这仅仅意味着恢复满意的旧包装,可能改进新包装,然后再进行检验。

B.2.2 检验目的

确定填充并贮存在新包装内的产品与填充并贮存在传统包装内的产品是否非常相似。

B.2.3 评价员数

感官分析人员建议使用传统产品作为恒定参照的二-三点检验,因为评价员熟知这个产品,不需要花费时间或精力去熟悉产品本身的风味。分析人员然后与厂方管理者协商决定检验所用的风险水平。决定辨别人员的最大允许比例应为 $P_d=30\%$。制造商仅愿意采用不能检出的辨别人员 $\beta=0.05$ 的概率水平。应为检验招募52位感官分析评价员。

B.2.4 实施检验

感官分析人员使用表B.3和表B.4进行检验。分析小组由传统包装(A)制备104份呈送产品,并由新包装(B)制备52份呈送产品,以得到每两个可能的三联样组合的26组呈送样品:A_RAB和A_RBA。

B.2.5 结果分析与表述

一位评价员缺席检验。51位评价员参与检验,25位正确识别出检验中与参照不同的样品。涉及表A.2,分析人员发现没有 $n=51$ 的条目。则分析人员使用表A.2注1中的公式确定是否可推断出两个样品相似。分析人员发现:

$$[2(25/51)-1]-2\times1.64\sqrt{(51\times25-25^2)/51^3}=0.210$$

即,不大于21%的评价员能区分样品时,分析人员确定有95%的置信水平。分析人员推断新包装符合制造商以95%置信水平(即 $\beta=0.05$)确定不大于 $P_d=30\%$ 的人员能检出差别的判断标准。新包装可替代传统包装。

B.3 示例3:二-三点检验置信区间

B.3.1 背景说明

若愿意,分析人员能根据区分样品人数的比例计算一个置信区间。如下计算:

$P_c=x/n$;

$P_d=2P_c-1$;

$S_d=2\sqrt{P_c(1-P_c)/n}$

表 B.3 示例 2 工作表

日期：2001-10-04　　检验编码：587-FF03

二-三点检验样品顺序和呈送草案

在样品盘制备区域公布本表格。提前将评分表和呈送容器编码。

产品类型：软饮料
样品编码：
A＝包装 4736（传统的）　　B＝包装 3987（新的）

呈送容器编码如下

专家小组成员	样品编码			专家小组成员	样品编码		
1	A_R	A-795	B-168	27	A_R	A-795	B-168
2	A_R	B-168	A-795	28	A_R	B-168	A-795
3	A_R	A-795	B-168	29	A_R	A-795	B-168
4	A_R	B-168	A-795	30	A_R	B-168	A-795
5	A_R	A-795	B-168	31	A_R	A-795	B-168
6	A_R	B-168	A-795	32	A_R	B-168	A-795
7	A_R	A-795	B-168	33	A_R	A-795	B-168
8	A_R	B-168	A-795	34	A_R	B-168	A-795
9	A_R	A-795	B-168	35	A_R	A-795	B-168
10	A_R	B-168	A-795	36	A_R	B-168	A-795
11	A_R	A-795	B-168	37	A_R	A-795	B-168
12	A_R	B-168	A-795	38	A_R	B-168	A-795
13	A_R	A-795	B-168	39	A_R	A-795	B-168
14	A_R	B-168	A-795	40	A_R	B-168	A-795
15	A_R	A-795	B-168	41	A_R	A-795	B-168
16	A_R	B-168	A-795	42	A_R	B-168	A-795
17	A_R	A-795	B-168	43	A_R	A-795	B-168
18	A_R	B-168	A-795	44	A_R	B-168	A-795
19	A_R	A-795	B-168	45	A_R	A-795	B-168
20	A_R	B-168	A-795	46	A_R	B-168	A-795
21	A_R	A-795	B-168	47	A_R	A-795	B-168
22	A_R	B-168	A-795	48	A_R	B-168	A-795
23	A_R	A-795	B-168	49	A_R	A-795	B-168
24	A_R	B-168	A-795	50	A_R	B-168	A-795
25	A_R	A-795	B-168	51	A_R	A-795	B-168
26	A_R	B-168	A-795	52	A_R	B-168	A-795

注 1：用参照（Ref）或指定的随机三位数标记样品杯并按给每位评价员的呈送顺序排列。

注 2：在一个呈送盘内呈送、放置样品和一份编码评分表。

注 3：无论回答正确与否都回传涉及的工作表。

表 B.4 示例 2 评分表

二-三点检验	检验编码 587-FF03
评价员编码：21 姓名：_______ 日期：_______ 样品类型：软饮料	
说明： 在样品盘中从左到右品尝样品。左侧样品为参照，其他样品之一与参照不同。选择不同的样品并在相应的样品框内标记“×”。	
盘内样品 指明与参照不同的样品 陈述： 参照 795 ____ ________ 168 ____ ________。	
注：如果你希望说明选择的理由或样品特性，可在陈述栏内描述。	

置信上限：$P_d+Z_\alpha S_d$

置信下限：$P_d-Z_\alpha S_d$

式中：

P_c——正确比例；

x——正确答案数；

n——评价员总数；

P_d——识别人员比例；

S_d——P_d 标准差；

Z_α——标准正态分布的临界值。对于 90％的置信区间，$Z_\alpha=1.28$；95％的置信区间，$Z_\alpha=1.64$；99％的置信区间，$Z_\alpha=2.33$。

B.3.2 结果分析与表述

假设示例 2 的数据，$x=25$，$n=51$。则：

$P_c=25/51=0.49$

$P_d=2\times0.49-1=-0.02$

$S_d=2\sqrt{0.49(1-0.49)/51}=0.14$

95％置信上限：$-0.02+1.64\times0.14=0.21$

95％置信下限：$-0.02+1.64\times0.14=-0.25$

若分析人员检验相似，分析人员有 95％的置信水平确定能区分样品人员的实际比例不大于 21％。反之，若分析人员检验差别，由于 95％置信下限是负值，$P_d=0\%$在区间内，并因此是一个可能的值，因而支持样品间无感官差别的结论。

总体来看，置信区间允许上下限 5％的误差，因而区分人员的真正比例约在人数的 0％～21％之间，感官分析人员有 90％的置信水平。根据检验目的，研究人员可选择使用单边置信上限、单边置信下限、或双边置信限。

参 考 文 献

［1］ ISO 3534-1 Statistics—Vocabulary and symbols—Part 1:Probability and general statistical terms

［2］ BROCKHOFF, P. B., SCHLICH, P. Handling replications in discrimination tests. Food Quality and Preference, 1998, 9(5):303-312.

［3］ ENNIS, D. M., BI, J. The beta-binomial model: Accounting for inter-trial variation in replicated difference and preference tests. Journal of Sensory Studies, 1998, 13(4):389-412.

［4］ FRIJTERS, J. E. R. Three-stimulus procedure in olfactory psycholophysics: An experimental comparison of thurstone-ura and three-alternative forced-choice models of signal detection theory. Perception and Psychophysics, 1980, 28(5):390-397.

［5］ KUNERT, J., MEYNERS, M. On the triangle test with replications. Food Quality and Preference, 1999(10):477-482.

［6］ KUNERT, J. On repeated difference testing. Food Quality and Preference, 2001(12):385-391.

［7］ MEILGAARD, M., CIVILLE, G. V., Carr, B. T. Sensory evaluation techniques. 2nd edition. CRC Press, Inc, Boca Raton, FL, 1991:338.

［8］ SCHLICH, P. Risk tables for discrimination tests. Food Quality and Preference, 1993(4):141-151.

ICS 71.040.99
N 53

中华人民共和国国家标准

GB/T 17359—2012/ISO 22309:2006
代替 GB/T 17359—1998

微束分析　能谱法定量分析

Microbeam analysis—Quantitative analysis using energy dispersive spectrometry

(ISO 22309:2006,IDT)

2012-07-31 发布　　2013-02-01 实施

中华人民共和国国家质量监督检验检疫总局
中国国家标准化管理委员会　发布

前 言

本标准按照 GB/T 1.1—2009 给出的规则起草。

本标准代替 GB/T 17359—1998《电子探针和扫描电镜 X 射线能谱定量分析通则》。

本标准与 GB/T 17359—1998 相比，主要内容变化：

——增加了轻元素定量分析的技术要求；

——增加了术语与定义；

——增加了无标样定量分析的技术要求；

——增加了测量不确定度的要求；

——增加了资料性附录 A、附录 E；

——删除了分析方法原理；

——删除了附表 1 和附表 2 的标准样品清单。

本标准使用翻译法等同采用 ISO 22309:2006《微束分析　能谱法定量分析》。

本标准由全国微束分析标准化技术委员会(SAC/TC 38)提出并归口。

本标准主要起草单位：核工业北京地质研究院、中国地质科学院矿产资源研究所。

本标准主要起草人：范光、葛祥坤、周剑雄、陈振宇、于阿朋。

引　言

当一种高能量电子束作用到一个试样上时会产生X射线，这种X射线随着试样中不同的化学组成(原子类别)特征而具有不同的能量(波长)。每种元素的X射线强度与该元素在试样中的含量相关。如果用测得的这些X射线强度与一个适当的参考物质或一组参考物质的X射线强度比较并用适当的方法校正，就可得到每一元素的含量。“无标样”程序也可以提供试样的定量结果，但要有存储在软件包中的预先测量的参考X射线强度或通过理论计算得到的X射线强度与之作对比。这种基于一些假设的程序的测试精度必然比利用参考物质方法的测试精度低(见参考文献[1]~[8])。检测特征X射线有两种常见的方法：波谱法(WDX)、能谱法(EDX)。本标准所采用的方法是能谱法。

利用能谱法分析时，轻元素(原子序数 $Z<11$(Na)的元素)的定量分析更加复杂，本标准讨论了一些这方面的问题。

微束分析　能谱法定量分析

1　范围

本标准规定了用安装在扫描电镜(SEM)或电子探针(EPMA)上的能谱仪对试样上特定点或特定区域进行定量分析的方法。定量分析是指用质量分数(百分数)表示元素的含量。正确鉴别试样中所有元素是定量分析中必不可少的组成部分,因此,本标准也包含这方面的内容。本标准提供了多种能谱法定量分析方法,本标准适用于利用参考物质或"无标样"程序对质量分数高于1%的元素进行定量分析。本标准对原子序数大于10的元素的分析置信度更高。

本标准也规定了对原子序数小于11的轻元素的分析方法。

注:当没有重叠峰,并且相应的特征X射线被强烈地激发时,能谱仪也可以测量质量分数在0.1%水平的元素。本标准主要应用于表面平整试样的定量分析,基本方法也适用于表面不平整试样的分析,但会引入附加的不确定度分量。

目前没有公认的轻元素的准确能谱仪(EDS)定量分析方法,以下是几种常用于轻元素分析的EDS方法:

a)　测量峰面积并对比峰强度。如附录D中所述的原因,这种方法对轻元素分析结果的不确定度比重元素大。

b)　当已知试样中的轻元素以化学计量的方式与重元素(Z>10)结合时,该轻元素的浓度可以通过与其他元素的相关浓度比进行测定。这种方法通常用于硅酸盐矿物试样中氧的测定。

c)　通过差值法计算浓度,即用100%减去能够分析元素的总百分数即为轻元素的百分数。这种方法只有在很好的束流稳定性和单独测量至少一个参考样品的条件下才能够应用,并且还需要精确测定样品中的其他元素。

附录D总结了重元素存在时轻元素定量分析中的问题。如果仪器上安装了能谱仪和波谱仪(WDS),可以用WDS来克服EDS分析中的低能量谱峰重叠问题。

2　规范性引用文件

下列文件对于本文件的应用是必不可少的。凡是注日期的引用文件,仅注日期的版本适用于本文件。凡是不注日期的引用文件,其最新版本(包括所有的修改单)适用于本文件。

GB/T 27025—2008　检测和校准实验室能力的通用要求(ISO/IEC 17025:2005,IDT)

GB/T 20726—2006　半导体探测器X射线能谱仪通则(ISO 15632:2002,IDT)

ISO 14594　微束分析　电子探针微分析　波谱仪实验参数测定导则(Microbeam analysis—Electron probe microanalysis—Guidelines for the determination of experimental parameters for wavelength dispersive spectroscopy)

ISO 16700:2004　微束分析　扫描电子显微术　图像放大倍数校正导则(Microbeam analysis—Scanning electron microscopy—Guidelines for calibrating image magnification)

3　术语和定义

下列术语和定义适用于本文件。

3.1

吸收校正　absorption correction

为补偿X射线穿过试样到探测器的过程中，由于试样中所有元素的光电吸收作用引起某一元素的X射线强度损失而进行的基体校正。

3.2

准确度　accuracy

真值与测量值之间的一致程度。

3.3

加速电压　accelerating voltage

为加速从电子源发射的电子而加到灯丝和阳极之间的点位差。

注：加速电压用千伏(kV)表示。

3.4

原子序数校正　atomic number correction

对分析体积中所有元素的电子背散射及阻止本领引起某一元素X射线强度变化进行的基体校正。

3.5

束流　beam current

电子束中的电流。

注：束流用纳安表示。

3.6

束流稳定性　beam stability

分析过程中束流的变化程度。

注：束流稳定度用百分数/h表示。

3.7

韧致辐射　bremsstrahlung

入射电子在原子库仑场中减速而产生的非特征X射线谱。

3.8

有证参考物质　certified reference material;CRM

它的一个或多个特征参数值已通过一个有效的技术程序测定，这些特征参数值可在鉴定机构颁发的证书或文件中查找到。

3.9

特征X射线　characteristic X-ray

原子内壳层电子被电离后，由较外层电子向内壳层跃迁产生的具有特定能量的电磁辐射光子。

3.10

死时间　dead time

计数测量系统处理一个脉冲信号后，恢复到能处理下一个脉冲信号所需的时间。

注：死时间通常以其所占总时间的百分数表示[见活时间(3.19)]。

3.11

能谱法　energy-dispersive X-ray spectrometry;EDX

测量单个光子能量建立描述X射线能量分布的数字直方图的X射线谱方法。

3.12

电子探针显微分析　electron probe microanalysis

根据聚焦电子束与试样微米至亚微米尺度的体积相互作用激发X射线的谱学原理，对电子激发体积内的元素进行分析的技术。

3.13

逃逸峰　escape peaks

由于探测器材料的荧光效应，造成入射光子能量损失引起的假峰。

注1：逃逸峰的能量为入射特征峰能量减去探测器材料发射的X射线能量(Si逃逸峰的能量为1.734 keV)。

注2：入射X射线能量低于探测器材料的临界激发能时不产生逃逸峰，因此，在Si-Li EDS探测器中能量低于1.84 keV的X射线不能产生SiK逃逸峰。

3.14

荧光效应　fluorescence

原子对特征或连续X射线的光电吸收处于激发态，该激发态原子因退激而产生俄歇电子或特征X射线的效应，亦称“二次”荧光效应。

3.15

荧光校正　fluorescence correction

对由于“A”元素吸收了超过其临界激发能的“B”元素的特征X射线而产生的“A”元素特征X射线进行的一种基体校正。

3.16

谱峰半高宽　full width at half maximum;FWHM

谱峰扣除背底后强度最高值之半处的峰宽度。

注：FWHM是用谱峰最高值一半处的宽度来测量。

3.17

入射电子束能量　incident beam energy

灯丝和阳极之间的电位使入射束电子获得的能量。

3.18

K比值　k-ratio

试样中某一元素的净峰强度(经过背底修正)除以标准物质能谱中相应元素实测或经计算的净峰强度。

3.19

活时间(s)　live time (s)

脉冲测量电路能够探测X射线光子的时间。

见死时间(3.10)

注1：活时间用s表示。

注2：活时间等于实际分析时间减死时间。实际分析时间用常规时钟计时。对X射线探测来说，实际分析时间总是大于活时间。

3.20

过压比　overvoltage ratio

入射束电子能量与一特定原子壳层(K,LⅠ,LⅡ,等)的临界激发能量之比。

3.21

峰强度　peak intensity

扣除背底后的特征X射线谱峰面积的X射线总计数。

注：这种峰强度有时称为峰积分。

3.22

峰形　peak profile

由特定X射线发射的能量和相对强度确定的特征峰的形状，谱峰未用能谱仪鉴别。

3.23

精密度　precision

在指定条件下，多次测量结果的一致程度。

3.24

EDS 定量分析　quantitative EDS

对分析体积中测定的元素进行浓度测定的过程(方法)。

3.25

参考物质　reference material;RM

材料或物质,其最少有一个特征参数足够均匀并被测定以用于对仪器、测量装置进行校正或用于对材料赋值。

注:参考物质的特征元素含量在一定体积内是均匀的。在测试过程中要在这些由一个或多个机构提供的试样特定大小范围测量的参考物质的元素含量,其元素含量是在一个不确定度范围内。

3.26

重复性　repeatability

相同的实验者用同样的方法,用同一台测量仪器,在相同的实验室,相当短的时间内连续测量相同数量的试样所得结果的一致程度。

3.27

再现性　reproducibility

同一个量用不同的方法、不同的测量仪器、不同的操作者,在不同的实验室进行测量,所得结果的一致程度。测量的时间间隔较一次测量时间长得多,仪器应用不同的条件进行测量。

3.28

分辨率　resolution

(能量分辨率)能谱仪测得的谱峰半高宽。

注:分辨率通常用 Mn Kα 线(5.894 keV)进行测量,也可用其他合适的元素谱峰进行测量。

3.29

分辨率　resolution

(空间分辨率)微束分析空间特征的一种度量。

注:通常用测量试样中特征辐射的体积或者长度值表示。

3.30

无标样分析　standardless analysis

X 射线显微分析的一种定量方法,其中 K 值表达式中的参考峰强度 I_{std} 来自于物理计算或一系列参考物质的存储数据,以弥补所缺标样或适应不同的实验条件。

3.31

和峰　sum peaks

由于两个特征 X 射线光子同时进入探测器无法分辨,而产生两个特征 X 射线光子能量之和的假峰。

注:和峰的能量是同时到达探测器的两个光子能量之和。

3.32

溯源性　traceability

通过记录的结果跟踪整体的历史、应用或位置的能力。

3.33

不确定度　uncertainty

测量结果表示中的一部分,表示真值可能的变化范围。

3.34

确认　validation

通过提供客观证据,对特定的预期用途或应用要求已得到满足的认定。

3.35

X 射线吸收　X-ray absorption

在 EPMA/EDS 和 SEM/EDS 显微分析时的 X-射线能量范围内，主要由于光电吸收所造成的原生 X-射线强度穿越物质时的衰减。

4　试样制备

4.1　分析的材料应在变化压力下和电子束轰击下稳定。试样经过简单清洁后即可进行检测，但试样表面不均匀或者不平将影响定量分析结果。

4.2　为了准确的定量分析，试样表面应该垂直于入射电子束的光滑平面。应用常规的金相或者岩相制样技术一般都能满足这种要求。电子束周围几个微米直径的分析区域要均匀。

4.3　固体试样可以进行加工以满足尺寸要求，但应确保加工过程不造成试样变形。分析前应该采用合适的技术(例如超声波清洗)清楚试样表面的污染物。

4.4　试样应尽可能用导电介质包埋后再按照标准金相或岩相制样方法进行抛光。包埋介质应该小心选择，避免介质组分对试样表面的污染和试样分析体积内的成分改变。

注 1：只要不引起表面浮突效应，可以用 1/4 μm 级的金刚石抛光。如果分析区域清洁、无浮突，不必清除所有划痕。试样制备过程中应避免损伤试样。可能的损伤原因包括：

a)　润滑剂的影响；

b)　第二相(析出物)去除；

c)　不同硬度的相抛光程度不同，会产生表面浮突；

d)　表面产生应变；

e)　边缘弯曲。

为了改善截面试样的边缘支撑力，试样可以涂敷一层较硬材料。

注 2：见 ASTM E3-01[9] 更详细的规范。

4.5　如果要用光学检验被分析区域的位置，可能需要在放入仪器前或者在仪器内对试样进行浸蚀。但应该浅腐蚀，腐蚀试样可能产生组分变化或者形貌假象。用已存在的或者标记的分析区域参考特征，例如，划痕或者硬度压痕定位后，抛光已腐蚀的区域。

4.6　试样应该有好的电导，以避免电子束照射时的荷电产生。试样应该通过导电试样座或者通过碳导电胶或者银线与仪器的接地连接。任何暴露的非导电镶嵌材料均应该用导电介质覆盖，以避免分析时的电子束漂移。导电膜可用约 20 nm 厚的碳膜，如果试样不适合于镀碳，也可以镀比较薄的金属(例如铝)。

注：试样表面的镀膜元素，会改变试样中所含该元素的浓度，影响的大小依赖于加速电压和镀膜厚度。

4.7　多数情况下，应将制备好的试样表面与入射电子束完全垂直地安装在试样台上。

4.8　参考物质应符合 ISO 14595[18] 的要求，用类似于未知试样的方法制备，例如抛光、镀碳、相对于电子束用相同方向定位。

5　仪器准备

5.1　在进行校正和分析之前，应首先检查束流稳定性(标准样品的计数变化每小时应小于 1%)和探测器稳定性。探测器稳定性应通过测量探测器的分辨率和能量校正来监测(见 GB/T 20726)。

5.2　应该定期(例如每天)检查或者重新校准探测器系统的能量标尺，或者当辨别谱峰有疑问时也要进行校正，并记录下所有的校正数据和校正偏差。

5.3　能量标尺通过两个峰位检查，一个是低能峰(例如 1.486 keV 的 Al Kα 峰)，另一个是高能峰(例如 8.040 keV 的 Cu Kα 峰)。用适当的单个参考物质就可以容易地检查能量标尺。或者用一个含有两种元素的参考物质，如 Al 和 Cu 的 Kα 峰，在同一个谱图中采集到的 Kα 峰来进行能量刻度检查。

注 1： 为了准确地监测能量标尺零的位置，仅需要单一谱峰。

注 2： 用同一个元素的两个峰位，例如 Cu Lα 和 Cu Kα，由于 Cu L1 and Cu Lβ 引起的 Cu Lα 失真，通过一个简单的拟合过程能给出较低的校正准确度。

5.4 探测器分辨率是通过选择的谱峰半高宽（FWHM）测量。分辨率应该定期按 GB/T 20726 测量，对于特定的脉冲处理器的设定，分辨率将低于验收值（一般大于验收值的 10%），如果超过极限值，应该检查系统性能，必要时重新检查和确认。所有测量都必须在相同条件下完成并记录。

注： 为了准确定量分析能量接近于 1 keV 的元素，不应使用 Mn Kα 的 FWHM 超过 160 eV 的探测器，最好使用小于 135 eV 的探测器。

5.5 利用 Cu Lα 和 Cu Kα 或者其他元素，例如 Ni 的相应峰强度比，可以测量探测器效率。应该定期测量并记录。当该比值减小到不能接受的值（一般不低于验收值的 2/3），应该由厂家重新校准，特别在无标样分析时更重要。探测器应该符合 GB/T 20726，附录 B 的规定。

5.6 对于无标样分析，用 Duane-Hunt 规则检查已获取的谱图。

注： 在指定的高压下，轫致辐射背底高能量端的偏离意味着试样放电或 SEM 显示的高压错误，这种情况下不能做定量分析。

6 分析步骤

6.1 灯丝应达到饱和，并有足够的时间达到合适的稳定度，例如在分析过程中优于 1%。加速电压通常在 10 kV 到 25 kV 之间选择，原则如下：

a) 为了有效激发获得高峰值强度，过压比至少要 1.8。因此，当应用 8 keV～10 keV 左右的高能线时，推荐的最小加速电压为 20 kV。

b) 为了分析低能线，例如 1 keV～3 keV，用低加速电压能够减小吸收校正和可能产生的误差。例如 10 kV 按 a)的 X 射线激发要求是合适的。

注： 10 kV 不可能分析 $Z=24$(Cr)到 $Z=29$(Cu)的元素，因为 K 线不能充分被激发。

c) 为了准确分析，基本要求是分析特征应该全部包含在分析体积内。分析特征可能是表面层、小包体、靠近界面的区域等。估算加速电压对分析区域和分析深度的影响，见 ISO 14594，可以按该标准选择合适的加速电压。

6.2 为了从试样中获得整个谱峰的足够高的计数率，束流应该足够大。但束流也不能太大，以免产生电子学失真或者在谱图中产生纯元素的和峰。

注 1： Si-Li 探测器一般输入计数率可达 10 000 计数/s，死时间小于 35%。虽然测量元素的计数依赖于所分析元素的浓度，但谱的总计数约为 250 000 比较合适。

通过对比低计数率时得到的谱图和最高计数率时得到的谱图，根据谱峰漂移和堆积变形的情况来检测系统计数率的容量。在分析前和分析后，用一个已知参考样品上的法拉第杯至少两次检查束流的稳定性。

注 2： SEM 中所用束流受高图像分辨率的小束斑尺寸限制。

6.3 试样应在电子束下正确定位：

a) 用 EPMA 的能谱仪，需要试样表面定位在光学显微镜的焦面上，并且与仪器电子束成规定的角度（通常为 90°）。试样定位或者意外倾斜误差，会降低分析数据的准确度。

b) 在扫描电镜中，试样高度是由相关 EDS 厂家选择或者给定的工作距离确定。试样倾斜应设置为零。ISO 16700 提供了将试样台的倾斜角度设置为零的详细说明。

6.4 脉冲处理器的设置应尽可能地使分辨率达到最优，并与 6.2 中所述的计数率和死时间的设置一致。

6.5 用光学图像或扫描电子图像在试样上选择分析位置。所选定区域的成分均匀性，应该用试样中一种或多种主要元素的 X 射线强度线扫描或距相界足够远的几个随机位置的点分析来检查。

当用光学系统在试样上定位时，注意光学和电子光学系统的中心应一致。

6.6 当用标准物质时，相对于电子束的定位方法应该和试样相同，镀膜材料的厚度要相近。试样和标准物质应该用相同的分析条件采集谱图。为了确认束流和其他系统参数的稳定性，例如基线漂移、增益漂移、分辨率、束流，在分析过程中至少用一个参考物质进行检查。

6.7 选取采集时间应该使测量峰能获得足够的总计数。采集时间将依赖于最后结果的精密度需要。当对精密度有怀疑时，应该重复测量以确定测量结果的重复性。

6.8 应记录所有相关的测量参数（检出角、试样倾斜角、加速电压等）。

注：因为能谱仪分辨率量级为 100 eV，所以特征 X 射线发射的复杂线系在数字谱图中会出现一些宽的能谱峰。电路计数的损失通常通过增加计数时间自动校正。用秒预设的活时间记录谱图，实际的计数时间要稍长于活时间。计数除以预设的活时间的峰面积为 X 射线轰击探测器活性区的强度。假设用相同的入射电子束流和相同的采谱活时间，定量分析时用计数的峰面积优于用 X 射线强度，因此，本标准中应用了“峰强度”和“峰面积”。

7 数据处理

7.1 概述

试样谱图中含有的信息由试样分析体积中的元素的特征 X 射线峰组成。尽管谱峰强度与试样中元素的量有关，但不同元素的谱峰相对强度不能表示元素的相对浓度。

7.2 峰的识别

鉴别谱图中所有峰，仔细考虑可能的峰重叠，见附录 B（见参考文献[9]和[10]）。

能谱厂商提供自动谱峰鉴别软件，一些软件能处理重叠峰。然而，其性能依赖于峰形构成的准确度，因此，同一个试样对不同的软件、电路和探测器组合能产生不同的结果。

另外，人工识别谱峰应从最强峰开始，见附录 A。操作者可以参考出版的峰强度数据、并特别关注 K、L 或者 M 线系中每根线的能量和相对强度鉴别所有元素。错误的峰强度比，或者不规则的峰形状表明有干扰元素存在，应该研究低能量线接近探测器低能检测限时、或者过压比不够时损失的强度值。所有观察到的谱峰都应该加以说明，包括可能出现的逃逸峰或者高计数率时出现的和峰。

分析每个元素的浓度时，应该选择合适的谱峰，例如，加速电压 20 kV 时，合适的定量分析线选择如下：$Z=11\sim30$ 时，选择 K 线；$Z=29\sim71$ 时，选择 L 线；$Z=72\sim92$ 时，选择 M 线。

7.3 峰强度的估计

为了计算所分析峰的净强度，需要扣除背底（通常用软件）。谱峰的背底能用数字滤波或者用谱峰两边的线性内插方法扣除。在一个大能量范围内背底扣除的准确度不高。选择扣除背底的方法主要依赖于获得的软件能力和预期的分析准确度。

如果出现重叠峰，谱峰剥离可用软件或手动处理，用纯元素谱图的不同峰的相对强度进行校正。任何剥离方法都应该用 CRMs/RMs 进行确认（见参考文献[12]）。

7.4 *K* 比值的计算

试样中元素产生的 X 射线谱峰强度扣除背底后，除以纯元素参考物质相应谱峰的 X 射线强度，即可得到 k 比值。当没有纯元素而用化合物作参考物质时，测定的参考峰应该进行基体校正。大多数软件包都包含基体效应的校正。

除了用参考物质外，*K* 比值可以通过比较试样中元素的峰强度与无标样数据库元素强度或者计算强度获得（见 7.7）。

7.5 基体效应

试样中鉴别出的系列元素的 K 比值要选用相应的方法进行基体效应校正。这些校正包括原子序数(Z)、X 射线吸收(A)和荧光(F)效应的校正,这三种校正统称为 ZAF 校正。目前已有一些优化的校正程序,它优于纯粹用数字表示的 ZAF 程序。例如,"phi-rho-Z"模型能够显示产生 X 射线的深度分布,这在评价是否达到对试样中特定深度(或区域)的分析时具有特殊的意义。

归一化前应该注意校正后的分析结果总量。当至少用一个参考物质进行独立测量时,非归一化分析结果总量应该在 95%～105%之间。超出该范围时,应该确定是否存在未鉴别的元素,包括原子序数小于和等于 10 的元素,或者是否在分析过程中仪器不稳定。

当分析结果总量小于 100%,并且已知只有一个 $Z<11$ 的元素存在时,只要已知该元素对基体校正的影响,其浓度可以用差值法得到。如果元素氧按化学计量结合成化合物,这种方法尤为可信。

差值法测量的元素浓度能有较大的相对误差,特别是低浓度元素。

7.6 参考物质的应用

X 射线微区定量分析时,应该尽可能用标样。应用接近试样成分的参考物质有两种方法:

a) 为了获得满意的结果,每次分析都应该分析标准物质,并且提供和分析有关的不确定度信息。

b) 为了估算试样成分,可以直接比较参考物质和试样中获得的谱峰强度,假如没有合适元素的参考物质,这是一种最佳的方法。

试样和参考物质的数据应该在相同实验条件下获得。

注:新的软件通常能对不同实验条件进行补偿。多元素参考物质能提供日常的校正监控,即检查相对峰值强度和峰位。

7.7 无标样分析

当所分析的元素无标准物质时,可用 7.4 中提到的无标样定量分析程序。这些程序得到的元素浓度,比不修正的相对谱峰得到的浓度更准确。无标样程序的修正,是在特定的激发条件和几何条件下获得的。这些程序的 K 比值是通过参考元素的峰值强度获得、参考元素的峰值强度通过计算、或者由厂家提供的元素或者化合物谱峰数据库、或者由用户事先得到的谱峰数据库计算得到。该方法总的相对不确定度优于±10%。然而,当分析条件与无标样程序的特定条件不同,和有低浓度元素时,误差较大。

无标样分析是用最简单的形式提供了元素的相对浓度,并规定元素浓度总量为 100%,即使分析中漏测元素,元素鉴别有误,或者峰值强度测定误差很大,仍然能得到看上去满意的结果。假如某些元素因为没有合适的谱峰而不能分析,应在结果中注明,因为无标样分析的相对浓度计算不包括这些丢失元素对其他元素 X 射线强度校正的影响(见参考文献[1])。

更可靠的方法是测量一个或多个参考物质,能获得绝对浓度。非归一化总量能够作为判断试样中是否有漏测元素的方法。

评定无标样方法不确定度的来源,是一个基本组成部分。应通过分析与试样有相似性能的已知试样完成。特别应该注意无标样分析所需要的实验条件(见 GB/T 27025 中的 5.4.5 和 5.9)。

分析前应用标样完成分析方法的确认(软件和程序)。

7.8 结果的不确定度

7.8.1 概述

7.8.2 和 7.8.3 提供了测量结果不确定度评定的指南(见参考文献[13]-[16])。

7.8.2 重复试样或相似试样的常规分析

分析者应建立实验室分析中典型试样测量的内部再现性和准确性,同时也应确认分析方法以保证该方法适合于分析目的。

测量的再现性应该从相同试样、在相同的条件下,定期(长于分析时间)重复实验完成。这包括不同操作者和同一个相的不同分析点。不确定度的组成应该包括附录C中列出的一些因素。

参加实验室能力验证活动、试样的循环分析可以获得不同实验室间的再现性,并可以提供单一实验室分析中其他不确定度的证据。

注：测量的重复性是由同一个操作者,用同一台仪器在相同的条件下,在相对短的时间内检测试样同一区域得到的。这样的不确定度组成通常包含附录C中所列的大部分因素。

重复性/再现性提供了从随机来源不确定度分量的合成不确定度。

如果用相同的操作条件对有证参考物质(CRM)进行重复分析,就可以得到测量结果的准确度。这种方法也可以使分析结果溯源到公认的参考物质,识别系统误差。另外保证结果准确性的方法是实验室使用已建立的分析方法进行分析。

其他因子对不确定度的贡献可以用专业评估法或 Eurachem 文件中描述的方法确定。[13]

结合再现性和准确性的测量,可以为不确定度提供一个量度。

应识别对测量不确定度有贡献的因素,并将它们的影响降到最小。典型的因素与仪器(硬件和软件)、周围条件的变化、分析程序、试样及操作者有关。小区域内试样化学组成的较大差别(非均匀性)是测量过程中不确定度的主要来源。这些因素的举例列于附录C中。

7.8.3 非常规分析

用全套的元素/化合物参考物质和已建立的方法进行非常规分析,这种分析可被认为与7.8.2中相似元素在相似基体下确立的相同级别的不确定度有关。操作者要特别注意确保不发生像附录C中所举的问题,并一定要说明所引用的任一不确定度都是典型的。

利用超出7.8.2中所测定的不确定度范围的实验参数(线系能量、操作电压、表面条件、不常见的基体材料等)或"无标样"程序进行的分析,其不确定度将是正常情况下的几倍。附录C中包含对特定分析进行不确定度评定时需要考虑的因素,它可以帮助分析者确定附在结果中的不确定度。

附录E中列出了由一个实验室收集几年的典型数据和多个实验室进行对比的数据。

7.9 结果报告

结果报告应满足GB/T 27025的要求,详细说明如下:

a) 实验室的名称和地址;

b) 委托人的姓名和地址;

c) 证书的唯一性标识;

d) 报告页码的唯一性标识(p. ...of...);

e) 实验日期和报告签发日期;

f) 试样接收日期;

g) 试样的详细说明;

h) 校正方法的详细资料;

i) 测试程序的详细资料(仪器的详细资料、操作条件、所用的软件、确认);

j) 分析结果和分析结果的不确定度;

分析结果归一化到100%后应注明,说明测定的元素组成是近似的,测定结果的总和不是实际测定的,这应在提供的不确定度中反映出来;

k) 责任人签名。

附　录　A
（资料性附录）
谱峰的标定

A.1　执行A.2～A.10所阐述的程序。

A.2　分析之前，应尽可能地了解试样的化学组成和所有元素的特征。

A.3　完成仪器准备（第5章）规定的检查。在给定的束流下，典型的加速电压在10 kV和20 kV之间选择。在可能的情况下计数率至少在2 000计数/s～3 000计数/s之间，相应的死时间为20%～30%。最强峰计数约为50 000，或者谱图总计数为250 000。通常对应于约100 s的活时间。

注：上述的计数率适合于普通的Si-Li探测器。一些商业探测器在特定的死时间内允许更高计数率，但在高计数率时，谱峰分辨率通常会降低。

A.4　鉴别的谱峰应具有统计意义，即，峰强度＞$[N(b)+3[N(b)]^{1/2}]$，N(b)为背底强度的平均值。

对一个特别感兴趣的元素弱峰，应该较长时间采集谱图，检查该谱峰是否具有统计意义。如果分析体积的大小接近所分析特征的体积，应该检查可能的试样漂移。如果安装了WDS，可以用WDS检查存在的元素。WDS的探测限通常为0.01%（质量分数），在合适的条件下为0.001%（质量分数）。

A.5　确定最大强度的峰位。

A.6　应用如下方法测量元素峰位的X射线能量：

a）　X射线能量标尺；

b）　原子序数与能量关系的图表，或者

c）　由软件包（见参考文献[10]和[11]）提供的“KLM”能量标记或者列表。

注：表格数据虽然全面，但使用慢。能量标尺和“KLM”能量标记不包括所有相关谱峰。

A.7　最强峰被标记后，确认如下谱峰：

a）　相同元素的较低强度峰（K，L，M...）；

注1：当能量低于3 keV时，次要线不能完全被分辨出来。

b）　和峰；

注2：和峰的强度随计数率增加而增大。

c）　逃逸峰。

注3：逃逸峰的大小是母峰大小的固定分数，从P Kα的1%下降到Zn Kα的0.01%，Ge探测器的固定分数较高，从Se Kα的17%下降到Ru Kα的7%。

A.8　重复A.5～A.7步骤，标记剩余的最高强度的谱峰，直到所有谱峰都被标记元素、和峰或者逃逸峰。

注：谱峰绝对强度减小时，增加了谱峰系列中低强度峰探测的困难。因此，低含量和微量元素标记的可靠性低于主元素。

低于1 keV时，较重元素的低能量峰（L线谱峰）会干扰轻元素的Kα谱峰，使轻元素鉴别非常困难。因为轻元素统计误差大，对这些低能量峰应该仔细进行剥离，可以用较高谱峰分辨率的WDS进行元素鉴别。

A.9　应该检查不同元素的相同谱峰能量之间的干扰，见附录B。

A.10　谱图中的每个谱峰都应该进行元素的标注，或者相关的逃逸峰与和峰的标注。任何干扰都应该清楚地标明。

附 录 B
(资料性附录)
峰鉴定/干扰

当两个或者更多元素特征谱峰彼此之间靠得足够近时,谱峰鉴别会产生不确定性。两个相邻谱峰之间分开的能量大小,依赖于探测器的分辨率和校正准确度。但典型的临界值为 30 eV;分离的谱峰大于 30 eV 时,用自动和手动鉴别都不会产生问题。

鉴定过程第一步是检查能谱中强峰的能量与元素的主要线系能量间的匹配。应首先考虑主要线系,即 K_α、L_α、M_α,因为它们在给定的 K、L、M 系列中能量通常是最强的。在 30 eV 的原则下,会出现下述干扰的情况:

C-K 与 Ca-L;

N - K 与 Sc - L 及 Ti-L;

O-K 与 V - L 及 Cr-L;

F-K 与 Mn-L 及 Fe-L;

Na-K 与 Zn-L;

Mg-K 与 As-L;

Al-K 与 Br-L;

Rb-L 与 Ta-M;

Si-K 与 Ta-M;

Y-L 与 Os-M;

P-K 与 Zr-L 及 Pt-M;

Au-M 与 Nb-L;

Nb-L 与 Hg-M;

Mo-L 与 Tl-M;

S-K 与 Mo-L 及 Pb-M;

Tc-L 与 Bi-M;

Ar-K 与 Ag-L;

Ag-L 与 Th-M;

K-K 与 In-L;

Sc-K 与 Xe-L;

Ti-K 与 Ba-L;

Zn-K 与 Re-L;

As-K 与 Pb-L。

该列表中不包括稀土元素之间的干扰,也不包括主要线和另外元素次要线(如 K_β、L_β、L_γ 等)之间的干扰。

附 录 C
（资料性附录）
影响测量结果不确定度的因素

C.1 因素

下列因素会影响分析结果的不确定度：

a） 试样的不均匀性；

b） 试样粗糙度，例如形状不确定，不平；

c） 抛光假象，例如污染，化学影响；

d） 导电膜，例如试样和 CRM/RM 镀膜不同，镀膜材料影响分析结果；

e） 试样荷电，例如接地不良，束流/加速电压太高；

f） 错误的几何位置，例如工作距离、倾斜、试样室探测器安装的方位角和高度；

g） SEM/EPMA 的不稳定性，例如 kV、束流、分析点位置；

h） 探测器老化，例如稳定度、分辨率、校正、污染；

i） 处理时间，例如高分辨率要足够长的处理时间，可接受的死时间要尽量短；

j） 电子束设置不当，例如 kV（激发，分辨率，荷电），束流（统计涨落，束斑直径）；

k） 脉冲处理器设置错误，例如不同试样/参考物质；

l） 总计数不够，例如束流/计数时间组合；

m）元素鉴别错误，例如重叠峰、逃逸峰、堆积峰-软件效率；

n） 背底扣除误差，例如模型、内插、滤波；

o） CRM/RM 误差，例如制备、定位、镀膜；

p） 储存/计算峰形误差，例如重叠线，条件不正确；

q） 基体校正误差，例如没有公认的表格、数据；

r） 电子束穿透，例如束斑大于分析的特征尺寸，荧光效应穿过边界；

s） 缺失元素，例如基体校正错误，分析总量低，归一化误差。

C.2 方法

估计测量不确定度的方法如下：

a） 说明正在测量什么，包括它与输入量的关系；

b） 鉴别不确定度的来源（参见 C.1 中的清单）；

——确定不确定度对结果的影响（原因和影响图或“鱼刺”图）；

——简化并去掉重复的分量；

c） 不确定度定量（测量或估计）；

d） 计算合成不确定度。

C.3 测量

a） 考虑所有对结果的影响因素，从长时间测量的结果获得精度数据。选择如下方法：

1） 在不同的时间分析典型试样；

2） 不同时间重复分析几个试样；

3） 设计多因素实验，通过 ANOVA 分析（两组间的方差分析）获得每个因素的各自方差。

注：精确度会随浓度而变化（见附录 E）。

b） 准确度（偏差的自由度）数据可通过下述方法获得：

1） 重复分析有关的 CRM；

2） 当参考物质只是近似于试样时，应该考虑附加因素的影响，例如均匀性和成分的差异；

3） 结果与有关方法比较；

4） 考虑所有附加因素对总不确定度的影响。

附 录 D
（资料性附录）
原子序数小于11的元素分析

D.1 如果用轻元素和重元素的L线或M线进行定量分析，会引起除本标准提到的问题之外的其他许多问题。首先，由于试样产生的谱图会出现L线和M线与来自低能量K线相应谱峰的重叠，操作者在处理这些问题时应特别谨慎，并注意下面的要点：除非所有假峰（尤其是C和O的假峰）的影响已被清除，否则定性分析也不正确。

利用参考物质校验实验技术的有效性是这类工作的基本特征。

D.2 用EDS分析时，低能量的谱峰都非常靠近，它们的分离效果没有高能量峰的分离效果好，轻元素的K线系谱峰与重元素的L和M线系谱峰经常重叠。低于1 keV的L和M线系峰的峰形不能被正确地分辨，当出现重叠峰时（如Ti/N、V/Cr/O、Mn//Fe/F），峰强度的测量取决于软件峰剥离的方法。

D.3 重叠峰的出现也会使背底修正变得困难。如果探测器的效率未知，或者由于系统安装后产生了污染使探测器的效率发生了变化，那么外推的背底曲线就不准确。

D.4 在20 kV的加速电压下，低能量X射线的强烈吸收及吸收系数的不确定性很大，引起峰强度的不确定性远大于高能量峰强度的不确定性。在低加速电压下，吸收较小，但导电膜或污染物薄膜的影响会很明显，这与高能量峰的过压比减小产生的影响相同。在20 kV时，试样表面倾斜几度就会使一些低能量峰强度变化10%甚至更高。另外，在低加速电压下，大多数试样表面存在的氧化薄层成分会被增强，所以测量的氧的质量百分比并不代表试样中氧的真实组成。

D.5 用碳导电膜时，大约有10%的氮的Kα信号被20 nm厚度的碳薄膜吸收。薄膜本身也产生碳峰，即碳膜对测量的碳峰强度也有影响。

D.6 轻元素的定量分析要求试样室无污染。在分析过程中，电子束下的试样表面会产生碳的污染物，这在非常清洁真空系统下可以忽略，但每分钟产生几个纳米厚度的污染物是不能忽略的。碳导电薄膜和碳污染物层能吸收低能量X射线并产生碳的X射线峰。真空油会凝结在探测器窗口上并使低能量峰效率逐渐降低。水蒸气会穿过薄膜窗口，探测器真空中的一些物质长时间也会放气，并在探测晶体的前表面产生结冰和污染。低能量线会更有可能受到所有这些使探测器效率发生变化的因素影响。

D.7 用碳导电胶使试样接地时，背散射电子撞击试样表面会产生假的碳X射线。试样表面的碳导电镀膜、在探测器前面的安装的磁性电子阱也会产生碳X射线。

D.8 当计数率超过几千计数/s时，碳的和峰会被错误地认为是氧的Kα峰。

附　录　E
（资料性附录）
单个实验室及不同实验室之间再现性研究的数据举例

表 E.1 为在一个实验室获得的 CRM,NBS S479a 的 EDS 分析结果(见参考文献[17])。两个操作者在 8 年中的 18 个场合获得了 20 个测量结果。所有结果都用 ZAF 法修正(见 7.5)并考虑到试样中存在的其他少量元素将其归一化到 100%。在归一化之前所有分析结果的总和均大于 97%。从这些结果中可以发现,化学分析结果与显微分析结果有显著差别,尤其是 Cr 的差别最大。由于强荧光效应的存在,对发荧光元素的分析会出现较大的误差。荧光修正理论也要求样品在若干微米(<50)的范围内样品均匀,但有些试样达不到这个要求。

表 E.1　CRM NBS S479a 显微分析结果的范围、平均值及标准偏差(SD)

元素	范围(质量分数)/%	平均值(质量分数)/%	1(SD)	化学分析(质量分数)/%
Fe	70.5～69.6	70.3	0.27	71.0
Cr	19.7～18.9	19.3	0.27	18.1
Ni	10.3～10.6	10.5	0.10	10.9

表 E.2 为同一个试样在六个不同实验室的 EDS 分析结果,还有在 NIST 进行的 WDS 分析结果和化学分析结果。在进行获得该表中结果的测试之前,首先用纯元素物质校正系统,同时也要校正谱仪。WDS 分析表明试样不均一,Cr 和 Ni 的质量分数变化达±0.5%。即使在已通过认证的实验室,Cr 的 EDS 和 WDS 分析的质量分数与用湿法化学分析得到的数据间存在显著差异,但所有 EDS 和 WDS 结果在 95%置信度范围内都是一致的。这可以表明,对于某些物质的分析,即使不同的方法得到的结果不同,但从微米尺寸体积分析的技术中得到的结果相当一致。这也反映了各个实验室仪器系统的软件和硬件、方法及校正方法都具有一致性。特别强调的是,应细心正确选择参考物质并验证分析方法的有效性。

表 E.2　各实验室 CRM NBS S479a 元素显微分析结果及标准偏差的对比

实验室	Fe(质量分数)/%	2(SD)	Cr(质量分数)/%	2(SD)	Ni(质量分数)/%	2(SD)	分析的数量
A	70.9	—	18.8	—	10.3	—	2
B	71.0	0.21	19.2	0.15	9.8	0.12	10
C	70.5	0.13	19.2	0.09	10.2	0.07	5
D1	70.5	0.4	18.9	0.19	10.6	0.20	20
D2	70.3	0.18	19.3	0.14	10.4	0.13	20
E(WDS)	70.5	0.21	19.2	0.13	10.3	0.18	40
F	69.5	1.5	19.8	0.2	10.7	0.40	5
NIST(WDS)	70.7	0.57	19.45	0.28	10.65	0.25	
NIST(化学分析)	71.0		18.1		10.7		

参 考 文 献

[1] ASTM E1508:1998(2003),Standard Guide to Quantitative Analysis by Energy—Dispersive Spectroscopy

[2] ENV 1071-4,Advanced technical ceramics—Methods of test for ceramic coatings—Part 4: Determination of chemical composition

[3] HEINRICH,K. F. J. Electron Beam X-Ray Microanalysis,Van Nostrand Reinhold Company,1981

[4] HEINRICH,K. F. J. and NEWBURY,D. E. Electron Probe Quantitation,Plenum Press,1991

[5] Ed:HREN,J. J. ,GOLDSTEIN,J. I. and JOY,D. C. Introduction to Analytical Electron Microscopy,Plenum Press,1979

[6] SCOTT,V. D. ,LOVE,G. and REED,S. J. B. Quantitative Electron—Probe Microanalysis, Second edition,Ellis Horwood,1995

[7] REED,S. J. B. Electron Microprobe Analysis,Second edition,Cambridge University Press,1993

[8] GOLDSTEIN,J. I. et al. Scanning Electron Microscopy and X-ray Analysis—A Text for Biologists,Materials Scientists,and Geologists,Third edition,Kluwer Academic/Plenum Publishers,2003

[9] ASTM E3-01,Standard Practice for Preparation of Metallographic Specimens

[10] Table 14. 6. K series X-Ray Wavelength and Energies,Table 14. 7. L series X-Ray Wavelength and Energies,Table 14. 8. M series X-Ray Wavelength and Energies in reference[8]

[11] WHITE,E. W. and JOHNSON,G. G. X-ray Emission and Absorption Wavelengths and Two—Theta Tables,ASTM Data Series DS 37A,1970

[12] ISO Guide 33:2000,Uses of certified reference materials

[13] EURACHEM/CITAC,Guide Quantifying Uncertainty in Analytical Measurement,2nd edition,ed:Ellison,S. L. R. ,Rosslein,M. and Williams,A,2000

[14] Guide to the Expression of Uncertainty in Measurement. BIPM,IEC,IFCC,ISO,IUPAC,IUPAP,OIML,Geneva (1996) ISBN 92-67-10188-9

[15] FARRANT,T. Practical Statistics for the Analytical Scientist:A Bench Guide,Royal Society of Chemistry,1997

[16] ASTM E456-O4,Standard Terminology for Relating to Quality and Statistics

[17] MARINENKO,R. B. ,BIANCANIELLO,F. ,BOYER,P. A. and RUFF,A. W. Standard Reference Materials:Preparation and Characterization of an Iron-Chromium-Nickel Alloy for Microanalysis:SRM 479a,NBS Special Publication 260-70,1981

[18] ISO 14595,Microbeam analysis—Electron probe microanalysis—Guidelines for the specification of certified reference materials (CRMs)

ICS 19.060;77.040.10
N 71

中华人民共和国国家标准

GB/T 17394.2—2012

金属材料 里氏硬度试验 第2部分：硬度计的检验与校准

**Metallic materials—Leeb hardness test—
Part 2: Verification and calibration of hardness testers**

2012-12-31 发布　　2013-06-01 实施

中华人民共和国国家质量监督检验检疫总局
中国国家标准化管理委员会　发布

前 言

GB/T 17394《金属材料　里氏硬度试验》分为如下三个部分：

——第1部分：试验方法；

——第2部分：硬度计的检验与校准；

——第3部分：标准硬度块的标定。

本部分为GB/T 17394的第2部分。

本部分按照GB/T 1.1—2009给出的规则起草。

请注意本文件的某些内容可能涉及专利。本文件的发布机构不承担识别这些专利的责任。

本部分由中国机械工业联合会提出。

本部分由全国试验机标准化技术委员会(SAC/TC 122)归口。

本部分起草单位：北京时代之峰科技有限公司、长春机械科学研究院有限公司、泉州市丰泽东海仪器硬度块厂。

本部分主要起草人：张宏运、袁松、郝建国、陈俊薪。

金属材料　里氏硬度试验　第2部分：硬度计的检验与校准

1　范围

GB/T 17394的本部分规定了里氏硬度试验用的里氏硬度计(以下简称硬度计)的检验与校准方法。

本部分适用于检验硬度计基本功能的直接检验法和硬度计综合检查的间接检验法。间接检验法可独立地用于使用中的硬度计的定期常规检验。

本部分适用于带有D、DC、S、E、D+15、DL、C和G型冲击装置的里氏硬度计。

2　规范性引用文件

下列文件对于本文件的应用是必不可少的。凡是注日期的引用文件，仅注日期的版本适用于本文件。凡是不注日期的引用文件，其最新版本(包括所有的修改单)适用于本文件。

GB/T 4340.1　金属材料　维氏硬度试验　第1部分：试验方法(GB/T 4340.1-2009，ISO 6507-1：2005，MOD)

3　一般要求

在检验硬度计以前，应对其进行检查以保证：

a)　硬度计在规定的工作电压范围内正常工作；

b)　冲击装置工作可靠、操作灵活，无卡住现象；

c)　打印机走纸正常，打印字迹清楚、字形完整、不变形；

d)　冲击体球头无划痕、变形、污物及油脂等。

4　直接检验

4.1　总则

4.1.1　直接检验宜在10 ℃～35 ℃的温度范围内进行，如在此温度范围以外进行检验，则应在检验报告中注明。

4.1.2　检测项目和使用的计量器具见表1。

检验和校准用的计量器具应能溯源到国家基准。

表 1 检测项目和计量器具的技术特性

序号	检测项目	计量器具	
		名称	技术特性
1	冲击体质量	精密天平	最小分度值为 0.001 g
2	球头直径	立式光学计	示值最大允许误差为±0.25 μm
3	冲击体顶端球面半径	投影仪	100 倍以上
4	冲击体顶端球面表面状态	工具显微镜	50 倍
5	冲击体顶端球面表面粗糙度	干涉显微测量仪	不确定度 5%～22%($k=3$)
6	球头硬度	维氏硬度计(HV1)	示值最大允许误差为±8% 试验力 9.807 N,最大允许误差为±1.0%

4.1.3 直接检验包括:

a) 球头的检测;

b) 冲击体的检测;

c) 显示装置的检测。

4.2 球头的检测

4.2.1 球头的技术要求

球头材质、技术参数和要求见表 2。

表 2 球头材质、技术参数和要求

冲击体顶端球头				
材质	直径 mm	硬度	表面粗糙度 Rz	表面状态
碳化钨	ϕ3.0±0.06 ϕ5.0±0.06	≥1 500 HV1	≤0.4 μm	无表面缺陷
陶瓷	ϕ3.0±0.06	≥1 500 HV1		
金刚石	ϕ3.0±0.06	/		

4.2.2 样品的抽取

对于冲击体头部配用的球,可从一批球中随机抽取一个样品对其直径和硬度进行检测。做过硬度试验以后的球应予以剔除。

4.2.3 球头直径的检测

球头直径用立式光学计在不少于 3 个位置上进行测量,在任一位置上的测量值与其标称值之差,应满足表 2 的要求。

4.2.4 球头硬度的检测

球头硬度按GB/T 4340.1规定的方法，使用维氏硬度计进行检测，其结果应满足表2的要求。

4.2.5 球头表面粗糙度和表面状态的检测

球头表面粗糙度和表面状态分别用干涉显微测量仪和工具显微镜进行检测，其结果应满足表2的要求。

4.3 冲击体的检测

4.3.1 冲击体的技术要求

硬度计冲击装置的类型见附录A，冲击体主要技术参数和要求见表3。

表3 冲击体主要技术参数和要求

主要技术参数	冲击装置类型							
	D	DC	S	E	D+15	DL	C	G
冲击体质量/g	5.5±0.03	5.5±0.03	5.4±0.03	5.5±0.03	7.8±0.03	7.2±0.03	3.0±0.03	20.0±0.03
冲击体顶端球面半径/mm	1.5±0.03	1.5±0.03	1.5±0.03	1.5±0.03	1.5±0.03	1.5±0.03	1.5±0.03	2.5±0.03

4.3.2 冲击体质量的检测

冲击体质量用精密天平进行检测，其结果应满足表3的要求。

4.3.3 冲击体顶端球面半径的检测

将冲击体顶端球面半径在100倍以上的投影仪上进行投影并与专用曲线样板相比较来检测。检测时，先测量距离冲击体顶端球面0.2 mm范围内的一个轴向截面上的球面半径，然后，将冲击体绕其轴线转动到约90°的另一轴向截面上并测量其球面半径，测得的每一截面上的球面半径与曲线样板标准半径之差应满足表3的要求。

4.4 显示装置的检测

4.4.1 显示装置的技术要求

显示装置的显示应清晰、无显示缺陷，并与打印输出的硬度示值一致，在正常工作条件下，能连续稳定工作。

4.4.2 显示装置的检测

在规定的工作条件下，进行显示装置的通电试验。在检测硬度计示值的同时，观察显示装置的工作状态，其结果应满足4.4.1的要求。

5 间接检验

5.1 检验条件

间接检验应在10 ℃～35 ℃的温度范围内进行，如在此温度范围以外进行检验，则应在检验报告中注明。

间接检验应在直接检验合格之后进行。

5.2 方法

5.2.1 根据冲击装置类型,从表4中规定的每一硬度范围内,选用标准里氏硬度块进行检验。

表4 标准里氏硬度块硬度范围

冲击装置类型	标准里氏硬度块硬度范围 HL[a]
D、DC、S、E、D+15、DL、C	790±40 630±40 530±40
G	590±40 500±40

[a] HL为通用的里氏硬度单位符号,当具体表示每一标尺硬度值时应在HL后面加上所代表标尺的符号,例如:使用S型冲击装置测定的里氏硬度值为650,表示为650HLS。

5.2.2 硬度计的主要技术指标见表5。

表5 硬度计的主要技术指标

<table>
<tr><th>冲击装置类型</th><th>冲击方向</th><th>冲击方向硬度修正值</th><th>示值最大允许误差
HL</th><th>示值重复性
HL</th></tr>
<tr><td>D、DC、S、E、D+15、DL、C</td><td rowspan="2">↓</td><td rowspan="2">0</td><td rowspan="2">±12</td><td rowspan="2">12</td></tr>
<tr><td>G</td></tr>
</table>

5.2.3 将标准里氏硬度块稳固地放置在选好的水平支承面上。应使硬度计(或冲击装置)垂直置于标准里氏硬度块的试验面上,均匀分布测量5点,并计算5点硬度的算术平均值。两相邻压痕中心距离,对于G型冲击装置不得小于5 mm,对于其他类型的冲击装置不得小于3 mm;压痕中心至标准里氏硬度块边缘的距离,对于G型冲击装置不得小于8 mm,对于其他类型的冲击装置不得小于5 mm。

5.3 重复性

将每一标准里氏硬度块上测定的5点的硬度值 H_1、H_2、H_3、H_4、H_5 按照从小到大递增的次序排列,在规定的检验条件下,硬度计的示值重复性 r,按式(1)计算:

$$r = H_5 - H_1 \qquad (1)$$

其结果应满足表5的要求。

5.4 误差

在规定的检验条件下,硬度计的示值误差 E,按式(2)计算:

$$E = \overline{H}_i - H_c \tag{2}$$

式中：

$\overline{H}_i$——5点硬度的算术平均值；

H_c——标准里氏硬度块标定的硬度值。

5点硬度的算术平均值$\overline{H}_i$，按式(3)计算：

$$\overline{H}_i = \frac{H_1 + H_2 + H_3 + H_4 + H_5}{5} \tag{3}$$

式中：

H_1、H_2、H_3、H_4、H_5——5点中各点的硬度值。

硬度计示值误差应满足表5的要求。

5.5 测量不确定度

硬度计间接检验结果测量不确定度的评定方法见附录B。

6 检验周期

硬度计直接检验的项目和周期见表6。

间接检验的周期不应超过12个月，并应在直接检验完成以后进行。

表6 硬度计直接检验

直接检验要求	冲击体质量	球头直径	显示装置	冲击体顶端球面表面状态和球面表面粗糙度	冲击体顶端球面半径[a]	球头硬度
首次开始工作以前	√	√	√	√	√	√
经拆卸并重新装配后	√	—	√	√	—	—
间接检验不合格时	√	—	√	√	—	—
间接检验超过14个月[b]	√	—	√	√	√	—

[a] 建议冲击体顶端的金刚石球面半径，使用2年之后，要进行直接检验。

[b] 可按顺序对这些参数进行直接检验，以便找出未通过间接检验的原因。

7 检验报告和(或)校准证书

检验报告和(或)校准证书应包含以下内容：

a) 注明执行本部分，即GB/T 17394.2；

b) 检验方法(直接或间接检验)；

c) 硬度计的标识资料(通常为硬度计标牌上的内容，如硬度计型号、名称、制造日期、编号和制造者名称等)；

d） 检验器具(标准硬度块等)；

e） 被检验的冲击装置类型；

f） 检验温度；

g） 检验结果；

h） 检验日期和检测机构；

i） 检验或校准结果的不确定度。

附 录 A
（资料性附录）
硬度计冲击装置类型

硬度计冲击装置类型、冲击能量和用途见表 A.1。

表 A.1 硬度计冲击装置类型和冲击能量及用途

冲击装置类型	D	DC	S	E
冲击能量 mJ	11.0	11.0	11.0	11.0
外形图	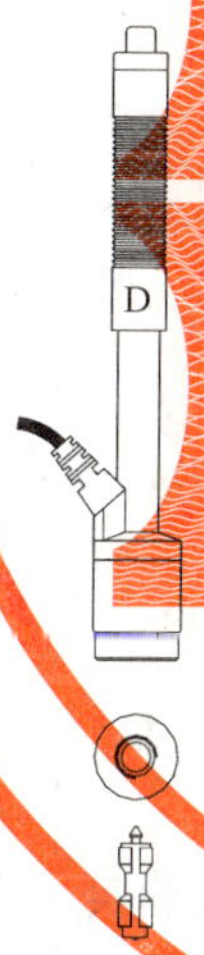	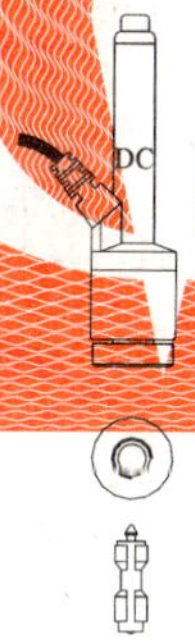		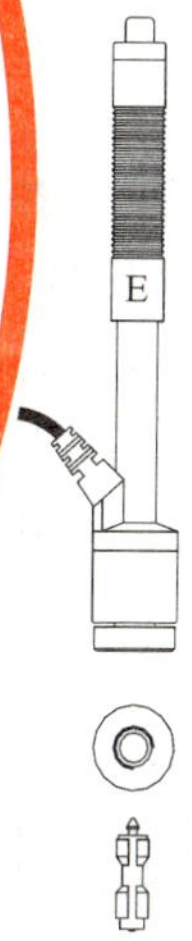
用途	通用的冲击装置，通常作为标准配置，用于普通金属试样的硬度测量	冲击装置尺寸短小，用于内孔或狭小部位的硬度测量	冲击体球头为陶瓷材料，作用与 E 型相同，还可以进行极高硬度的非金属材料试样的硬度测量	冲击体球头为金刚石材料，用于高硬度(65HRC/1 200HV 以上)的工具钢、合金结构钢等试样的硬度测量

表 A.1（续）

冲击装置类型	D+15	DL	C	G
冲击能量 mJ	11.0	11.0	2.7	90.0
外形图	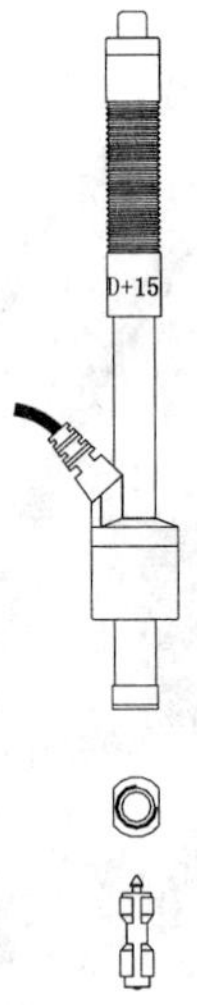	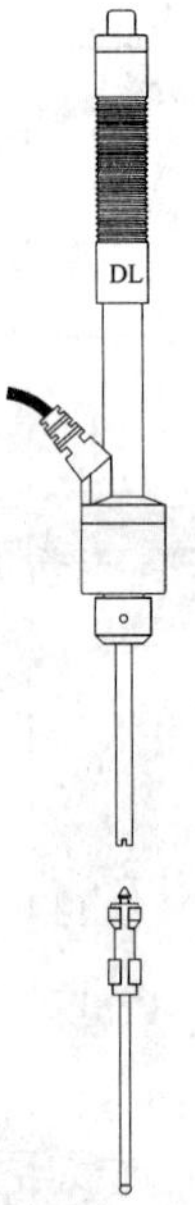		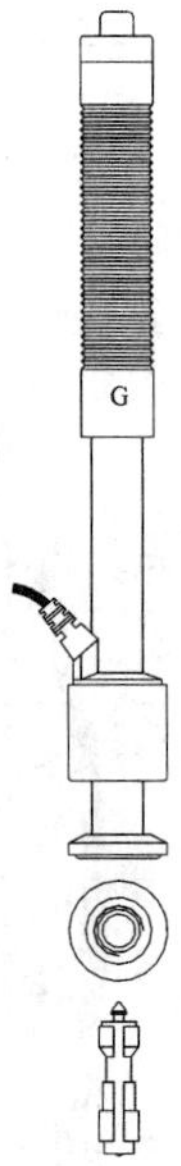
用途	头部尺寸较小，用于齿面，沟槽内或凹入表面的硬度测量	用于细长窄槽、齿面或内孔底部的硬度测量	冲击体尺寸较短，冲击能量减小（约为D型的1/4），用于表面硬化层的测量和质量小的或薄的试样的硬度测量	冲击体尺寸较大，冲击能量提高（约为D型的9倍），用于钢、铸铁、有色金属等材料的硬度测量

附 录 B
（资料性附录）
硬度计校准结果的测量不确定度

通过使用标准里氏硬度块进行检验，能检查硬度计的综合性能，同时根据标准里氏硬度块的标定值，测定出硬度计的示值重复性及示值误差。

B.1 硬度计间接检验时的合成标准不确定度由式(B.1)求得：

$$u_{HTM}=\sqrt{u_{CRM}^2+u_{CRM\text{-}D}^2+u_{ms}^2+u_H^2} \quad \cdots\cdots(B.1)$$

式中：

u_{CRM} ——标准里氏硬度块校准证书给出的标准不确定度($k=1$)；

$u_{CRM\text{-}D}$ ——标准里氏硬度块，自最近一次标定，其硬度值随时间漂移引入的标准不确定度(当使用满足标准要求的标准里氏硬度块检验时，此项可忽略不计)；

u_{ms} ——硬度计分辨力引入的标准不确定度；

u_H ——由硬度计测量结果引入的标准不确定度。

B.2 评定不确定度的示例如下：

标准里氏硬度块的标定值 $H_{CRM}=802$ HLD

标准里氏硬度块的扩展测量不确定度 $U_{CRM}=6$ HLD($k=2$)

硬度计分辨力引入的标准不确定度 $\delta_{ms}=1$ HL

表 B.1 间接检验的结果

序号	测得的硬度值 H HLD
1	796_{min}
2	798
3	799
4	801
5	802_{max}
平均值 $\overline{H}_i$	799
标准差 s_H	2.4

根据表 B.1 中的数据，按公式(B.2)计算被检硬度计的示值误差：

$$E=\overline{H}_i-H_{CRM} \quad \cdots\cdots(B.2)$$

$$E=799\text{HLD}-802\text{HLD}=-3.0\text{HLD}$$

硬度计测量示值不确定度按式(B.3)计算：

$$u_H=\frac{t\times s_H}{\sqrt{n}} \quad \cdots\cdots(B.3)$$

取 $t=1.14$、$n=5$、$s_H=2.4$ 时，$u_H=1.2$ HLD。

硬度计的分辨力引入的标准不确定度按式(B.4)计算：

$$u_{ms}=\frac{\delta_{ms}}{2\sqrt{3}} \quad \cdots\cdots(B.4)$$

δ_{ms} = 1 HL 时，u_{ms} = 0.3 HLD。

B.3 测量不确定度的评定见表 B.2。

表 B.2 测量不确定度的评定

不确定度分量 X_i	估计值 x_i HLD	标准测量不确定度 $u(x_i)$ HLD	分布类别	灵敏系数 c_i	不确定度的贡献 $u_i(H)$ HLD
u_{CRM}	802	3.0	正态	1.0	3.0
u_H	0	1.2	矩形	1.0	1.2
u_{ms}	0	0.3	正态	1.0	0.3
$u_{CMR\text{-}D}$	0	0	三角	1.0	0
合成标准不确定度 u_{HTM}					3.2
扩展不确定度 $U_{HTM}(k=2)$					6.4

表 B.3 包含测量不确定度的硬度计的最大误差

硬度计测定的硬度值 HLD	扩展不确定度 $U_{HTM}(k=2)$ HLD	用标准里氏硬度块校准时硬度计的示值误差 $\|E\|$ HLD	包含扩展不确定度的硬度计示值最大误差 $(\Delta H_{HTM})_{max}$ HLD
802	6.4	3.0	9.4

表 B.3 中的 ΔH_{HTM} 按式(B.5)计算：

$$\Delta H_{HTM} = |E| + U_{HTM} \qquad \text{(B.5)}$$

包含扩展不确定度的硬度计的最大示值误差：

$$(\Delta H_{HTM})_{max} = 3.0\text{HLD} + 6.4\text{HLD} = 9.4\text{HLD}$$

上例的结果表明，包含扩展不确定度的硬度计示值最大误差是满足表 5 中规定的±12 HLD 的要求的。

ICS 19.060;77.040.10
N 71

中华人民共和国国家标准

GB/T 17394.3—2012

金属材料 里氏硬度试验 第3部分：标准硬度块的标定

Metallic materials—Leeb hardness test—Part 3:Calibration of reference blocks

2012-12-31 发布 2013-06-01 实施

中华人民共和国国家质量监督检验检疫总局
中国国家标准化管理委员会 发布

前言

GB/T 17394《金属材料　里氏硬度试验》分为如下三个部分：

——第1部分：试验方法；

——第2部分：硬度计的检验与校准；

——第3部分：标准硬度块的标定。

本部分为GB/T 17394的第3部分。

本部分按照GB/T 1.1—2009给出的规则起草。

请注意本文件的某些内容可能涉及专利。本文件的发布机构不承担识别这些专利的责任。

本部分由中国机械工业联合会提出。

本部分由全国试验机标准化技术委员会(SAC/TC 122)归口。

本部分起草单位：北京时代之峰科技有限公司、长春机械科学研究院有限公司、上海市计量测试技术研究院、泉州丰泽东海仪器硬度块厂、深圳市华测检测技术股份有限公司、金华金试试验机有限公司。

本部分主要起草人：张宏运、袁松、虞伟良、郝建国、陈俊薪、孙华山、贾莉蓓。

金属材料　里氏硬度试验
第3部分：标准硬度块的标定

1　范围

GB/T 17394 的本部分规定了对里氏硬度计进行间接检验用的标准里氏硬度块（以下简称标准块）的标定方法。

本部分适用于里氏硬度计间接检验用的标准里氏硬度块。

2　规范性引用文件

下列文件对于本文件的应用是必不可少的。凡是注日期的引用文件，仅注日期的版本适用于本文件。凡是不注日期的引用文件，其最新版本（包括所有的修改单）适用于本文件。

GB/T 231.2—2012　金属材料　布氏硬度试验　第2部分：硬度计的检验与校准（ISO 6506-2：2005，MOD）

GB/T 231.3—2012　金属材料　布氏硬度试验　第3部分：标准硬度块的标定（ISO 6506-3：2005，MOD）

GB/T 4340.2—2012　金属材料　维氏硬度试验　第2部分：硬度计的检验与校准（ISO 6507-2：2005，MOD）

GB/T 4340.3—2012　金属材料　维氏硬度试验　第3部分：标准硬度块的标定（ISO 6507-3：2005，MOD）

3　标准块的制造

3.1　标准块应专门制造。需要重视标准块所使用的制造工艺过程，以使标准块获得必要的材料均质性、组织稳定性和试验面硬度的均匀性。

3.2　标准块的几何尺寸和技术要求见表1。

表1　标准块的几何尺寸和技术要求

<table>
<tr><th rowspan="3">冲击装置类型</th><th rowspan="3">几何尺寸
mm</th><th rowspan="3">倒角</th><th rowspan="3">试验面和支承面的平面度
mm</th><th rowspan="3">试验面和支承面的平行度
mm/50 mm</th><th colspan="3">表面粗糙度参数 Ra 的最大值
μm</th></tr>
<tr><th colspan="2">单面标准块</th><th>双面标准块</th></tr>
<tr><th>试验面</th><th>支承面</th><th>上、下试验面</th></tr>
<tr><td>D、DC、S、E、D+15、DL、C</td><td>直径为 90±1
厚度为 55±1</td><td rowspan="2">1×45°</td><td rowspan="2">≤0.02</td><td rowspan="2">0.03</td><td rowspan="2">0.05</td><td rowspan="2">0.40</td><td rowspan="2">0.05</td></tr>
<tr><td>G</td><td>直径为 120±1
厚度为 70±1</td></tr>
</table>

3.3　标准块的硬度范围和均匀度见表2。

表 2 标准块的硬度范围和均匀度

硬度标尺	硬度范围	均匀度的最大允许值
HLD、HLDC、HLS、HLE HLD+15、HLDL、HLC	(790±40)HL (630±40)HL (530±40)HL	9HL
HLG	(590±40)HLG (500±40)HLG	9HLG
注：HL 为通用的里氏硬度单位，对于具体的硬度标尺在表示硬度单位时要使用相应的硬度标尺表示硬度值，如 620 HLDL 等。		

3.4 标准块应无磁性。建议制造者应保证对钢制的块，在其制造工艺过程结束(标定前)均要经过退磁处理。

3.5 为能检验以后不从标准块上去除任何材料，应在标准块上标注其标定时的厚度，准确到 0.1 mm，或在其试验面上做出鉴别标记，见 8.1 e)。

3.6 标准块试验面和支承面不得有锈蚀、裂纹或擦伤等缺陷。

4 标准机

4.1 标准维氏硬度机和标准布氏硬度机的主要技术指标均应符合 GB/T 4340.3—2012 中第 4 章和 GB/T 231.3—2012 中第 4 章的规定。

4.2 标定标准块所用的标准维氏硬度机和标准布氏硬度机等计量标准器具应能溯源到国家基准。

注：我国现行的里氏硬度量值是采用间接方式进行量值传递的，即标准块的里氏硬度值是分别在标准维氏硬度机和标准布氏硬度机上标定，得到的维氏硬度值或布氏硬度值再通过附录 B 和附录 C 换算成里氏硬度值 HL。将来当我国建立里氏硬度基准后将直接按里氏硬度量值进行计量传递。

5 标定方法

5.1 标准块应在清洁、无腐蚀性介质、无震源、相对湿度不大于 70%、室温为(23±5)℃的环境条件下进行标定，在标定过程中，温度的波动不宜超过 1 ℃。

5.2 HLD 硬度标尺的标准块采用标准维氏硬度机(HV 30 标尺)进行标定；HLG 硬度标尺的标准块采用标准布氏硬度机(HBW 5/750 标尺)进行标定。

标定方法分别按 GB/T 4340.3—2012 和 GB/T 231.3—2012 规定的方法进行。

6 压痕数目

在每一标准块的整个试验面上应均匀分布地压出 9 个压痕(维氏硬度)或 5 个压痕(布氏硬度)。

7 硬度均匀度

7.1 将测定的 n 个压痕换算成里氏硬度值 $H_1, H_2, \cdots, H_n$，按从小到大递增的次序排列。

按式(1)计算 n 个标准块硬度值的算术平均值$\overline{H}$，该平均值即为标准块的标定硬度值。

$$\overline{H} = \frac{H_1 + H_2 + \cdots + H_n}{n} \quad \cdots\cdots\cdots (1)$$

式中：

$\overline{H}$ ——标准块硬度值的算术平均值；

$H_1, H_2, \cdots, H_n$——使用标准维氏硬度机(或标准布氏硬度机)测定的 n 个压痕换算的每个压痕的里氏硬度值；

n ——压痕数目，对于维氏压痕，$n=9$，对于布氏压痕，$n=5$。

n 个压痕中硬度值的最大值与最小值之差为标准块的均匀度 J，应满足表 2 的要求。

在规定的标定条件下标准块的均匀度 J 由式(2)计算：

$$J = H_n - H_1 \qquad \cdots\cdots\cdots\cdots(2)$$

式中：

H_n ——n 个压痕中里氏硬度值的最大值；

H_1 ——n 个压痕中里氏硬度值的最小值。

7.2 标准块测量不确定度的评定方法见附录 A。

8 标志

8.1 每一标准块上应标记下列内容：

a) 标定时测得的硬度值的算术平均值，如 780 HLD；
b) 制造者或供应商的名称或标志；
c) 编号；
d) 校准机构的名称或标志；
e) 标准块的厚度或试验面上的鉴别标记；
f) 标定年份(若在编号内未标出)。

8.2 提供的每一标准块应附有证书且至少给出如下内容：

a) 注明执行本部分，即 GB/T 17394.3；
b) 标准块的标识；
c) 标定日期；
d) 硬度值的算术平均值和表征标准块均匀度的值(见 7.1)。

9 有效性

标准块只对标定的标尺有效。

标定的有效期不宜超过 2 年。

附 录 A
（资料性附录）
标准里氏硬度块平均硬度值的测量不确定度

A.1 标准维氏硬度机的直接检验

注：标准硬度机的直接检验结果不确定度的评定，本附录仅举标准维氏硬度机的示例。对于以标准布氏硬度机量传的里氏硬度量值而标定的标准里氏硬度块，其标准布氏硬度机直接检验结果不确定度的评定方法见 GB/T 231.2—2012 的 A.1。

A.1.1 试验力的校准

试验力的校准见 GB/T 4340.2—2012 的附录 B。

A.1.2 光学压痕测量装置的校准

光学压痕测量装置的校准见 GB/T 4340.2—2012 的附录 B。

A.1.3 压头的检测

压头的检测见 GB/T 4340.2—2012 的附录 B。

A.1.4 试验循环时间的检测

试验循环时间的检测见 GB/T 4340.2—2012 的附录 B。

A.2 标准硬度机的间接检验

通过使用基准块进行间接检验，能检查标准硬度机的综合性能，同时根据基准硬度块的基准值测定出标准硬度机的重复性及误差并换算成里氏硬度值。

注：本附录中，标准硬度机是指标准维氏硬度机，基准硬度块是指基准维氏硬度块。

标准硬度机间接检验时的合成标准不确定度由式(A.1)计算：

$$u_{CM}=\sqrt{u_{CRM-P}^2+u_{xCRM-1}^2+u_{CRM-D}^2+u_{ms}^2} \qquad \cdots\cdots(A.1)$$

式中：

u_{CM} ——标准硬度机间接检验时的合成标准不确定度；

u_{CRM-P} ——基准硬度块校准证书给出的标准不确定度(换算成里氏硬度值 HLD)，$k=1$；

u_{xCRM-1} ——标准硬度机重复性引入的标准不确定度(换算成里氏硬度值 HLD)；

u_{CRM-D} ——基准硬度块自最近一次标定，其硬度值随时间漂移而引入的标准不确定度(换算成里氏硬度值 HLD)；

u_{ms} ——由标准硬度机压痕测量装置分辨力引入的标准不确定度(换算成里氏硬度值 HLD)。

评定不确定度的示例如下。

基准硬度块的硬度值： $H_{CRM-P}=794$ HLD(670 HV30)；

基准硬度块校准证书给出的标准测量不确定度，换算成里氏硬度值：$u_{CRM-P}=2.5$ HLD，$k=1$；

基准硬度块自最近一次标定，其硬度值随时间漂移引入的标准不确定度：$u_{CRM-D}=0$；

标准硬度机的测量装置分辨力(换算成里氏硬度值 HLD)：$\delta_{ms}=1$ HLD

标准硬度机测量结果和由其重复性引入的标准不确定度的评定，见表 A.1。

表 A.1 标准机重复性引入的标准不确定度的评定

序　　号	测得的硬度值 HLD
1	789
2	789
3	793
4	794
5	794
6	794
7	794
8	789
9	792
平均值$\overline{H}$	792
标准差 $s_{x\mathrm{CRM\text{-}1}}$	2.35
标准测量不确定度 $u_{x\mathrm{CRM\text{-}1}}$	0.84

表 A.1 中的标准测量不确定度 $u_{x\mathrm{CRM\text{-}1}}$ 按式(A.2)计算：

$$u_{x\mathrm{CRM\text{-}1}}=\frac{t\times s_{x\mathrm{CRM\text{-}1}}}{\sqrt{n}} \qquad \cdots\cdots(\mathrm{A.2})$$

式中，取 $t=1.07$、$n=9$ 时，$u_{x\mathrm{CRM\text{-}1}}=0.84$ HLD。

由标准硬度机测量装置分辨力引入的标准不确定度按式(A.3)计算：

$$u_{\mathrm{ms}}=\frac{\delta_{\mathrm{ms}}}{2\sqrt{3}} \qquad \cdots\cdots(\mathrm{A.3})$$

式中，$\delta_{\mathrm{ms}}=1$ HLD，$u_{\mathrm{ms}}=0.29$ HLD。

标准硬度机间接检验时合成标准不确定度的评定见表 A.2。

表 A.2 标准机间接检验时的测量不确定度的评定

不确定度分量 X_i	估算值 x_i	标准测量不确定度 $u(x_i)$	分布类型	灵敏系数 c_i	不确定度的贡献 $u_i(H)$
$u_{\mathrm{CRM\text{-}P}}$	794 HLD	2.5 HLD	正态	1.0	2.5 HLD
$u_{x\mathrm{CRM\text{-}1}}$	0	0.84 HLD	正态	1.0	0.84 HLD
u_{ms}	0	0.29 HLD	矩形	1.0	0.29 HLD
$u_{\mathrm{CRM\text{-}D}}$	0	0	三角形	0	0
标准硬度机间接检验时的合成标准不确定度 u_{CM}					2.65 HLD

A.3 标准里氏硬度块测量不确定度

标准里氏硬度块合成标准不确定度按式(A.4)计算：

$$u_{CRM}=\sqrt{u_{CM}^2+u_{xCRM-2}^2} \quad \cdots\cdots(A.4)$$

式中：

u_{CRM} ——标准里氏硬度块标定时的标准不确定度；

u_{CM} ——标准机间接检验时的合成标准不确定度；

u_{xCRM-2} ——标准里氏硬度块均匀度引入的标准不确定度。

标准里氏硬度块均匀度的测定，见表A.3。

表 A.3 标准里氏硬度块均匀度的测定

序号	测得的硬度值 HLD
1	789
2	797
3	791
4	790
5	797
6	797
7	789
8	797
9	790
平均值 $\overline{H}$	793
标准偏差 s_{xCRM-2}	3.84

标准里氏硬度块由于硬度均匀度引入的标准不确定度按式(A.5)计算：

$$u_{xCRM-2}=\frac{t\times s_{xCRM-2}}{\sqrt{n}} \quad \cdots\cdots(A.5)$$

式中，取 $t=1.07$、$n=9$ 时，$u_{xCRM-2}=1.37$ HLD。

标准里氏硬度块的测量不确定度见表A.4。

表 A.4 标准里氏硬度块的测量不确定度

标准里氏硬度块的标定硬度值 H_{CRM} HLD	由标准里氏硬度块均匀度引入的标准不确定度 u_{xCRM-2} HLD	标准机间接检验时的测量不确定度 u_{CM} HLD	标准里氏硬度块的扩展不确定度 $U_{CRM}(k=2)$ HLD
792	1.37	2.65	6

标准里氏硬度块的扩展不确定度 u_{CRM} 按式(A.6)计算：

$$U_{CRM}=2\sqrt{u_{CM}^2+u_{xCRM-2}^2} \quad \cdots\cdots(A.6)$$

附 录 B
（资料性附录）
维氏硬度(HV)与里氏硬度(HL)换算值

维氏硬度与里氏硬度换算值见表 B.1。

表 B.1 维氏硬度(HV)与里氏硬度(HL)换算值

HV	HLDL	HLD HLDC	HLD+15	HLC	HLE
180	687	465	481	525	450
182	689	467	483	527	452
184	691	469	485	529	454
186	692	471	487	531	456
188	694	474	489	534	458
190	696	476	491	536	460
192	697	478	493	538	462
194	699	480	495	540	464
196	700	482	497	542	465
198	702	484	499	544	467
200	703	486	501	546	469
202	705	489	504	549	471
204	707	491	506	551	473
206	708	493	508	553	475
208	710	495	510	555	477
210	712	497	512	557	479
212	713	499	514	559	480
214	715	501	516	561	482
216	716	503	518	563	484
218	718	505	520	565	486
220	719	507	522	567	488
222	721	509	524	569	489
224	722	511	526	571	491
226	724	513	528	573	493
228	725	515	530	575	495
230	727	517	532	577	496
232	728	519	533	579	498
234	729	521	535	581	500
236	731	523	537	583	502
238	732	524	538	584	503
240	733	526	540	586	504
242	735	528	542	588	506
244	736	530	544	590	508
246	738	532	546	592	510
248	739	534	548	594	512
250	741	536	550	596	513
252	742	538	552	598	515
254	743	539	553	599	516
256	745	541	555	601	518
258	746	543	557	603	520

表 B.1（续）

HV	HLDL	HLD　HLDC	HLD+15	HLC	HLE
260	747	545	559	605	521
262	748	547	561	607	523
264	750	548	562	608	524
266	751	550	564	610	526
268	753	552	566	612	528
270	754	554	567	614	529
272	755	556	569	616	531
274	756	557	570	618	532
276	758	559	572	620	534
278	759	561	574	622	536
280	760	563	576	624	537
282	761	564	577	625	538
284	762	566	579	627	540
286	763	568	581	629	542
288	764	569	582	630	543
290	765	571	584	632	545
292	766	573	586	634	547
294	767	574	587	635	548
296	769	576	589	637	549
298	770	578	591	639	551
300	771	579	592	640	552
302	772	581	594	642	554
304	773	583	596	644	556
306	774	584	597	645	557
308	775	586	598	647	558
310	776	587	599	648	559
312	777	589	601	650	561
314	778	591	603	652	563
316	779	592	604	654	564
318	780	594	606	656	566
320	781	595	607	657	567
322	782	597	609	659	568
324	783	599	611	661	570
326	785	600	612	662	571
328	786	602	614	664	573
330	787	603	615	665	574
332	788	605	617	667	576
334	789	606	618	668	577
336	790	608	620	670	578
338	791	609	621	671	579
340	792	611	623	673	581
342	793	612	624	674	582
344	794	614	626	676	584
346	795	615	627	677	585
348	796	617	629	679	587

表 B.1（续）

HV	HLDL	HLD HLDC	HLD+15	HLC	HLE
350	797	618	630	680	588
352	798	620	631	682	590
354	799	621	632	683	591
356	799	623	634	685	592
358	800	624	635	686	593
360	801	625	636	688	594
362	802	627	638	690	596
364	803	628	639	691	597
366	803	630	641	693	599
368	804	631	642	694	600
370	805	633	644	696	602
372	806	634	645	697	603
374	807	635	646	698	604
376	808	637	648	700	605
378	809	638	649	701	606
380	810	640	651	703	608
382	811	641	652	704	609
384	812	642	653	705	610
386	812	644	655	707	612
388	812	645	656	708	613
390	813	646	657	709	614
392	814	648	658	711	616
394	815	649	659	712	617
396	815	650	660	713	618
398	816	652	662	715	619
400	817	653	663	716	620
402	818	654	664	717	621
404	819	656	666	719	623
406	820	657	667	720	624
408	821	658	668	721	625
410	822	660	670	723	627
412	823	661	671	724	628
414	823	662	672	725	629
416	824	663	673	726	630
418	824	665	675	728	632
420	825	666	676	729	633
422	826	667	677	730	634
424	827	669	679	732	636
426	827	670	680	733	637
428	828	671	681	734	638
430	829	672	682	735	639
432	830	674	684	737	640
434	831	675	685	738	641
436	831	676	686	739	642
438	832	677	687	740	643

表 B.1（续）

HV	HLDL	HLD　HLDC	HLD+15	HLC	HLE
440	833	679	688	742	645
442	834	680	689	743	646
444	835	681	690	744	647
446	835	682	691	745	648
448	836	683	692	746	649
450	837	685	694	748	651
452	838	686	695	749	652
454	838	687	696	750	653
456	839	688	697	751	654
458	839	689	698	752	655
460	840	691	700	754	657
462	841	692	701	755	658
464	841	693	702	756	659
466	842	694	703	757	660
468	842	695	704	758	661
470	843	696	705	759	662
472	844	698	707	761	664
474	844	699	708	762	665
476	845	700	709	763	666
478	845	701	710	764	667
480	846	702	711	765	668
482	847	703	712	766	669
484	847	704	713	767	670
486	848	706	714	769	671
488	848	707	715	770	672
490	849	708	716	771	673
492	850	709	717	772	674
494	851	710	718	773	675
496	851	711	719	774	676
498	852	712	720	775	677
500	853	713	721	776	678
502	853	714	722	777	679
504	854	715	723	778	680
506	854	717	725	780	682
508	855	718	726	781	683
510	855	719	727	782	684
512	856	720	728	783	685
514	856	721	729	784	686
516	857	722	730	785	687
518	857	723	731	786	688
520	858	724	732	787	689
522	859	725	733	788	690
524	859	726	734	789	691
526	860	727	735	790	692
528	860	728	736	791	693

表 B.1（续）

HV	HLDL	HLD　HLDC	HLD+15	HLC	HLE
530	861	729	737	792	694
532	862	730	738	793	695
534	862	731	738	794	696
536	863	732	739	795	697
538	863	733	740	796	698
540	864	734	741	797	699
542	865	735	742	798	700
544	865	736	743	799	701
546	866	737	744	800	702
548	866	738	745	801	703
550	867	739	746	802	704
552	867	740	747	803	705
554	868	741	748	804	706
556	868	742	749	805	707
558	869	743	750	806	708
560	869	744	751	807	709
562	870	745	752	807	710
564	870	746	753	808	711
566	871	747	754	809	712
568	871	748	755	810	713
570	872	749	756	811	714
572	873	750	757	812	715
574	873	751	758	813	716
576	874	752	759	814	717
578	874	753	760	815	718
580	875	754	761	816	719
582	875	755	762	817	720
584	876	756	762	818	721
586	876	757	763	819	722
588	877	758	764	820	723
590	877	759	765	821	724
592	878	760	766	822	725
594	878	761	767	823	726
596	879	762	768	824	727
598	879	762	768	824	727
600	879	763	769	825	728
602	880	764	770	826	729
604	880	765	771	827	730
606	881	766	772	828	731
608	881	767	773	829	732
610	882	768	774	830	733
612	883	769	775	831	734
614	884	770	776	832	735
616	884	771	777	833	736
618	884	771	777	833	736

表 B.1（续）

HV	HLDL	HLD　HLDC	HLD+15	HLC	HLE
620	885	772	778	834	737
622	885	773	779	835	738
624	886	774	780	835	739
626	886	775	781	836	740
628	887	776	782	837	741
630	887	777	783	838	742
632	888	778	784	839	743
634	888	778	784	839	743
636	888	779	785	840	744
638	889	780	786	841	745
640	889	781	786	842	746
642	890	782	787	843	747
644	890	783	788	844	748
646	891	784	789	845	749
648	891	784	789	845	749
650	891	785	790	846	750
652	892	786	791	847	751
654	892	787	792	848	752
656	893	788	793	849	753
658	893	789	794	850	754
660	894	789	794	850	754
662	895	790	795	851	755
664	895	791	796	852	756
666	896	792	797	853	757
668	896	793	798	854	758
670	897	794	799	854	759
672	897	794	799	855	759
674	898	795	800	855	760
676	898	796	801	856	761
678	899	797	802	857	762
680	899	798	803	858	763
682	899	798	803	858	763
684	900	799	804	859	764
686	900	800	805	860	765
688	901	801	806	861	766
690	901	802	807	862	767
692	901	802	807	862	767
694	902	803	808	863	768
696	902	804	808	864	769
698	903	805	809	865	770
700	903	805	809	865	770
702	904	806	810	866	771
704	904	807	811	867	772
706	905	808	812	868	773
708	905	808	812	868	773

表 B.1（续）

HV	HLDL	HLD HLDC	HLD+15	HLC	HLE
710	905	809	813	869	774
712	906	810	814	870	775
714	906	811	815	871	776
716	906	811	815	871	776
718	907	812	816	872	777
720	907	813	817	872	778
722	908	814	818	873	779
724	908	814	818	873	779
726	908	815	819	874	780
728	909	816	820	875	781
730	909	817	821	876	782
732	909	817	821	876	783
734	910	818	822	877	784
736	910	819	823	878	785
738	911	820	824	879	786
740	911	820	824	879	786
742	912	821	825	880	787
744	912	822	826	881	788
746	912	822	826	881	788
748	913	823	827	882	789
750	913	824	828	883	790
752	914	825	829	884	791
754	914	825	829	884	791
756	915	826	830	885	792
758	915	827	830	886	793
760	915	827	831	886	793
762	915	828	831	887	794
764	916	829	832	888	795
766	916	829	832	888	795
768	916	830	833	889	796
770	917	831	834	889	797
772	917	832	835	890	798
774	917	832	836	890	798
776	918	833	836	891	799
778	918	834	837	892	800
780	918	834	837	892	800
782	919	835	838	893	801
784	919	836	839	894	802
786	919	836	839	894	802
788	920	837	840	895	803
790	921	838	841	896	804
792	921	838	841	896	804
794	922	839	842	897	805
796	922	840	843	898	806
798	922	840	843	898	806

表 B.1（续）

HV	HLDL	HLD HLDC	HLD+15	HLC	HLE
800	922	841	844	899	807
802	922	842	845	900	808
804	922	842	845	900	808
806	923	843	846	901	809
808	923	844	847	902	810
810	923	844	847	902	810
812	924	845	848	903	811
814	924	845	848	903	811
816	924	846	849	904	812
818	925	847	850	905	813

附 录 C
（资料性附录）
布氏硬度(HBW)与里氏硬度(HLG)换算值

布氏硬度与里氏硬度换算值见表C.1。

表 C.1 布氏硬度(HBW)与里氏硬度(HLG)换算值

HB	0	1	2	3	4	5	6	7	8	9
200	448	449	450	451	452	453	454	455	456	457
210	458	460	461	462	463	464	465	466	467	468
220	469	470	471	472	473	474	475	476	477	478
230	479	480	481	482	483	484	485	485	486	487
240	488	489	490	491	492	493	494	495	496	497
250	498	499	500	500	501	502	503	504	505	506
260	507	508	509	509	510	511	512	513	514	515
270	516	516	517	518	519	520	521	522	523	523
280	524	525	526	527	528	528	529	530	531	532
290	533	533	534	535	536	537	538	538	539	540
300	541	542	542	543	544	545	546	546	547	548
310	549	550	550	551	552	553	554	554	555	556
320	557	558	558	559	560	561	561	562	563	564
330	564	565	566	567	567	568	569	570	570	571
340	572	573	573	574	575	576	576	577	578	579
350	579	580	581	582	582	583	584	584	585	586
360	587	587	588	589	589	590	591	592	592	593
370	594	594	595	596	596	597	598	599	599	600
380	601	601	602	603	603	604	605	605	606	607
390	608	608	609	610	610	611	612	612	613	614
400	614	615	616	616	617	618	618	619	620	620
410	621	621	622	623	623	624	625	625	626	627
420	627	628	629	629	630	630	631	632	632	633
430	634	634	635	636	636	637	637	638	639	639
440	640	640	641	642	642	643	644	644	645	645

ICS 13.100
C 70

中华人民共和国国家标准

GB/T 17397—2012
代替 GB/T 17397—1998

铝电解生产防尘防毒技术规程

Regulations for dust and poison control of aluminium electrowinning

2012-06-29 发布　　2013-03-01 实施

中华人民共和国国家质量监督检验检疫总局
中国国家标准化管理委员会　发布

前　言

本标准按 GB/T 1.1—2009《标准工作导则　第1部分:标准的结构和编写》的要求进行编写。

本标准代替 GB/T 17397—1998。

本标准与 GB/T 17397—1998 相比主要修改如下:

——修改了原标准的范围;

——修改了“2 引用标准”的内容。把标题修改为“2 规范性引用文件”,更新了原标准的规范性引用文件,并增加了一些新的规范性引用文件;

——把“3 定义”修改为“3 术语和定义”,删除了“污染指数”的定义,增加了“气力输送”和“安全色”两个定义;

——把“4 基本要求”修改为“4 设计”,修改和增加了部分条款内容;

——修改和删除了“5 工程技术措施”的部分条款,并增加了一些新的条款;

——修改和删除了“6 通风净化系统设置”的部分条款,并增加了一些新的条款;

——修改和增加了“7 管理”的部分条款。

本标准由国家安全生产监督管理总局提出。

本标准由全国安全生产标准化技术委员会防尘防毒分技术委员会(SAC/TC 288/SC 7)归口。

本标准起草单位:北京科技大学、中国铝业股份有限公司、北京矿冶研究总院。

本标准主要起草人:谢振华、郑保义、孙凯、李云清、阮金良、木拉里、李小平。

本标准所代替标准的历次版本发布情况为:

——GB/T 17397—1998。

铝电解生产防尘防毒技术规程

1 范围

本标准规定了铝电解生产防尘防毒的设计要求、技术措施和管理要求。

本标准适用于铝电解厂的设计、铝电解生产的防尘防毒技术措施和管理。

2 规范性引用文件

下列文件对于本文件的应用是必不可少的。凡是注日期的引用文件，仅注日期的版本适用于本文件。凡是不注日期的引用文件，其最新版本(包括所有的修改单)适用于本标准。

GB 2893 安全色

GB 2894 安全标志及其使用导则

GB/T 11651 个体防护装备选用规范

GB 16297 大气污染物综合排放标准

GB/T 18664 呼吸防护用品的选择、使用与维护

3 术语和定义

下列术语和定义适用于本文件。

3.1

气力输送 pneumatic conveyance

利用一定速度的空气使散粒物料在管道中沿着指定路线运动的一种流体管道输送方式。

3.2

安全色 safety colours

传递安全信息含义的颜色，包括红、蓝、黄、绿四种颜色。

[GB 2893—2008，定义 3.1]

4 设计

4.1 一般要求

4.1.1 铝电解工程建设项目应配置相应的防尘防毒设施，防尘防毒设施应依据车间自然通风风向、扬尘和逸散毒物的性质、作业点的位置和数量及作业方式等进行设计，并与主体工程同时设计、同时施工、同时投入生产和使用。

4.1.2 优化工艺流程，减少尘毒产生。优先采用国内外先进的生产工艺和设备，提高生产过程密闭化、机械化和自动化水平。

4.1.3 凡从国外引进成套技术和设备，应同时引进或配套相应的防尘防毒技术和设备。

4.1.4 防尘防毒设施应保证工作场所和环境中污染物浓度应满足国家卫生标准和 GB 16297 的要求。

4.2 厂房设计

4.2.1 选址

4.2.1.1 厂址选择应符合工业布局和城市规划的要求，按照国家有关法律、法规的规定进行。

4.2.1.2 厂址选择应避开高产农牧区，不得在居住区、学校、医院和其他人口密集的被保护区域内建设，且应位于生活饮水源的下游。

4.2.1.3 厂址的自然条件需有利于烟气的扩散，应位于城镇和居住区全年最小频率风向的上风侧，不应位于窝风地段。

4.2.1.4 不宜在有害气体及烟尘污染严重或土壤及地下水含氟较高的地区建设铝电解厂。

4.2.2 厂区布置

4.2.2.1 厂区应合理布局，科学设置粉状物料的运输距离和中转次数，避免不合理的交叉和往返运输。

4.2.2.2 生产场所内部布置应避免尘毒的交叉污染。

4.2.2.3 生产场所不应对生活场所和饮水源造成污染，生产场所和生活场所之间应按国家相关规定设置一定的卫生防护距离和绿化防护林带，在卫生防护距离内不得设置居住性的房屋。

4.2.2.4 生产场所宜选在大气污染物本底浓度低和扩散条件好的地段，布置在当地全年最小频率风向的上风侧；散发有害物和产生有害因素的车间，应位于相邻车间全年最小频率风向的上风侧；厂前区和生活场所（包括办公室、食堂、浴室、卫生室、托儿所、俱乐部、宿舍及体育场所等）布置在当地全年最小频率风向的下风侧；将辅助生产场所布置在二者之间。

4.2.2.5 改、扩建工程，在合理利用原有建筑物和构筑物等设施的同时，应合理布局，避免厂区生产车间的过分拥挤以及有毒、易燃、易爆车间的潜在危害。

4.2.3 厂房建筑

4.2.3.1 厂房结构应符合防尘防毒的要求。内部结构应有利于清除积尘。污染严重的厂房，应留有清扫机具行走的通道。

4.2.3.2 可用于人员来往的通道（地道、通廊），应有自然通风或机械通风，并不得敷设有毒液体或有毒气体的管道。

4.2.3.3 电解厂房建筑形式及布置应符合下列规定：

a) 宜采用二层楼式建筑，其楼下部分应设有通风换气的进风口；
b) 相邻两建筑物的间距一般不得小于相邻两个建筑物中较高建筑物的高度；
c) 单栋厂房布置，厂房纵轴宜与常年主导风向成60°～90°角；数栋厂房平行布置时，厂房纵轴宜与常年主导风向成35°～45°角；
d) 建筑物的方位，应保证室内有良好的自然采光、自然通风，并应防止过度日晒。

4.2.3.4 通风孔口的设计能满足通风净化的要求。

4.2.3.5 危险性作业场所，应设置安全通道；出口不少于两个；门窗应向外开启；通道和出入口应保持畅通。

5 工程技术措施

5.1 原材料的贮存与运输

5.1.1 原材料在贮存与运输过程中应有可靠的防潮、防雨雪、防散漏和防粉尘外逸措施。

5.1.2 粉状物料输送应密闭，宜采用管道化、机械化、自动化操作。

5.1.3 采用气力输送时，受料仓应设仓顶袋式收尘器或相应有效的收尘设备。

5.1.4 铝电解厂宜采用气力浓相输送设备，宜采用自动联锁控制。

5.1.5 氧化铝贮槽应设料位指示装置和上、下极限报警器，且宜采用可监视系统。

5.1.6 氟化盐应贮存在防雨雪、防潮仓库内。

5.2 电解

5.2.1 原材料的选择与要求

5.2.1.1 氧化铝宜选用砂状氧化铝。受潮后的氧化铝应经干燥后才能加入电解槽使用。

5.2.1.2 宜采用高性能氟化盐。在铝电解中优先采用低能耗、环保的新工艺生产的氟化盐。

5.2.1.3 氟化盐应严格控制含水量。人造冰晶石的湿存水量不应高于0.4%，氟化钠的含水量不应高于1%。

5.2.2 生产工艺与设备

5.2.2.1 铝电解生产宜采用先进生产工艺减少尘毒的产生量。

5.2.2.2 铝电解工程建设项目宜选用中心加工全密闭预焙槽。

5.2.2.3 预焙槽的阳极块更换、出铝等作业宜采用多功能吊车操作。

5.2.3 生产操作

5.2.3.1 非自动打壳下料的电解槽应尽量减少加工次数，缩短加工时间。

5.2.3.2 电解槽加工时除加工面外，其余各面的密闭罩不应打开，停止作业时应关闭密闭罩。

5.2.3.3 预焙槽启罩作业时应将支烟管阀门调到设定点的最大值。作业完毕后立即关严密闭罩，并将支烟管阀门恢复到原设定位置。

5.2.3.4 清除电解槽和设备上的积尘应采用吸尘机具，不应采用压缩空气吹扫。

5.2.3.5 电解质和铝液总高度应小于炉膛深度。

5.2.3.6 从槽内取出的残极不应在炉前堆放，应尽快送至残极冷却间。冷却间内应设排风管道将含氟气体集中送至净化系统进行处理。

5.3 铸造

5.3.1 铸造中产生的含铝灰渣应堆放在能防潮的固定堆放点，并应综合回收利用。

5.3.2 在铸造过程中要及时扒渣或清炉，扒渣或清炉作业宜采用机械化操作。

5.4 电解槽修理与辅修

5.4.1 清除旧槽内衬刨炉宜采用机械化作业。拆下的内衬应有固定的堆放场所。

5.4.2 轧固炉底和砌筑边部炭块宜采用冷轧工艺或粘缝工艺。

5.4.3 清理阳极钢爪时宜采用喷丸设备。采用喷砂设备时，设备应设在密闭隔离间内，作业人员应在室外操作。

6 通风净化系统设置

6.1 通风系统设置

6.1.1 电解厂房、电解槽内衬修理部、阳极与阴极制造中的罐式煅烧炉和电煅烧炉、沥青熔化库、混捏部、成型部、焙烧炉厂房、铸造厂房、阳极与阴极制造中的隧道窑、阳极组装中的磷铁熔化和磷铁浇铸厂房应采用有组织自然通风。排风宜采用避风天窗。

6.1.2 铸造中的混合炉和铸造机、阴极焙烧厂房的人工装料、出料及成品清理等主要操作地带宜设局部送风降温装置。

6.1.3 炭素车间的煅烧设备和中碎设备，沥青熔化部的沥青熔化槽、沥青熔化器和熔化后的沥青贮槽，混捏部的混捏锅、连续混捏机、熔化后的沥青贮槽和热糊料出料，成型部的糊料凉料筒、凉料台、冷却螺旋保温料槽和料仓应设局部排风系统。

6.1.4 电解厂房的吊车驾驶室、阳极与阴极制造厂房的吊车驾驶室、铸造厂房的吊车驾驶室应设送风装置，有条件的应有空调装置。

6.1.5 焙烧窑或焙烧炉等尘毒危害严重的生产设备，其厂房顶部应配置引风机，呼吸带位置宜设置负压机械通风装置或尘源局部通风换气装置。

6.2 设备密闭与烟尘净化

6.2.1 散发有害物质的生产设备应密闭，排出的含尘含毒气体其有害物质的含量超过排放标准或环境要求时，应净化处理。

6.2.2 电解槽的密闭装置应严密高效、轻巧灵活、安全牢固、不妨碍电解作业。密闭罩应有方便观察和操作的检修孔。

6.2.3 密闭罩上的观察和操作检修孔应开关灵活并且具有气密性，其位置应躲开气流正压较高的部位。密闭罩的吸风口应避免正对物料飞溅区，应保持罩内维持均匀的负压。

6.2.4 电解槽排烟管道设置应符合下列要求。

6.2.4.1 支管

a) 设排烟量平衡或调节装置；

b) 设测定孔；

c) 便于清扫积尘；

d) 设伸缩节。

6.2.4.2 干管

a) 设伸缩节；

b) 设清扫口。

6.2.4.3 总管

a) 设测定孔和必要的测试用电源。高空测点应有相应的操作台；

b) 总管与烟气净化设备连接处设阀门装置。

6.2.5 应根据电解槽的槽型和生产能力设定单槽排烟量和系统排烟量。确定系统排烟量时，可按式(1)计算：

$$Q = m \times Q_0 + k \times n \times Q_0 \qquad \cdots\cdots(1)$$

式中：

Q ——系统排烟量，单位为立方米每小时(m^3/h)；

m ——正常启动的电解槽数，单位为个；

Q_0——单槽排烟量，单位为立方米每小时(m^3/h)；

n ——启罩作业的电解槽数，单位为个；

k ——常数，取值15%～20%。

6.2.6 电解槽的集气效率应符合表1的要求。

表 1 电解槽的集气效率

槽型		集气效率/%	
		新建厂	老厂
预焙槽	中心加工	≥98	≥95
	边部加工	≥70	≥65

6.2.7 下列设备和作业点应设排烟罩或排尘罩并经净化处理：

a) 混捏锅加料口、锅盖排烟口及出糊处设排烟罩；

b) 连续混捏机的混捏段或出糊段设排烟罩，在预热段设排尘罩；

c) 铸造混合炉炉门口设排烟罩。

6.2.8 下列设备和作业点应设收尘系统：

a) 氧化铝和氟化盐贮运部的加料、运输设备、加料箱、料仓等产生粉尘的地点；

b) 抬包清理处产生粉尘的地点；

c) 炭块加工部的铣床、锯床等设备，清理阴极棒的喷砂室或喷丸室，耐火材料加工部的磨砖机、切砖机、加工石棉制品的工作台等；

d) 原材料的破碎、筛分、配料等设备，粉状物料的运输设备和料仓等；

e) 阳极组装的残极托盘倾翻机、残极压脱机、破碎机、残极运输设备、电解质清理设备、导杆清刷机、钢爪抛丸清理机等。

6.2.9 电解槽烟气、阳极焙烧烟气、沥青熔化库烟气应净化处理。

6.2.10 通风净化系统管道和除尘器、净化器的进出口，应设检测孔，需要时应设置固定式工作平台及梯子。

6.2.11 当含尘气体湿度较高可能结露时，干式除尘器应保温或保温并加热。在严寒地区，处理含湿量较高的含尘气体时，除尘器不宜布置在室外，否则应采取防冻的措施。

6.3 系统维护

6.3.1 通风净化系统每半年应至少检测一次排放粉尘浓度、风量、风压，检查是否符合原设计的要求，如不符合，应进行检修、调整。

6.3.2 通风机应经常处于良好的工作状态，运转应平稳，壳体无破损，叶轮完好，机内不积尘、积水，电机工作正常。发现故障应及时排除。

6.3.3 当排风罩达不到净化要求时，应检查原因，及时排除故障。

7 管理

7.1 管理措施

7.1.1 应按 GB/T 11651 和 GB/T 18664，为作业人员配备合格的个人劳动防护用品，尘毒污染的作业场所应配备有效的呼吸防护用品。

7.1.2 配备的个体防护用品应按规定佩戴和使用。

7.1.3 在厂区内应按 GB 2893、GB 2894 的规定，正确地使用安全标志与安全色，且安全标志应设在醒目的位置。

7.1.4 尘毒作业场所及有毒物料的贮存场所应按 GB 2894 的要求设置警示标识。

7.1.5 对尘毒环境中的作业人员，应严格执行休息、就餐、洗漱及污染衣物的洗涤管理制度。

7.2 职业健康监护

7.2.1 应定期进行职业性健康检查。铝电解作业人员上岗前应进行职业性体检,有职业禁忌症者不得上岗作业。

7.2.2 已被诊断为职业病的作业人员应及时进行治疗和定期复查。尘肺患者应调离接尘作业岗位,Ⅱ期和Ⅲ期工业性氟病患者应调离接氟作业。

7.2.3 应建立职业健康监护档案和职业卫生档案。

7.3 监测与监督

7.3.1 应定期对作业点进行尘毒检测,粉尘和毒物检测每季度不得少于1次。

7.3.2 电解厂房尘毒检测的采样点应选择有代表性的工作地点,其中应包括电解槽头部和侧部中间位置。在不影响劳动者工作的情况下,采样点应尽可能靠近劳动者。

7.3.3 应加强防尘防毒设施的管理,保证设施完好,防尘防毒设施的使用率不得低于90%。

7.3.4 应加强防尘防毒工作的领导,设置防尘防毒管理机构,建立完善的防尘防毒规章制度,实行全面、系统的标准化管理。

7.4 教育培训

7.4.1 应定期进行防尘防毒教育培训和防尘防毒知识的考核。

7.4.2 通风除尘设备的操作、维修、监测人员应接受专业培训,考核合格后方可上岗。

ICS 75.160.20
E 31

中华人民共和国国家标准

GB/T 17411—2012
代替 GB/T 17411—1998

船用燃料油

Marine fuel oils

(ISO 8217:2010(E),Petroleum products—Fuels(class F)—
Specifications of marine fuels,MOD)

2012-12-31 发布　　2013-07-01 实施

中华人民共和国国家质量监督检验检疫总局
中国国家标准化管理委员会　发布

前　言

本标准按照 GB/T 1.1—2009 给出的规则起草。

本标准代替 GB/T 17411—1998《船用燃料油》。本标准与 GB/T 17411—1998 相比，主要技术变化如下(详见附录 M)：

a) 馏分燃料油(4 种)的变化：

——增加的 DMZ 类规定了 40 ℃黏度最小值 3.000 mm^2/s 限制，除此之外其他性能等同 DMA 类(见表 1)；

——对原标准的 DMC 类进行了修订，移至表 2 作为 RMA10(见表 2，1998 年版的表 1)；

——增加了硫化氢、酸值、氧化稳定性和润滑性(适用于硫含量低于 500 mg/kg 的燃料)要求(见表 1)；

——DMA 类的最小黏度要求由 1.50 mm^2/s 提高到 2.000 mm^2/s(见表 1)；

——DMB 类增加了最小黏度 2.000 mm^2/s 的要求；硫含量质量分数最大值由 2.0%改为 1.50%(见表 1)；

——十六烷值指标改为十六烷指数(见表 1)。

b) 残渣燃料油(6 种)的变化：

——黏度基准温度由 100 ℃改为 50 ℃(见表 2)；

——品种由 10 类减少到 6 类，删除了 RMC、RMF、RMH 和 RML 种类(见表 2)；

——RMG 和 RMK 增加了黏度等级(见表 2)；

——水含量体积分数最大值由 1.0%改为 0.5%，增加脚注"水分超过 0.5%的应与需方协商并经用户认可，但最高不大于 1.0%。"(见表 2)；

——硫含量质量分数：RMD 由原标准的不大于 4.0%修改为 3.5%，RME、RMG 和 RMK 类由 5.0%修改为 3.5%(见表 2)；

——加严了多类产品的灰分限制(见表 2)；

——加严了钒、铝＋硅含量的限制(见表 2)；

——增加了含有使用过的润滑油(ULO)的检测项目(见表 2)；

——增加了检验规则和安全章节(见 5、6 和 7 章)。

c) 资料性附录的变化：

——附录的总数发生了变化；

——删除了前一版中附录 C 给出的黏度换算、附录 F 给出的参考文献、附录 G 给出的 ISO 4264：1995 译文、附录 H 给出的 ISO 10307-1：1993 译文、附录 I 给出的 ISO 10307-2：1993 译文、附录 J 给出的 ISO 10478：1994 译文；

——本标准修改了关于比能的论述，增加了馏分燃料油总比能方程式(见附录 E，1998 年版的附录 A)；

——增加了 10 个新的附录：

——附录 A　生物产品和脂肪酸甲酯(FAMEs)；

——附录 B　有害物质；

——附录 C　硫含量；

——附录 D　硫化氢；

——附录 H　酸性；

——附录J　钠和钒；

——附录K　使用过的润滑油；

——附录L　精密度和试验结果说明；

——附录M　本标准与GB/T 17411—1998的主要变化；

——附录N　本标准与ISO 8217:2010(E)的技术性差异及其原因。

d) 增加了参考文献(见参考文献)。

本标准使用重新起草法修改采用ISO 8217:2010(E)《石油产品　燃料(F类)　船用燃料规格》(英文版)。

本标准与ISO 8217:2010(E)相比，在结构上进行了调整，附录N中给出了结构和相应技术性差异及其原因。

本标准由全国石油产品和润滑剂标准化技术委员会(SAC/TC 280)提出。

本标准由全国石油产品和润滑剂标准化技术委员会石油燃料和润滑剂分技术委员会(SAC/TC 280/SC 1)归口。

本标准起草单位：中国石油化工股份有限公司石油化工科学研究院、中国船舶燃料有限责任公司、辽宁省出入境检验检疫局。

本标准主要起草人：龙化骊、曹丽、牟明仁。

本标准于1998年首次发布，本次为第一次修订。

船用燃料油

警告：如果不遵守适当的防范措施，本标准所属产品在生产、贮运和使用等过程中可能存在危险。本标准无意对与本产品有关的所有安全问题提出建议。用户在使用本标准之前，有责任建立适当的安全和防范措施，并确定相关规章限制的适用性。

1 范围

本标准规定了船用柴油机及锅炉用石油燃料油(使用前适当预处理)的分类和代号、要求和试验方法、检验规则、包装、标志、运输、贮存及安全。

符合本标准的燃料油也适用于同样或类似制造的固定式柴油机和其他船舶用机械。

本标准规定了4种馏分燃料油，其中一种是供柴油机应急时使用的。还规定了6种残渣燃料油。

注1：就本标准而言，"石油"这个术语包括沥青砂油和页岩油。

注2：船用燃气轮机燃料技术要求在GB/T 29114—2012[1]中作了规定。

2 规范性引用文件

下列文件对于本文件的应用是必不可少的。凡是注日期的引用文件，仅注日期的版本适用于本文件。凡是不注日期的引用文件，其最新版本(包括所有的修改单)适用于本文件。

GB 190 危险货物包装标志

GB/T 260 石油产品水分测定法

GB/T 261 闪点的测定 宾斯基-马丁闭口杯法(GB/T 261—2008，ISO 2719：2002，MOD)

GB/T 265 石油产品运动黏度测定法和动力黏度计算法

GB/T 387 深色石油产品硫含量测定法(管式炉法)

GB/T 508 石油产品灰分测定法(GB/T 508—1985，eqv ISO 6245：1982)

GB/T 1884 原油和液体石油产品密度实验室测定法(密度计法)(GB/T 1884—2000，eqv ISO 3675：1998)

GB/T 1885 石油计量表(GB/T 1885—1998，eqv ISO 91-2：1991)

GB/T 3535 石油产品倾点测定法(GB/T 3535—2006，ISO 3016-1994，MOD)

GB/T 4756 石油液体手工取样法(GB/T 4756—1998，eqv ISO 3170：1988)

GB/T 6986 石油浊点测定法(GB/T 6986—1986，eqv ISO 3015：1974)

GB/T 7304 石油产品和润滑剂酸值测定方法(电位滴定法)

GB/T 11137 深色石油产品运动粘度测定法(逆流法)和动力粘度计算法

GB/T 11140 石油产品硫含量的测定 波长色散X射线荧光光谱法

GB/T 12575 液体燃料油钒含量测定法(无火焰原子吸收光谱法)

GB 13690 化学品分类和危险性公示 通则

GB/T 17040 石油和石油产品硫含量的测定 能量色散X射线荧光光谱法

GB/T 17144 石油产品残炭测定法(微量法)(GB/T 17144—1998，eqv ISO 10370：1993)

GB 20581 化学品分类、警示标签和警示性说明 安全规范 易燃液体

GB/T 23801　中间馏分油中脂肪酸甲酯含量的测定　红外光谱法

GB/T 20828　柴油机燃料调合用生物柴油(BD100)

SH 0164　石油产品包装、贮运及交货验收规则

SH/T 0172　石油产品硫含量测定法(高温法)

SH/T 0175　馏分燃料油氧化安定性测定法(加速法)

SH/T 0604　原油和石油产品密度测定法(U 型管振动法)(SH/T 0604—2000,eqv ISO 12185:1996)

SH/T 0694　中间馏分燃料十六烷指数计算法(四变量公式法)(SH/T 0694—2000,eqv ISO 4264:1995)

SH/T 0701　残渣燃料油总沉淀物测定法(热过滤法)(SH/T 0701—2001,eqv ISO 10307-1:1993)

SH/T 0702　残渣燃料油总沉淀物测定法(老化法)(SH/T 0702—2001,eqv ISO 10307-2:1993)

SH/T 0706　燃料油中铝和硅含量测定法(电感偶合等离子体发射光谱及原子吸收光谱法)(SH/T 0706—2001,eqv ISO 10478:1994)

SH/T 0715　原油和残渣燃料油中镍、钒、铁含量测定法(电感偶合等离子体发射光谱法)

SH/T 0765　柴油润滑性评定法(高频往复试验机法)(SH/T 0765—2005,ISO 12156-1:1997 MOD)

ISO 8216-1:2010　石油产品　燃料(F 类)　分类　第 1 部分:船用燃料种类(Petroleum products—Fuels (class F)　classification —Part 1:Categories of marine fuels)

ISO 4259:2006　石油产品试验方法精密度的确定和应用(Petroleum products—Determination and application of precision data in relation to methodsof test)

ISO 14597　石油产品中钒和镍含量测定法(波长散射 X-射线荧光光谱法)(Petroleum products—Determination of vanadium and nickel content—WavelengthdispersiveX-ray fluorescence spectrometry)

IP 501　残渣燃料油中铝、硅、钒、镍、铁、钠、钙、锌和磷的测定　灰化、熔解和电感偶合等离子发射光谱法(Determination of aluminium, silicon, vanadium, nickel, iron, sodium, calcium, zinc andphosphorus in residual fuel oil by ashing,fusion and inductively coupled plasma emission spectrometry)

IP 570　燃料油中硫化氢的测定　快速液相萃取法(Determination of hydrogen sulfide in fuel oils—Rapid liquid phase extraction method)

3　分类和代号

本标准产品分类及代号与 ISO 8216-1:2010(E)的规定一致。

4　要求和试验方法

4.1　按照本标准规定的试验方法检测,燃料油应符合表 1 或表 2 的性能和指标要求。

表 1　船用馏分燃料油要求和试验方法

性能		品种 ISO-F-				试验方法
		DMX	DMA	DMZ	DMB	
运动黏度(40℃)/(mm²/s)	不大于 不小于	5.500 1.400	6.000 2.000	6.000 3.000	11.00 2.000	GB/T 265
密度(满足下列要求之一) 15 ℃/(kg/m³) 20 ℃/(kg/m³)	 不大于 不大于	 —	 890.0 886.5	 890.0 886.5	 900.0 896.5	GB/T 1884 和 GB/T 1885[a]
十六烷指数	不小于	45	40	40	35	SH/T 0694
硫含量[b](质量分数)/%	不大于	1.00	1.50	1.50	1.50	GB/T 17040[c]
闪点(闭口)/℃	不低于	43.0	60.0	60.0	60.0	GB/T 261(步骤 A)
硫化氢[d]/(mg/kg)	不大于	2.00	2.00	2.00	2.00	IP 570
酸值(以 KOH 计)/(mg/g)	不大于	0.5	0.5	0.5	0.5	GB/T 7304
总沉积物(热过滤法)(质量分数)/%	不大于	—	—	—	0.10[e]	SH/T 0701
氧化安定性/(g/m³)	不大于	25	25	25	25[f]	SH/T 0175
10%蒸余物残炭(质量分数)/% 残炭(质量分数)/%	不大于 不大于	0.30 —	0.30 —	0.30 —	— 0.30	GB/T 17144
浊点/℃	不大于	−16	—	—	—	GB/T 6986
倾点[g]/℃ ——Ⅰ ——Ⅱ	不高于	 —	 −6 0	 −6 0	 0 6	GB/T 3535
外观		清澈透明[h]			[e,f,i]	目测
水分(体积分数)/%	不大于	—	—		0.3[e]	GB/T 260
灰分(质量分数)/%	不大于	0.010	0.010	0.010	0.010	GB/T 508
润滑性[i] 磨痕直径(60 ℃)/μm	 不大于	 520	 520	 520	 520[j]	SH/T 0765

[a] 测定方法也包括 SH/T 0604,结果有争议时,以 GB/T 1884 和 GB/T 1885 为仲裁方法。

[b] 尽管给出了限值,买卖双方应该按照有关法规限制确定最大硫含量,见附录 C。

[c] 测定方法也包括 GB/T 387、GB/T 11140、SH/T 0172,结果有争议时,以 GB/T 17040 为仲裁方法,采用各方认可的硫标准物质。

[d] 由于附录 D 说明的原因,该项目由供需双方协商是否检测,实施日期为 2013 年 7 月 1 日。

[e] 如果样品不透明,要求做总沉淀物(热过滤法)和水分试验,如果样品透明,总沉淀物(热过滤法)和水分试验可以不要求。

[f] 如果样品不透明,试验可不作,氧化安定性试验不适用。

[g] 买方应确保倾点适合船上设备要求。尤其是船舶运行在寒冷气候环境下。

[h] 样品注入 100 mL 量筒中,在 10 ℃～25 ℃温度下,在光线好的地方(非强光和黑暗)观察,应无可见沉淀物和水。

[i] 此要求适用于硫含量低于 500 mg/kg 的燃料油(是基于高速汽车和重负荷工业柴油机的经验)。

[j] 如果样品不透明,试验可不作,润滑性试验不适用。

表 2 船用残渣燃料油要求和试验方法

性能	品种 ISO-F-											试验方法
	RMA 10	RMB 30	RMD 80	RME 180	RMG 180	RMG 380	RMG 500	RMG 700	RMK 380	RMK 500	RMK 700	
运动黏度(50 ℃)/(mm²/s) 不大于	10.00	30.00	80.00	180.0	180.0	380.0	500.0	700.0	380.0	500.0	700.0	GB/T 11137
密度(满足下列要求之一) 15 ℃/(kg/m³) 不大于 20 ℃/(kg/m³) 不大于	 920.0 916.5	 960.0 956.6	 975.0 971.6	 991.0 987.6	 991.0 987.6				 1 010.0 1 006.6			GB/T 1884 和 GB/T 1885[a]
碳芳香度指数(CCAI) 不大于	850	860	860	860	870				870			见附录 F
硫含量[b](质量分数)/% 不大于	2.00	2.50	3.00	3.50	3.50				3.50			GB/T 17040[c]
闪点(闭口)/℃ 不低于	60.0	60.0	60.0	60.0	60.0				60.0			GB/T 261(步骤 B)
硫化氢[d]/(mg/kg) 不大于	2.00	2.00	2.00	2.00	2.00				2.00			IP 570
酸值[e](以 KOH 计)/(mg/g) 不大于	2.5	2.5	2.5	2.5	2.5				2.5			GB/T 7304
总沉积物(老化法)(质量分数)/% 不大于	0.10	0.10	0.10	0.10	0.10				0.10			SH/T 0702
残炭(质量分数)/% 不大于	2.50	10.00	14.00	15.00	18.00				20.00			GB/T 17144
倾点[f]/℃ 不高于 ——Ⅰ ——Ⅱ	 0 6	 0 6	 30 30	 30 30	 30 30				 30 30			GB/T 3535
水分[g](体积分数)/% 不大于	0.30	0.50	0.50	0.50	0.50				0.50			GB/T 260
灰分(质量分数)/% 不大于	0.040	0.070	0.070	0.070	0.100				0.150			GB/T 508

表 2（续）

性能		品种 ISO-F-											试验方法
		RMA 10	RMB 30	RMD 80	RME 180	RMG 180	RMG 380	RMG 500	RMG 700	RMK 380	RMK 500	RMK 700	
钒/(mg/kg)	不大于	50	150	150	150	350				450			IP 501[h]
钠/(mg/kg)	不大于	50	100	100	50	100				100			IP 501
铝＋硅/(mg/kg)	不大于	25	40	40	50	60				60			IP 501[i]
使用过的润滑油(ULO)/(mg/kg) 钙和锌 钙和磷		燃料油应不含 ULO。符合下述条件之一，认为燃料油含有 ULO： 钙＞30 且锌＞15 钙＞30 且磷＞15											IP 501

[a] 测定方法也包括 SH/T 0604，结果有争议时，以 GB/T 1884 和 GB/T 1885 为仲裁方法。

[b] 尽管给出了限值，但买卖双方应该按照当地有关法规限制确定硫含量，见附录 C。

[c] 测定方法也包括 GB/T 387、GB/T 11140、SH/T 0172，结果有争议时，以 GB/T 17040 为仲裁方法，采用各方认可的硫标准物质。

[d] 由于附录 D 说明的原因，本标准该项目由供需双方协商是否检测，实施日期为 2013 年 7 月 1 日。

[e] 见附录 H。

[f] 买方应确保倾点适合船上设备要求。尤其是船舶运行在寒冷气候。

[g] 水分超过 0.5%的应与需方协商并经用户认可，但最高不大于 1.0%。

[h] 测定方法也包括 GB/T 12575、SH/T 0715、ISO 14597，结果有争议时，以 IP 501 为仲裁方法。

[i] 测定方法也包括 SH/T 0706，结果有争议时，以 IP 501 为仲裁方法。

4.2 燃料油应是由石油获取的烃类均匀混合物，不排除为改善燃料油的某些性能和特点而加入的添加剂。燃料油应不含无机酸和使用过的润滑油。

4.3 燃料油中不能含有在船舶使用时不能接受的任何物质。

4.4 燃料油中不能含有超出“微量”的脂肪酸甲酯(FAME)的生物原料(FAME 符合 GB/T 20828 要求)。在本标准中，“微量”是指燃料在船上使用时不被接受的量，不允许人为掺入 FAME。

注：见附录 A。

4.5 燃料油不应含有下述任何添加物或化学废料：

a) 危及船舶安全或对机械性能产生不利影响；

b) 损害身体健康；

c) 增加空气污染。

注：见附录 B。

5 检验规则

5.1 检验分类和检验项目

5.1.1 出厂检验

出厂批次检验项目包括：运动黏度、密度、十六烷指数、硫含量、酸值、闪点、水分、10%蒸余物残炭、残炭、倾点、浊点、外观、润滑性、碳芳香度指数(CCAI)。

在原材料、生产工艺没有发生可能影响产品质量的变化时，出厂周期检验项目包括：氧化安定性、灰分、总沉淀物(热过滤法)、沉淀物(老化法)、钒、钠、铝和硅项目，每季度至少测定一次。

注：硫化氢由供需双方协商是否检测。

5.1.2 型式检验

型式检验项目为第 4 章表 1 或表 2 中规定的所有项目。

在下列情况下进行型式检验：

a) 新产品投产或产品定型鉴定时；

b) 原材料、生产工艺等发生较大变化，可能影响产品质量时；

c) 出厂检验结果与上次型式检验结果有较大差异时。

5.2 组批

在原材料和生产工艺不变的条件下，每生产一罐为一批。

5.3 取样

按 GB/T 4756 进行，取 3 L 样品作为检验和留样。

5.4 判定规则

出厂检验和型式检验结果全部符合第 4 章技术要求时，则判定该批产品合格。

5.5 复验规则

如出厂检验和型式检验结果有不符合第 4 章要求规定时，按 GB/T 4756 的规定自同批产品中重新抽取双倍量样品，对不合格项目进行复验，复验结果如仍不符合要求时，则判定该批产品为不合格。

6 包装、标志、运输、贮存

根据 GB 13690，船用燃料油属于易燃液体，产品的包装、标志、运输、贮存及交货验收按 SH 0164、GB 13690 和 GB 190 进行。

7 安全

根据 GB 13690，船用燃料油属于易燃液体，其危险性警示见 GB 20581 中第 8 章的警示性说明。

8 精密度和试验结果说明

表 1 和表 2 中所列的试验方法都有精密度的要求（重复性和再现性）。在附录 F 中包括了碳芳烃度指数（CCAI）的再现性的确定。

ISO 4259:2006 关于试验结果说明中包括了精密度数据的应用，该方法将在对数据产生争议时使用。附录 L 也给出了关于精密度和试验结果说明的有关信息。

附 录 A
（资料性附录）
生物产品和脂肪酸甲酯（FAMEs）

A.1 生物燃料和混合

由于生物燃料和生物燃料与石油产品的混合物是可再生的和能够降低温室气体和 SO_x 排放，被船舶工业的某些部门认为属于潜在的可替代能源。

目前大量的生物燃料是通过酯交换反应生成的产品，即去除甘油酯组分，生产出脂肪酸甲酯。一般指生物柴油。生物柴油也可能含有脂肪酸乙酯（FAEEs），其试验方法和规格正在研究发展中。

生物燃料也可以由其他加工方法生产；然而，在船舶系统和设备中没有关于生物燃料应用的普遍经验，因此本标准中没有表述这个问题，但概述了在有些生物脂肪酸甲酯 FAME 燃料被强制使用的地方，其市场上遇到的一些问题。

注：FAME 在 GB/T 20828 中有定义。

尽管 FAME 具有好的着火性、润滑性和益于环境接受，但在船舶环境，储存和处理方面有潜在的特殊的问题，如：

——长期储存易氧化；

——易吸水和滋生微生物；

——恶化低温流动性；

——FAME 易沉积在暴露的表面，包括过滤器元件。

另外，FAME 产品来源不同，每种具有自己的贮存、操作、处理、发动机操作和排放等方面的特殊性。

在打算使用含有 FAME 燃料的情况下，应该确保船舶的储存、操作、处理、辅助设备和机械系统以及其他任何系统元件（例如油水分离器系统）与该种产品的相容性。

本标准仅特指来源于石油的原料，因此不包括任何生物原料。然而，在现行供货物流情况下，将 FAME 混入柴油和民用燃料油的做法，使得在船舶市场上某些馏分燃料油几乎不可避免地含有 FAME，甚至由于炼厂处理过程或混入含有 FAME 馏分的原料造成某些残渣燃料油可能含有 FAME。

A.2 预防措施

A.2.1 在船舶大环境范围内，没有关于贮存、操作、处理和使用性能（包括船外装卸）的普遍经验，必须考虑使用 FAME 与石油混合物产品或 100%FAME 有关安全的预防规范。此外，在船舶发动机和其他目前在用的设备[如油水分离器（OWS）或船外装卸检测器（ODM）]方面，FAME 产品存在潜在影响问题，因此，本标准限制 FAME 的含量是“微量”级。

注：见 4.4。

A.2.2 目前为止，不容易确定“微量”的数值：

——市场上得到的 FAME 产品来源不同，类型很多；

——由于炼厂、燃料油终端或其他供应设施使用公用设备和管线，可能存在因污染物引起此数值的变化；

——用于检测 FAME 产品和相关副产品的各种不同分析技术没有标准的方法；

——多数情况下，关于 FAME 产品对船舶燃料系统的影响尚未获得足够的资料。

A.2.3 本标准的使用：

——对于馏分燃料油(DMX,DMA,DMZ 和 DMB)，当其清澈透明时，按照 GB/T 23801 方法检测的数据体积分数不超过 0.1%情况下，被认为属于“微量”；

——对于不清澈透明的 DMB 产品和所有残渣燃料油，不能用数值表示其“微量”，因为目前没有可采用的具有精密度的试验方法。因此，受到供应环节污染时应进行处理。

燃料油生产者和供应商应该确定在适当的位置进行控制，以便燃料油最终交货时符合本标准第 4 章要求。

附 录 B
（资料性附录）
有 害 物 质

本标准排除如第 4 章规定的有害物质的掺入，在船用燃料油中不应该存在混合或调合的此类物质。不能直接给出测定有害原料或物质的有害量，因为：

a) 每种燃料油都是特定的烃类复杂混合物；

b) 各种不同来源的原料都能通过生产、处理和运输系统进入船用燃料油供应链；

c) 由于炼厂、燃料油终端或其他供应设施使用公用设备和管线，燃料油中可能存在各种数量的污染物；

d) 用于检测这些污染物和特殊化学物种类的各种分析技术没有标准的方法；

e) 多数情况下，还没有获得足够的数据证明任何一种特定的污染物或其混合物对船舶机械系统、船员或环境的影响。

因此，除了本标准列出的要求之外，对提交的每种燃料油货物规定详细的化学分析是不现实的。替代方法是要求炼厂、燃料油终端、或任何其他供应设施，包括驳船供给、卡车运送，有优质的保证和交换程序的管理，确保符合本标准第 4 章关于排除有害物质的要求。

附 录 C
（资料性附录）
硫 含 量

本标准规定了燃料油硫含量的限值。表1中馏分燃料油的硫含量是出于保护小型高速柴油机的技术目的。

防止船舶造成污染公约（即修订的MARPOL附则Ⅵ）规定了控制使用燃料油的最大硫含量，或者允许采用技术方法，确保符合硫氧化物和颗粒物的排放法规。馏分油和残渣燃料油两者硫含量直接受法规要求的制约。因此，买方有责任根据船舶发动机的设计、排放法规、设备以及燃料油将要使用区域现行的法规限制，确定燃料油的最大硫含量。

考虑硫含量降低比能（热值）数值，并在给定的燃烧温度条件下，可能造成易感元件的腐蚀。为了方便残渣燃料油生产及供应，本标准较ISO 8217:2010增加了残渣燃料油的硫含量限值，并在技术要求表中增加了“尽管给出了限值，但买卖双方应该按照当地有关法规限制确定硫含量，见附录C。”的脚注说明。

附 录 D
（资料性附录）
硫 化 氢

硫化氢是高毒性气体，人员暴露于高浓度硫化氢气体下是危险的，极端情况下致命。在非常低的浓度时有特殊的腐蛋气味，在高浓度下会导致嗅觉丧失、头痛、头晕眼花，在非常高的浓度下会立即死亡。

硫化氢可以在炼制过程中形成，也可在储油罐、产品驳船和用户（消耗）灌中的燃料油中逐渐形成。硫化氢可以液相或气相存在，液相和气相之间的转换程度和速度取决于多个因素，例如：物质的组成和化学性质、温度、浓度、搅拌强度、贮存时间、加热和环境条件、储罐形状、损耗以及通风等。

当人员暴露在燃料气体中时，可能接触到硫化氢。例如，进入油灌、打开装货灌顶盖、进入空罐后等。当油罐充灌和/或加热时，硫化氢气会从排出口/排出管道窜入燃料管线，更换过滤器的操作中，也会发生与硫化氢气接触的情况。

在物质安全资料表（MSDSs）中着重给出了硫化氢的危险性，介绍了其对健康的危害性，并记录了暴露于其中的指南。在国际油船和油码头安全指南（ISGOTT）[2]的 2.3.6 章节提供了实用的参考指南。有很多其他的有关硫化氢的信息来源，但几乎没有针对船舶的。

本标准中规定了一个液相状态的限值，此限制本身并不构成安全级别或消除在封闭的空间里形成的非常高的硫化氢气体的风险。

参看表 1 和表 2 所作的脚注 d，本标准根据 ISO 8217:2010 规定了液相硫化氢的限值，但注明由供需双方协商，其原因是：

——IP 570 关于馏分燃料油的精密度正在发展中；

——新试验方法 IP 570 所用仪器现仅有个别生产，在我国实施尚需一定时间；

——设计、采购和组成设备更改等需要时间。

本标准规定燃料油中液相硫化氢 2.00 mg/kg 的限值，可以降低暴露在 H_2S 气中的风险。然而，关键是船东和航运公司应保持适当的安全操作和设计程序，以保护可能暴露于 H_2S 气中船员和其他人（如测量人员）的安全。

附 录 E
（资料性附录）
比能（热值）

E.1 除了其他性能规范需要外，在燃料的生产中不控制比能。

E.2 对于残渣燃料油，净比能 Q_{Rnp} 和总比能 Q_{Rgv} 可分别从方程（E.1）和（E.2）计算出，都以兆焦耳每千克表示，一般用途时准确度可以接受。

$$Q_{Rnp}=(46.704-8.802\rho_{15}{}^{2}10^{-6}+3.167\rho_{15}\times10^{-3})\times[1-0.01(w_{w}+w_{a}+w_{s})]+0.0942\,w_{s}-0.02449w_{w} \quad\cdots\cdots(E.1)$$

$$Q_{Rgv}=(52.190-8.802\rho_{15}{}^{2}\times10^{-6})\times[1-0.01(w_{w}+w_{a}+w_{s})]+0.0942w_{s} \quad\cdots(E.2)$$

式中：

ρ_{15} ——15 ℃时密度，单位为千克每立方米（kg/m^3）；

w_W ——水分，以质量分数表示；

w_a ——灰分，以质量分数表示；

w_s ——硫含量，以质量分数表示。

注：为了方便快速，残渣燃料油的净比能也可从图 E.1 中读出。图 E.1 是从方程（E.1）得出。但所得数值仅是近似的。

E.3 对于船用馏分燃料油，净比能 Q_{Dnp} 和总比能 Q_{Dgv} 可以分别从方程（E.3）和（E.4）计算出，两者以兆焦耳每千克表示，一般用途时准确度可以接受。

$$Q_{Dnp}=(46.423-8.792\rho_{15}{}^{2}\times10^{-6}+3.15\rho_{15}\times10^{-3})\times[1-0.01(w_{W}+w_{a}+w_{s})]+0.0942\,w_{s}-0.02449\,w_{W} \quad\cdots\cdots(E.3)$$

$$Q_{Dgv}=(51.916-8.792\rho_{15}{}^{2}\times10^{-6})\times[1-0.01(w_{W}+w_{a}+w_{s})]+0.0942w_{s} \quad\cdots(E.4)$$

式中：

ρ_{15} ——15 ℃时密度，单位为千克每立方米表示，（kg/m^3）；

w_W ——水分，以质量分数表示；

w_a ——灰分，以质量分数表示；

w_s ——硫含量，以质量分数表示。

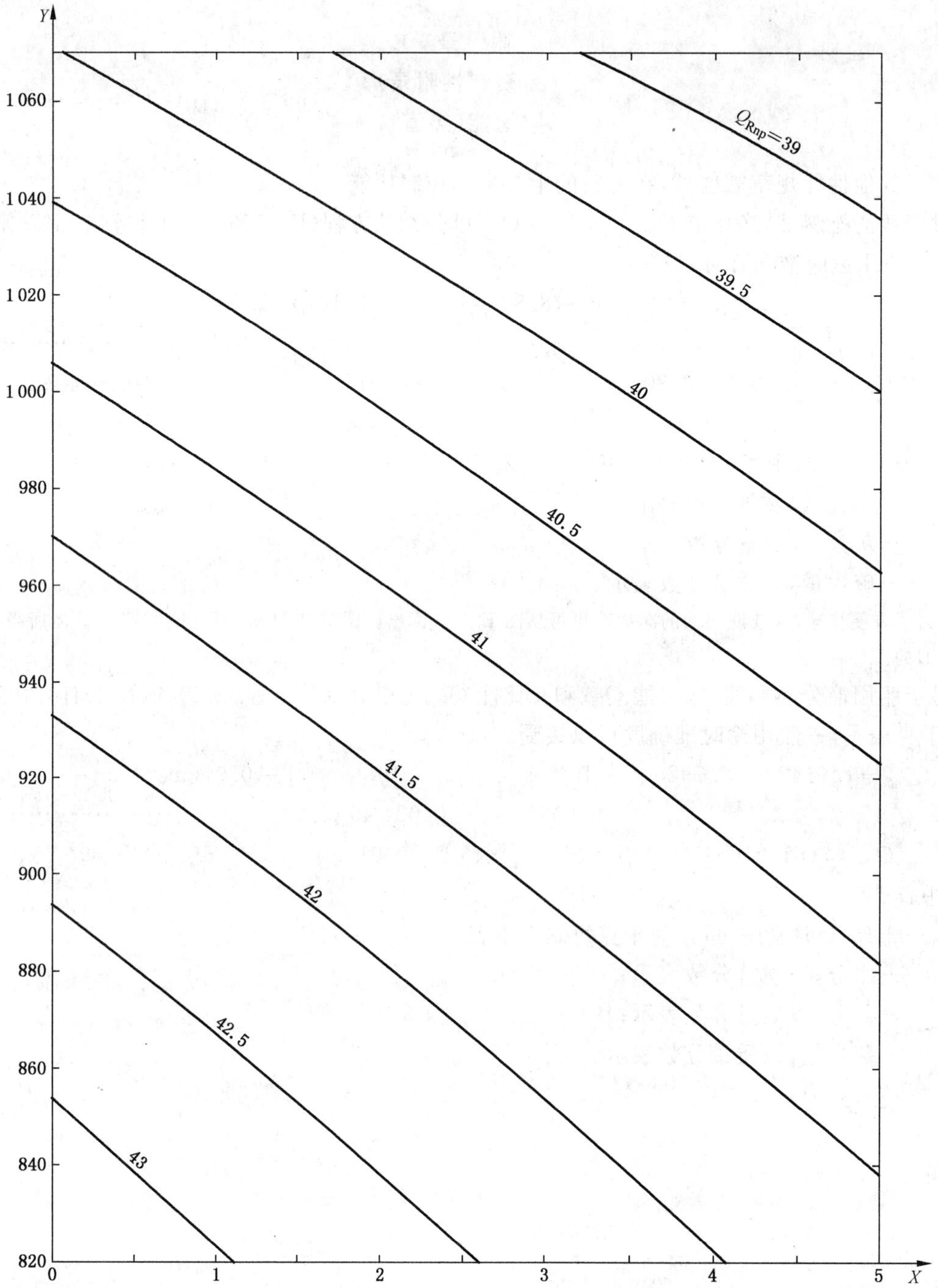

图中：

X ——硫含量，以质量分数表示；

Y ——15 ℃密度，以千克每立方米表示。

注：对灰分和水分修正，从图中读出的净比能 Q_{Rnp} 中扣除 $0.01Q_{Rnp}(w_a+w_W)$。

图 E.1　残渣燃料油的净比能，以兆焦耳每千克表示

附　录　F
（资料性附录）
残渣船舶燃料的着火性

F.1　用途

船用柴油机内残渣燃料油的着火性和燃烧性决定于特定的柴油机类型、设计、操作和发动机状况、负荷以及燃料油的化学性质。

碳芳香度指数(CCAI)由残渣燃料油的密度和黏度决定，同时，它不是提供残渣燃料油的燃烧性信息，它提供的是着火迟后期(滞燃期)。标准中包括 CCAI，是为了避免密度黏度关系异常的燃料油可能导致残渣燃料油滞燃期延长。

CCAI 按照 Lewis，et al. 方程式(F.1)计算：

$$CCAI = \rho_{15} - 81 - 141 \times \lg[\lg(\upsilon + 0.85)] - 483 \times \lg[(T + 273)/323] \quad \cdots\cdots(F.1)$$

式中：

T ——测定运动黏度时的温度，℃；

υ ——运动黏度，单位为平方毫米每秒(mm^2/s)；

ρ_{15}——15 ℃时密度，单位为千克每立方米(kg/m^3)。

lg：以 10 为底的对数。

注 1：在本标准中，船用馏分燃料油 DMX、DMA、DMZ 和 DMB(见表 1)规定有最小十六烷指数，它比 CCAI 参数能更好地反映着火性，CCAI 主要是为了表 2 中规定的残渣燃料油的使用而设置的。

注 2：某些国家正在研究测定残渣燃料油的综合着火性的同等替代技术。

为试图说明残渣燃料油的着火和燃烧两个特性，已建立了一个利用定容燃烧室(CVCC)的标准测试方法，见 IP 541[3]。已经验证具有类似密度和黏度(即类似 CCAI 的)的燃料，可能有明显不同的着火和燃烧性能，工作继续应关联 IP 541 规定的燃料质量和使用经验。

目前，多数船舶是单一燃料，因此当计划使用残渣燃料油时，应该考虑发动机对于着火和燃烧质量差异的少量的容许量。

国际内燃机协会(CIMAC)正在开展有关柴油机着火与燃烧质量推荐指导工作。

F.2　列线图(诺模图)的使用

为了快速评价，可方便地从图 F.1 中读出残渣燃料油的 CCAI，图 F.1 其来源于方程式(F.1)。延长燃料油黏度轴上黏度(50 ℃黏度，以 mm^2/s 表示)(见图 F.1 的 A 轴)与密度轴上密度(15℃时密度，以 kg/m^3 表示)(见图 F.1 的 B 轴)的连线到 CCAI 轴(见图 F.1 的 C 轴)，即可得到此燃料油的 CCAI 值，因此从图 F.1 获得的 CCAI 只是近似的。

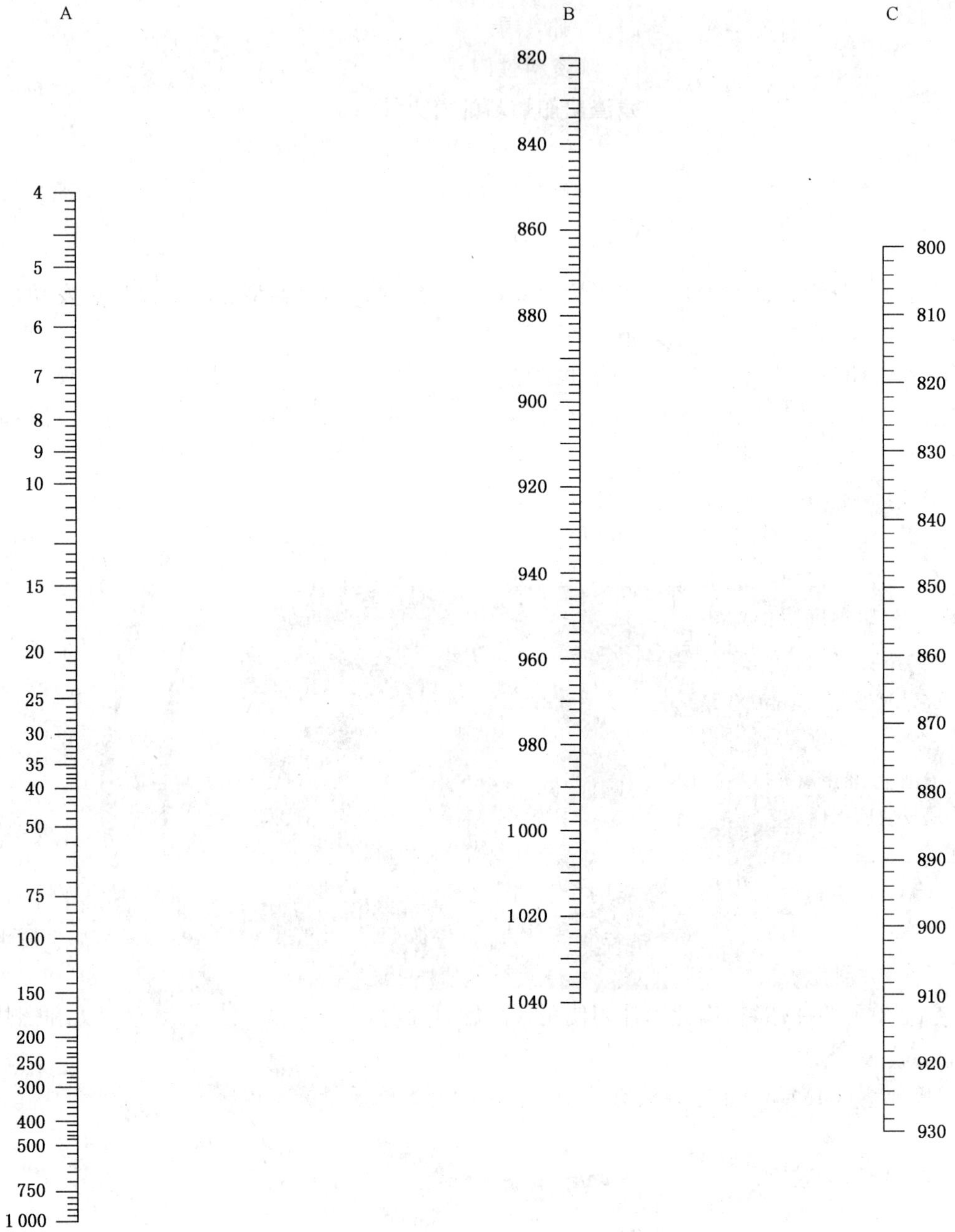

图中：

A——50 ℃运动黏度，mm^2/s；

B——15 ℃密度，kg/m^3；

C——CCAI。

图 F.1 获得 CCAI 的列线图

F.3 CCAI 精确度的计算

某种残渣燃料油的 CCAI 数值的再现性取决于用于计算 CCAI 数值的密度和黏度数值的再现性 R，这些影响 CCAI 因素的相互关系是：当密度值加上其再现性的值，黏度减去其再现性的值后，可以得到最大的 CCAI 的再现性正值。

图 F.2 给出了 CCAI 再现性与黏度的关系曲线。密度的再现性是恒定的（不依赖于密度值），因此 CCAI 的再现性仅随燃料油黏度的变化而改变。在附录 L 中包含了该再现性的实际应用。

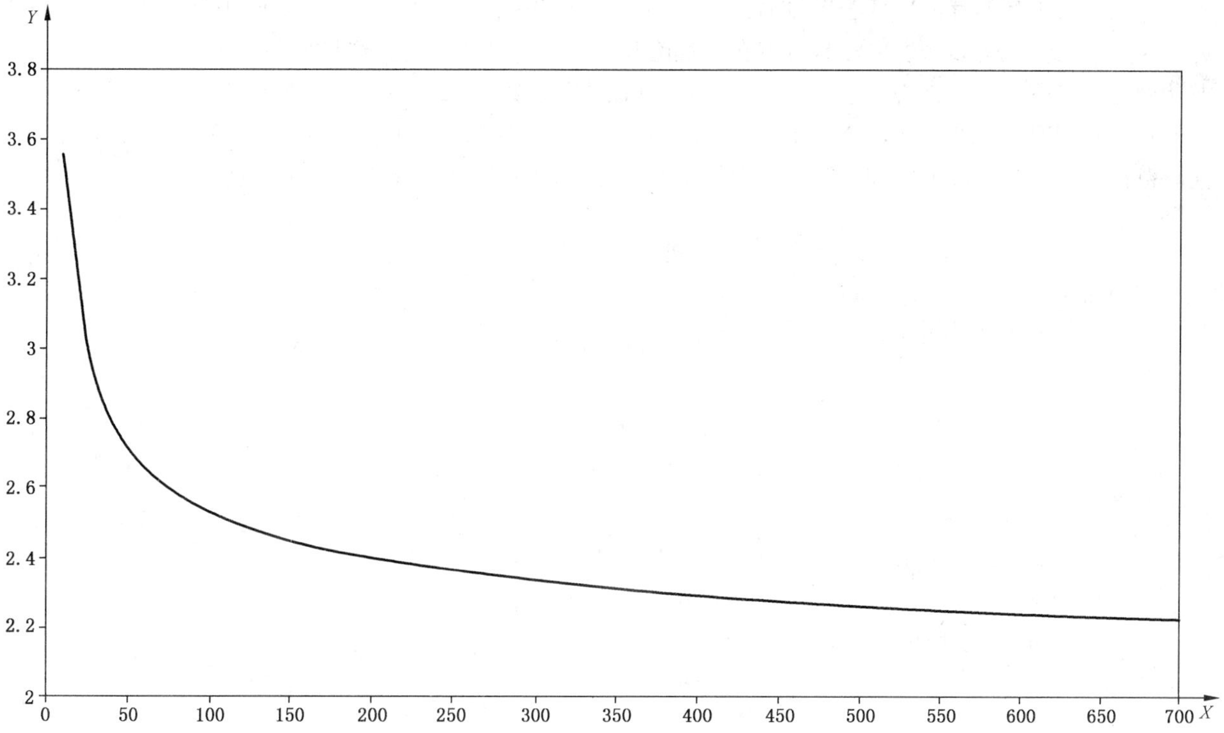

图中：

X ——50 ℃运动黏度，mm^2/s；

Y ——CCAI 的再现性。

图 F.2 CCAI 再现性与黏度的关系曲线

附 录 G
（资料性附录）
闪 点

闪点值不是物理常数，而是取决于采用的试验方法、设备和试验程序。在本标准中，馏分和残渣燃料油均应采用GB/T 261规定测试。闪点是评价燃料油形成火灾危险性的有效指标。

对于残渣燃料油，现有资料表明它本身不是在装有燃料油储罐顶部空间存在燃烧条件的可靠性指标。这意味着即使储存温度低于燃料油的闪点，在装有残渣燃料油的储罐顶部空间仍具有潜在发生可燃的氛围，因此，认为残渣燃料油具有潜在的危险和产生轻烃的可能，这会造成储罐顶部空间条件接近或达到可燃范围。因此有必要进行适当的预防，确保人身和财产的安全。

在ISO/TR 29662[4]和CEN/TR 15138:2006[5]中给出了进一步的信息。另外，在文献“易燃危险性防范措施”[6]和“国际油船和油码头安全指南[2]”中给出了关于预防措施的警示信息。

附 录 H
（资料性附录）
酸 性

由酸性化合物引起的高酸性燃料油往往会加速船用内燃机的毁坏，这种毁坏首先发生在燃料油的喷射设备中。

采用GB/T 7304测定的燃料油酸值可以预示燃料油中大概存在的酸性化合物。虽然所有燃料油都可以测出一定的酸值，通常(但不总是)馏分燃料油小于0.5 mgKOH/g，残渣燃料油小于2.5 mgKOH/g。

但是，由环烷基原油生产的燃料油酸值可能具有高于表中规定的数值，使用上是可以接受的。通过非标准的专业详细分析，在有证据证实燃料油确实由环烷基原油生产的情况下，供应商和买方有责任协商一个可接受的酸值。

酸值明显高于上述规定值可显示含有大量的酸性化合物或存在其他污染物。然而，酸值低于上述规定值不能保证不会出现与燃料油酸性物质有关的问题。酸值试验结果与燃料油腐蚀性之间，目前还没有公认的对应关系。

已经查明含有强酸性物质的燃料油，即使是按照规定的标准方法检测不到低含量SAN(强酸值)，也不符合本标准。因为强酸的存在与燃料油腐蚀性之间有相互对应关系。

附 录 I
（资料性附录）
钠 和 钒

I.1 引言

所有残渣燃料油都含有某种形式的金属，其中有一些是天然存在的，如钒、钙和镍，或者是一些外来的，如钠、铝、硅和铁。当燃料油燃烧时这些金属部分转化为氧化物、硫化物或更复杂的化合物颗粒，聚集成为灰分。在一定温度下这些固体颗粒会部分液化，如果零部件表面温度足够高，这种状态的灰分会粘附于燃烧系统的部件表面。这些粘附的灰分沉积物以所谓的“热腐蚀”或其他方式损坏部件（柴油机中的活塞顶、排气阀、涡轮增压器叶片表面和水冷管壁以及锅炉的过热炉和预热炉管壁）。灰分颗粒开始变成液体并粘附在部件表面的温度，通常称为‘粘附（着）温度’，该温度对富含钒和/或钠的灰分来说是最低的，因此应特别注意燃料油中这些金属的含量。

I.2 灰分的熔点

灰分的熔点差别很大，取决于灰分的组成。例如，钒酸钠灰分，其作为一种纯化合物具有 535 ℃熔点，而这个温度可以通过从腐蚀的表面产生的其他金属氧化物的溶解得到降低。因此，灰分的熔解温度理论上可以降低到 400 ℃以下。通常认为钠钒比为 1∶3 时的灰分熔解温度最低。但这只是对由这两种化合物（Na_2SO_4/V_2O_5）组成的灰分混合物而言的。灰分来自于真正的燃料油燃烧，是各种化合物的复杂混合物，也会由钙、镍、硅和铝以及其他浓度很低的元素组成。所有这些外来的金属都会影响灰分的熔解温度。减少灰分的附着，在有些情况下会起到有益的作用，然而在另外的情况下会产生相反的作用。

当燃料油中的钒含量升高时，1∶3 的钠钒比值更加重要，因为灰分的钒含量会越来越高。某些残渣燃料油的钒含量可以达到约 600 mg/kg，其他金属通常达不到这个水平，因此它们对‘粘附（着）温度’的影响是有限的。并且钒含量高，会加重总灰分，可能恶化由于灰分沉积而引起的问题。

不难发现一些船主规定最大钠含量是实际钒含量的三分之一。综上所述，很明显不能采用科学的方法找到这样一个限值，而且也没有必要，尤其在较低钒含量（小于 150 mg/kg）时。

I.3 钒

钒是燃料油中的天然组分，它以含有其他元素复杂的化学分子形式存在。这些分子在残渣燃料油中以溶解状态存在。因此，在船上没有实用的方法可以将钒从燃料油中除去。限制钒的唯一实际方法是限制它的含量。制定可行的限值首先取决于操作经验和了解特定发动机或锅炉对灰分相关问题的敏感性。

I.4 钠

钠通常来源于海水污染。但是，某些钠可能以在船上处理不能去除的状态存在。1%质量分数的海水会使燃料油中钠含量增加 100 mg/kg，基本上不含水的燃料油通常钠含量大约在10 mg/kg～50 mg/kg之间，很少有再高的。

钠不同于钒，通常在燃料油中以油不溶态形式存在，在大多数情况下，钠含量高与海水的污染有关；因此，去除钠可以直接通过去除沉降罐中的水和通过离心处理。采用适当的方法可以将90%以上的钠除去，尤其采用离心的方法。在极少情况下，在炼油过程中使用的氢氧化钠也可能是污染的来源。

I.5 工程解决方案

工程解决办法是控制热腐蚀，控制金属表面的温度和选择物理性能和耐热腐蚀性能兼顾的合金相结合材料。

现代发动机设计以防止关键部件附着灰分为目标。例如对排气阀和阀座表面进行更有效的冷却，使用气阀旋转以便阀上热负荷分布均匀。经过这些改进，现代发动机的设计比早期的设计更能耐钒和/或钠。

附 录 J
（资料性附录）
催化剂粉末

燃料仓中燃料油潜在磨损颗粒的主要来源是催化剂粉末。多年来采用铝＋硅的限值控制，设置为80 mg/kg。

发动机制造者认为燃料油经过船上处理之后进入发动机的铝＋硅的含量应少于15 mg/kg。

本标准中，铝＋硅的限值适用于表2中所列的残渣燃料油。这些限值反映了总的操作清理效率比以前在船上测定低。

表2中铝＋硅的数值意在限制催化剂粉末的数量，确保磨损风险最小，规定燃料油进行充分预处理，例如，通过保持离心净化机的进口温度恒定，通常98 ℃，燃料清洗系统（油箱、离心机和过滤器）在最佳工况下工作。

因此，为了达到所需要的低催化剂粉末，高效率的燃料油预处理是最重要的。

附 录 K
（资料性附录）
使用过的润滑油

世界上一些地方将使用过的润滑油（ULOs），即失去功能的车辆曲轴箱油加入到燃料油贮存罐中已有25年以上历史。

从陆地上收集的ULO作为燃料油的混合成分，没有或不适当的环境法规，可能为将其他废物加入残渣燃料油罐中提供一种途径。

ULO有可能是组成变化非常大的物料，如上所说，它首先由使用过的曲轴箱油组成。这种油含有大量的清净剂和抗磨添加剂。清净剂主要是钙基，抗磨添加剂通常是锌-磷化合物，有些不含锌。因此本标准设定限值的原则是：如果钙和锌或钙和磷两组元素中任一组高于表2中规定的限值，则认为残渣燃料油含有ULO。

考虑不含ULO时燃料油中这些元素的基础量以及试验方法的再现性，所选择的锌、磷、钙的限值设定了一个尽可能低的量。因此，不可能将这些"指纹"元素含量上限值设为零。

根据大量的统计报告，这些元素的组合将不会导致对ULO的识别错误。

表2中给出的锌、磷、钙的限值可作为检测燃料油是否符合本标准的依据，但并非暗示被判定为含有ULO的燃料油就必定不适合使用。

附 录 L
（资料性附录）
精密度和实验结果说明

L.1 引言

通常对燃料油的质量产生分歧，可归纳为在船舶上发生问题时，或者在使用之前对产品的可接受性产生争议时。在此情况下，应该对燃料油进行试验，确定其性能。当对实验结果是否符合或超出规格限值时，引用 ISO 4259 有关章节中包含的程序。

L.2 ISO 4259 的应用

本标准的表 1 和表 2 规定了由规定方法测得的规定性能的真值的最大和/或最小限值。

ISO 4259:2006 定义的真值表示的是由无数个实验室获得的无数个单一结果的平均值。在同一实验室、由同一人、对同一样品在相同试验条件下，进行每次试验很难获得完全一样的结果。偶然人为错误或疏忽将引入偶然误差，可以由每个方法的重复性 r 来检验。两个不同的实验室用同一方法对同一样品进行试验的偶然误差称为再现性 R。

不存在 100％精确地测出真值的方法，每个试验方法都有一个被称为试验精密度的可能性范围。这意味着如果试验由操作者在一个完全符合检定要求的实验室，按照试验方法规定正确完成，实验结果落入试验方法的精密度范围内。标准试验方法的精密度用 ISO 4259 内定义的程序确定。

ISO 4259 详细说明了不符合规格限值的单个实验结果的判定。从买方讲，由于实验结果的再现性，单个实验结果超出规格限值不多，不暗指不符合规格。

L.3 具有单个试验结果的买方

买方除了具有单一试验结果外，对性能的真值没有其他信息，在 95％置信范围内，如果试验结果如下所述，则认为产品不符合规格范围。

a) 在规格为最大限值的情况下，试验结果大于规格限值$+0.59\times R$；

b) 或在规格为最小限值的情况下，试验结果小于规格限值$-0.59\times R$。

示例：买方订购了 ISO-F-RMG 380 规格的燃料油

——50 ℃时，其黏度规格最大值是 380 mm^2/s；

——50 ℃时，黏度试验方法的再现性 $R=0.074\times 380$。

因此，如果在 50 ℃时，单个试验结果大于 396.59 mm^2/s，那么，买方可以认为在 95％置信范围内样品不符合规格。

L.4 具有单个试验结果的卖方

卖方除了具有单个试验结果外，对性能的真值没有其他信息，在 95％置信范围内，如果试验结果如下所述，则认为产品符合规格范围。

a) 在规格为最大限值的情况下，试验结果不大于规格限值$-0.59\times R$；

b) 或在规格为最小限值的情况下，试验结果不小于规格限值$+0.59\times R$。

上述方程式的使用对供应商是指导性的，不宜理解为必须。介于规格限值与来自 L.3 或 L.4 的限值之间的报告值不是不符合的证据。

示例：卖方试验了 ISO-F-RMG 380 规格的燃料油

——50 ℃时，其规格黏度最大值是 380 mm^2/s；

——50 ℃时，黏度试验方法的再现性 $R=0.074\times380$。

因此如果单个试验结果不大于 363.14 mm^2/s，卖方可以认为在 95%置信范围内样品符合规格。

L.5 争议的解决

如果卖方和买方对燃料油的质量不能达成一致意见，ISO 4259:2006 的第 10 条（争议时接受和拒绝的规则）给出了适用程序。然而该程序仅包含每个实验室所分析的燃料油样品来自有代表性样品的情况。

附　录　M
（资料性附录）
本标准与 GB/T 17411—1998 的主要变化

本标准与 GB/T 17411—1998 的主要变化见表 M.1 和表 M.2。

表 M.1　本标准与 GB/T 17411—1998 的主要变化（品种变化）

对应标准	本标准	GB/T 17411—1998
品种变化	DMZ	—
	RMA10	DMC
	RMB30	RMA10
	—	RMB10
	—	RMC10
	RMD80	RMD15
	RME180	RME25
	—	RMF25
	RMG380	RMG35
	RMG180、RMG500、RMG700	—
	—	RMH35、RMH45、RMH55、RML45、RML55
	RMK380	RMK35
	RMK500	RMK45
	RMK700	RMK55

表 M.2 本标准与 GB/T 17411—1998 的主要变化(指标变化)

对应标准		本标准	GB/T 17411—1998	本标准	GB/T 17411—1998	本标准	GB/T 17411—1998	本标准	GB/T 17411—1998
品种及要求变化		RMA10	DMC	RMB30	RMA10	RMD80	RMD15	RME180	RME25
密度(15 ℃)/(kg/m³)	不大于	—	—	960.0	975.0	975.0	985.0	991.0	991.0
运动黏度(50 ℃)/(mm²/s)	不大于	10.00	—	30.00	—	80.00	—	180.00	—
运动黏度(100 ℃)/(mm²/s)	不大于	—	14.0(40℃)	—	10.0	—	15.0	—	25.0
碳芳香度指数(CCAI)	不大于	850	—	860	—	860	—	860	—
硫含量(质量分数)/%	不大于	2.00 并符合当地法规要求	2.0	2.5 并符合当地法规要求	3.5	3.0 并符合当地法规要求	4.0	3.5 并符合当地法规要求	5.0
硫化氢(mg/kg)	不大于	2.00	—	2.00	—	2.00	—	2.00	—
酸值(以 KOH 计)/(mg/g)	不大于	2.5	—	2.5	—	2.5	—	2.5	—
水分(体积分数)/%	不大于			[illegible]	[illegible]	0.50	0.80	0.50	1.0
灰分(质量分数)/%	不大于	0.040	0.05	0.070	0.10	0.070	0.10	0.070	0.10
钒/(mg/kg)	不大于	50	100	100	150	80	350	150	200
钠/(mg/kg)	不大于	50	—	40	—	100	—	100	—
铝+硅/(mg/kg)	不大于				80	40	80	50	80
使用过的润滑油(ULO)/(mg/kg) 钙和锌 钙和磷		燃料应不含ULO。符合下述条件之一,认为含有ULO:钙>30且锌>15;或钙>30且磷>15	—	燃料应不含ULO。符合下述条件之一,认为含有ULO:钙>30且锌>15;或钙>30且磷>15	—	燃料应不含ULO。符合下述条件之一,认为含有ULO:钙>30且锌>15;或钙>30且磷>15	—	燃料应不含ULO。符合下述条件之一,认为含有ULO:钙>30且锌>15;或钙>30且磷>15	—

表 M.2（续）

对应标准	本标准	GB/T 17411—1998	本标准	GB/T 17411—1998	本标准	GB/T 17411—1998	本标准	GB/T 17411—1998
品种及要求变化	RMG380	RMG35	RMK380	RMK35	RMK500	RMK45	RMK700	RMK55
运动黏度(50 ℃)/(mm^2/s) 不大于	380.00	—	380.00	—	500.0	—	700.0	—
运动黏度(100 ℃)/(mm^2/s) 不大于	—	35.0	—	35.0	—	45.0	—	55.0
碳芳香度指数(CCAI) 不大于	870	—	870	—	870	—	870	—
硫含量(质量分数)/% 不大于	3.5 并符合当地法规要求	5.0	3.5 并符合当地法规要求	5.0	3.5 并符合当地法规要求	5.0	3.5 并符合当地法规要求	5.0
硫化氢/(mg/kg) 不大于	2.00	—	2.00	—	2.00	—	2.00	—
酸值(以 KOH 计)/(mg/g) 不大于	2.5	—	2.5	—	2.5	—	2.5	—
水分(体积分数)/% 不大于	0.50	1.0	0.50	1.0	0.50	1.0	0.50	1.0
灰分(质量分数)/% 不大于	0.100	0.15	0.150	0.20	0.150	0.20	0.150	0.20
钒/(mg/kg) 不大于	350	300	450	600	450	600	450	600
钠/(mg/kg) 不大于	100	—	100	—	100	—	100	—
铝+硅/(mg/kg) 不大于	60	80	60	80	60	80	60	80
使用过的润滑油(ULO)/(mg/kg) 钙和锌 钙和磷	燃料应不含 ULO。符合下述条件之一，认为含有 ULO：钙>30 且锌>15；或钙>30 且磷>15	—	燃料应不含 ULO。符合下述条件之一，认为含有 ULO：钙>30 且锌>15；或钙>30 且磷>15	—	燃料应不含 ULO。符合下述条件之一，认为含有 ULO：钙>30 且锌>15；或钙>30 且磷>15	—	燃料应不含 ULO。符合下述条件之一，认为含有 ULO：钙>30 且锌>15；或钙>30 且磷>15	—

附 录 N
（资料性附录）
本标准与 ISO 8217:2010(E)章条编号对照和技术差异及其原因

本标准与 ISO 8217:2010(E)章、条对照一览表见表 N.1。

表 N.1 本标准与 ISO 8217:2010(E)条款的对照

本标准章、条编号	ISO 8217:2010(E)章、条编号
—	3
3	—
4	5、6 和 7
5	—
5.3	4
6	—
7	—
附录 M	—
附录 N	—

本标准与 ISO 8217:2010(E)的技术性差异及其原因见表 N.2。

表 N.2 本标准与 ISO 8217:2010(E)的技术性差异及其原因

本标准的章、条编号	技术性差异	原 因
—	删除了国际标准的引言	ISO 8217:2010(E)是针对国际情况编写的，不适合我国国家标准情况
前言	将国际标准的前言修改为我国标准的前言	适合我国标准情况
2	关于规范性引用文件，本标准做了具有技术性差异的调整，调整的情况集中反映在第 2 章“规范性引用文件”中，概括如下： ——用适用的我国文件代替国际标准中部分引用文件 ——增加了 GB 190、GB/T 387、GB 13690、GB 20581、SH/T 0172 等试验方法 ——删除了 ISO 3679“闪点的测定—快速平衡闭口杯法” ——删除了 ISO 12937“石油产品—水分测定—库伦卡尔费休滴定法”	适应我国技术条件 根据我国石油燃料产品标准编写习惯 符合本标准的燃料油不必采用该方法 ISO 8217 规定燃料中加入染色剂时测定水分，我国燃料不加染色剂，不必采用该方法
3	将国际标准的第 3 章“应用”内容修改为本标准的第 3 章“分类和代号”	目前我国的现行船用燃料油分类标准与 ISO 8217:2010(E)中的分类有较大差异(我国分类标准未同步修订)

表 N.2(续)

本标准的章、条编号	技术性差异	原　因
表1和表2	本标准将船用馏分燃料油硫含量规定由不大于2.00%的改为1.50%,船用残渣燃料油硫含量由法定改为3.5%并符合当地法规要求	根据国际海事组织(IMO)即将实施的关于SO_X排放限制的规定和我国市场实际产品硫含量数据确定
表2	残渣燃料油水含量增加脚注"水分超过0.5%的应与需方协商并经用户认可,但最高不大于1.0%"	根据我国市场上实际产品水含量数据和使用情况确定
5、6和7	增加了检验规则和标志、包装、运输、贮存及安全等章节	根据我国石油产品标准编写习惯,便于标准执行
附录M	增加了本标准与前一版的主要变化内容	根据GB/T 1.1—2009的编写规定
附录N	增加了本标准与采用标准的主要差异	根据GB/T 2000.2—2009的编写规定

参 考 文 献

[1] GB/T 29114—2012 燃气轮机液体燃料

[2] International Safety Guide for Oil Tankers and Terminals (ISGOTT), 5th edition, ISBN 978-1-85609-291-3.

[3] IP 541:2006, Determination of ignition and combustion characteristics of residual fuels — Constant volume combustion chamber method.

[4] ISO/TR 29662:2009, Petroleum products and other liquids —Guidance for flash point testing.

[5] CEN/TR 15138:2005, Petroleum products and other liquids —Guide to flash point testing.

[6] The Flammability Hazards associated with the Handling, Storage and Carriage of Residual Fuel Oil, Published by the Oil Companies International Marine Forum (OCIMF), December 1989.

ICS 77.120.10
H 61

中华人民共和国国家标准

GB/T 17432—2012
代替 GB/T 17432—1998

变形铝及铝合金化学成分分析取样方法

Methods for sampling for analyzing the chemical composition of wrought aluminum and aluminum alloys

2012-12-31 发布　　2013-10-01 实施

中华人民共和国国家质量监督检验检疫总局
中国国家标准化管理委员会　发布

前　言

本标准按照 GB/T 1.1—2009 给出的规则起草。

本标准代替 GB/T 17432—1998《变形铝及铝合金化学成分分析取样方法》。本标准与GB/T 17432—1998相比，主要变化如下：

——范围中明确规定“铸造铝合金锭、铝中间合金、其他金属及合金产品或半成品的化学成分分析用试样的制取也可参照本标准规定的方法进行”。

——增加了“试剂”和“主要工具与设备”要求。

——删除了原标准中的“3.1.3　需方可用拉断后的拉力试样作为选取的样品”。

——对样品选取与试样制备方面的相关要求进行了补充。

本标准使用重新起草法参考 ASTM E55:1991(1996)《有色金属及合金加工产品化学成分分析取、制样方法》、ASTM E716:1994(2002)《铝及铝合金光谱分析取、制样方法》、EN 14361:2004《铝及铝合金化学分析 金属熔体取样》编制，与 ASTM E55:1991(1996)、ASTM E716:1994(2002)和 EN 14361:2004 的一致性程度为非等效。

本标准由全国有色金属标准化技术委员会(SAC/TC 243)归口。

本标准负责起草单位：东北轻合金有限责任公司、中国有色金属工业标准计量质量研究所。

本标准参加起草单位：山东兖矿轻合金有限公司、中铝瑞闽铝板带有限公司。

本标准主要起草人：周兵、葛立新、吴欣凤、王国军、郑云龙、韦艳琴、谢延翠、刘沙、曹光泽、潘飚、郭瑞。

变形铝及铝合金
化学成分分析取样方法

1 范围

本标准规定了变形铝及铝合金化学成分分析取样方法的术语与定义、试剂、主要工具和设备、样品的选取、试样的制备、储存和重新取样。

本标准适用于变形铝及铝合金产品、半成品的化学成分分析用试样的制取方法。铸造铝合金锭、铝中间合金、其他金属及合金产品或半成品的化学成分分析用试样的制取也可参照本标准规定的方法进行。

2 规范性引用文件

下列文件对于本文件的应用是必不可少的。凡是注日期的引用文件，仅注日期的版本适用于本文件。凡是不注日期的引用文件，其最新版本(包括所有的修改单)适用于本文件。

GB/T 3190 变形铝及铝合金化学成分

GB/T 8005.1 铝及铝合金术语 第1部分:产品及加工处理工艺

GB/T 8005.2 铝及铝合金术语 第2部分:化学分析

3 术语和定义

GB/T 8005.1、GB/T 8005.2界定的术语和定义适用于本文件。

4 试剂

4.1 丙酮(ρ 0.79 g/L)。

4.2 无水乙醇(ρ 0.79 g/L)。

5 主要工具和设备

5.1 取样勺:表面有附着牢固、均匀完整、洁净(无金属残留等污物)、干燥的耐热(取样过程中，不会因高温导致膜层脱落)涂膜，足够盛下浇注一个样品所需的金属熔液。

5.2 取样模具:用钢或铸铁做成，内腔表面无气孔、生锈、残渣，内腔表面宜喷砂后进行钝化处理，内腔形状宜浇铸表面光滑、均匀、尺寸符合化学成分分析方法要求的铸造样品。

5.3 制样设备:洁净的钻床、车床、铣床、刀具等。宜采用硬质合金工具制备试样，若使用钢质工具，应在制样前清除吸附在其上的铁。

6 样品的选取

6.1 铸造(或铸轧)时取样

6.1.1 在铸造(或铸轧)稳定时，用取样勺(5.1)或撇渣工具将流槽中取样区的所有浮渣推开，然后立即将取样勺(5.1)斜插入流槽液面下的清洁区域，快速搅拌，取样勺(5.1)达到熔体温度时舀样、收回。取样勺(5.1)舀取的金属熔液不应接触固态金属、渣子、湿气、铁或灰尘。

6.1.2　立即将取样勺(5.1)舀取的金属熔液以均匀、平缓的流速注入已经加热的取样模具(5.2)中，用金属熔液将取样模具(5.2)中的空气全部赶出，直至金属熔液注满浇口。注入金属熔液时，不应倾斜取样模具(5.2)，以免熔液溢出注入口。

注：宜通过在取样模具中预浇铸一个样品(非试验用样品)的方式加热取样模具。

6.1.3　待取样模具(5.2)中的金属熔液在无搅拌的情况下慢慢凝固后，开启取样模具(5.2)取出样品。样品表面应无缩孔、无包裹物、无夹渣、无裂纹，表面不粗糙。

6.1.4　每熔次至少抽取一个样品。对于连续铸造，每班应至少取一个样品。

6.1.5　为取得成分均匀、具有代表性(代表整炉的化学成分)的样品，生产企业应制定适宜的取样程序。

6.2　产品或半成品上取样

6.2.1　产品或半成品的熔次可区分时，每一熔次抽取一件产品或半成品；熔次不可区分时，应按表1规定(或按供、需双方协商结果)抽取产品或半成品。

表1　产品取样数量

<table>
<tr><th colspan="2">产品分类</th><th>取样数量</th></tr>
<tr><td colspan="2">铸锭</td><td rowspan="2">每批产品中至少取一件</td></tr>
<tr><td colspan="2">铸轧产品</td></tr>
<tr><td colspan="2">板材</td><td rowspan="7">每 2 000 kg 产品中至少取一件。不足 2 000 kg 的部分应取一件</td></tr>
<tr><td colspan="2">带材</td></tr>
<tr><td colspan="2">管材</td></tr>
<tr><td colspan="2">棒材</td></tr>
<tr><td colspan="2">型材</td></tr>
<tr><td colspan="2">线材</td></tr>
<tr><td rowspan="2">锻件</td><td>单件锻件小于或等于 2.5 kg</td></tr>
<tr><td>单件锻件大于 2.5 kg</td><td>每 3 000 kg 产品中至少取一件。不足 3 000 kg 的部分应取一件</td></tr>
<tr><td colspan="2">箔材</td><td>每 500 kg 产品中至少取一件。不足 500 kg 的部分应取一件</td></tr>
</table>

6.2.2　从没有偏析的产品或半成品上切取试样坯料时，应在抽取的产品或半成品的任意部位随机选取(应注意减少材料的取样损耗)试样坯料。从有偏析的产品或半成品上切取试样坯料时，应在抽取的产品或半成品的不同部位[如同一铸锭(或铸轧产品)的头、尾部，必要时可加取中部]选取(应注意减少材料的取样损耗)等数量的试样坯料。

注：各试样坯料的化学成分分析结果均应满足 GB/T 3190 或订货单(或合同)的规定。各试样坯料的化学成分分析平均结果可代表整批或整个订货合同的产品或半成品的化学成分。

6.2.3　试样坯料表面应洁净无氧化皮(膜)、无脏物、无油脂、无刻痕。必要时可用适当的机械方法或化学方法去除表面的氧化皮(膜)、脏点、刻痕；也可用丙酮(4.1)洗净表面，再用无水乙醇(4.2)冲洗后干燥。

6.2.4　生产企业如果在其生产过程中已确定材料化学成分[如已在铸造(或铸轧)时取样分析化学成分]，则交付前不必再对产品进行取样分析。

6.3 仲裁取样

化学成分仲裁分析时,应在产品或半成品上取样。

7 试样的制备

7.1 用于化学分析的试样制备

7.1.1 化学分析的试样制备按表2规定执行。

表2 试样制取方法

样品分类	试样制取方法[a,b,c]
铸造样品	沿一条或数条直径钻取试样,取点布满直径或样品,钻到极限深度
铸锭	用铣床在试样坯料截面上加工,或用直径不小于7 mm的钻头沿试样坯料径向或对角线,在等距离分布的位置(至少4点)上钻取试样
厚度大于1.0 mm的板材或带材	
管材[d]、棒材[d]、线材[d]、型材[d]	
锻件	
厚度不大于1.0 mm的板材或带材	将试样坯料两端叠在一起(折叠一次或几次),压紧后在剪切边一侧用铣床加工,或在平面上钻取试样
箔材[d]	将数张试样坯料放在一起折叠、压紧,钻取试样

[a] 从没有偏析的产品、半成品的试样坯料上制取试样时,应根据样品的形状、规格通过钻、铣、剪等加工方式取样;从有偏析的产品、半成品的试样坯料上制取试样时,若通过钻的方式制取试样,则需钻透整个试样坯料,若通过铣、剪的方式制取试样,则应在试样坯料的整个截面上进行加工。

[b] 制样时应避免试样因过热而导致氧化。制取高纯铝或较粘金属或合金试样时,可采用无水乙醇(4.2)做冷却润滑剂。

[c] 制取复合材料的某组元层成分分析用试样前,应采用化学剥离、机械剥离等方式,先将试样坯料中,该组元层之外的其他组元层去除。

[d] 样品太薄、太细,不便使用钻、铣等方式制样时,可用剪刀剪取试样。

7.1.2 从每个试样坯料上制取等量试样,将它们合并成一个试样(总量不少于80 g,且大于四倍分析需要的量),并充分混匀。

7.1.3 应用磁铁去除制样时带进碎屑试样中的所有铁屑,应彻底清除制样时偶然带进试样中的任何其他杂质。

7.2 用于光谱分析的试样制备

7.2.1 从样品或试样坯料上选取能代表其整体化学成分的试样分析面,试样分析面应足够覆盖激发台的激发孔径,以使激发室不漏气。按表3的规定将试样分析面用车床或铣床加工(表面不抛光)成光洁、平滑的平面。加工后的试样分析面应具有细小的刀具痕迹,无明显可视的沟槽,无磨损、坑凹或包裹物。加工后的试样应有足够的厚度,保证光谱分析时试样不被击穿。

表 3　试样分析面加工方法

样品分类	试样分析面加工方法
铸造样品	在选定的试样分析面上，用车床(5.3)车去14%～22%的样品厚度，并使试样厚度达到最佳(应事先通过试验确定可代表整个试样成分的、适于光谱分析的最佳试样厚度)
铸锭	在选定的试样分析面上，用铣床(5.3)铣去约0.8 mm的厚度或1/4的试样坯料厚度
板材、带材	
箔材	将数张试样放在一起折叠、压紧后，用铣床(5.3)将剪切边一侧加工成平整的试样分析面
棒材	在选定的试样分析面上，用车床(5.3)或铣床(5.3)去掉5 mm～20 mm的厚度
其他产品	在选定的试样分析面上，用车床(5.3)或铣床(5.3)去掉至少1.3 mm的厚度

7.2.2　应避免试样因加工过热而氧化。制取高纯铝或较粘金属或合金试样时，可采用无水乙醇(4.2)做冷却润滑剂。为防止试样因加工过热废弃，应制取足够数量的试样。

8　试样的储存

8.1　如需要密封、防潮，可使用纸制试样袋或卡片箱保存试样。

8.2　为防止试样氧化，防止试样被大气腐蚀或与纸、纸盒接触引发污染，需长期保存的试样应储存在磨口玻璃瓶中。

8.3　一般用途的变形铝及铝合金封存试样保存期限至少半年，一年为宜。

9　重新取样

9.1　如对试样有异议，任何一方可以提出要求，在供方和需方均在场时按上述有关要求重新取样。

9.2　采用化学分析时，将充分混匀的试样分成三份；采用光谱分析时，应制取光谱试样三份；分别包装和密封。一份给供方；一份给需方；一份封存供仲裁用。

ICS 23.100.01
J 20

中华人民共和国国家标准

GB/T 17446—2012/ISO 5598:2008
代替 GB/T 17446—1998

流体传动系统及元件 词汇

Fluid power systems and components—Vocabulary

(ISO 5598:2008,IDT)

2012-09-03 发布 2013-03-01 实施

中华人民共和国国家质量监督检验检疫总局
中国国家标准化管理委员会 发布

前　言

本标准按照 GB/T 1.1—2009 给出的规则起草。

本标准代替 GB/T 17446—1998《流体传动系统及元件　术语》，与 GB/T 17446—1998 相比主要技术变化如下：

——标准名称改为《流体传动系统及元件　词汇》；

——增加“常用的关键形容词和名词的定义”一条；

——对仅适用于特定专业的术语，在定义前增加了注释；

——部分术语增加了图示；

——前版术语“方向控制阀”、“流量指示器”、“中间开启位置”，分别改为“换向阀”、“流动指示器”、“开启中位”，但对应英文术语未变；

——增、减少量术语。

本标准使用翻译法等同采用 ISO 5598:2008《流体传动系统及元件　词汇》。

本标准做了下列编辑性修改：

——删除 ISO 5598:2008 中法文和德文的术语和定义；

——删除 ISO 5598:2008 中的不推荐术语；

——纠正 ISO 5598:2008 中少量编辑性错误；

——少量条款增加注；

——增加中文索引。

本标准由中国机械工业联合会提出。

本标准由全国液压气动标准化技术委员会(SAC/TC 3)归口。

本标准负责起草单位：北京机械工业自动化研究所。

本标准参加起草单位：无锡气动技术研究所有限公司、西北橡胶塑料研究设计院、北京化工大学。

本标准主要起草人：刘新德、赵曼琳、李企芳、杨燧然、高静茹、李方俊。

本标准所代替标准的历次版本发布情况为：

——GB/T 17446—1998。

引　言

在流体传动系统中，功率是通过密闭回路中的受压流体(液体或气体)来传递的。

本标准的目的是提供在流体传动技术中具有特定意义的术语。

本标准符合 GB/T 20001.1—2001 规定的术语标准编辑规则，并采用下列惯例：

——〈液压〉表示仅与液压技术有关的术语；

——〈气动〉表示仅与气动技术有关的术语。

参考文献中列有相关标准的信息。

图 1 和图 2 编排在正文末尾。

流体传动系统及元件　词汇

1　范围

本标准界定了除用于航空航天和压缩空气气源设备外的所有流体传动系统及元件的词汇。

2　规范性引用文件

下列文件对于本文件的应用是必不可少的。凡是注日期的引用文件，仅注日期的版本适用于本文件。凡是不注日期的引用文件，其最新版本(包括所有的修改单)适用于本文件。

ISO 8778　气压传动　标准参考大气(Pneumatic fluid power—Standard reference atmosphere)

3　术语和定义

3.1　常用的关键形容词和名词的定义

3.1.1

实际的　actual

在给定时间和特定点进行物理测量所得到的。

3.1.2

特性　characteristic

物理现象。

示例：**压力**(3.2.541)，**流量**(3.2.292)，温度。

3.1.3

工况　conditions

一组特性值。

3.1.4

导出的　derived

基于在**规定工况**(3.2.674)下进行实际测量得到的或由此计算出的。

3.1.5

有效的　effective

特性中的有用部分。

3.1.6

几何的　geometric

忽略诸如因制造引起的微小尺寸变化，利用基本设计尺寸计算出的。

3.1.7

额定的　rated

通过试验确定的，据此设计**元件**(3.2.111)或**配管**(3.2.513)以保证足够的使用寿命。

注：可以规定最大值和/或最小值。

3.1.8

运行的 operating

系统、**子系统**(3.2.702)、**元件**(3.2.211)或**配管**(3.2.513),当执行其功能时所经历的。

3.1.9

理论的 theoretical

利用基本设计尺寸,仅以可能包括估计值、经验数据和特性系数的公式计算出的,而非基于**实际的**(3.1.1)测量。

3.1.10

工作的 working

系统或**子系统**(3.2.702)预期在**稳态**(3.2.693)工况下运行的特性涵义。

3.2 一般术语和定义

3.2.1

磨损 abrasion

因磨耗、磨削或摩擦造成材料的损失。

注:磨损的产物作为生成的颗粒性**污染**(3.2.128)出现在系统中。

3.2.2

绝对压力 absolute pressure

用绝对**真空**(3.2.748)作为基准的**压力**(3.2.541)。

见图1和图2。

3.2.3

吸收式干燥器 absorbent dryer

〈气动〉利用吸湿剂来去除湿气的干燥器。

3.2.4

有源输出 active output

装置在所有状态下的功率输出均来自于动力源。

3.2.5

主动阀 active valve

〈气动〉需要与**输入信号**(3.2.387)值无关的动力源的**阀**(3.2.753)。

3.2.6

实际元件温度 actual component temperature

在给定时间和规定位置测量的**元件**(3.2.111)的温度。

3.2.7

实际流体温度 actual fluid temperature

在给定时间和系统内规定位置测量的**流体**(3.2.305)的温度。

3.2.8

实际压力 actual pressure

在特定时间存在于特定位置的**压力**(3.2.541)。

3.2.9

工作位置 actuated position

在操纵力作用下,**阀芯**(3.2.759)的最终位置。

3.2.10

操作时间　actuated time

控制信号(3.2.136)在开和关之间转换的时间。

3.2.11

执行元件　actuator

将**流体**(3.2.305)能量转换成机械功的**元件**(3.2.111)。

示例：马达(3.2.439)，缸(3.2.154)。

3.2.12

过渡接头　adaptor

可将接合部位尺寸或型式不同的零件相连接的器件。

3.2.13

添加剂　additive

〈液压〉添加于**液压油液**(3.2.353)中的化学制品，以增加新的性质或加强已经存在的性质。

3.2.14

可调节流阀　adjustable restrictor valve(adjustable throttle valve)

在**进口**(3.2.384)与**出口**(3.2.492)之间有可变的、可限定**流道**(3.2.291)的**流量控制阀**(3.2.286)。

3.2.15

可调行程缸　adjustable stroke cylinder

其行程停止位置可以改变，以允许行程长度变化的**缸**(3.2.154)。

3.2.16

可调螺柱端管接头　adjustable stud end connector

在最终紧固之前，允许确定特定方位的**螺柱端**(3.2.699)**管接头**(3.2.122)。

3.2.17

吸附式干燥器　adsorbent dryer

〈气动〉通过分子吸附阻留可溶性和不溶性**污染物**(3.2.124)的干燥器。

3.2.18

充气　aeration

〈液压〉空气被带入**液压油液**(3.2.353)中的过程。

3.2.19

后冷却器　after cooler

〈气动〉用来冷却从**空气压缩机**(3.2.24)排出的空气的**热交换器**(3.2.334)。

3.2.20

团粒　agglomerate

不能被轻柔搅拌及由此而产生的微弱剪切力所分离的两个或多个紧密接触的**颗粒**(3.2.500)。

3.2.21

放气　air bleed

〈液压〉从一个系统或**元件**(3.2.111)中排出空气的手段。

3.2.22

空气滤清器　air breather

可以使**元件**(3.2.111)(例如**油箱**〔3.2.611〕)与大气之间进行空气交换的器件。

3.2.23

空气滤清器容量　air breather capacity

通过**空气滤清器**(3.2.22)的空气**流量**(3.2.292)的量值。

3.2.24

空气压缩机 air compressor

〈气动〉将机械能量转换成气压传动能量的**子系统**(3.2.702)。

3.2.25

气源处理装置 air preparation unit (FRL unit)

〈气动〉通常由一个**过滤器**(3.2.262)、一个**调压阀**(3.2.563),有时还包括一个油雾器组成的**总成**(3.2.45),用于输出适当条件的**压缩空气**(3.2.114)。

3.2.26

耗气量 air consumption

〈气动〉为完成给定任务所需的空气**流量**(3.2.292)或在一定时间内所用的空气体积。

3.2.27

空气干燥器 air dryer

〈气动〉降低**压缩空气**(3.2.114)的潮湿**蒸汽**(3.2.763)含量的设备。

3.2.28

排气口 air exhaust port

〈气动〉提供至**排气**(3.2.251)系统通道的**气口**(3.2.532)。

3.2.29

空气过滤器 air filter

〈气动〉其功能是阻留来自大气中的**污染物**(3.2.124)的**元件**(3.2.111)。

3.2.30

空气保险器 air fuse

〈气动〉一种**流量控制阀**(3.2.286),在正常情况下它在两个方向上允许自由**流动**(3.2.283),一旦**元件**(3.2.111)出口侧**配管**(3.2.513)发生故障,它使**流量**(3.2.292)减少到很小的值。

注:在故障未修复前全流量条件不恢复。空气保险器可以用作安全元件和/或用来减少空气消耗。

3.2.31

空气混入量 air inclusion

〈液压〉系统**流体**(3.2.305)中的空气体积。

注:空气混入量以体积百分比表示。

3.2.32

气马达 air motor

〈气动〉靠**压缩空气**(3.2.114)驱动的连续旋转**马达**(3.2.439)。

3.2.33

空气净化器 air purifier

〈气动〉包含可去除指定**污染物**(3.2.124)并达到规定纯净度的**滤芯**(3.2.266)的**压缩空气过滤器**(3.2.115)。

3.2.34

排气能力 air release capacity

〈液压〉**液压油液**(3.2.353)排出悬浮于其中的气泡的能力。

3.2.35

气管排液口 air-line drain port

〈气动〉能使液体从气动系统排放的口。

3.2.36

气液转换器 air-oil tank (pneumatic-hydraulic converter)

将功率从一种介质〈气体〉不经增强传递给另一种介质〈液体〉的装置。

3.2.37

环境条件 **ambient condition**

系统的直接环境条件。

示例：压力(3.2.541)、温度等。

3.2.38

环境温度 **ambient temperature**

元件(3.2.111)、**配管**(3.2.513)或系统工作时周围环境的温度。

3.2.39

放大 **amplification**

输出信号与**输入信号**(3.2.387)之比。

3.2.40

防气蚀阀 **anti-cavitation valve**

〈液压〉有助于防止**气蚀**(3.2.89)的**单向阀**(3.2.468)。

3.2.41

防锈性 **anti-corrosive qualities**

〈液压〉**液压油液**(3.2.353)防止金属锈蚀的能力。

注：对含水液尤为重要。

3.2.42

挡圈 **anti-extrusion ring (back-up ring)**

防止**密封件**(3.2.637)挤入被密封的两个配合零件之间的间隙中的环形件。

3.2.43

抗磨性 **anti-wear properties (lubricity)**

〈液压〉在已知的运行条件下，**流体**(3.2.305)通过在运动表面之间保持油膜来防止金属与金属接触的能力。

3.2.44

含水液 **aqueous fluid**

〈液压〉除其他成分外，包含水作为主要成分的**液压油液**(3.2.353)。

示例1：**水包油乳化液**(3.2.479)。

示例2：**油包水乳化液**(3.2.774)。

示例3：**水聚合物乳化液**(3.2.772)。

3.2.45

总成 **assembly**

包括两个或多个相互连接**元件**(3.2.111)的系统或子系统的部件。

3.2.46

装配扭矩 **assembly torque(mounting torque)**

实现紧固的最终连接所需的扭矩。

3.2.47

大气露点 **atmospheric dewpoint**

在**大气压**(3.2.48)下测量的**露点**(3.2.196)。

注：术语“大气露点”不宜与**干燥压缩空气**(3.2.114)合用。

3.2.48

大气压 **atmospheric pressure**

在给定地区与时间的大气的**绝对压力**(3.2.2)。

见图1和图2。

3.2.49

常压油箱 atmospheric reservoir

〈液压〉在**大气压**(3.2.48)下存放**液压油液**(3.2.353)的**油箱**(3.2.611)。

3.2.50

箱置回油过滤器 attachable return filter

〈液压〉附加在**油箱**(3.2.611)上,其壳体穿过油箱壁,使用可更换滤芯过滤来自回油管路的**液压油液**(3.2.353)的液压**过滤器**(3.2.262)。

3.2.51

箱置吸油过滤器 attachable suction filter

〈液压〉附加在**油箱**(3.2.611)上,其壳体穿过油箱壁,使用可更换滤芯,过滤进入吸油管路的**液压油液**(3.2.353)的液压**过滤器**(3.2.262)。

3.2.52

自燃温度 auto-ignition temperature

无外界火源而**流体**(3.2.305)达到引燃的温度。

注:实际值可以用几种认可的试验方法之一测定。

3.2.53

自动排放阀 automatic drain valve

〈气动〉当达到预定程度时,自动排放已经收集的全部**污染物**(3.2.124)的**排放阀**(3.2.223)。

3.2.54

自动颗粒计数 automatic particle counting

用自动的方法测量**流体**(3.2.305)中的**颗粒**(3.2.500)**污染物**(3.2.128)。

3.2.55

自动截止阀 automatic shut-off valve

当增大**流量**(3.2.292)所引起的阀上**压降**(3.2.549)超过预定值时,能够自动关闭的**阀**(3.2.753)。

3.2.56

辅助缓冲罐 auxiliary surge tank

〈气动〉为满足局部要求安装在系统中的附加**缓冲罐**(3.2.707)。

3.2.57

轴向柱塞马达 axial piston motor

〈液压〉具有几个相互平行的柱塞的**液压马达**(3.2.356)。

3.2.58

斜轴式轴向柱塞马达 axial piston motor, bent axis design(angled piston motor)

驱动轴与公共轴成一定角度的**轴向柱塞马达**(3.2.57)。

3.2.59

斜盘式轴向柱塞马达 axial piston motor, swashplate design

驱动轴平行于公共轴且斜盘与驱动轴不连接的**轴向柱塞马达**(3.2.57)。

3.2.60

轴向柱塞泵 axial piston pump

〈液压〉柱塞轴线与缸体轴线平行或略有倾斜的**柱塞泵**(3.2.517)。

3.2.61

斜轴式轴向柱塞泵 axial piston pump, bent axis design(angled piston pump)

〈液压〉驱动轴与公共轴成一定角度的**轴向柱塞泵**(3.2.60)。

3.2.62

斜盘式轴向柱塞泵　axial piston pump, swashplate design

〈液压〉驱动轴平行于公共轴且斜盘与驱动轴不连接的**轴向柱塞泵**(3.2.60)。

3.2.63

摆盘式轴向柱塞泵　axial piston pump, wobble design

〈液压〉驱动轴平行于公共轴且柱塞被连接于驱动轴的斜盘所驱动的**轴向柱塞泵**(3.2.60)。

3.2.64

轴向密封件　axial seal

靠轴向接触力密封的**密封件**(3.2.637)。

3.2.65

背压　back pressure

因下游阻力产生的**压力**(3.2.541)。

3.2.66

隔板　baffle

阻止直接**流动**(3.2.283)并使之转向另一个方向的装置。

3.2.67

铰接式管接头　banjo connector

利用一个空心螺栓来固定的**管接头**(3.2.122),其允许流体在与**油(气)口**(3.2.532)成90°的平面上沿任何方向(360°)**流动**(3.2.283)。

3.2.68

平衡式叶片马达　balance vane motor

作用于内部转子上的横向力保持平衡的**叶片马达**(3.2.761)。

3.2.69

球阀　ball valve

靠转动带**流道**(3.2.291)的球形**阀芯**(3.2.759)连通或封闭**油(气)口**(3.2.532)的阀。

3.2.70

波纹管执行器　bellows actuator

一种不用活塞和活塞杆,而是靠带一个或多个波纹的挠性波纹管的膨胀产生机械力和运动的单作用线性**执行元件**(3.2.11)。

3.2.71

双向过滤器　bi-directional filter

在两个方向上均能过滤**流体**(3.2.305)的**过滤器**(3.2.262)。

3.2.72

双向溢流阀　bi-directional pressure relief valve

有两个阀口,无需改动或调整,其中任何一个可以作为**进口**(3.2.384)而另一个作为**出口**(3.2.492)的**溢流阀**(3.2.565)。

3.2.73

可生物降解油液　bio-degradable fluid

如果被引入环境,能在很大程度上迅速生物降解的**液压油液**(3.2.353)。

示例1:甘油三脂(植物油)。

示例2:聚乙二醇。

示例3:合成脂。

3.2.74

囊式蓄能器　bladder accumulator

〈液压〉一种**充气式蓄能器**(3.2.331),在其内部液体和气体之间用柔性囊隔离。

3.2.75

放气管路　bleed line

〈液压〉将空气从液压系统排出的管路。

3.2.76

封闭接头　blocking connector

〈气动〉**先导控制**(3.2.509)**单向阀**(3.2.468)的一种形式,它直接旋入**气缸**(3.2.154)的**气口**(3.2.532),以便当先导控制信号解除时将空气截留在气缸中。

3.2.77

喷枪　blowgun

〈气动〉一种设计成手持式的手动**二通阀**(3.2.739),通过**喷嘴**(3.2.472)排出**压缩空气**(3.2.114)并向目标定向吹出。

3.2.78

复合密封件　bonded seal

用**弹性体材料**(3.2.238)粘结于刚性基衬件所制成的**密封件**(3.2.637)。

3.2.79

组合垫圈　bonded washer

由一个扁平的金属垫圈与一个同心的合成橡胶密封圈粘结而成的静密封**垫片**(3.2.332)。

3.2.80

增压压力　boost pressure

一种**压力**(3.2.541),在此压力下补充的油液通常被提供给闭环回路或次级泵。

3.2.81

分支　branch

T形管接头(3.2.720)或**十字形管接头**(3.2.145)的侧面出口。

3.2.82

起动压力　breakaway pressure(breakout pressure)

开始运动所需的最低**压力**(3.2.541)。

3.2.83

流体的体积弹性模量　bulk modulus of a fluid

施加于**流体**(3.2.305)的**压力**(3.2.541)变化与所引起的体积应变之比。

注:流体的体积弹性模量是流体**压缩率**(3.2.118)的倒数。

3.2.84

隔壁式管接头　bulkhead connector

适用于连接隔壁或隔墙两侧**硬管**(3.2.736)或**软管**(3.2.348)的**管接头**(3.2.122),使**流体**(3.2.305)可以通过隔壁或隔墙。

3.2.85

爆破　burst

由过高**压力**(3.2.541)引起壳体破坏,使得封闭容积中的物质向外释放。

示例:过滤器爆破,**软管**(3.2.348)爆破。

3.2.86

爆破压力　burst pressure

引起**元件**(3.2.111)或**配管**(3.2.513)破坏和**流体**(3.2.305)外泄的**压力**(3.2.541)。

见图 2。

3.2.87

蝶阀　butterfly valve

阀芯(3.2.759)由圆盘构成的直通**阀**(3.2.753),该圆盘围绕垂直于**流动**(3.2.283)方向的直径轴转动。

3.2.88

插装阀　cartridge valve

只能与含有必要**流道**(3.2.291)的偶合壳体结合才能运行的**阀**(3.2.753)。

3.2.89

气穴　cavitation

〈液压〉在液流中局部**压力**(3.2.541)降低到临界压力(通常是液体的蒸气压力)处,出现的气体或蒸汽的空穴。

注:在气穴状态下,液体会高速穿过空穴产生输出力效应,这不仅会产生噪声,而且可能损坏**元件**(3.2.111)。

3.2.90

卸压中位　centre open to exhaust position(negative position)

〈气动〉进口封闭且出口连通到**排气**(3.2.251)口的**阀中位**(3.2.754)。

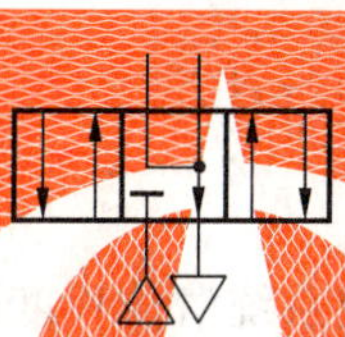

3.2.91

加压中位　centre open to pressure position(positive position)

〈气动〉进口连通到两个出口且**排气**(3.2.251)口封闭的**阀中位**(3.2.754)。

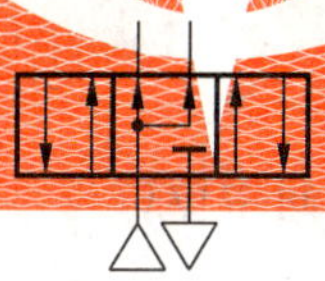

3.2.92

离心分离器　centrifugal separator

利用径向加速度来分离比重不同于被净化**流体**(3.2.305)的液体和/或固体**颗粒**(3.2.500)的**分离器**(3.2.650)。

3.2.93

充气压力　charge pressure

元件(3.2.111)充气后达到的**压力**(3.2.541)。

类似术语见:**预充气压力**(3.2.538)、**预加载压力**(3.2.540)和**设置压力**(3.2.655)。

3.2.94

供油泵　charge pump

〈液压〉一种**液压泵**(3.2.359),其功能是提高另一个泵的**进口压力**(3.2.385)。

3.2.95

氯化烃油液　chlorinated hydrocarbon fluid

〈液压〉一种由芳香烃或链烷烃组成的不含水的合成**液压油液**(3.2.353),其中某些氢原子被氯代替,氯的存在使之成为一种难燃液压油液。

注1:这类难燃液压液具有良好的润滑性和**抗磨性**(3.2.43)、良好的贮存稳定性和耐高温性。

注2:因为有害环境并导致生物积累,氯化烃油液的使用受到普遍限制。

3.2.96

氯丁橡胶　chloroprene rubber;CR

由氯丁二烯聚合成的**弹性体材料**(3.2.238)。

注：氯丁橡胶具有良好的耐石油基油液性能以及良好的耐臭氧性和耐气蚀性。

3.2.97

壅塞流量　choked flow

〈气动〉当**压力**(3.2.541)比低于**临界压力比**(3.2.143)时，流体可能通过**流道**(3.2.291)的最大**流动**(3.2.283)量。

注：通过流道的**流体**(3.2.305)速度为声速。

3.2.98

循环泵　circulating pump

〈液压〉一种**液压泵**(3.2.359)，其主要功能是循环**液压油液**(3.2.353)以便实现冷却、过滤和/或润滑。

3.2.99

可清洁滤芯　cleanable filter element

当堵塞时，通过适当方法可以恢复到初始**流量**(3.2.292)-**压差**(3.2.202)特性的可接受百分比的**滤芯**(3.2.266)。

3.2.100

清洁度　cleanliness level

与**污染度**(3.2.130)对应的，衡量元件或系统清洁程度的量化指标。

3.2.101

堵塞　clogging

由于固体或液体**颗粒**(3.2.500)沉积致使**流动**(3.2.283)减缓和/或**压差**(3.2.202)增大的现象。

3.2.102

封闭中位　closed centre position

使所有**阀**(3.2.753)**口**(3.2.532)关闭的**阀中位**(3.2.754)。

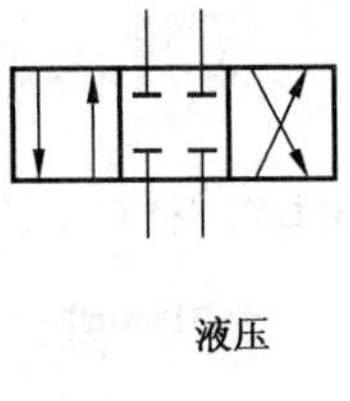

液压

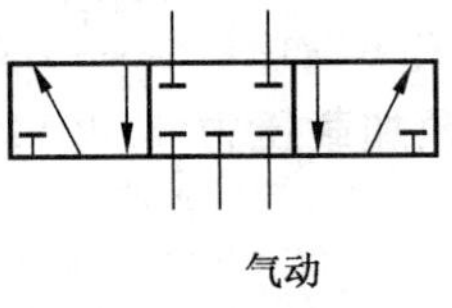

气动

3.2.103

闭式回路　closed circuit

〈液压〉返回的**流体**(3.2.305)被引入泵进口的回路。

3.2.104

封闭位置　closed position

〈液压〉使所有**阀**(3.2.753)**口**(3.2.532)都关闭的**阀芯**(3.2.759)位置。

3.2.105

封闭位置　closed position

〈气动〉进口供气与出口不连通的**阀芯**(3.2.759)位置。

3.2.106

关闭压力　closing pressure

在限定条件下使**元件**(3.2.111)关闭的**压力**(3.2.541)。

3.2.107

聚结式过滤器　coalescing filter

〈气动〉一种**压缩空气过滤器**(3.2.115),其靠吸附方法使液体雾状**颗粒**(3.2.500)汇合成较大体积,然后从气流中坠落而被去除。

3.2.108

压溃　collapse

由过高**压差**(3.2.202)引起的结构向内的破坏。

示例:滤芯压溃。

3.2.109

夹套　collet

淬硬的,纵向开缝的环,它紧贴在**硬管**(3.2.736)外径表面,实现箍紧,但不密封。

3.2.110

相容流体　compatible fluid

对系统、**元件**(3.2.111)、**配管**(3.2.513)或其他流体的性质和寿命没有不良影响的**流体**(3.2.305)。

3.2.111

元件　component

由除**配管**(3.2.513)以外的一个或多个零件组成的独立单元,作为**流体传动系统**(3.2.316)的一个功能件。

示例:**缸**(3.2.154)、**马达**(3.2.439)、**阀**(3.2.753)、**过滤器**(3.2.262)。

3.2.112

复合滤芯　composite filter element

包括两种或多种类型、等级或配置的滤材,能提供单一滤材无法得到的特性的**滤芯**(3.2.266)。

3.2.113

组合密封件　composite seal

具有两种或多种不同材料单元的**密封装置**(3.2.643)。

示例:**复合密封件**(3.2.78)和**旋转轴唇形密封件**(3.2.404)

3.2.114

压缩空气　compressed air

〈气动〉被压缩到更高**压力**(3.2.541),作为功率传递介质的空气。

3.2.115

压缩空气过滤器　compressed-air filter(pneumatic filter)

〈气动〉去除并阻留**压缩空气**(3.2.114)中存在的固体和液体**污染物**(3.2.124)的**元件**(3.2.111)。

3.2.116

压缩空气过滤调压器　compressed-air filter regulator(pneumatic filter- regulator)

〈气动〉由一个**过滤器**(3.2.262)和一个**调压阀**(3.2.563)组成一体的**元件**(3.2.111)。

注:过滤器始终在调压阀的上游侧。

3.2.117

压缩空气油雾器　compressed-air lubricator(Pneumatic lubricator)

〈气动〉将润滑剂引入气动系统或元件的气源的**元件**(3.2.111)。

3.2.118

流体压缩率　compressibility of a fluid

当所受**压力**(3.2.541)的每单位变化时,单位体积**流体**(3.2.305)的体积变化。

注:流体压缩率是**流体体积弹性模量**(3.2.83)的倒数。

3.2.119

压缩空气干燥　compression air drying

〈气动〉通过把空气压缩到一个较高的**压力**(3.2.541),冷却并抽出凝结水,最后膨胀到要求的**压力**(3.2.541)来干燥空气。

3.2.120

卡套式管接头　compression connector

利用螺母挤压**卡套**(3.2.150)提供密封的**管接头**(3.2.122)。

3.2.121

导管　conductor

在**管接头**(3.2.122)之间输送**流体**(3.2.305)的**硬管**(3.2.736)或**软管**(3.2.348)。

3.2.122

管接头(软管接头)　connector (hose fitting)

把**硬管**(3.2.736)、**软管**(3.2.348)或管子相互连接或连接到**元件**(3.2.111)的连接件。

3.2.123

接头帽　connector cap

带内螺纹(阴螺纹),用来堵住并密封带外螺纹(阳螺纹)的**螺柱端**(3.2.699)的零件。

3.2.124

污染物　contaminant

对系统可能有不良影响的任何物质或物质组合(固体、液体或气体)。

3.2.125

污染物颗粒迁移　contaminant particle migration

污染物(3.2.124)**颗粒**(3.2.500)在被阻留后移位。

3.2.126

污染物颗粒尺寸分布　contaminant particle size distribution

依照颗粒尺寸范围表达**污染物**(3.2.124)**颗粒**(3.2.500)的数量和分布的表格或图形。

3.2.127

污染物敏感度　contaminant sensitivity

由**污染物**(3.2.124)引起的性能降低。

3.2.128

污染　contamination

污染物(3.2.124)侵入或存在。

3.2.129

污染代码　contamination code

〈液压〉用于对**液压油液**(3.2.353)中**污染物**(3.2.124)**颗粒**(3.2.500)尺寸分布做简短描述的一组数字。

注:ISO 4406 定义了这种代码。

3.2.130

污染度 **contamination level**

规定**污染**(3.2.128)程度的量化术语。

注：通常用于流体。

3.2.131

连续控制阀 **continuous control valve**

响应连续的**输入信号**(3.2.387)以连续方式控制系统能量流的**阀**(3.2.753)。

注：包括所有类型的**伺服阀**(3.2.654)和**比例控制阀**(3.2.576)。

3.2.132

连续增压器 **continuous pressure intensifier**

将初级**流体**(3.2.305)连续供给到**进口**(3.2.384)，可以使次级流体产生连续**流动**(3.2.283)的**增压器**(3.2.392)。

3.2.133

控制流量 **control flow rate**

实现控制功能的**流量**(3.2.292)。

3.2.134

控制机构 **control mechanism**

向**元件**(3.2.111)提供**输入信号**(3.2.387)的装置。

3.2.135

控制压力 **control pressure**

在**控制口**(3.2.532)用来提供控制功能的**压力**(3.2.541)。

3.2.136

控制信号 **control signal**

施加于控制机构的电气信号或**流体**(3.2.305)**压力**(3.2.541)。

3.2.137

控制系统 **control system**

控制**流体传动系统**(3.2.316)的手段，将此系统与操作者和**控制信号**(3.2.136)源的任何一个连接以实现控制作用。

3.2.138

控制流体体积 **control fluid volume**

实现控制功能所需的**流体**(3.2.305)体积，包括控制管路内的流体体积。

3.2.139

冷却器 **cooler**

降低**流体**(3.2.305)温度的**元件**(3.2.111)。

3.2.140

平衡阀 **counterbalance valve**

用以维持**执行元件**(3.2.11)的**压力**(3.2.541)，使其能保持住负载，防止负载因自重下落或下行超速的**阀**(3.2.753)。

3.2.141

开启压力 **cracking pressure(valve opening pressure)**

在一定条件下，**阀**(3.2.753)开始打开并进入工作状态的**压力**(3.2.541)。

3.2.142

扣压式软管接头　crimped hose fitting(swaged hose fitting, crimped hose connector, swaged hose connector)

通过软管接头一端的永久变形实现与**软管**(3.2.348)装配的**软管接头**(3.2.122)。

3.2.143

临界压力比　critical pressure ratio

〈气动〉在气动**元件**(3.2.111)中,当气体**流动**(3.2.283)达到声速时,其节流口下游绝对**压力**(3.2.541)与上游绝对压力之比。

3.2.144

临界雷诺数　critical Reynolds number

对于给定的一组条件,表示**流动**(3.2.283)是层流或紊流的量化标准。

3.2.145

十字形管接头　cross connector

一种形状为十字形的**管接头**(3.2.122)。

3.2.146

交叉型溢流阀　crossover pressure-relief valve

〈液压〉由装入一个共用阀体的两个**溢流阀**(3.2.565)组成,以使流体可以在两个方向**流动**(3.2.283)的**阀**(3.2.753)。

注:它用于释放伴随某些**液压马达**(3.2.356)或**缸**(3.2.154)应用时产生的高的**压力冲击**(3.2.569)。

3.2.147

带缓冲的缸　cushioned cylinder

带有**缓冲**(3.2.148)装置的**缸**(3.2.154)。

3.2.148

缓冲　cushioning

运动件在趋近其运动终点时借以减速的手段,主要有固定或可调节两种。

3.2.149

缓冲压力　cushioning pressure(damping pressure)

为使总运动质量减速而产生的**压力**(3.2.541)。

3.2.150

卡套　cutting ring(ferrule、olive)

通过旋紧管接头螺母起到连接密封作用并靠嵌入硬管外径表面将管接头固定在**硬管**(3.2.736)上的环状物。

3.2.151

循环　cycle

以周期性或循环方式重复的一组完整事件或条件。

3.2.152

循环稳定条件　cyclic stabilized conditions

相关因素的值以循环方式变化的条件。

3.2.153

循环试验压力　cyclic test pressure

在疲劳试验期间,**高循环试验压力**(3.2.747)与**低循环试验压力**(3.2.412)之间的差值。

3.2.154

缸 cylinder

提供线性运动的**执行元件**(3.2.11)。

3.2.155

缸脚架安装 cylinder angle mounting

用角形结构的支架固定**缸**(3.2.154)的方法。

3.2.156

缸体 cylinder body(Cylinder tube)

缸**活塞**(3.2.174)在其中运动的中空的承压力件。

3.2.157

缸径 cylinder bore

缸体(3.2.156)的内径。

3.2.158

缸无杆端 cylinder cap end(cylinder rear end,cylinder non-rod end)

缸(3.2.154)没有**活塞杆**(3.2.175)伸出的一端。

注:通常也称为"缸尾"或"缸盖端"。

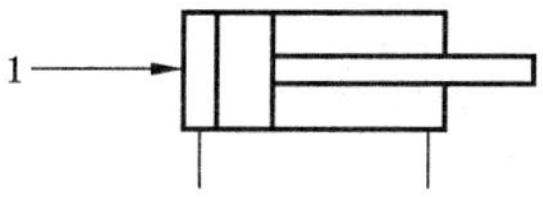

说明:

1——无杆端。

3.2.159

缸的双耳环安装 cylinder clevis mounting

利用一个U字形**安装装置**(3.2.448),以销轴或螺栓穿过它实现**缸的铰接安装**(3.2.178)的**安装**(3.2.447)方式。

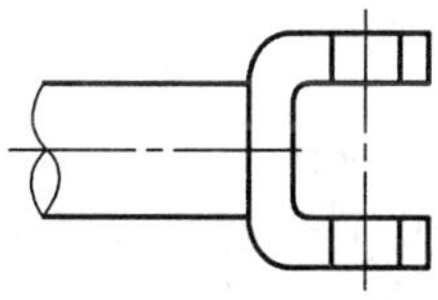

3.2.160

缸控制 cylinder control

使用**缸**(3.2.154)的一种**控制机构**(3.2.134)。

3.2.161

缸的缓冲长度 cylinder cushioning length

在**缓冲**(3.2.148)开始点与缸行程末端之间的距离。

3.2.162

缸的耳环安装 cylinder eye mounting(cylinder pin mounting)

利用突出**缸**(3.2.154)结构外的耳环,以销轴或螺栓穿过它实现**缸的铰接安装**(3.2.178)的**安装**(3.2.447)方式。

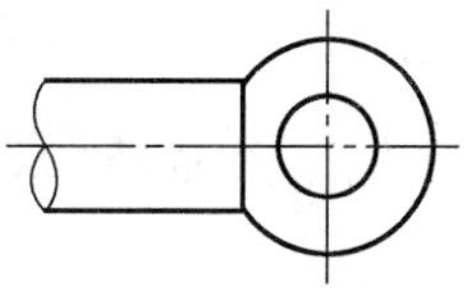

3.2.163

缸输出力　cylinder force

由作用于**活塞**(3.2.174)上的**压力**(3.2.541)产生的力。

3.2.164

缸输出力效率　cylinder force efficiency

缸的实际输出力与理论输出力之间的比值。

3.2.165

缸回程　cylinder instroke(cylinder retract stroke)

活塞杆(3.2.175)缩进**缸体**(3.2.156)的运动。对于**双杆缸**(3.2.732)或**无杆缸**(3.2.622),是指活塞返回其初始位置的运动。

3.2.166

缸回程排量　cylinder instroke displacement

在一次完整的回程期间缸的**排量**(3.2.210)。

3.2.167

缸回程输出力　cylinder instroke force(cylinder retract force)

在回程期间**缸**(3.2.154)产生的力。

3.2.168

缸回程时间　cylinder instroke time

活塞(3.2.174)回程所用的时间。

3.2.169

缸前端螺纹安装　cylinder nose mounting

在**缸有杆端**(3.2.179)借助于与**缸**(3.2.154)轴线同轴的螺纹突台的**安装**(3.2.447)。

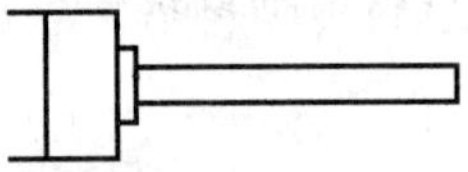

3.2.170

缸进程　cylinder outstroke(cylinder extend stroke)

活塞杆(3.2.175)从**缸体**(3.2.156)伸出的运动。对于**双杆缸**(3.2.732)或**无杆缸**(3.2.622)是活塞离开其初始位置的运动。

3.2.171

缸进程排量　cylinder outstroke displacement

缸**活塞**(3.2.174)在一个完整的进程期间的**排量**(3.2.210)。

3.2.172

缸进程输出力　cylinder outstroke force(cylinder extend force)

在进程期间**缸**(3.2.154)产生的力。

3.2.173

缸进程时间　cylinder outstroke time

活塞(3.2.174)进程所用的时间。

3.2.174

活塞　cylinder piston

靠**压力**(3.2.541)下的**流体**(3.2.305)作用,在**缸径**(3.2.157)中移动并传递机械力和运动的**缸**(3.2.154)零件。

3.2.175

活塞杆　cylinder piston rod

与**活塞**(3.2.174)同轴并联为一体,传递来自活塞的机械力和运动的**缸**(3.2.154)零件。

3.2.176

活塞杆面积　cylinder piston rod area

活塞杆(3.2.175)的横截面面积。

3.2.177

活塞杆附件　cylinder piston rod attachment

在外露**活塞杆**(3.2.175)端部借助其实现**缸**(3.2.154)的连接的附加装置。

示例:带螺纹的、平面的、耳环、环叉。

3.2.178

缸的铰接安装　cylinder pivot mounting

允许**缸**(3.2.154)有角运动的**安装**(3.2.447)。

3.2.179

缸有杆端　cylinder rod end(cylinder head end,cylinder front end)

缸(3.2.154)的**活塞杆**(3.2.175)伸出端。

注:通常也称为"缸头"或"缸前端"。

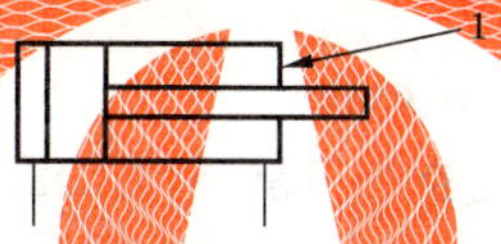

说明:

1——有杆端。

3.2.180

缸的球铰安装　cylinder spherical mounting

允许**缸**(3.2.154)在包含其轴线的任何平面内角位移的**安装**(3.2.447)。

示例:在耳环或双耳环安装中的球面轴承。

3.2.181

缸行程　cylinder stroke

其可动件从一个极限位置到另一个极限位置所移动的距离。

3.2.182

缸行程时间　cylinder stroke time

缸行程(3.2.181)从开始到结束的时间。

3.2.183

缸拉杆安装　cylinder tie rod mounting

借助于在**缸体**(3.2.156)外侧并与之平行的**缸**(3.2.154)装配用拉杆的延长部分,从缸的一端或两端安装缸的方式。

3.2.184

缸横向安装　cylider transverse mounting

靠与**缸**(3.2.154)的轴线成直角的一个平面来界定的所有**安装**(3.2.447)方法。

3.2.185

缸耳轴安装　cylinder trunnion mounting

利用**缸**(3.2.154)两侧与缸轴线垂直的一对销轴或销孔来实现的铰接**安装**(3.2.447)。

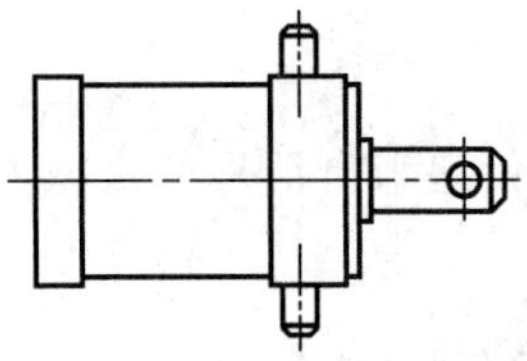

3.2.186

带有不可转动活塞杆的缸　cylinder with non-rotating rod

能防止**缸体**(3.2.156)与**活塞杆**(3.2.175)相对转动的缸。

3.2.187

排气器　de-aerator

〈液压〉用来排除液压系统油液中所含空气或气体的**元件**(3.2.111)。

3.2.188

减速阀　deceleration valve

〈液压〉逐渐减少**流量**(3.2.292)使执行元件减速的**流量控制阀**(3.2.286)。

3.2.189

延时阀　delay valve(pneumatic timer)

〈气动〉一种**阀**(3.2.753),其输出可延迟一段可调的时间。

3.2.190

吸湿剂型空气干燥器　deliquescent air dryer

〈气动〉利用吸湿材料溶解去除潮湿的**空气干燥器**(3.2.27)。

3.2.191

导出排量　derived displacement

根据在**规定工况**(3.2.674)下进行的测量所计算出的**排量**(3.2.210)。

注:对泵和马达,ISO 8426:2008 中的"derived capacity"与此同义。

3.2.192

导出液压功率　derived hydraulic power

〈液压〉根据在**规定工况**(3.2.674)下进行的测量所计算出的**液压功率**(3.2.358)。

3.2.193

导出转矩　derived torque

〈液压〉根据在**规定工况**(3.2.674)下进行的测量所计算出的转矩。

3.2.194

干燥剂型空气干燥器　desiccant air dryer

〈气动〉利用不溶解的吸湿材料去除潮湿的**空气干燥器**(3.2.27)。

3.2.195

定位机构　detent

借助于附加阻力把一个运动件阻留定位的装置。

3.2.196

露点　dewpoint

蒸汽(3.2.763)开始凝结的温度。

3.2.197

隔膜式蓄能器　diaphragm accumulator

〈液压〉一种**充气式蓄能器**(3.2.331),其中液体与气体之间的隔离靠一个挠性隔膜来实现。

3.2.198

膜片缸　diaphragm cylinder

靠作用于膜片上的**流体**(3.2.305)**压力**(3.2.541)产生机械力的**缸**(3.2.154)。

3.2.199

膜片压力阀　diaphragm pressure control valve

其**压力**(3.2.541)靠作用于膜片上的力来控制的一种**压力控制阀**(3.2.546)。

3.2.200

膜片阀　diaphragm valve

靠膜片变形来控制开启和关闭的**阀**(3.2.753)。

3.2.201

差动缸　differential cylinder

一种**双作用缸**(3.2.220),其活塞两侧的有效面积不同。

3.2.202

压差　differential pressure

在不同测量点同时出现的两个**压力**(3.2.541)之间的差。

3.2.203

压差表　differential pressure gauge

用以测量两个所施**压力**(3.2.541)值之差的一种**压力表**(3.2.551)。

3.2.204

压差开关　differential pressure switch

由压差控制的带一个或多个电器开关的器件,当**压差**(3.2.202)达到预设值时开关的触点动作。

3.2.205

扩散器　diffuser

〈液压〉一种**液压元件**(3.2.111),其安装在**回油管路**(3.2.617)通入**油箱**(3.2.611)内部,与隔板结合以降低回油**流动**(3.2.283)的速度。

3.2.206

直接压力控制　direct pressure control

靠改变**控制压力**(3.2.135)直接控制运动件位置的控制方法。

3.2.207

旋转方向　direction of rotation

泵、**马达**(3.2.439)或其他**元件**(3.2.111)的轴的旋转方向,从该元件的轴端观察。

3.2.208

换向阀　directional-control valve

一种连通或阻断一个或多个**流道**(3.2.291)的**阀**(3.2.753)。

3.2.209

直动阀　directly operated valve

阀芯(3.2.759)被**控制机构**(3.2.134)直接操纵的**阀**(3.2.753)。

3.2.210

排量　displacement

每一行程、每一转或每一**循环**(3.2.151)所吸入或排出的流体体积。

注:其可以是固定的或可变的。

3.2.211

容积式马达 displacement motor(positive-displacement motor)

轴转速与吸入**流量**(3.2.292)相关的**马达**(3.2.439)。

3.2.212

容积式泵 displacement pump(positive-displacement pump)

〈液压〉输出**流量**(3.2.292)与轴转速相关的**液压泵**(3.2.359)。

注：理论上，**压力**(3.2.541)与频率无关。

3.2.213

一次性过滤器 disposable filter

预期使用后废弃的**过滤器**(3.2.262)。

3.2.214

一次性滤芯 disposable filter element

预期使用后废弃的**滤芯**(3.2.266)。

3.2.215

溶解空气 dissolved air

〈液压〉以分子形式分散于**液压油液**(3.2.353)中的空气。

3.2.216

溶解水 dissolved water

〈液压〉以分子水平分散于**液压油液**(3.2.353)中的水。

3.2.217

分向阀 diverter valve

〈气动〉带有一个**进口**(3.2.384)的二位三通**换向阀**(3.2.208)，它可以将**流动**(3.2.283)转向两个分开**出口**(3.2.492)中的任何一个。

3.2.218

双联过滤器 double filter

具有两个并联**滤芯**(3.2.266)的**过滤器**(3.2.262)。

3.2.219

双活塞杆缸 double-rod cylinder

具有两根相互平行动作的**活塞杆**(3.2.175)的**缸**(3.2.154)。

3.2.220

双作用缸 double-acting cylinder

流体(3.2.305)力可以沿两个方向施加于活塞的**缸**(3.2.154)。

3.2.221

泄油管路 drain line

〈液压〉使**内泄漏**(3.2.396)返回**油箱**(3.2.611)的管路。

3.2.222

泄油口 drain port

〈液压〉通向**泄油管路**(3.2.221)的**油口**(3.2.532)。

3.2.223

排放阀 drain valve

流体和/或**污染物**(3.2.124)能够借以从系统排出的**元件**(3.2.111)。

3.2.224

排污管　drip leg

〈气动〉**压缩空气**(3.2.114)管路中专为排放积聚的**污染物**(3.2.124)而布置的垂直段管路。

3.2.225

漂移　drift

随着时间的推移，参数出现不希望的偏离基准值的缓慢变化。

3.2.226

双流体增压器　dual fluid intensifier

在其内部的初级和次级回路中使用不同类型流体的**增压器**(3.2.392)。

3.2.227

排空阀　dump valve

〈气动〉当工作时，其阻断进口气源，同时卸除下游**压力**(3.2.541)的**截止阀**(3.2.659)。

3.2.228

双联过滤器　duplex filter

带有切换阀的两个**过滤器**(3.2.262)的**总成**(3.2.45)，可选择全**流量**(3.2.292)通过任何一个过滤器。

3.2.229

防尘帽　dust cap

用以阻止**污染物**(3.2.128)和/或起防损坏作用的可拆的凹状器件。

3.2.230

防尘堵　dust plug

用于开口处以阻止**污染物**(3.2.128)和/或起防损坏作用的可拆的凸状器件。

3.2.231

动密封件　dynamic seal

用在相对运动的零件之间的**密封装置**(3.2.643)。

3.2.232

动力黏度　dynamic viscosity

对**流体**(3.2.305)的**流动**(3.2.283)阻力或形变的度量，用所施加的剪切应力与流体的切变速度之间的关系表示。

注：它通常表达为动力黏度系数，或简称**黏度**(3.2.766)。在国际单位中动力黏度的单位是帕斯卡秒(Pa·s)，对于实际使用，因数更方便。厘泊(cP)是 10^{-3} Pa·s(即 1 cP=1 mPa·s)，是常用单位。

3.2.233

缸有效力　effective cylinder force

在**规定工况**(3.2.674)下，**缸**(3.2.154)所传递的可用的力。

3.2.234

缸有效面积　effective cylinder area

流体(3.2.305)**压力**(3.2.541)作用其上，以提供可用力的面积。

3.2.235

有效过滤面积　effective filtration area

在**滤芯**(3.2.266)中，**流量**(3.2.292)通过的多孔滤材的总面积。

3.2.236

有杆端有效面积　effective rod-end area(annulus area)

在有杆端的**缸有效面积**(3.2.234)。

3.2.237

有效转矩　effective torque

在**规定工况**(3.2.674)下轴伸上的可用转矩。

3.2.238

弹性体材料　elastomeric material

在由应力和应力释放造成实质变形后能够迅速恢复到其接近最初尺寸和形状的橡胶类材料。

3.2.239

弹性体密封件　elastomeric seal

用具有橡胶类性质的材料制成的**密封件**(3.2.637),即具有很大变形能力并在变形力去除后能迅速和基本完全恢复的能力。

3.2.240

弯头　elbow connector

在相配管路之间形成一个角度的**管接头**(3.2.122)。

注：除非有其他说明,通常其角度为90°。45°角的弯头称为45°弯头。

3.2.241

电零点　electric null

当电的**输入信号**(3.2.387)为零时,电气操作的**连续控制阀**(3.2.131)的液压或气动状态。

3.2.242

电气接头　electrical connector

导线终端的连接件,用于提供与适配件的连接和断开。

3.2.243

电控　electrical control

靠改变电气状态来操作的控制方法。

3.2.244

电控阀　electrically operated valve

通过**电控**(3.2.243)来操作的**阀**(3.2.753)。

3.2.245

应急控制　emergency control

用于失效情况下的替代控制。

3.2.246

破乳化性　emulsion instability(demulsibility)

一种乳化液分离成两相的能力。

3.2.247

乳化稳定性　emulsion stability

一种乳化液在规定条件下对分离的抵抗力。

3.2.248

混入空气　entrained air

〈液压〉空气(或气体)与液体形成乳化液的状态,其中气泡趋向于从液体相分离。

注：在使用**矿物油**(3.2.436)的液压系统中混入空气可能对**元件**(3.2.111)、**密封件**(3.2.637)和塑料件产生十分有害的影响。

3.2.249

环境污染物　environmental contaminant

存在于系统周围环境中的**污染物**(3.2.124)。

3.2.250

冲蚀磨损　erosion

由流体或悬浮颗粒流体的冲刷、微射流或它们的组合引起的机械零件的材料损失。

注：冲蚀磨损的产物作为生成的颗粒性**污染**(3.2.128)存在于系统中。

3.2.251

排气　exhaust

〈气动〉气体**流动**(3.2.283)到大气。

3.2.252

膨胀系数　expansion factor

〈气动〉当**流动**(3.2.283)低于音速时，考虑气体压缩率影响的系数。

3.2.253

外啮合齿轮马达　external gear motor

带有外齿轮的**齿轮马达**(3.2.335)。

3.2.254

外啮合齿轮泵　external gear pump

〈液压〉带有外齿轮的**齿轮泵**(3.2.336)。

3.2.255

外泄漏　external leakage

从**元件**(3.2.111)或**配管**(3.2.513)的内部向周围环境的**泄漏**(3.2.402)。

3.2.256

外部压力　external pressure

从外部作用于一个**元件**(3.2.111)或系统的**压力**(3.2.541)。

3.2.257

下降时间　fall time

参数从规定的较高值下降到规定的较低值所用的时间。

3.2.258

反馈　feedback

元件(3.2.111)的实际输出状态借以传达到**控制系统**(3.2.137)或回到**控制机构**(3.2.134)的手段。

3.2.259

螺孔端　female stud end

允许与外螺纹管接头连接的**管接头**(3.2.122)的内螺纹端。

3.2.260

双端内螺纹过渡接头　female/female threaded adapter

在两端有内螺纹的**过渡接头**(3.2.12)。

3.2.261

加油过滤器　fill filter

〈液压〉覆盖在**油箱**(3.2.611)加油口上，过滤加注的**液压油液**(3.2.353)的**过滤器**(3.2.262)。

3.2.262

过滤器　filter

基于**颗粒**(3.2.500)尺寸阻留**流体**(3.2.305)中的**污染物**(3.2.124)的**元件**(3.2.111)。

参见：**分离器**(3.2.650)。

3.2.263

过滤器旁通阀　filter bypass valve

当达到预定**压差**(3.2.202)时,允许未过滤的**流体**(3.2.305)绕过**滤芯**(3.2.266)通过的器件。

3.2.264

过滤器堵塞指示器　filter-clogging indicator

指示**滤芯**(3.2.266)**堵塞**(3.2.101)的装置。

示例:**背压**(3.2.65)和**压差**(3.2.202)指示器。

3.2.265

过滤器效率　filter efficiency

在**规定工况**(3.2.674)下**过滤器**(3.2.262)阻留**污染物**(3.2.124)能力的度量。

3.2.266

滤芯　filter element

过滤器(3.2.262)中起实际过滤作用的多孔部件。

3.2.267

滤芯疲劳　filter element fatigue

因循环**压差**(3.2.202)或**流动**(3.2.283)引起的挠曲致使滤材的结构失效。

3.2.268

带旁通过滤器　filter with bypass

当达到预定**压差**(3.2.202)时,能提供绕过**滤芯**(3.2.268)的替代**流道**(3.2.291)的**过滤器**(3.2.262)。

3.2.269

过滤比　filtration ratio

单位体积的流入**流体**(3.2.305)与流出流体中大于规定尺寸的**颗粒**(3.2.500)数量之比,用β表示。

注:以颗粒尺寸等级作为β的下标。例如:$\beta_{10}=75$,表示流体中大于10 μm的颗粒数量在过滤器上游是下游的75倍。

见ISO 16889。

3.2.270

燃点　fire point

在受控条件下,液体挥发出的足量**蒸汽**(3.2.763)在空气中遇微小明火被点燃并持续燃烧的温度。

3.2.271

难燃液压液　fire-resistant hydraulic fluid

〈液压〉不易点燃,且火焰传播趋向极小的**液压油液**(3.2.353)。

3.2.272

五通阀　five-port valve

具有五个**主阀口**(3.2.757)的**阀**(3.2.753)。

3.2.273

固定节流阀　fixed-restrictor valve

在其内部**进口**(3.2.384)与**出口**(3.2.492)间通过一个截面不变的节流**流道**(3.2.291)连通的**流量控制阀**(3.2.286)。

3.2.274

法兰管接头　flange conector

其密封面垂直于**流动**(3.2.283)轴线,利用径向法兰和螺钉安装的一种非螺纹**管接头**(3.2.122)。

3.2.275

法兰安装　flange mounting

元件(3.2.111)利用法兰进行**安装**(3.2.447)的方法,其法兰的支撑面与**安装面**(3.2.450)平行。

3.2.276

法兰口　flange port

用于与**法兰管接头**(3.2.274)连接的口。

3.2.277

喷嘴挡板控制　flapper and nozzle control

喷嘴(3.2.532)和配套的冲击平板或圆板,造成一个可变的缝隙,借以控制穿过该喷嘴的**流量**(3.2.292)。

3.2.278

扩口式管接头　flared connector

用于与扩口的**硬管**(3.2.735)端部连接以提供密封的**管接头**(3.2.122)。

3.2.279

闪点　flash point

液体蒸发出足量的**蒸汽**(3.2.763),当在受控条件下施加小明火时,其与空气相遇被点燃的温度。

3.2.280

平端管接头　flat-face connector

带有**密封件**(3.2.637)且密封面垂直于**流动**(3.2.283)轴线的螺纹**管接头**(3.2.122)。

示例:O形圈(3.2.490)端面密封管接头。

3.2.281

平端接合　flat-face coupling

使用两个**平端管接头**(3.2.280)连接**元件**(3.2.111)或一段**配管**(3.2.513)的**安装**(3.2.45),此设计为便于两部分可以向一侧滑动分离。

注:这样可以不涉及总成的其余部分而断开连接。

3.2.282

浮动位置　float position

〈液压〉所有**工作油口**(3.2.779)均被连接到**回油管路**(3.2.617)或**回油口**(3.2.616)的**阀芯**(3.2.759)位置。

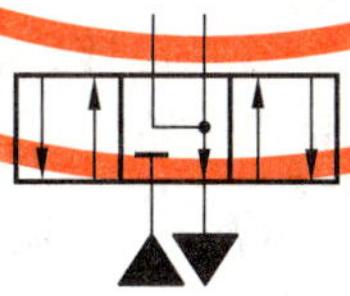

3.2.283

流动　flow

靠**压力**(3.2.241)差产生的流体运动。

3.2.284

流量特性　flow characteristic

对相关参数变化导致**流量**(3.2.292)变化的描述(通常以图形表达)。

3.2.285

流量系数　flow coefficient(flow factor)

表征**流体传动**(3.2.313)**元件**(3.2.111)或**配管**(3.2.513)的流通能力的系数。

3.2.286

流量控制阀　flow control valve

主要功能是控制**流量**(3.2.292)的**阀**(3.2.753)。

3.2.287

分流阀　flow divider

将**输入流量**(3.2.386)按选定的比例分成两股分开的输出流量的**流量控制阀**(3.2.286)。

3.2.288

液动力　flow force

由流体**流动**(3.2.283)引起的，作用在**元件**(3.2.111)内运动件上的力。

3.2.289

流量增益　flow gain

在给定点，**输出流量**(3.2.292)的变化与**输入信号**(3.2.387)变化之比。

3.2.290

流动指示器　flow indicator

直观指示流动**流体**(3.2.305)存在的装置。

3.2.291

流道　flow path

输送**流体**(3.2.305)的通道。

3.2.292

流量　flow rate

在**规定工况**(3.2.674)下，单位时间穿过**流道**(3.2.291)横截面的**流体**(3.2.305)的体积。

3.2.293

流量放大率　flow rate amplification

输出**流量**(3.2.292)与**控制流量**(3.2.133)之间的比值。

3.2.294

流量放大器　flow rate amplifier

放大**流量**(3.2.292)的**阀**(3.2.753)。

3.2.295

流量不对称度　flow rate asymmetry

〈仅用于连续控制的方向控制阀〉对于正负信号极性，名义**流量**(3.2.292)增益的偏差。

注：以两个增益之差除以较大一个的百分比表示：

$$\frac{K_{\dot{V}m1}-K_{\dot{V}m2}}{K_{\dot{V}m1}}\times 100\%$$

式中：

$K_{\dot{V}m1}>K_{\dot{V}m2}$；

$K_{\dot{V}m1}$——正负信号极性中名义**流量**(3.2.292)增益的较大值；

$K_{\dot{V}m2}$——正负信号极性中名义流量、增益的较小值。

3.2.296

流量非线性度　flow rate non-linearity

指常规**流量**(3.2.292)曲线与理想化流量曲线之间的偏差，理想化流量曲线的斜率等于常规流量的增益。

注：线性度定义成最大偏差，并以额定信号的百分比表示。

3.2.297

流量恢复率　flow rate recovery

出口(3.2.492)的空载**流量**(3.2.292)与**供给流量**(3.2.704)之比。

3.2.298

流量记录仪　flow rate recorder

提供**流量**(3.2.292)的永久性记录的装置。

3.2.299

流量冲击　flow rate surge

〈液压〉在一定时间段中**流量**(3.2.292)的升降。

3.2.300

流量开关　flow rate switch

带有在预定**流量**(3.2.292)下动作的开关的装置。

3.2.301

流量传感器　flow rate transducer

将**流量**(3.2.292)转换成电气信号的器件。

3.2.302

流量波动　flow ripple

〈液压〉**液压油液**(3.2.353)中**流量**(3.2.292)的波动。

3.2.303

集流阀　flow-combining valve

〈液压〉将两股或多股进口流量汇合成一股出口流量的**流量控制阀**(3.2.286)。

3.2.304

流量计　flowmeter

直接测量并指示**流体**(3.2.305)**流量**(3.2.292)的装置。

3.2.305

流体　fluid(fluid power medium)

在**流体传动系统**(3.2.316)中用作传动介质的液体或气体。

3.2.306

流体调节　fluid conditioning

建立期望的系统**流体**(3.2.305)特性的过程。

示例：加热、冷却、净化、增加**添加剂**(3.2.131)。

3.2.307

流体控制器　fluid controller

能够检测**流体**(3.2.305)特性[例如**压力**(3.2.541)、温度]的变化，并自动进行调整以保持这些特性在预定值范围内的一种组合装置。

3.2.308

流体缓冲　fluid cushioning

通过节制回油或**排气**(3.2.251)**流动**(3.2.283)而实现的**缓冲**(3.2.148)。

3.2.309

流体密度　fluid density

在规定温度下，**流体**(3.2.305)的质量除以其体积得到的商。

3.2.310

流体摩擦　fluid friction

由**流体**(3.2.305)的**黏度**(3.2.766)所引起的摩擦。

3.2.311

流体逻辑　fluid logic

用**流体传动**(3.2.313)**元件**(3.2.111)进行数字信号的传感和信息处理。

3.2.312

流体逻辑元件　fluid logic element(logic device)

用于**流体逻辑**(3.2.311)系统的带有运动件的**元件**(3.2.111)。

3.2.313

流体传动　fluid power

用受压**流体**(3.2.305)作为介质传递、控制、分配信号和能量的方式、方法。

3.2.314

流体传动回路图　fluid power circuit diagram

用图形符号表示**流体传动系统**(3.2.316)或其局部的功能的图样。

3.2.315

流体动力源　fluid power supply

产生并维持有**压力**(3.2.541)流体的**流量**(3.2.292)的能量源。

3.2.316

流体传动系统　fluid power system

产生、传递、控制和转换**流体传动**(3.2.313)能量的相互连接**元件**(3.2.111)的配置。

3.2.317

流体取样　fluid sampling

从系统中提取**流体**(3.2.305)的试样。

3.2.318

流体稳定性　fluid stability

在规定条件下,流体对永久改变其性质的抵抗力。

3.2.319

射流技术　fluidics

用没有运动件的**元件**(3.2.111),以**流体**(3.2.305)进行信号检测和信息处理或能量控制。

3.2.320

氟橡胶　fluorocarbon rubber;FKM

一种在高温下能够耐受多数**矿物油**(3.2.436)和**合成液压液**(3.2.712),并耐受臭氧、老化和大气侵蚀的**弹性体材料**(3.2.238)。

注:其普通配方的低温特性及对乙醇的耐受力均差。

3.2.321

脚架安装　foot mounting

利用超出**元件**(3.2.111)轮廓的突起部分(脚架)**安装**(3.2.447)元件的方法,这样支承面平行于该元件轴线,例如缸轴线或泵驱动轴线。

3.2.322

四通阀　four-port valve

带有四个**主阀口**(3.2.757)的**阀**(3.2.753)。

3.2.323

游离空气　free air

〈液压〉困在液压系统中的，未冷凝、乳化或溶解的任何可压缩气体、空气或**蒸汽**(3.2.763)。

3.2.324

自由空气　free air

〈气动〉处于实际状态下的空气，以其在基准状态下的当量表达。

3.2.325

整体传动装置的自由位置　free position of an integral hydrostatic transmission

〈液压〉泵和**马达**(3.2.439)的配置，即两者都处于零**排量**(3.2.210)位置。

3.2.326

游离水　free water

进入**流体传动系统**(3.2.316)的水，由于水与系统中**流体**(3.2.305)的密度不同而具有分离的趋势。

3.2.327

微动磨损　fretting

由两个表面的滑动或周期性压缩造成的一种磨损类型，它产生微细颗粒**污染**(3.2.128)而没有化学变化。

3.2.328

功能试验　function test

验证输出功能对输入产生正确响应的测试行为。

3.2.329

组合集成底板　ganged manifold bases

〈气动〉类似设计的两个或多个**集成底板**(3.2.421)，它们被集中在一起作为一个**总成**(3.2.45)，不带所安装的**阀**(3.2.753)。

3.2.330

叠加底板　ganged subplates

〈液压〉相似设计的两个或多个**底板**(3.2.700)集中在一起，以提供共用的供油和/或回油系统。

3.2.331

充气式蓄能器　gas-loaded accumulator

〈液压〉利用惰性气体(例如氮气)的可压缩性对液体加压的**液压蓄能器**(3.2.350)。在液体与气体之间可以隔离或不隔离。

注：有隔离时，隔离靠气囊、隔膜、活塞等来实现。

3.2.332

垫片　gasket

由形成与相关配合表面相匹配的扁片材料构成的**密封装置**(3.2.643)。

3.2.333

闸阀　gate valve

其**进口**(3.2.348)和**出口**(3.2.492)成一直线，且**阀芯**(3.2.759)垂直于阀口轴线滑动以控制开启和关闭的一种两口**截止阀**(3.2.659)。

3.2.334

表压力　gauge pressure

所测得的**绝对压力**(3.2.2)减去**大气压力**(3.2.48)。

注：可以取为正值或负值。

3.2.335

齿轮马达　gear motor

由两个或多个相啮合的齿轮作为工作件的**马达**(3.2.439)。

3.2.336

齿轮泵　gear pump

〈液压〉由两个或多个相啮合的齿轮作为泵送件的**液压泵**(3.2.359)。

3.2.337

生成污染　generated contamination

在系统或**元件**(3.2.111)的工作过程中产生的**污染**(3.2.128)。

3.2.338

几何排量　geometric displacement

不考虑公差、间隙或变形,用几何方法计算出的**排量**(3.2.210)。

3.2.339

摆线马达　gerotor motor

具有一个或多个摆线齿轮件的**马达**(3.2.439),其内件相对于输出轴线偏心地旋转;**压力**(3.2.541)和**流量**(3.2.292)受阀控,以允许外件形成偏心轨道,使内件绕之旋转,从而向马达轴传递转矩,使之旋转。

注:由于外件比内件齿多,所以转矩增加而转速降低。

3.2.340

摆线泵　gerotor pump

〈液压〉具有一个或多个摆线齿轮件的**液压泵**(3.2.369)。

参见**摆线马达**(3.2.339)。

3.2.341

球形截止阀　globe valve

阀内部某一点的**流动**(3.2.283)方向与正常流动方向成直角,且**阀芯**(3.2.759)是提动式,其抬起或落座以开启或关闭**流道**(3.2.291)的**截止阀**(3.2.659)。

3.2.342

手动泵　hand pump

〈液压〉靠手动操作的**液压泵**(3.2.359)。

3.2.343

水头(不推荐)　head

基准面以上的液体柱或体积的高度。

3.2.344

热交换器　heat exchanger

通过与另一种液体或气体的热交换保持或改变**流体**(3.2.305)温度的装置。

3.2.345

加热器　heater

对**流体**(3.2.305)加热的装置。

3.2.346

高压喷淋试验　high-pressure spray test

〈液压〉用一个受控火源测定液体加压射流或雾化的燃烧性的试验。

3.2.347

高压优先性梭阀　higher-pressure priority shuttle valve

其较高**压力**(3.2.541)的进口连通到出口,另一个进口被封闭,并且在反向**流动**(3.2.283)时仍保持此阀位的一种**梭阀**(3.2.660)。

3.2.348

软管　hose

通常由增强橡胶或塑料制成的柔性**导管**(3.2.121)。

3.2.349

软管总成　hose assembly

在**软管**(3.2.348)的一端或两端带有**管接头**(**软管接头**)(3.2.122)的装配件。

3.2.350

液压蓄能器　hydraulic accummulator

〈液压〉用来储存和释放静压能量的**元件**(3.2.111)。

3.2.351

液压控制　hydraulic control

〈液压〉通过改变**控制管路**(3.2.508)中的液压**压力**(3.2.541)来操纵的控制方法。

3.2.352

液压阻尼器　hydraulic dashpot

〈气动〉连接于气**缸**(3.2.154)使其运动减速的辅助液压装置。

3.2.353

液压油液　hydraulic fluid

〈液压〉液压系统中用作传动介质的液体。

3.2.354

液压油液衰变　hydraulic fluid breakdown

〈液压〉**液压油液**(3.2.353)的化学性质或力学性能降低。

注:这类变化可能由例如油液与氧的反应或过高温度所致。

3.2.355

液压锁定　hydraulic lock

〈液压〉由于一定量的受困液体阻止运动,致使活塞或阀芯产生的不良锁紧。

3.2.356

液压马达　hydraulic motor

靠受压的**液压油液**(3.2.353)驱动的**马达**(3.2.439)。

3.2.357

液压零位　hydraulic null

〈液压〉**连续控制阀**(3.2.131)供给的**控制流量**(3.2.133)为零的状态。

注:这种状态不适用于连续压力控制阀。

3.2.358

液压功率　hydraulic power

〈液压〉**液压油液**(3.2.353)的**额定流量**(3.2.596)与**压力**(3.2.541)的乘积。

3.2.359

液压泵　hydraulic pump

〈液压〉将机械能量转换成液压能量的**元件**(3.2.111)。

3.2.360

液压泵-马达　hydraulic pmup-motor

〈液压〉具有**液压泵**(3.2.359)或**液压马达**(3.2.356)任意一种功能的**元件**(3.2.311)。

3.2.361

液压步进马达　hydraulic stepping motor

按照步进**输入信号**(3.2.387)的指令实现位置控制的**液压马达**(3.2.356)。

3.2.362

液压技术　hydraulics

涉及液体流动和液体压力规律的科学技术。简称液压。

3.2.363

流动损失　hydrodynamic losses

〈液压〉由于液体运动引起的**功率损失**(3.2.536)。

3.2.364

液力技术　hydrodynamics

涉及液体的运动和抵抗此运动的力的规律的科学技术。

3.2.365

液体动力学　hydrokinetics

〈液压〉流体力学的一部分,研究液体运动所独立产生的力及其运动规律的学科。

3.2.366

马达的液压机械效率　hydromechanical motor efficiency

液压马达的实际转矩与**导出转矩**(3.2.193)之比。

$$\eta_{hm}^{M}=\frac{T_e}{T_i}$$

式中:

T_e——有效转矩(实际转矩);

T_i——理论转矩(导出转矩)。

参见 ISO 4391:1983 的 10.37。

3.2.367

泵的液压机械效率　hydromechanical pump efficiency

液压泵的**导出转矩**(3.2.193)与吸收转矩之比。

$$\eta_{hm}^{P}=\frac{T_i}{T_e}$$

式中:

T_i——理论转矩(导出转矩);

T_e——有效转矩(吸收转矩)。

注:此定义与 ISO 4391:1983 的 10.37 一致。

3.2.368

气液的　hydropneumatic

借助于液体和压缩气体来发挥功能的。

3.2.369

气动液压泵 hydropneumatic pump

靠**压缩空气**(3.2.114)驱动的**液压泵**(3.2.359)。

注：它通常是一个连续**增压器**(3.2.392)。

3.2.370

静液传动 hydrostatic transmission

〈液压〉一个或多个**液压泵**(3.2.359)与**液压马达**(3.2.356)的任何组合。

3.2.371

液体静力学 hydrostatics

〈液压〉流体力学的一部分，研究液体静止平衡状态和作用压力分布规律的学科。

3.2.372

滞环 hysteresis

在整个信号范围的一个完整**循环**(3.2.151)内，与相同输出量所对应的**输入信号**(3.2.387)的最大差值。

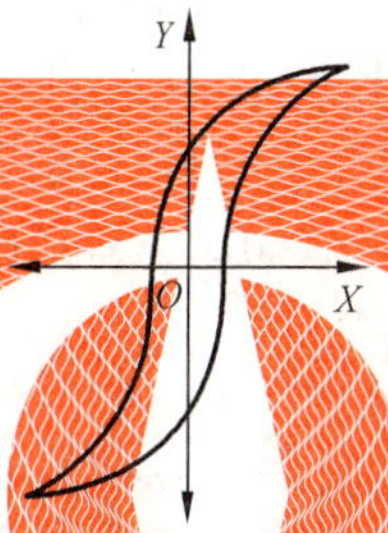

3.2.373

空转压力 idling pressure

在空转期间，维持系统或**元件**(3.2.111)，维持**流量**(3.2.292)和/或负载，所需要的**压力**(3.2.541)。

3.2.374

冲击缸 impact cylinder

一种**双作用缸**(3.2.220)，带有整体配置的**油箱**(3.2.611)和**座阀**(3.2.531)，为活塞和**活塞杆**(3.2.175)总成提供外伸时的快速加速。

3.2.375

单脉冲发生器 impulse generator

〈气动〉当连续的气动信号施加于**进口**(3.2.384)时，在**出口**(3.2.492)产生单一的脉冲的**元件**(3.2.111)。

3.2.376

直线过滤器 in-line filter

一种**进口**(3.2.384)和**出口**(3.2.492)及**滤芯**(3.2.266)的中心线同轴的**过滤器**(3.2.262)。

3.2.377

直线柱塞泵 in-line piston pump

〈液压〉在同一平面内，几个柱塞轴线相互平行排列的**柱塞泵**(3.2.517)。

3.2.378

不相容流体 incompatible fluid

对系统、**元件**(3.2.111)、**配管**(3.2.513)或另一种流体的性质和寿命具有不良影响的**流体**(3.2.305)。

3.2.379

间接压力控制　indirect pressure control

借助于一个中间先导装置，靠**控制压力**(3.2.135)的变化来控制运动件位置的一种控制方法。

3.2.380

间接操纵阀　indirectly operated valve

其**控制信号**(3.2.136)不直接作用于**阀芯**(3.2.759)的**阀**(3.2.753)。

见**先导控制阀**(3.2.509)。

3.2.381

抑制剂　inhibitor

使流体减慢、防止或限制诸如腐蚀或氧化之类的化学反应的一种**添加剂**(3.2.13)。

3.2.382

初始污染　initial contamination

在**流体**(3.2.305)、**元件**(3.2.111)、**配管**(3.2.513)、子系统或系统中，在初次使用之前即已存在的或在装配过程中产生的残留**污染**(3.2.128)。

3.2.383

进排气集管　inlet-exhaust manifold;IEM

〈气动〉包括公共供气进口和公共**排气**(3.2.251)，而没有**出口**(3.2.492)的**多集成底板**(3.2.421)。

注：带有出口的直线**阀**(3.2.753)安装于其表面。IEM 常常是整体模压成形，但也可以由单独的基板相互集成。

3.2.384

进口　inlet port

输入**流体**(3.2.305)的**油(气)口**(3.2.532)。

3.2.385

进口压力　inlet pressure

元件(3.2.111)、**配管**(3.2.513)或系统的**进口**(3.2.384)处的**压力**(3.2.541)。

3.2.386

输入流量　inlet flow rate

穿过**进口**(3.2.384)横截面的**流量**(3.2.292)。

3.2.387

输入信号　input signal

提供给**元件**(3.2.111)使其产生给定输出的信号。

3.2.388

设置　installation

与应用和场所有关的一个或多个**流体传动系统**(3.2.316)的配置。

3.2.389

装机功率　installed power

原动机(3.2.573)的额定功率。

3.2.390

整体传动装置　integral hydrostatic transmission

〈液压〉单个**元件**(3.2.111)形式的**静液传动**(3.2.370)装置。

3.2.391

积分流量计　integrating flowmeter

测量并显示已经通过测量点的**流体**(3.2.305)总体积的装置。

3.2.392

增压器 intensifier(booster)

将初级**流体**(3.2.305)**进口压力**(3.2.385)转换成较高值的次级流体**出口压力**(3.2.493)的**元件**(3.2.111)。

注：使用的两种流体可能相同或不同，但两者是分开的。

3.2.393

间歇工况 intermittent operating conditions

元件(3.2.111)、**配管**(3.2.513)或系统工作与非工作(停机或空运行)交替进行的**运行工况**(3.2.487)。

3.2.394

内啮合齿轮马达 internal gear motor

带有与一个或多个外齿轮啮合的内齿轮的**齿轮马达**(3.2.335)。

3.2.395

内啮合齿轮泵 internal gear pump

〈液压〉带有与一个或多个外齿轮啮合的内齿轮的**齿轮泵**(3.2.336)。

3.2.396

内泄漏 internal leakage

元件(3.2.111)内腔之间的**泄漏**(3.2.402)。

3.2.397

内部压力 internal pressure

在系统、**配管**(3.2.513)或**元件**(3.2.111)内部作用的**压力**(3.2.541)。

3.2.398

运动黏度 kinematic viscosity

在重力下**流体**(3.2.305)的**流动**(3.2.283)阻力，以流体的**动力黏度**(3.2.232)与其质量密度之比表示。

注：在国际单位中运动黏度的单位是平方米每秒(m^2/s)。实际使用因数更方便，常用厘斯(cSt)，它是 10^{-6} m^2/s (即 1 cSt=1 mm^2/s)。

3.2.399

层流 laminar flow

以流体层(流层)之间按有序方式相互滑动为特征的流体**流动**(3.2.283)。

注：这种流动的摩擦最小。

参见**紊流**(3.2.737)。

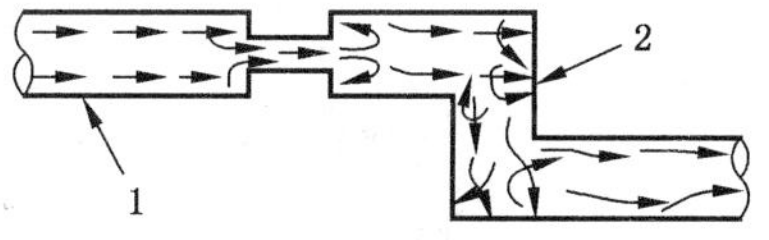

说明：

1——层流；

2——紊流。

3.2.400

遮盖 lap

(常规的)**圆柱滑阀**(3.2.677)的固定节流边与可动节流边之间的轴向关系。

注：以正遮盖、负遮盖和零遮盖表达。

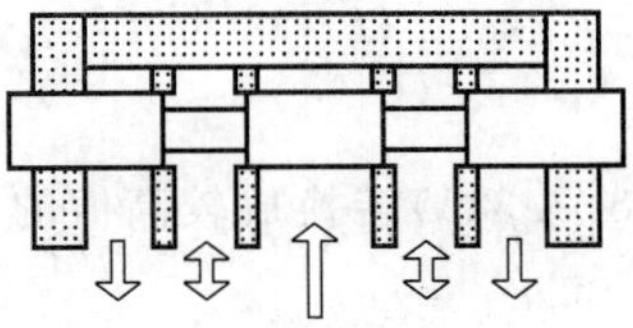

a) 正遮盖

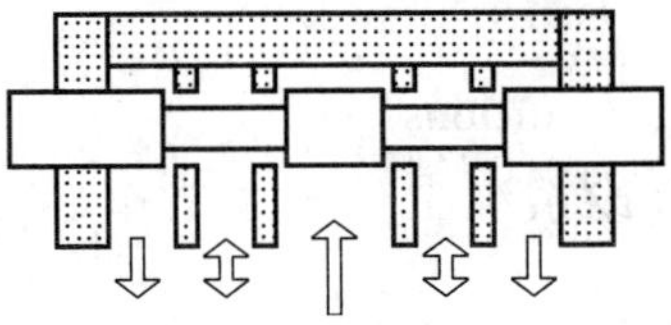

b) 负遮盖

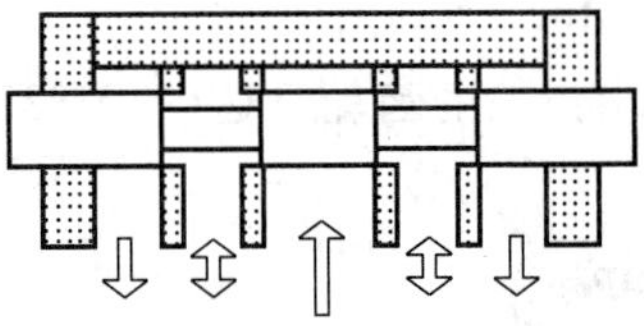

c) 零遮盖

3.2.401

遮盖 lap

〈**连续控制阀**(3.2.131),即**比例控制阀**(3.2.576)和**伺服阀**(3.2.654)〉在零区内因阀口台肩部位的几何条件引起的**流量**(3.2.292)对信号特性的线性偏差。

注:它以名义流量特性的直线延长线在零流量处的总间距度量,以额定**输入信号**(3.2.387)的百分比表示。

3.2.402

泄漏 leakage

不做有用功并引起能量损失的相对少量的**流体**(3.2.305)**流动**(3.2.283)。

3.2.403

极限工况 limiting operating conditions

假设**元件**(3.2.111)、**配管**(3.2.513)或系统在规定应用的极端情况下满意地运行一个给定时间,其所允许的**运行工况**(3.2.487)的最大和/或最小值。

3.2.404

唇形密封件 lip seal

一种**密封件**(3.2.637),它具有一个挠性的密封凸起部分;作用于唇部一侧的**流体**(3.2.305)**压力**(3.2.541)保持其另一侧与相配表面接触贴紧形成密封。

3.2.405

液位计 liquid level measuring instrument

测量并显示液体液面位置的装置。

3.2.406

液位开关 liquid level switch

由液体液位控制的带电气开关的装置,当液位达到预定值时引发开关的触点动作。

3.2.407

液体可混和性 liquid miscibility

〈液压〉液体以任何比率混合起来而没有不良后果的能力。

3.2.408

负载曲线 load line

将**出口压力**(3.2.493)表示为出口**流量**(3.2.292)函数的曲线。

3.2.409

负载压力 **load pressure**

由外部负载所产生的**压力**(3.2.541)。

3.2.410

有载流量 **loaded flow rate**

当**负载压力**(3.2.409)下降时,通过**阀**(3.2.753)**出口**(3.2.492)的**流量**(3.2.292)。

3.2.411

锁定阀 **lockout valve**

〈气动〉可以锁定于进口封闭位置的一种手动控制的**排空阀**(3.2.227)。

3.2.412

低循环试验压力 **lower cyclic test pressure**

进行疲劳试验的每次**循环**(3.2.151)期间要求实际**试验压力**(3.2.723)所低于的**压力**(3.2.541)。

3.2.413

低压优先梭阀 **lower-pressure priority shuttle valve**

其较低**压力**(3.2.541)的进口与出口连通,另一进口封闭。在反向**流动**(3.2.283)时仍保持这种位置的**梭阀**(3.2.660)。

3.2.414

磁性分离器芯 **magnetic separator element**

靠磁力阻留铁磁性颗粒的**分离器**(3.2.650)芯。

3.2.415

磁性活塞缸 **magnetic piston cylinder**

一种在活塞上带有永久磁体的**缸**(3.2.154),该**磁体**可以用来沿着行程长度操纵定位的**传感器**(3.2.649)。

3.2.416

主级 **main stage**

〈液压〉用于**连续控制阀**(3.2.131)的液压**放大**(3.2.39)的最终级。

3.2.417

补油管路 **make-up line**

〈液压〉当需要时向系统提供**液压油液**(3.2.353)以补充损失的那部分**配管**(3.2.513)。

3.2.418

外螺纹/内螺纹过渡接头 **male/female threaded adaptor**

一端是外螺纹而另一端是内螺纹的**过渡接头**(3.2.12)。

3.2.419

外螺纹/外螺纹过渡接头 **male/male threaded adaptor**

两端都是外螺纹的**过渡接头**(3.2.12)。

3.2.420

集成组件 **manifold assembly**

〈气动〉组合**集成底板**(3.2.329)及其所安装的**阀**(3.2.753)的整个**总成**(3.2.45)。

参见**阀岛**(3.2.756)。

3.2.421

集成底板 **manifold base**

〈气动〉包括一个进口通道、一个**排气**(3.2.251)通道,有时还包括一个外部控制通道及单独**出口**(3.2.492)的**阀**(3.2.753)的**安装装置**(3.2.448)。

注:几个类似的基板连接在一起,以便除出口外的几个通道形成共同的**流体**(3.2.305)传导方式。

3.2.422

油路块　manifold block

通常可以安装(3.2.447)插装阀(3.2.88)和板式阀(3.2.701),并按回路图通过流道使阀孔口相互连通的立方体基板。

3.2.423

集成片　manifold section(manifold station)

〈气动〉包括一个集成基板(3.2.421)及其所安装的阀(3.2.753)的总成(3.2.45),在集成组件(3.2.420)中占据一个位置。

3.2.424

手动控制　manual control

用手或脚操纵的控制方法。

3.2.425

手动装置　manual override

装在阀(3.2.753)上,提供越权控制(3.2.497)的手动操纵装置。

注:此装置可以直接或经由先导配置作用于阀芯(3.2.759)。

3.2.426

质量流量　mass flow rate

单位时间通过流道(3.2.291)横截面的流体质量。

3.2.427

最大流量控制阀　maximum flow control valve(velocity fuse)

当阀上压降(3.2.549)超过预定值时限制流动(3.2.283)的阀(3.2.753)。

3.2.428

最高压力　maximum pressure

可能暂时出现的对元件(3.2.111)或系统的性能或寿命没有任何严重影响的最高瞬时压力(3.2.541)。

见图1。

3.2.429

最高工作压力　maximum working pressure

系统或子系统(3.2.702)预期在稳态工况(3.2.694)下工作的最高压力(3.2.541)。

见图1。

注1:对于元件(3.2.111)和配管(3.2.513),见相关术语"额定压力"(3.2.597)。

注2:对于"最高工作压力"的定义,当它涉及液压软管和软管总成时,见ISO 8330。

3.2.430

机械控制　mechanical control

靠机械手段操纵的控制方法。

3.2.431

机械缓冲　mechanical cushioning

靠摩擦力或通过使用弹性材料实现的缓冲(3.2.148)。

3.2.432

机械操纵阀　mechanically operated valve

通过机械控制(3.2.430)而动作的阀(3.2.753)。

3.2.433

隔膜式空气干燥器 membrane air dryer

〈气动〉一种利用空心纤维隔膜去除**压缩空气**(3.2.114)中所含**蒸汽**(3.2.763)的**空气干燥器**(3.2.27)。

3.2.434

进口节流控制 meter-in control

对**元件**(3.2.111)**输入流量**(3.2.386)的控制。

3.2.435

出口节流控制 meter-out control

对**元件**(3.2.111)出口**流量**(3.2.292)的控制。

3.2.436

矿物油 mineral oil(petroleum fluid)

〈液压〉由可能含有不同精炼程度和其他成分的石油烃类组成的**液压油液**(3.2.353)。

3.2.437

最低工作压力 minimum working pressure

一个系统或**子系统**(3.2.702)预期在**稳态工况**(3.2.694)下工作的最低**压力**(3.2.541)。

见图1。

注:对于**元件**(3.2.111)和**配管**(3.2.513),见相关术语"**额定压力**"(3.2.597)。

3.2.438

整体式阀 mono-block valve

在共同的壳体中包括一组**阀**(3.2.753)的一种**总成**(3.2.45)。

3.2.439

马达 motor

提供旋转运动的**执行元件**(3.2.11)。

3.2.440

马达空载输入流量 motor derived inlet flow

马达的**导出排量**(3.2.191)与单位时间内转数的乘积。

3.2.441

马达零位 motor neutral position

马达(3.2.439)被调整到零**排量**(3.2.210)的位置。

3.2.442

马达输出功率 motor output power

马达(3.2.439)轴所传递的机械功率。

3.2.443

马达总效率 motor overall efficiency

马达的机械输出功率与流经**马达**(3.2.439)的液体所传递的功率之比。

$$\eta_t^M = \eta_V \cdot \eta_{hm} = \frac{q_{V_i}}{q_{V_{1,e}}} \cdot \frac{T_e}{T_i} = \frac{P_m}{P_{1,h} - P_{2,h}}$$

式中:

η_V ——体积效率;

η_{hm}——液压机械效率;

q_{V_i}——理论流量;

$q_{V_{1,e}}$——有效输入流量;

T_e——有效转矩；

T_i——理论转矩；

P_m——机械功率；

$P_{1,h}$——输入液压功率；

$P_{2,h}$——输出液压功率。

参见 ISO 4391:1983 的 10.35。

3.2.444

马达功率损失　motor power losses

马达的有效液压(输入)功率中没有转换成输出功率的那部分,包括体积损失、液压动力损失和机械损失。

3.2.445

马达容积效率　motor volumetric efficiency

马达的空载**输入流量**(3.2.386)与有效输入流量之比。

$$\eta_V^M = \frac{q_{V_i}}{q_{V_{1,e}}}$$

式中：

q_{V_i}——理论流量(空载输入流量)；

$q_{V_{1,e}}$——有效输入流量。

参见 ISO 4391:1983 的 10.36。

3.2.446

马达容积损失　motor volumetric losses

马达因**泄漏**(3.2.402)而损失的输入量。

注：为了补偿泄漏,需要相应增加**马达**(3.2.439)**进口**(3.2.384)的流量。

3.2.447

安装　mounting

固定**元件**(3.2.111)、**配管**(3.2.513)或系统的方法。

3.2.448

安装装置　mounting device

固定**元件**(3.2.111)、**配管**(3.2.513)或系统的装置。

3.2.449

安装界面　mounting interface

两个相配的**安装面**(3.2.450)固定在一起时的实际接触面积。

3.2.450

安装面　mounting surface

元件(3.2.111)或产品提供用于**安装**(3.2.447)的外轮廓部分。

3.2.451

运动件流体逻辑　moving part fluid logic

使用带有运动件的**元件**(3.2.111)的**流体逻辑**(3.2.311)。

3.2.452

多次通过试验　multi-pass test

用于**滤芯**(3.2.266)的一种试验程序,此过程中**流体**(3.2.305)以不变的状态循环通过滤芯。

见 ISO 16889。

3.2.453

多位缸　multi-position cylinder

除了静止位置外,提供至少两个分开位置的**缸**(3.2.154)。

示例:由至少两个在同一轴线上,在分成几个独立控制腔的公共**缸体**(3.2.156)中运动的活塞组成的缸;由两个单独控制的,用机械连接在一个公共轴的缸组成的**元件**(3.2.111)(其通常称为双联缸)。

3.2.454

多杆缸　multi-rod cylinder

在不同轴线上具有一个以上**活塞杆**(3.2.175)的**缸**(3.2.154).

3.2.455

多级串联泵　multi-stage pump

〈液压〉为实现多级加压而串联在一起的两个或多个**液压泵**(3.2.359)。

3.2.456

多联马达　multiple motor

具有一个公共轴的两个或多个**马达**(3.2.439)。

3.2.457

多联泵　multiple pump

由一个公共轴驱动的两个或多个泵。

3.2.458

多位置底板　multiple sub-plate

〈液压〉可以安装(3.2.447)几个**板式阀**(3.2.701),并包括用于**配管**(3.2.513)连接的**油口**(3.2.532)的底板。

3.2.459

针阀　needle valve

其可调节**阀芯**(3.2.759)是针形的**流量控制阀**(3.2.286)。

3.2.460

牛顿流体　Newtonian fluid

黏度(3.2.766)与剪切速率无关的流体。

3.2.461

丁腈橡胶　nitrile rubber;NBR

由丁二烯和丙烯腈共聚制成的**弹性体材料**(3.2.238)。

注:是制造**密封件**(3.2.637)和**填料密封**(3.2.499)应用最广泛的弹性体材料。它对**矿物油**(3.2.436)的耐受力随丙烯晴的含量变化。

3.2.462

空载条件　no-load conditions

当没有因外负载引起的**流动**(3.2.283)阻力时,系统、**子系统**(3.2.702)、**元件**(3.2.111)或**配管**(3.2.513)所经历的一组特性值。

3.2.463

公称过滤精度　nominal filtration rating

〈气动〉由制造商给出的表示过滤程度的标称微米值。

注:对于液压技术,见术语"**过滤比**"(3.2.269)。

3.2.464

公称压力　nominal pressure

为了便于标识并表示其所属的系列而指派给**元件**(3.2.111)、**配管**(3.2.513)或系统的**压力**

(3.2.541)值。

见 ISO 2944 和图 1。

3.2.465

公称尺寸　nominal size

尺寸值的名称,是为便于参考的圆整值。其与制造尺寸仅是宽松关联。

注:公称尺寸通常用缩写 DN 表示。

3.2.466

不可调螺柱端管接头　non-adjustable stud end connector

不允许定向安装的**螺柱端**(3.2.699)**管接头**(3.2.122)。

3.2.467

非循环油雾器　non-recirculating lubricator

〈气动〉将流经供油机构的所有润滑油注入气流中的**压缩空气油雾器**(3.2.117)。

3.2.468

单向阀　non-return valve(check valve)

仅在一个方向上允许**流动**(3.2.283)的**阀**(3.2.753)。

3.2.469

常位　normal position

任何外加操作力和**控制信号**(3.2.136)去除后的**阀芯**(3.2.759)位置。

3.2.470

常闭阀　normally closed valve

在**常位**(3.2.469)时其**出口**(3.2.492)关闭的**阀**(3.2.753)。

注:"常闭"在英文中通常用缩写 NC 表示。

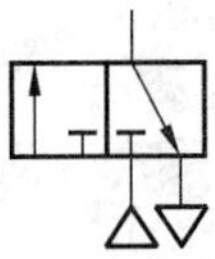

3.2.471

常开阀　normally open valve

在**常位**(3.2.469)时其**进口**(3.2.384)与**出口**(3.2.492)连通的**阀**(3.2.753)。

注:"常开"在英文中通常用缩写 NO 表示。

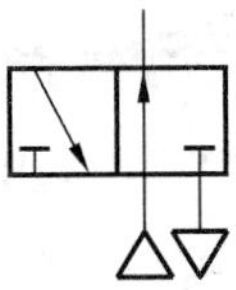

3.2.472

喷嘴　nozzle

具有平滑形状的进口,以及平滑形状的或可迅速打开的出口的节流结构。

3.2.473

零偏　null bias

〈液压〉使**阀**(3.2.753)处于**液压零位**(3.2.357)所需要的**输入信号**(3.2.387)。

3.2.474

零位压力　null pressure

〈液压〉连续控制的方向控制阀处于**液压零位**(3.2.357)时,其两个**工作口**(3.2.779)存在的相等压力(3.2.541)。

3.2.475

零漂 null shift

〈液压〉因**运行工况**(3.2.487)的变化、环境因素或**输入信号**(3.2.387)的长期影响,而导致的**零偏**(3.2.473)的变化。

3.2.476

离线污染分析 off-line contamination analysis

〈液压〉用不直接连到液压系统的仪器对**流体**(3.2.305)样品所进行的**污染**(3.2.128)分析。

3.2.477

油雾分离器 oil mist separator

〈气动〉从**压缩空气**(3.2.114)中分离并去除油雾的**过滤器**(3.2.262)。

3.2.478

除油分离器 oil remover-separator(不推荐)

〈气动〉从**压缩空气**(3.2.114)中阻留油的**分离器**(3.2.650)。

3.2.479

水包油乳化液 oil-in-water emulsion

〈液压〉油微滴在连续水相中的悬浊液。

注:水包油乳化液具有很低的溶解油含量并高度难燃。

3.2.480

在线污染分析 on-line contamination analysis

〈液压〉对从液压系统经连续管路直接提供给仪器的**流体**(3.2.305)所进行的**污染**(3.2.128)分析。

3.2.481

单向流量控制阀 one-way flow control valve(throttle/non-return valve)

允许在一个方向上自由**流动**(3.2.283),在另一个方向上受控流动的**阀**(3.2.753)。

3.2.482

单向棘爪 one-way trip

仅从规定方向操纵时才提供操作力的**控制机构**(3.2.134)。

3.2.483

开启中位 open centre position

〈液压〉**阀**(3.2.753)的**进口**(3.2.384)与**回油口**(3.2.618)连通,而**工作油口**(3.2.779)封闭的阀中位机能。

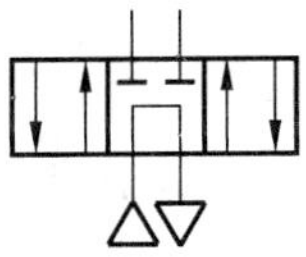

3.2.484

开式回路 open circuit

〈液压〉回油在重复循环前被引入**油箱**(3.2.611)的回路。

3.2.485

开启位置 open position

〈液压〉使阀的**进口**(3.2.384)与**工作口**(3.2.779)连通的**阀芯**(3.2.759)位置。

3.2.486

开启位置　open position

〈气动〉使阀的进口与一个出口连通的**阀芯**(3.2.759)位置。

3.2.487

运行工况　operating conditions

系统、**子系统**(3.2.702)、**元件**(3.2.111)或配管在实现其功能时所经历的一组特性值。

3.2.488

操作装置　operating device

向**控制机构**(3.2.134)提供**输入信号**(3.2.387)的装置。

3.2.489

运行压力范围　operating pressure range

系统、**子系统**(3.2.702)、**元件**(3.2.111)或配管在实现其功能时所能承受的所有**压力**(3.2.541)。见图1。

注：当涉及液压软管和软管总成时，其“最高工作压力”的定义见ISO 8330。

3.2.490

O形圈　O-ring

用模压制成的，在自由状态下横截面呈圆形的**弹性体密封件**(3.2.239)。

注：O形圈又称“环形密封圈”。

3.2.491

节流孔　orifice

一般长度小于直径，被设计成不受温度或**黏度**(3.2.766)影响，保持恒定**流量**(3.2.292)的孔。

3.2.492

出口　outlet port

为输出**流动**(3.2.283)提供通道的**油(气)口**(3.2.532)。

3.2.493

出口压力　outlet pressure

元件(3.2.111)、**配管**(3.2.513)或系统的**出口**(3.2.492)处的**压力**(3.2.541)。

3.2.494

过中位控制机构　over-centre control mechanism

一种**控制机构**(3.2.134)，其运动件不能停在一个中间位置上。

3.2.495

可逆转马达　over-centre motor

在不改变**流动**(3.2.283)方向的情况下，可以改变驱动轴**旋转方向**(3.2.207)的**马达**(3.2.439)。

3.2.496

流向可逆的泵　over-centre pump

在不改变驱动轴**旋转方向**(3.2.207)的情况下，**流动**(3.2.283)方向可以逆转的泵。

3.2.497

越权控制　override control

一种替代的控制方法，它优先于正常控制方法。

3.2.498

调压偏差　override pressure

对于**压力控制阀**(3.2.546)，从规定的最低**流量**(3.2.292)至规定的工作流量的过程中**压力**(3.2.541)的增量。

3.2.499

填料密封件　packing seal

由一个或多个相配的可变形件组成的**密封装置**(3.2.643),通常承受可调整的轴向压缩以获得有效的径向密封。

3.2.500

颗粒　particle

小的离散的固体或液体物质。

3.2.501

颗粒计数分析　particle count analysis

利用计数法在给定时间测定给定体积的**流体**(3.2.305)样品中**颗粒**(3.2.500)尺寸分布的过程。

3.2.502

无源输出　passive output

〈气动〉其功率仅来自**输入信号**(3.2.387)的输出。

3.2.503

无源阀　passive valve

一种不带动力源的**阀**(3.2.753),其输出功率仅来自**输入信号**(3.2.387)。

3.2.504

单向踏板　pedal

单向操作的脚踏**控制机构**(3.2.134)。

3.2.505

磷酸酯液压液　phosphate ester fluid

由磷酸酯组成的合成**液压油液**(3.2.353),可以包含其他组分。

注:其难燃性来自该油液的分子结构。它有良好的润滑性和**抗磨性**(3.2.43),良好的贮存稳定性和耐高温性。

3.2.506

控制回路　pilot circuit

在**流体传动系统**(3.2.316)中**控制管路**(3.2.508)的实体配置。

3.2.507

控制流量　pilot flow rate

控制管路(3.2.508)或**控制回路**(3.2.506)中的流量。

3.2.508

控制管路　pilot line

通过它供应**流体**(3.2.305)以实现控制功能的**流道**(3.2.291)。

3.2.509

先导控制阀　pilot-operated valve

其**阀芯**(3.2.759)受**液压控制**(3.2.351)或**气动控制**(3.2.523)影响的**阀**(3.2.753)。

参见**间接操纵阀**(3.2.380)。

3.2.510

控制口　pilot port

连接到**控制管路**(3.2.508)的**油(气)口**(3.2.532)。

3.2.511

控制压力　pilot pressure

控制管路(3.2.508)或**控制回路**(3.2.506)中的**压力**(3.2.541)。

3.2.512

先导阀 pilot valve

被操纵以提供**控制信号**(3.2.136)的**阀**(3.2.753)。

3.2.513

配管 piping

允许**流体**(3.2.305)在**元件**(3.2.111)之间**流动**(3.2.283)的**管接头**(3.2.122)、软管接头、**硬管**(3.2.736) 和/或**软管**(3.2.348)的任何组合。

3.2.514

管夹 piping clamp

固定和支撑**配管**(3.2.513)的器件。

3.2.515

活塞式蓄能器 piston accumulator

靠一个带密封的滑动活塞来实现气液隔离的**充气式蓄能器**(3.2.331)。

3.2.516

柱塞马达 piston motor

靠作用在一个或多个往复运动柱塞上的**流体**(3.2.305)**压力**(3.2.541)实现轴旋转的**马达**(3.2.439)。

3.2.517

柱塞泵 piston pump

〈液压〉靠一个或多个柱塞往复运动输出**流体**(3.2.305)的**液压泵**(3.2.359)。

3.2.518

活塞位移 piston travel

活塞在从一个位置运动到另一个位置所走过的距离。

3.2.519

堵头 plug

用于封堵并密封孔[如内螺纹**油(气)口**(3.2.532)]的插件。

3.2.520

旋塞阀 plug valve

靠旋转一个含有**流道**(3.2.291)的圆柱形或圆锥形**阀芯**(3.2.759)来实现阀口连通或封闭的**阀**(3.2.753)。

3.2.521

推杆控制机构 plunger control mechanism

以推杆直接作用于**阀芯**(3.2.759)的**控制机构**(3.2.134)。

3.2.522

柱塞缸 plunger cylinder(ram cylinder)

缸筒内没有活塞,**压力**(3.2.541)直接作用于**活塞杆**(3.2.175)的**单作用缸**(3.2.665)。

3.2.523

气动控制 pneumatic control

靠改变**控制管路**(3.2.508)中的气动**压力**(3.2.541)来操纵的控制方法。

3.2.524

气动压力开关 pneumatic pressure switch

〈气动〉一种常闭型气动先导式**方向控制阀**(3.2.208),当**控制压力**(3.2.511)达到预定值时其产生或中断气动信号。

3.2.525

气动消声器　pneumatic silencer

〈气动〉降低**排气**(3.2.251)的噪声等级的**元件**(3.2.111)。

3.2.526

气动滑台　pneumatic slide

〈气动〉包括一个装在导向杆上,靠**气缸**(3.2.154)驱动的载物平板的机构。

3.2.527

气动技术　pneumatics

〈气动〉涉及以空气或惰性气体作为**流体**(3.2.305)应用的学科和技术。

3.2.528

聚酰胺　polyamide

一种具有高强度和耐**磨损**(3.2.1)特性的热塑性材料。

注:与大多数流体相容,主要用来制造**防挤出圈**(3.2.42)和导向环或轴承环。

3.2.529

聚四氟乙烯　polytetrafluoroethylene(PTFE)

一种热塑性聚合物,其几乎不受化学侵蚀影响,并且能在很宽的温度范围内使用。

注:摩擦系数极低,但是挠性有限并且恢复特性仅为中等。当添加适当的填料,例如玻璃纤维、青铜、石墨,并熔结PTFE时,它可以机加工成所需形状。它主要用来制造**挡圈**(3.2.42)和导向环或支撑环。

3.2.530

聚氨酯　polyurethane(AU)(polyurethane(EU))

一种主要由异腈酸酯制成的**弹性体材料**(3.2.238)。

注:AU类是聚酯型聚氨酯,具有高耐磨性并耐多种油类,但是耐水性有限。EU类具有良好的耐水性,但是耐磨性和耐受其他油液类型较差。

3.2.531

座阀　poppet valve

由**阀芯**(3.2.759)提升或下降来开启或关闭流道的**阀**(3.2.753)。

3.2.532

油(气)口　port

元件(3.2.111)内**流道**(3.2.291)的终端,可对外连接。

3.2.533

倾点　pour point

在**规定工况**(3.2.674)下流体流动的最低温度。

3.2.534

功率消耗　power consumption

在**规定工况**(3.2.674)下**元件**(3.2.111)或系统所消耗的总功率。

3.2.535

功率控制系统　power control system

系统中支配和控制通往**执行元件**(3.2.11)的**流体传动**(3.2.313)的部分。

3.2.536

功率损失　power losses

流体传动(3.2.313)**元件**(3.2.111)或系统所吸收的而没有等量有用输出的功率。

3.2.537

液压泵站　power unit(powerpack)

〈液压〉**原动机**(3.2.573)、带或不带**油箱**(3.2.611)的泵以及辅助装置[例如控制、**溢流阀**(3.2.565)]的**总成**(3.2.45)。

3.2.538

预充气压力　precharge pressure

〈液压〉**充气式蓄能器**(3.2.331)的**充气压力**(3.2.93)。

3.2.539

充液阀　prefill valve

〈液压〉允许在工作**循环**(3.2.151)的前进行程从**油箱**(3.2.611)向工作**缸**(3.2.154)全**流量流动**(3.2.283),在工作行程施加运行**压力**(3.2.541),在返回行程从缸向油箱自由流动的一种**阀**(3.2.753)。

3.2.540

预载压力　pre-load pressure

〈液压〉施加在**元件**(3.2.111)或系统上的预设**背压**(3.2.65)。

3.2.541

压力　pressure

流体垂直施加在其约束体单位面积上的力。

$$p=\frac{F}{A}$$

式中:

p——压力;

F——垂直力;

A——面积。

3.2.542

压力增益　pressure amplification　(pressure gain)

出口压力(3.2.493)与**控制压力**(3.2.135)之比。

3.2.543

压力补偿型流量控制阀　pressure-compensated flow control valve

〈液压〉对**流量**(3.2.292)的控制不受**负载压力**(3.2.409)变化制约的**流量控制阀**(3.2.286)。

3.2.544

压力补偿　pressure compensation

在**元件**(3.2.111)或回路中**压力**(3.2.541)的自动调节。

3.2.545

压力控制回路　pressure control circuit

调整或控制系统中**流体**(3.2.305)**压力**(3.2.541)的回路。

3.2.546

压力控制阀　pressure control valve

其功能是控制**压力**(3.2.541)的**阀**(3.2.753)。

3.2.547

压力衰减时间　pressure decay time

流体(3.2.305)**压力**(3.2.541)从一个规定值降低到一个较低的规定值所花的时间。

3.2.548

压力露点　pressure dewpoint

〈气动〉**压缩空气**(3.2.114)在**实际压力**(3.2.8)下的**露点**(3.2.196)。

3.2.549

压降　pressure drop

在**流动**(3.2.283)阻尼两端高、低**压力**(3.2.541)之间的差。

见图1。

3.2.550

压力变动　pressure fluctuation

压力(3.2.541)随时间不受控制的变化。

见图1。

3.2.551

压力表　pressure gauge

测量并指示**表压力**(3.2.334)的仪表。

3.2.552

压力表保护器　pressure gauge protector

装入或靠近**压力表**(3.2.551)进口安装的以保护其免受**压力**(3.2.541)过度变化影响的装置。

3.2.553

压力梯度　pressure gradient

在**稳态**(3.2.693)**流动**(3.2.283)期间，**压力**(3.2.541)随时间的变化率。

3.2.554

压力头(不推荐)　pressure head

产生给定的**压力**(3.2.541)所需的液体柱的高度。

3.2.555

压力指示器　pressure indicator

指示有无**压力**(3.2.541)的装置。

3.2.556

压力损失　pressure loss

由任何不转换成有用功的能量消耗所引起的**压力**(3.2.541)的降低。

3.2.557

压力测量仪器　pressure-measuring instrument

测量并指示**压力**(3.2.541)的值、变化和差异的装置。

3.2.558

压力操纵控制　pressure-operated control

靠控制管路中**流体**(3.2.305)**压力**(3.2.541)的变化来操纵的控制方法。

3.2.559

压力峰值　pressure peak(pressure spike)

超过其响应的**稳态**(3.2.693)**压力**(3.2.541)，并且甚至超过**最高压力**(3.2.428)的**压力脉冲**(3.2.562)。见图1。

3.2.560

压力脉动　pressure pulsation

压力(3.2.541)的周期性变化。见图1。

3.2.561

压力脉动阻尼器　pressure pulsation damper(hydraulic silencer)

〈液压〉减小**压力变动**(3.2.550)和**压力脉动**(3.2.560)的振幅的**元件**(3.2.111)。

3.2.562

压力脉冲　pressure pulse

压力(3.2.541)的短暂升降或降升。

见图1。

3.2.563

减压阀　pressure-reducing valve〈液压〉;pressure regulator〈气动〉

随着**进口压力**(3.2.385)或输出**流量**(3.2.292)的变化,**出口压力**(3.2.493)基本上保持恒定的**阀**(3.2.753)。

注:无论如何,进口压力应保持高于选定的出口压力。

3.2.564

调压特性　pressure regulation characteristics

在规定**流量**(3.2.292)下所测得的由**进口压力**(3.2.385)变化引起的规定的受控**压力**(3.2.541)的变化。

3.2.565

溢流阀　pressure relief valve

当达到**设定压力**(3.2.655)时,其通过排出或向**油箱**(3.2.611)返回**流体**(3.2.305)来限制**压力**(3.2.541)的**阀**(3.2.753)。

3.2.566

压力波动　pressure ripple

由**流量波动**(3.2.302)源与系统的相互作用引起的**液压油液**(3.2.353)中**压力**(3.2.541)的变动分量。

3.2.567

压力油箱　pressure-sealed reservoir

贮存高于**大气压**(3.2.48)的**液压油液**(3.2.353)的**密闭油箱**(3.2.642)。

3.2.568

供压管路　pressure supply line(supply line)

从**压力**(3.2.541)源向控制**元件**(3.2.111)供给**流体**(3.2.305)的**流道**(3.2.291)。

3.2.569

压力冲击　pressure surge

〈液压〉在某一时间段的**压力**(3.2.541)升降。

见图1。

3.2.570

压力开关(压力继电器)　pressure switch

由流体压力控制的带电气或电子开关的**元件**(3.2.111)。当流体**压力**(3.2.541)达到预定值时,开关的触点动作。

3.2.571

压力传感器　pressure transducer

将**流体**(3.2.305)**压力**(3.2.541)转换成模拟电信号的器件。

3.2.572

压力波　pressure wave

压力(3.2.541)以相对小的振幅和长的周期的周期性变化。

3.2.573

原动机　prime mover

用作**流体传动系统**(3.2.316)机械动力源的装置,即其驱动泵或压缩机。

示例:电动机、内燃机。

3.2.574

优先梭阀　priority shuttle valve

当对其施加两个相等的**进口压力**(3.2.385)时,其中一个进口优先接通出口的**梭阀**(3.2.660)。

3.2.575

耐压压力　proof pressure

在装配后施加的,超过元件或**配管**(3.2.513)的最高**额定压力**(3.2.597),不引起损坏或后期故障的**试验压力**(3.2.723)。

3.2.576

比例控制阀　proportional control valve

一种电气调制的**连续控制阀**(3.2.131),其死区大于或等于**阀芯**(3.2.759)行程的3%。

3.2.577

比例阀　proportional valve

其输出量与控制输入量成比例的**阀**(3.2.753)。

3.2.578

脉冲计数器　pulse counter

〈气动〉提供所施加的控制脉冲数目的视觉指示装置。

注:在某些情况下,当达到预设脉冲数时它提供一个输出信号。

3.2.579

脉冲发生器　pulse generator

〈气动〉当连续的气动信号施加于**进口**(3.2.384)时,在**出口**(3.2.492)产生重复脉冲的**元件**(3.2.111)。

3.2.580

泵吸收功率　pump absorbed power

〈液压〉在给定的瞬间或在给定的负载条件下,泵的驱动轴处所吸收的功率。

3.2.581

泵空载输出流量　pump derived output flow

〈液压〉泵的**导出排量**(3.2.191)与单位时间转数或**循环**(3.2.151)数之积。

3.2.582

泵总效率　pump overall efficiency

〈液压〉当液体通过泵时,传递到液体的功率与机械输入功率之比。

$$\eta_t^P = \eta_V \cdot \eta_{hm} = \frac{q_{V_{2,e}}}{q_{V_i}} \cdot \frac{T_i}{T_e} = \frac{P_{2,h} - P_{1,h}}{P_m}$$

式中:

η_V ——容积效率;

η_{hm} ——液压机械效率;

q_{V_i} ——理论流量；
$q_{V_{2,e}}$ ——有效输出流量；
T_e ——有效转矩；
T_i ——理论转矩；
P_m ——机械功率；
$P_{1,h}$ ——输入液压功率；
$P_{2,h}$ ——输出液压功率。
参见 ISO 4391:1983 的 10.35。

3.2.583

泵功率损失　pump power losses

〈液压〉泵所吸收功率未转变成**流体传动**(3.2.313)功率的部分，包括容积损失、流动损失和机械损失。

3.2.584

泵容积效率　pump volumetric efficiency

〈液压〉有效输出**流量**(3.2.292)与空载输出流量之比。

$$\eta_V^P = \frac{q_{V_{2,e}}}{q_{V_i}}$$

式中：
$q_{V_{2,e}}$ ——有效输出流量；
q_{V_i} ——理论流量(空载输出流量)。
参见 ISO 4391:1983 的 10.36。

3.2.585

泵容积损失　pump volumetric losses

〈液压〉由**泄漏**(3.2.402)引起的输出损失。

3.2.586

泵零位置　pump zero position

〈液压〉泵处于**零排量**(3.2.210)的位置。

3.2.587

插入式管接头　push-in connector

〈气动〉不用任何工具靠将**导管**(3.2.121)末端插入管接头体上的孔中进行连接的**管接头**(3.2.122)。

3.2.588

快换接头　quick-action coupling(quick-release coupling)

不用工具即可接合或分离的管接头。

注：此类管接头可带或不带**自动截止阀**(3.2.55)。

3.2.589

卡口式快换接头　quick-action coupling, bayenet(claw)type

其一个半体相对于另一个半体转动四分之一圈来实现连接的**快换接头**(3.2.588)。

3.2.590

拉脱式快换接头　quick-action coupling, breakaway(pull-break)type

当施加预定的轴向力时，接头的两个半体自动分离的**快换接头**(3.2.588)。

3.2.591

快速排气阀　quick-exhaust valve

〈气动〉当进口处空气**压力**(3.2.541)降到足够低时，其出口打开进行**排气**(3.2.251)的**二位三通阀**

(3.2.753)。

3.2.592

径向柱塞马达　radial piston motor

具有若干个径向配置的柱塞的**柱塞马达**(3.2.516)。

3.2.593

径向柱塞泵　radial piston pump

〈液压〉具有若干个径向配置的柱塞的**柱塞泵**(3.2.517)。

3.2.594

径向密封件　radial seal

靠径向接触力密封的**密封装置**(3.2.643)。

3.2.595

额定工况　rated conditions

通过试验确定的,以基本特性的最高值和最低值(必要时)表示的工况。**元件**(3.2.111)或**配管**(3.2.513)按此工况设计以保证足够的使用寿命。

3.2.596

额定流量　rated flow

通过试验确定的,**元件**(3.2.111)或**配管**(3.2.513)被设计以此工作的**流量**(3.2.292)。

3.2.597

额定压力　rated pressure

通过试验确定的,**元件**(3.2.111)或**配管**(3.2.513)按其设计、工作以保证达到足够的使用寿命的**压力**(3.2.541)。见图 2。

参见"**最高工作压力**"(3.2.329)。

注:技术规格中可以包括一个最高和/或最低额定压力。

3.2.598

额定温度　rated temperature

通过试验确定的,**元件**(3.2.111)或**配管**(3.2.513)按其设计以保证足够的使用寿命的温度。

注:技术规格中可以包括一个最高和/或最低额定温度。

3.2.599

待起动位置　ready-to-start position

〈液压〉液压系统和**元件**(3.2.111)或装置在开始**工作循环**(3.2.151)之前的状态,此时所有能源关闭。

3.2.600

待起动位置　ready-to-start position

〈气动〉气动系统和**元件**(3.2.111)或装置在开始**工作循环**(3.2.151)并施加**压力**(3.2.541)之前的状态。

3.2.601

储气罐　receiver

〈气动〉直接从压缩机收集并储存**压缩空气**(3.2.114)或气体的容器。

3.2.602

循环油雾器　recirculating lubricator

〈气动〉一种**压缩空气油雾器**(3.2.117),它通过供油机构将观察到的适量油液注入气流中。

3.2.603

循环压力　recirculating pressure

〈液压〉当系统或系统的一部分循环时,其内部的**压力**(3.2.541)。

3.2.604

回收分离器 reclassifier

〈气动〉在**压缩空气**(3.2.114)被排放到大气之前,从中去除润滑剂的**元件**(3.2.111)。

3.2.605

变径管接头 reducing connector

其一端比另一端小的**管接头**(3.2.122)。

3.2.606

基准压力 reference pressure

确认作为基准的**压力**(3.2.541)值。

3.2.607

冷冻式空气干燥器 refrigerant air dryer

〈气动〉通过降低空气温度引起凝聚而从气流中分离出湿气的**空气干燥器**(3.2.27)。

3.2.608

差动回路 regenerative circuit

〈液压〉从**执行元件**(3.2.11)[通常是**液压缸**(3.2.154)]排出的**液压油液**(3.2.353)被直接引到其进口或系统,目的是以降低执行元件输出力为代价提高速度。

3.2.609

溢流减压阀 relieving pressure-reducing valve〈液压〉

溢流减压阀 relieving pressure regulator〈气动〉

为防止输出压力超过其**设定压力**(3.2.655)而配备溢流装置的**减压阀**(3.2.563)。

3.2.610

所需压力 required pressure

在给定点和给定时间所需要的**压力**(3.2.541)。

3.2.611

油箱 reservoir

〈液压〉用来存放液压系统中的液体的容器。

3.2.612

油箱油量计 reservoir contents gauge

〈液压〉测量并指示油箱中**液压油液**(3.2.353)的液面高度、质量或**压力**(3.2.541)的器件。

3.2.613

油箱容量 reservoir fluid capacity

油箱(3.2.611)可以存储**流体**(3.2.305)的最大允许体积。

3.2.614

响应压力 response pressure

启动功能的**压力**(3.2.541)值。

3.2.615

响应时间 response time

在**规定工况**(3.2.674)下测量的,从动作开始到引起反应所经过的时间。

3.2.616

节流器 restrictor

不可调节的**流量控制阀**(3.2.286)。

3.2.617

回油管路　return line

〈液压〉使**液压油液**(3.2.353)返回**油箱**(3.2.611)的**流道**(3.2.291)。

3.2.618

回油口　return port

〈液压〉**元件**(3.2.111)上的**油口**(3.2.532),**液压油液**(3.2.653)通过该口通往**油箱**(3.2.611)。

3.2.619

回油压力　return pressure

〈液压〉由**流动**(3.2.283)阻力或**压力油箱**(3.2.567)引起的**回油管路**(3.2.617)中的**压力**(3.2.541)。

3.2.620

双向马达　reversible motor

其输出轴的**旋转方向**(3.2.207)可以通过改变其进口**流动**(3.2.283)方向实现反转的**马达**(3.2.439)。

3.2.621

双向泵　reversible pump

〈液压〉通过改变驱动轴的**旋转方向**(3.2.207)可以使流体**流动**(3.2.283)方向变换的泵。

3.2.622

无杆缸　rodless cylinder

〈气动〉无**活塞杆**(3.2.175)的**缸**(3.2.154),其机械力和运动是借助于滑板平行于缸的纵轴运动来传递。

3.2.623

带式无杆缸　rodless cylinder,band type(rodless cylinder,split-seal type)

〈气动〉一种**无杆缸**(3.2.622),其活塞通过**缸体**(3.2.156)壁上的缝隙直接连接于滑板,同时一对平带穿过滑板密封缝隙内侧并覆盖其外侧。

注:滑板的运动方向与活塞的运动方向相同。

3.2.624

绳索式无杆缸　rodless cylinder,cable type

〈气动〉借助于绳索或带从活塞向滑板传递机械力和运动的**无杆缸**(3.2.622)。

注:滑板的运动方向与活塞的运动方向相反。

3.2.625

磁性无杆缸　rodless cylinder,magnetic type

〈气动〉靠磁性从活塞向滑板传递机械力和运动的**无杆缸**(3.2.622)。

3.2.626

滚轮　roller

借助凸轮或滑块操纵的**控制机构**(3.2.134)的旋转件。

3.2.627

滚轮杠杆　roller lever

带**滚轮**(3.2.626)的杠杆**控制机构**(3.2.134)。

3.2.628

滚轮推杆　roller plunger

带**滚轮**(3.2.626)的**推杆控制机构**(3.2.521)。

3.2.629

滚轮摇杆 roller rocker

两端带**滚轮**(3.2.626)的杠杆**控制机构**(3.2.134)。

3.2.630

旋转式管接头 rotary connector

提供连续转动的**管接头**(3.2.122)。

3.2.631

旋转密封件 rotary seal

用在具有相对旋转运动的零件之间的**密封装置**(3.2.643)。

3.2.632

主支 run

T形管接头(3.2.720)或**十字形管接头**(3.2.145)在同一轴线上的两个主要出口。

3.2.633

叠加阀 sandwich valve

位于另一个阀体和其**安装**(3.2.447)底板之间的**阀**(3.2.753)。

3.2.634

螺杆马达 screw motor

〈液压〉具有啮合螺杆的**液压马达**(3.2.356),这些螺杆在封闭的壳体中形成若干连续的、相隔离的螺旋腔。

3.2.635

螺杆泵 screw pump

〈液压〉靠一个或多个旋转的螺杆排出液体的**液压泵**(3.2.359)。

3.2.636

螺纹式插装阀 screw-in cartridge valve

具有带螺纹的、可旋入插装孔的圆柱阀体的**插装阀**(3.2.88)。

3.2.637

密封件 seal

用于防止**泄漏**(3.2.402)和/或**污染物**(3.2.124)进入的元件。

3.2.638

密封件挤出 seal extrusion

密封件(3.2.637)的一部分或全部进入到两个配合零件间隙中的不希望有的位移。

注:通常密封圈挤出由间隙和**压力**(3.2.541)的共同作用所致。通过采用**挡圈**(3.2.42)可以防止和控制密封件挤出。

3.2.639

密封件沟槽 seal housing

容纳**密封件**(3.2.637)的空腔或沟槽。

3.2.640

密封套件 seal kit

用于特定**元件**(3.2.111)上的**密封件**(3.2.637)的组件。

3.2.641

密封材料相容性 seal-material compatibility

密封件(3.2.637)材料抵御与流体发生化学反应的能力。

3.2.642

密闭油箱 sealed reservoir

〈液压〉使**液压油液**(3.2.353)与大气环境隔绝的**油箱**(3.2.611)。

3.2.643

密封装置 sealing device

由一个或多个**密封件**(3.2.637)和配套件(例如**挡圈**(3.2.42)、弹簧、金属壳)组合成的装置。

3.2.644

选择阀 selector valve

〈气动〉一种带有两个进口的三气口**换向阀**(3.2.208),通过施加**控制信号**(3.2.136)出口可以与任何一个进口连通。

3.2.645

自对中阀 self-centring valve

当所有外部控制力去除时,**阀芯**(3.2.756)返回中间位置的**阀**(3.2.753)。

3.2.646

自封接头 self-sealing coupling

当被分离时,其自动密封一端或两端管路的管接头。

3.2.647

半自动排放阀 semi-automatic drain valve

〈气动〉当**进口压力**(3.2.385)降低时,其自动排出**元件**(3.2.111)内收集的任何**污染**(3.2.128)物的**气动排放阀**(3.2.223)。

3.2.648

摆动执行器 semi-rotary actuator

轴旋转角度受限制的**马达**(3.2.439)。

3.2.649

传感器 sensor

探测系统或**元件**(3.2.111)中的状态并产生输出信号的器件。

3.2.650

分离器 separator

一种靠**滤芯**(3.2.266)以外的手段(例如比重、磁性、化学性质、密度等)阻留**污染物**(3.2.124)的**元件**(3.2.111)。

参见**过滤器**(3.2.262)。

3.2.651

顺序阀 sequence valve

〈液压〉当**进口压力**(3.2.385)超过设定值时,阀打开允许流体经**出口**(3.2.492)**流动**(3.2.283)的**阀**(3.2.753)。

注:有效设定值不受出口处**压力**(3.2.541)的影响。

3.2.652

串联流量控制阀 series flow control valve(two-port flow control valve)

〈液压〉仅在一个方向上工作的带压力补偿的**流量控制阀**(3.2.286)。

3.2.653

伺服缸 servo-cylinder(position controller)

〈气动〉能够响应可变**控制信号**(3.2.136)而采取特定行程位置的**缸**(3.2.154)。

3.2.654

伺服阀　servo-valve

死区小于**阀芯**(3.2.759)行程的3%的电调制**连续控制阀**(3.2.131)。

3.2.655

设定压力　set pressure(setting pressure)

压力控制**元件**(3.2.111)被调整到的**压力**(3.2.541)。

3.2.656

剪切稳定性　shear stability

当承受剪切时,油液保持其**黏性**(3.2.676)的能力。

3.2.657

贮存期　shelf life

产品可以在**规定工况**(3.2.674)下贮存,并期望仍可实现技术规格和具有足够的使用寿命的时间长度。

3.2.658

冲击波　shock wave

〈液压〉以声速在**流体**(3.2.305)中传播的**压力脉冲**(3.2.562)。

3.2.659

截止阀　shut-off valve(isolating valve)

其主要功能是防止**流动**(3.2.283)的**阀**(3.2.753)。

3.2.660

梭阀　shuttle valve

有两个进口和一个公共出口的**阀**(3.2.753),每次**流体**(3.2.305)仅从一个进口通过,另一个进口封闭。

3.2.661

观察镜　sight glass(sight gauge)

连接到**元件**(3.2.111)上显示液面位置(高度)的透明装置。

3.2.662

硅橡胶　silicone rubber;FMQ

一种无机分子链上附有有机基团的**弹性体材料**(3.2.238)。

注:在很宽的温度范围内其保持了橡胶类特性。

3.2.663

淤积卡紧　silt lock

活塞或阀芯因**污染**(3.2.128)所致的不良锁紧。

3.2.664

淤积　silting

〈液压〉由**流体**(3.2.305)所裹挟的微细**污染物**(3.2.124)**颗粒**(3.2.500)在系统中特定部位的聚集。

3.2.665

单作用缸　single-acting cylinder

流体(3.2.305)力仅能在一个方向上作用于活塞的**缸**(3.2.154)。

3.2.666

单作用增压器　single-acting intensifier

仅在一个方向上作用的**增压器**(3.2.392)。

3.2.667

单杆缸　single-rod cylinder

只从一端伸出**活塞杆**(3.2.175)的**缸**(3.2.154)。

3.2.668

六通阀　six-port valve

带有六个**主阀口**(3.2.757)的**阀**(3.2.753)。

3.2.669

滑阀　slide valve

靠阀体中可移动的滑动件来连通或切断**流道**(3.2.291)的**阀**(3.2.753)。

3.2.670

滑动密封件　sliding seal

用于具有相对往复运动的零件之间的**密封装置**(3.2.643)。

3.2.671

滑入式插装阀　slip-in cartridge valve

一种具有滑入其包容壳体内适当腔室的圆柱形阀体的**插装阀**(3.2.88)。

3.2.672

缓起动阀　soft-start valve(slow-start valve)

〈气动〉布置于系统进口的一种**顺序阀**(3.2.651),其允许**流体**(3.2.305)**减小流量**(3.2.292)进入系统,直至达到预定**压力**(3.2.541)值后使**阀**(3.2.753)打开到**全流量**(3.2.283)状态。

3.2.673

纳垢容量　solid contaminant retention capacity

在**规定工况**(3.2.674)下达到给定的过滤器**压差**(3.2.202)时,**过滤器**(3.2.262)能够阻留**污染物**(3.2.124)的总量。

3.2.674

规定工况　specified conditions

在运行或试验期间需要满足的工况。

3.2.675

旋装过滤器　spin-on filter

〈液压〉**滤芯**(3.2.266)被封装在自身壳体中的**过滤器**(3.2.262),它靠螺纹连接固定于系统中。

3.2.676

阀芯位移　spool travel

阀(3.2.753)芯沿任何一个方向上的位移。

3.2.677

圆柱滑阀　spool valve

其**阀芯**(3.2.759)是滑动圆柱件的**阀**(3.2.753)。

3.2.678

弹簧偏置阀　spring-biased valve

当所有控制力去除时,**阀芯**(3.2.759)被弹簧力保持于指定位置的**阀**(3.2.753)。

3.2.679

弹簧对中阀　spring-centred valve

阀芯(3.2.759)靠弹簧力返回到中间位置的**自对中阀**(3.2.645)。

3.2.680

弹簧式蓄能器　spring-loaded accumulator

〈液压〉用弹簧加载活塞产生**压力**(3.2.541)的**液压蓄能器**(3.2.350)。

3.2.681

弹簧加载单向阀　spring-loaded non-return valve(spring-loaded check valve)

一种**单向阀**(3.2.468),其**阀芯**(3.2.759)借助于弹簧保持关闭,直至**流体**(3.2.305)**压力**(3.2.541)克服弹簧力。

3.2.682

弹簧复位　spring return

在控制力去除后,运动件靠弹簧力返回初始位置。

3.2.683

集成式阀　stack valve

用于**集成阀组**(3.2.684)中的**阀**(3.2.753)。

3.2.684

集成阀组　stack valve assembly(ganged valves)

为了便于**安装**(3.2.447)而彼此固定在一起的**阀**(3.2.753)的**总成**(3.2.45),不带**集成底板**(3.2.421),但是带有通过阀体的公共气源和**排气**(3.2.251)通道。

参见**阀岛**(3.2.756)。

3.2.685

多级泵　staged pump

〈液压〉带有串联工作的泵送件的泵。

3.2.686

标准大气压力　standard atmospheric pressure

海平面处的平均**大气压**(3.2.48),等于 101 323 Pa(1.013 23 bar)。见 ISO 8778。

3.2.687

标准参考大气　standard reference atmosphere

根据标准商定的大气。如果由已确定的数据可以得到适当的相关系数,则在其他大气下确定的测试结果可以被修正。

参见 ISO 554 和 ISO 8778。

3.2.688

起动时间　start-up time

当从静止或空转状态起动时,达到**稳态工况**(3.2.694)所需的时间段。

3.2.689

起动转矩　starting torque

在**规定工况**(3.2.674)下,对于给定**压差**(3.2.202)当从静止起动时,在**马达**(3.2.439)轴上可以得到的最小转矩。

3.2.690

静态工况　static conditions

相关参数不随时间变化的工况。

3.2.691

静压力　static pressure

在**静态工况**(3.2.690)或**稳态工况**(3.2.694)下**流体**(3.2.305)中的**压力**(3.2.541)。

3.2.692

静密封件 **static seal**

用于没有相对运动的零件之间的**密封装置**(3.2.643)。

3.2.693

稳态 **steady state**

物理参数随时间没有明显变化的状态。

3.2.694

稳态工况 **steady-state operating conditions**

在稳定化作用期之后,相关参数处于**稳态**(3.2.693)的**运行工况**(3.2.487)。

3.2.695

卡紧 **sticking**

元件(3.2.111)内部的运动件因不平衡力而卡住。

3.2.696

静摩擦 **stiction(static friction)**

对静止状态下运动趋势的阻力。

3.2.697

马达或泵的刚性 **stiffness of motor or pump**

施加于轴的转矩变化与轴的角位置变化之比。

3.2.698

粗滤器 **strainer**

通常具有编织线结构的**粗过滤器**(3.2.262)。

3.2.699

螺柱端 **stud end**

与**油(气)口**(3.2.532)连接的**管接头**(3.2.122)的外螺纹端。

3.2.700

底板 **subplate**〈液压〉

底座 **subbase**〈气动〉

用于**单个板式阀**(3.2.701)或**底座阀**(3.2.701)[其被设计**安装**(3.2.447)在附带的基板上]的**安装装置**(3.2.448),其包括用于**配管**(3.2.513)连接的**油(气)口**(3.2.532)。

3.2.701

板式阀 **subplate valve**〈液压〉

底座阀 **subbase valve**〈气动〉

设计成与**底板**(3.2.700)、**底座**(3.2.700)或集成块一起使用的**阀**(3.2.753)。

3.2.702

子系统 **sub-system**

在**流体传动系统**(3.2.316)中,提供指定功能的相互连接**元件**(3.2.111)的配置。

3.2.703

吸入压力 **suction pressure**

〈液压〉泵进口处**流体**(3.2.305)的**绝对压力**(3.2.2)。

3.2.704

供给流量 **supply flow rate**

由动力源所产生的**流量**(3.2.292)。

3.2.705

供给压力　supply pressure

由动力源所产生的**压力**(3.2.541)。

3.2.706

缓冲阀　surge damping valve

通过限制**流体**(3.2.305)**流动**(3.2.283)的加速度来减小冲击的**阀**(3.2.753)。

3.2.707

缓冲罐　surge tank

〈气动〉位于**储气罐**(3.2.601)的下游,用来储存**压缩空气**(3.2.114)或有**压力**(3.2.541)气体,以便减小**压力变动**(3.2.550)的辅助容器。

3.2.708

行程排量　swept volume

泵或**执行元件**(3.2.11)在一个完整行程、**循环**(3.2.151)或整转所排出的**流体**(3.2.305)的理论体积。

3.2.709

切换压力　switching pressure

系统或**元件**(3.2.111)被起动、停止或返向的**响应压力**(3.2.614)。

3.2.710

回转式管接头　swivel connector

允许有限的且不连续转动的**管接头**(3.2.122)。

3.2.711

同步回路　synchronizing circuit

多路运行受控在同时发生的回路。

3.2.712

合成液压液　synthetic fluid

〈液压〉通过不同的聚合工艺生产的主要基于酯、聚醇、或聚 α-烯烃的**液压油液**(3.2.353)。它可以含有其他成分。

注1:合成液压液不含水分。

注2:合成液压液的一个例子是聚氨酯液。

3.2.713

系统放气　system air bleeding

〈液压〉去除滞留在液压系统中的气泡。

3.2.714

系统排放　system draining

从系统排除**流体**(3.2.305)。

3.2.715

系统加油(液)　system filling

〈液压〉将规定量的**流体**(3.2.305)加注到系统中的行为。

3.2.716

系统冲洗　system flushing

〈液压〉以专用的清洗液(冲洗油)在低**压力**(3.2.541)下清洗内部通路和腔室的系统操作。

注:在系统正式使用之前,应使用正确的工作流体替换冲洗液。

3.2.717

尾管 tailpiece

插入**软管**(3.2.348)中并加以固定的**管接头**(3.2.122)。

3.2.718

分接点 take-off point

在**元件**(3.2.111)或**配管**(3.2.513)上的用于流体供给或测量的辅助连接。

3.2.719

串联缸 tandem cylinder

在同一活塞杆上至少有两个活塞在同一个**缸**(3.2.154)的分隔腔室内运动的缸。

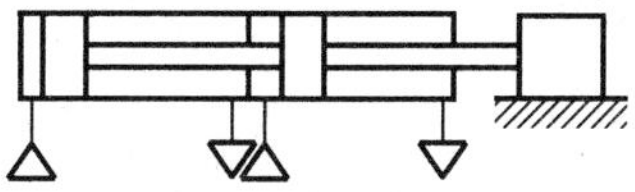

3.2.720

T形管接头 tee connector

"T"字形的**管接头**(3.2.122)。

3.2.721

伸缩缸 telescopic cylinder

靠空心活塞杆一个在另一个内部滑动来实现两级或多级外伸的**缸**(3.2.154)。

3.2.722

温度控制器 temperature controller

〈液压〉将**流体**(3.2.305)温度维持于预定范围的装置。

3.2.723

试验压力 test pressure

元件(3.2.111)、**配管**(3.2.513)、**子系统**(3.2.702)或系统为试验目的所承受的**压力**(3.2.541)。

3.2.724

缸理论输出力 theoretical cylineder force

忽略**背压**(3.2.65)或摩擦产生的力以及**泄漏**(3.2.402)的影响所计算出的**缸输出力**(3.2.163)。

3.2.725

缸的端螺纹安装 threaded-end cylinder mounting

借助于与缸轴线同轴的外螺纹或内螺纹的**安装**(3.2.447)。

示例：加长螺杆，在端盖耳环上承装大螺母的螺纹，固定端盖的双头螺栓，在缸头处的螺柱或压盖，在端盖中的内螺纹和缸头中的内螺纹。

3.2.726

螺纹口 threaded port

承装带螺纹的**管接头**(3.2.122)的**油(气)口**(3.2.532)。

3.2.727

热塑性材料 thermoplastic material

在载荷下易变形，并且当载荷去除时部分地保持变形形状的材料。

3.2.728

三通阀 three-port valve

带有三个**主阀口**(3.2.757)的**阀**(3.2.753)。

3.2.729

三通流量控制阀　three-port flow control valve(bypass flow control valve)

〈液压〉一种压力补偿**流量控制阀**(3.2.286),其调节工作**流量**(3.2.292),使多余的**流体**(3.2.305)**流动**(3.2.283)到**油箱**(3.2.611)或另一回路。

3.2.730

阈值　threshold

连续控制阀(3.2.131)在零位时,产生反向输出所需的**输入信号**(3.2.387)的变化量,以额定信号的百分比表示。

3.2.731

节流阀　throttle valve

可调的**流量控制阀**(3.2.286)。

3.2.732

双杆缸　through-rod cylinder(double-end rod cylinder)

活塞杆(3.2.175)从缸体两端伸出的**缸**(3.2.154)。

3.2.733

总流量　total flow rate

用于以下消耗的**流量**(3.2.292):

——**控制流量**(3.2.507);

——**内泄漏**(3.2.396)流量;

——输出流量。

3.2.734

传递式蓄能器　transfer accumulator

具有一个或多个附加气瓶的**充气式蓄能器**(3.2.331)。气瓶通过一根总管与蓄能器的**气口**(3.2.532)连接。

3.2.735

双向踏板　treadle

双向脚踏**控制机构**(3.2.134)。

3.2.736

硬管　tube

用来传输**流体**(3.2.305)的刚性或半刚性**导管**(3.2.121)。

3.2.737

紊流　turbulent flow

以质点随机运动为特征的**流体**(3.2.305)**流动**(3.2.283)。

参见**层流**(3.2.399)

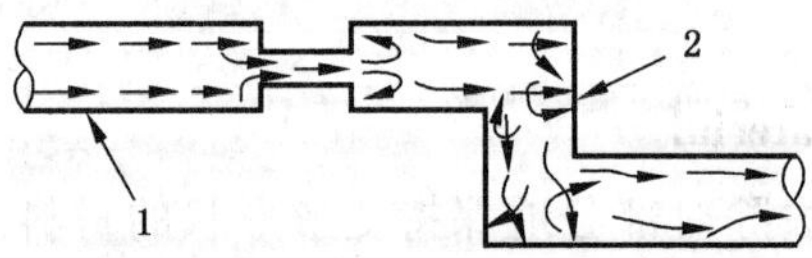

说明:

1——层流;

2——紊流。

3.2.738

双手控制单元　two-hand control unit

〈气动〉带有双按钮**控制机构**(3.2.134)的气动**元件**(3.2.111)。仅当两个按钮同时被操作并保持按下时,该控制机构提供并保持一个输出信号。

3.2.739

二通阀　two-port valve

带有两个**主阀口**(3.2.757)的**阀**(3.2.753)。

3.2.740

两级过滤器　two-stage filter

具有两个串联**滤芯**(3.2.266)的**过滤器**(3.2.262)。

3.2.741

U形管测压计　U-tube manometer

靠充有液体的U形管液面来测量**流体**(3.2.305)**压力**(3.2.541)的装置。

注:在测压计相连的每个支管位置之间的液面差表示流体压差。如果一个支管对大气敞开,则另一个支管中的压力是相对环境**大气压**(3.2.48)的。

3.2.742

单流向泵　uni-flow pump

流体流动方向与驱动轴的**旋转方向**(3.2.207)无关的泵。

3.2.743

中间管接头　union connector

无需旋转**配管**(3.2.513)即可使之连接或分离的**管接头**(3.2.122)。

3.2.744

卸荷回路　unloading circuit

〈液压〉当系统不需要供油时,使泵输出的流体在最低**压力**(3.2.541)下返回**油箱**(3.2.611)的回路。

3.2.745

卸荷阀　unloading valve

〈液压〉开启出口允许油液自由流入**油箱**(3.2.611)的**阀**(3.2.753)。

参见**排空阀**(3.2.227)。

3.2.746

不稳定工况　unstable operating condition

在运行期间各种参数值不能达到稳定的**运行工况**(3.2.487)。

3.2.747

上限循环试验压力　upper cyclic test pressure

在疲劳试验的每次**循环**(3.2.151)期间,实际**试验压力**(3.2.723)必须超过的**压力**(3.2.541)值。

3.2.748

真空　vacuum

压力(3.2.541)或质量密度低于普通大气压的状态。

注:以绝对压力或负**表压力**(3.2.334)表示。

3.2.749

真空截止阀　vacuum cut-off valve

〈气动〉紧邻吸盘的内置**单向阀**(3.2.468)。当**流动**(3.2.263)量过大时,其关闭或减少吸入的空气。

注:当几个吸盘与一个单独的**真空**(3.2.748)源相连,并且一个吸盘不接触物体时,该吸盘可以被隔离以便允许保持系统能够建立真空。

3.2.750

真空表 **vacuum gauge**

测量并显示**真空**(3.2.748)的装置。

3.2.751

真空发生器 **vacuum generator**

〈气动〉借助文丘里原理用**压缩空气**(3.2.114)产生**真空**(3.2.748)的**元件**(3.2.111)。

3.2.752

真空吸盘 **vacuum suction cup**

利用**真空**(3.2.748)产生吸力的合成橡胶盘。

3.2.753

阀 **valve**

控制**流体**(3.2.305)的方向、**压力**(3.2.541)或**流量**(3.2.292)的**元件**(3.2.111)。

3.2.754

阀中位 **valve centre position**

具有奇数位置的**阀**(3.2.753)其**阀芯**(3.2.759)处于中间的位置。

3.2.755

阀液压卡紧 **valve hydraulic lock**

由于径向**压力**(3.2.541)不平衡使活塞或阀芯被推向一侧,引起足以阻碍其轴向运动的摩擦力,从而导致活塞或阀芯产生不良锁紧。

3.2.756

阀岛 **valve island(valve terminal)**

〈气动〉包括电气连接的**集成组件**(3.2.420)或**集成阀组**(3.2.684)。

3.2.757

主阀口 **valve main port**

阀(3.2.753)的**油(气)口**(3.2.532)。当**控制机构**(3.2.134)操作时,其与另一个油(气)口连通或封闭。

注:**控制口**(3.2.510)、**泄油口**(3.2.222)和其他辅助口不是主阀口。

3.2.758

阀口/阀位标识 **valve port/position designation**

用于**方向控制阀**(3.2.208)的数字标识方法,利用由斜线隔开的两个数字表示,例如3/2、5/3。

注:第1个数字表示**阀**(3.2.753)具有的主阀口数量,第2个数字表示其**阀芯**(3.2.759)所能采取的特定位置数。

3.2.759

阀芯 **valving element**

阀(3.2.753)的内部零件,靠它的运动提供方向控制、**压力**(3.2.541)控制或**流量**(3.2.292)控制的基本功能。

3.2.760

阀芯位置 **valving element positions**

控制基本功能的**阀芯**(3.2.759)的位置。

3.2.761

叶片马达 **vane motor**

借助于作用在一组径向叶片上的**流体**(3.2.305)**压力**(3.2.541)来实现轴旋转的**马达**(3.2.439)。

3.2.762

叶片泵 **vane pump**

〈液压〉**流体**(3.2.305)被一组径向滑动叶片所排出的**液压泵**(3.2.359)。

3.2.763

蒸汽 vapour

处于其临界温度以下,并因此可以通过绝热压缩被液化的气体。

3.2.764

蒸汽污染 vapour contamination

蒸汽(3.2.763)形态的**污染**(3.2.128),在规定的运行温度下以质量比表示。

3.2.765

通气口 vent

通向**基准压力**(3.2.606)(通常为环境压力)的通道。

3.2.766

黏度 viscosity

由内部摩擦造成的流体对**流动**(3.2.283)的阻力。

3.2.767

黏度指数 viscosity index

流体**黏度**(3.2.766)/温度特性的经验度量。

注:当黏度变化小时,黏度指数高。

3.2.768

黏度指数改进剂 viscosity index improver

添加到流体中以改变其**黏度**(3.2.766)/温度关系的化合物。

3.2.769

可视颗粒计数 visual particle counting

以光学手段测量**流体**(3.2.305)中固体**颗粒**(3.2.500)**污染物**(3.2.128)的方法。

3.2.770

含水量 water content

在流体中所含水的数量。

3.2.771

水锤 water hammer(oil-hammer)

〈液压〉在系统内由**流量**(3.2.292)急遽减小所产生的**压力**(3.2.541)上升。

3.2.772

水聚合物溶液 water polymer solution(polyglycol solution)

〈液压〉一种难燃**液压油液**(3.2.353),其主要成分是水和一种或多种乙二醇或聚乙二醇。

3.2.773

排水分离器 water trap

〈气动〉配置于系统以收集湿气的**元件**(3.2.111)。

3.2.774

油包水乳化液 water-in-oil emulsion(invert emulsion)

〈液压〉微细的分散水滴在**矿物油**(3.2.381)的连续相中的悬浮液,其带有特殊的乳化剂、稳定剂和**抑制剂**(3.2.381)。

注:含水量的改变可能降低该乳化液的稳定性和/或难燃性。

3.2.775

重力式蓄能器 weight-loaded accumulater

〈液压〉用重物加载活塞产生**压力**(3.2.541)的**液压蓄能器**(3.2.350)。

3.2.776

焊接接管　weld-on nipple(spud coupling)

通过焊接或钎焊永久地固定在**配管**(3.2.513)上的**管接头**(3.2.122)零件。

3.2.777

防尘圈　wiper ring(scraper)

用在往复运动杆上防止**污染物**(3.2.124)侵入的装置。

3.2.778

工作管路　working line

将**流体**(3.2.305)传送到**执行元件**(3.2.11)的**流道**(3.2.291)。

3.2.779

工作口　working port

与**工作管路**(3.2.778)配合使用的**元件**(3.2.111)的**油(气)口**(3.2.532)。

3.2.780

工作压力范围　working pressure range

在**稳态工况**(3.2.694)下,系统或**子系统**(3.2.702)预期运行的极限之间的**压力**(3.2.541)范围。

3.2.781

Y形管接头　Y connector

Y字形的**管接头**(3.2.122)。

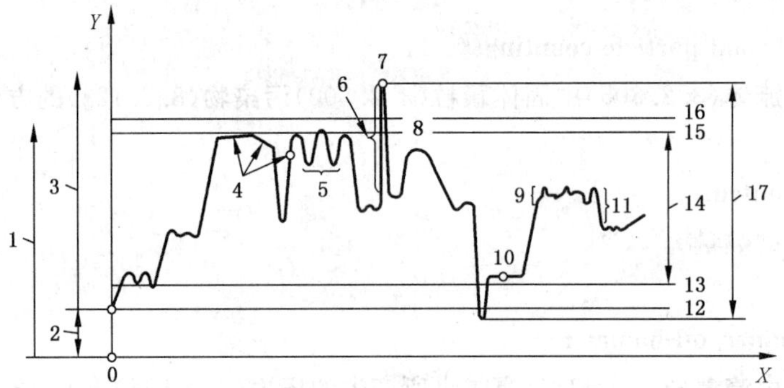

说明:

X——时间;

Y——压力;

1——绝对压力;

2——负表压力;

3——正表压力;

4——稳态压力;

5——压力脉动;

6——压力脉冲;

7——压力峰值;

8——压力冲击;

9——压力变动;

10——空转压力;

11——压降;

12——大气压力;

13——最低工作压力;

14——工作压力范围;

15——最高工作压力;

16——最高压力;

17——运行压力范围。

图1　有关流体传动系统的压力术语的图解

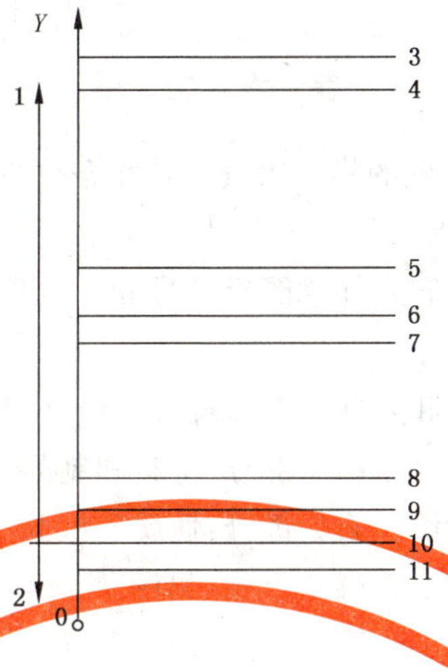

说明：

Y——绝对压力；

1——正表压力；

2——负表压力；

3——实际爆破压力；

4——最低爆破压力；

5——耐压压力；

6——循环试验压力上限；

7——最高额定压力；

8——最低额定压力〈气动〉；

9——循环试验压力下限；

10——大气压力；

11——最低额定压力〈液压〉。

图2 有关流体传动元件和配管的压力术语的图解

参 考 文 献

[1] ISO 554,用于空调和/或试验的标准大气 技术条件

[2] ISO 611,路面车辆 汽车及其拖车的制动 词汇

[3] ISO 1219-1,流体传动系统和元件 图形符号和回路图 第1部分:用于常规用和数据处理用途的图形符号

[4] ISO 1219-2,流体传动系统和元件 图形符号和回路图 第2部分:回路图

[5] ISO 1998-1,石油工业 术语 第1部分:生料和制品

[6] ISO 1998-2,石油工业 术语 第2部分:性质和试验

[7] ISO 1998-6,石油工业 术语 第6部分:测量

[8] ISO 1998-7,石油工业 术语 第7部分:杂项术语

[9] ISO 1998-99,石油工业 术语 第99部分:总论和索引

[10] ISO 2944,流体传动系统和元件 公称压力

[11] ISO 3529-1,真空技术 词汇 第1部分:一般术语

[12] ISO 3529-2,真空技术 词汇 第2部分:真空泵和有关术语

[13] ISO 3529-3,真空技术 词汇 第3部分:真空表

[14] ISO 3857-1,压缩机、气动工具和机器 词汇 第1部分:总论

[15] ISO 3857-2,压缩机、气动工具和机器 词汇 第2部分:压缩机

[16] ISO 4006,密闭导管中的流体流动的测量 词汇和符号

[17] ISO 4391:1983,液压传动 泵、马达和整体式传动装置 参数定义和字母符号

[18] ISO 4406,液压传动 油液 固体颗粒污染等级代号法

[19] ISO 4413,液压传动 对系统及其元件的一般规则和安全要求

[20] ISO 4414,气压传动 对系统及其元件的一般规则和安全要求

[21] ISO 6708,管路元件 DN(公称通径)的定义和选择

[22] ISO 8330,橡胶和塑料软管和软管总成-词汇

[23] ISO 8426:2008,液压传动 容积式泵和马达 空载排量的测定

[24] ISO 8625-1,航空航天 流体系统 词汇 第1部分:有关压力的一般术语和定义

[25] ISO 8625-2,航空航天 流体系统 词汇 第2部分:有关流动的一般术语和定义

[26] ISO 8625-3,航空航天 流体系统 词汇 第3部分:有关温度的一般术语和定义

[27] ISO 9000,质量管理体系 基础和词汇

[28] ISO 9245,土方机械 机器生产率 词汇、符号和单位

[29] ISO 10241,国际术语标准 准备和配置

[30] ISO 12100-1,机械的安全性 设计的基本概念、一般原则 第1部分:基本术语、方法论

[31] ISO 14050,环境管理 词汇

[32] ISO 16889,液压传动 过滤器 评定滤芯的过滤性能的多次通过方法

[33] 国际电子技术词汇 第351部分:控制技术

[34] 国际电子技术词汇 第581部分:用于电子设备的机电元件

索　引

汉语拼音索引

A

B

C

D

E

F

M

N

P

Y

英语对应词索引

A

B

D

G

H

I

M

N

O

P

Q

R

S

T

U

V

W